复杂断块油田高含水期“二三结合”开发模式

赵平起　蔡明俊　张家良　刘同敬　张　津　著

石油工業出版社

内容提要

本书针对复杂断块油田高含水期二次开发水驱效果与效益逐年变差、三次采油缺乏完善的层系井网支撑这一开发难题，创建了高含水期“二三结合”提高采收率理论认识，厘清了“二三结合”实现提高采收率和经济效率“1+1>2”的技术经济内涵，形成了集精细油藏描述、渗流场精细调控及高温高盐油藏化学驱体系于一体的“二三结合”开发模式。

本书可供石油行业科技人员、技术人员及石油院校相关专业师生参考阅读。

图书在版编目（CIP）数据

复杂断块油田高含水期“二三结合”开发模式 / 赵平起等著 .—北京：石油工业出版社，2021.7

ISBN 978-7-5183-4745-2

Ⅰ . ① 复… Ⅱ . ① 赵 … Ⅲ . ① 复杂地层 – 断块油气藏 – 水压驱动 – 油田开发 – 研究 Ⅳ . ① TE347

中国版本图书馆 CIP 数据核字（2021）第 140152 号

出版发行：石油工业出版社

（北京安定门外安华里 2 区 1 号　100011）

网　址：www.petropub.com

编辑部：（010）64523541　图书营销中心：（010）64523633

经　销：全国新华书店

印　刷：北京中石油彩色印刷有限责任公司

2021 年 7 月第 1 版　2021 年 7 月第 1 次印刷

787 × 1092 毫米　开本：1/16　印张：19.5

字数：440 千字

定价：156.00 元

前　言

随着国民经济快速发展，我国的原油对外依存度不断增高。当前，国内已开发的高含水油田原油产量占比超 70%，是支撑国内原油产量稳定的“压舱石”。在资源劣质化不可逆转、国际油价震荡波动的大背景下，做好老油田效益稳产工作对保障国家能源安全意义重大。2007 年，中国石油正式提出了老油田二次开发工程，即当老油田采用传统一次开发接近极限状态或已达到弃置的条件时，采用全新的理念，重构地下认识体系、重建井网结构、重组地面工艺流程，通过重新构建老油田新的开发体系，达到大幅度提高油田采收率的目的。2012 年，中国石油组织召开老油田二次开发工程阶段成果分析会，从“完善注水、改善注水、转换驱替介质”三个方面持续深化老油田二次开发工程，从而形成了老油田二次开发改善水驱效果与三次采油提高采收率有机结合的技术路线图。

本书以大港复杂断块油田为例，针对其高含水期地质特点、开发矛盾，从提高采收率理论认识研究、精细油藏描述、渗流场精细调控技术、化学驱体系优化设计、“二三结合”配套工艺、全生命周期管理等方面，系统研究和全面探索复杂断块油田高含水期效益稳产技术。经过多年的研究攻关和矿场实践，创新形成了“二三结合”提高采收率理论技术，即将二次开发与三次采油的层系井网一体化优化部署，前期立足精细注水，优选时机转入三次采油，发挥二次开发井网完整性优势和三次采油提高波及体积与驱油效率优势的协同增效作用，实现采收率和经济效益达到“1+1>2”的技术与经济目的。该理论包括多介质融合采收率计算方法、多介质协同采收率增量原理和“二三结合”价值链模型。“二三结合”是单独二次开发水驱和单独三次采油提高采收率、提高经济效益的“放大器”，有效降低了高含水期临界油价门槛，使原本不具备效益开发的高含水油田具备了开发调整的可能，从而拓宽了复杂断块油田高含水期稳产上产途径，延长了复杂断块油田开发周期，为类似油田开发提供了可借鉴的经验和技术。

本书系统总结了复杂断块油田高含水期“二三结合”开发理论与实践认识，包含了一系列新的观点，特别是在理论认识方面更是一种尝试。本书共七章，第一章由赵平起、蔡明俊、张家良、刘同敬、李健、罗波、倪天禄编写，第二章由蔡明俊、周宗良、成洪文、张会卿、张凡磊、萧希航、白雪峰编写，第三章由赵平起、张家良、何书梅、李健、魏朋朋、刘同敬、武玺、吴辉编写，第四章由蔡明俊、张杰、王晓燕、王伟、严曦、喻洲、苑光宇、周建文、权秀英编写，第五章由张杰、周华兴、王伟、柳敏、盖旭波、熊英、杨海超、孙涛、庄永涛编写，第六章由蔡明俊、张津、唐世忠、罗波、章晓庆、陈哲、蔡玉芬编写，第七章由张家良、周宗良、张津、李健、齐双瑜、庄天琳、李晓良、徐甜编写。全书由赵平起、蔡明俊、张家良、刘同敬、张津统稿。

由于笔者水平有限，书中存在不当和疏漏之处在所难免，敬请读者批评指正，热忱期待在实践中检验、修正和发展，共同促进我国石油工业的发展。

目录

第一章 “二三结合”提高采收率理论认识……1

第一节 “二三结合”基本概念……1

第二节 化学驱渗流物理机理……3

第三节 “二三结合”采收率计算理论模型……12

第四节 全生命周期开发价值链模型……34

第五节 “二三结合”产能计算模型……41

第二章 复杂断块油藏精细描述方法……47

第一节 小微构造精细解释方法……47

第二节 薄砂体精细预测方法……59

第三节 多相耦合井震构型精细刻画方法……62

第四节 化学驱储层非均质动态描述方法……79

第五节 时空域变换剩余油定量表征方法……93

第三章 渗流场精细调控技术……129

第一节 渗流场基本概念……129

第二节 “二三结合”层系重组方法……134

第三节 “二三结合”井网重构方法……142

第四节 注采耦合设计方法……150

第五节 调剖调驱技术……154

第四章 化学驱体系优化设计……166

第一节 化学驱油机理研究……166
第二节 化学驱配聚用水处理……180
第三节 化学驱体系环境影响……185
第四节 化学驱体系筛选与评价……191
第五节 化学驱段塞优化设计……200

第五章 “二三结合”配套工艺技术……206

第一节 精细分注工艺……206
第二节 注聚合物受益井防砂工艺……210
第三节 化学驱地面配注工艺……216
第四节 集约式开发建设方法……222

第六章 全生命周期管理方法……233

第一节 效果评价方法……233
第二节 经济评价方法……243
第三节 数字化管理技术……255

第七章 开发实例……267

第一节 复杂断块油藏概况……267
第二节 试验区概况……279
第三节 “二三结合”方案要点……280
第四节 试验区实施效果……295

参考文献……301

第一章 “二三结合”提高采收率理论认识

我国原油产量主要产自于中新生代陆相含油气盆地，这些主力老油田历经半个多世纪的开发，已整体进入高含水高采出程度开发阶段。面对原油产量递减大、开采成本不断攀升的挑战，2007年，中国工程院胡文瑞院士率先在中国石油组织开展老油田二次开发工程与提高采收率重大开发试验。二次开发工程的核心思想是重构地下认识体系、重建井网结构、重组地面工艺流程，其中心工作是重新构建老油田新的开发体系；提高采收率重大开发试验的目的是大幅度提高储量动用程度、提高采收率和提高油田开发水平，通过技术创新和集成，寻找高效、绿色、低成本的油田开发战略性技术，实现油田有效动用和高效开发。2012—2019年，大港油田着手将二次开发与三次采油大幅度提高采收率重大开发试验工程有机结合起来，开展高含水油田大幅提高采收率攻关研究与试验。重点将二次开发与三次采油的层系井网整体优化部署，前期立足精细注水，优选时机转入三次采油，发挥二次开发井网完整性优势和三次采油提高波及体积与驱油效率优势的协同增效作用，大幅度提高采收率。创新性地提出了“二三结合”多介质协同增效提高采收率理论，该理论包括多介质融合采收率计算模型、多介质协同采收率增量模型与“二三结合”价值链模型，揭示了二次开发与三次采油深度融合多介质协同大幅提高采收率和经济效益“1+1＞2”的技术经济内涵。

本章依据高含水油田油藏地质特点和开发特征，开展高含水油田“二三结合”化学剂渗流物理机理、全生命周期储层非均质性动态描述、采收率评价模型相关的油藏工程理论研究，发展了化学剂渗流新机理和化学驱全生命周期储层非均质性描述新技术；创新了多孔介质中大分子渗流的五类特性方程和凝胶分相流动二元复合驱体系的理念；构建适合化学驱的化学剂自示踪技术、试井解释技术和数值模拟技术，实现点、面、体、时多层次动态油藏描述；建立高含水油田“二三结合”采收率计算理论模型、多介质协同采收率增量模型和全生命周期开发价值链数学模型，实现“二三结合”提高采收率和经济效益的定量评价；初步建立了高含水油田“二三结合”提高采收率理论基础。

第一节 “二三结合”基本概念

大港油田受构造破碎、储层非均质性强、剩余油高度分散、井况日益复杂等影响，传统的认识方法、开发方式、开采技术难以有效支撑中低油价下的持续稳产。自“十一五”以来，大港油田开展了二次开发和三次采油技术攻关，经过多年探索、实践，系统评价认为，在60美元/bbl的油价下，复杂断块性质的老油田有近70%的储量不具备二次开发水驱重组层系井网的效益潜力；开展三次采油，虽能大幅度提高三次采油井控区的采收率，且有一定的经济效益，但现有的开发层系和井网不足以支撑三次采油的规模实施，限制了三次采油盈利规模，复杂断块油田高含水期开发陷入了“两难”的开发境地，沿用水驱进行层系井网调整，经济效益不支持；直接转化学驱，基础开发层系、注采井网不支持。总体上，随着采出程度的提高和综合含水率的升高，在中低油价下仅依靠单一技术实现有效益开发的区块越来越少，在油价波动起伏的背景下，复杂断块油田高含水期效益稳产难度也越来越大，实现可持续发展前景堪忧。

近年来，大港油田以“加快形成新的经济发展方式，把推动发展的立足点转到提高质量和效益上来，着力增强创新驱动发展能力”为引领，深入贯彻“创新、协调、绿色、开放、共享”发展理念，认真落实中国石油油气田开发工作部署，针对处于高含水阶段的复杂断块老油田，重点开展高精度油藏描述刻画小微地质体、量化剩余油分布，开展“二三结合”理论认识和关键技术攻关研究，将二次开发精细水驱与三次采油化学驱的开发层系、注采井网进行一体化的协同优化部署，前期立足二次开发进行精细水驱，优选时机转入三次采油，发挥二次开发井网完整性优势和三次采油提高波及体积与驱油效率优势的协同增效作用，实现大幅度提高采收率，提升油田开发水平和经济效益，推动油田高质量发展。

经过物模试验、实验分析、先导性试验及 2013 年以来的工业化试验与推广，“二三结合”项目中二次开发提高采收率 4～6 个百分点，三次采油提高采收率 11～14 个百分点，协同增效提高采收率大约提高 2 个百分点，同时项目的内部收益率提升了 4～5 个百分点，效益临界油价降低 8～10 美元 /bbl，使得项目能够在低油价下实现规模推广。

复杂断块油田高含水期“二三结合”开发模式以“二三结合”提高采收率理论认识为指导，以复杂断块油藏精细描述方法为基础，以“二三结合”油藏工程方法为支撑，以“二三结合”配套工艺、全生命周期管理为途径。可进一步激发和释放更多老油田稳产上产的资源潜力和创效活力，有效提高中低油价下老油田抵御效益稳产风险的能力。

一、“二三结合”技术内涵

1. 开发理念

将二次开发与三次采油的层系井网整体优化部署，前期立足精细注水，优选时机转入三次采油，发挥二次开发井网完整性优势和三次采油提高波及体积与驱油效率优势的协同增效作用，实现大幅度提高采收率和效益稳产。

2. 开发价值观

追求采收率和经济效益最优化，通过技术创新、管理创新，将老油田的潜在储量变成经济有效产量，促进国有资产保值增值。

二、多介质协同增效提高采收率理论

1. 多介质融合采收率计算模型

基于基本相似准则，考虑影响采收率计算的平面波及系数、纵向波及系数、井网影响因子、流度协同参数、驱油效率、相对渗透率共六项参数，建立集油藏属性、驱动特点、时变特性于一体的多介质融合采收率计算模型。

2. 多介质协同采收率增量模型

基于采收率计算模型，建立多介质协同采收率增量模型，研究表明多介质协同所提高采收率高于单独二次开发、三次采油之和，其高出部分是水驱与化学驱协同增效作用所产生的采收率增量，“二三结合”所提高的采收率实现“1+1＞2”的效果。

3. 全生命周期价值链理论模型

全生命周期开发价值链是以油田内部价值活动为核心所形成的价值链体系，主要包括基本活动和支持活动。对高含水油田而言，主要体现在支持活动，是构成开发价值链的“战略环节”。基于不同开发价值取向，创建技术、经济、社会价值模型，系统构建全生命周期开发价值链模型，实现开发价值最大化。

第二节　化学驱渗流物理机理

化学驱作为国内三次采油的主要方式之一，随着油层物理和渗流力学研究的深入，矿场推广试验迈入精细控制阶段，亟需配套油藏工程理论和方法作为技术支撑和研究手段。现有聚合物、凝胶渗流数学模型和模拟软件，未能全面、准确地表征长链复杂基团高分子、微观非均相流体在复杂多孔介质中的渗流力学，运移过程和动态特征的刻画存在较大偏差，为此，经过深入研究并结合现场实践，创建了表征多孔介质中聚合物驱的五个重点机理（即传质扩散、机械降解、动态吸附、堵塞机制、有效渗透率降低）的特性方程，构建符合中国陆相沉积强非均质油藏特征的聚合物驱渗流数学模型，研发了一套精细聚合物驱油藏数值模拟软件；提出凝胶体系是分相流动二元复合驱体系的概念，构建凝胶溶液、可动胶粒的相对渗透率计算方法，建立考虑可动凝胶体系分相流动的非线性渗流四相数学模型，编制新型可动凝胶数值模拟软件。

一、聚合物渗流物理特性表征

从油层物理和油田化学的角度，研究陆相砂岩油藏聚合物驱油作用过程，提出聚合物驱数值模拟需要着重表征的渗流机理：多孔介质渗流传质扩散、渗流过程中聚合物的机械降解、多孔介质渗流过程中聚合物的动态吸附、储层有效渗透率降低和堵塞机制、聚合物黏弹性在驱油过程中的表现特征等，形成了更为完善、合理的聚合物驱油数学表征方法，能够模拟各种常见聚合物驱油作用特征。根据文献综述和对比、筛选分析，结合现场开发特征，完善了五类特性方程。

1. 机械弥散机理

传质扩散由两部分组成：一是分子扩散。二是机械弥散。其中机械弥散既有对流传递（又称涡流扩散），又有简单的混合（并非流体在单个管中流动的传输导致）等作用。分子扩散的机理相对简单，对聚合物分布的控制作用小。因此，一般研究的重点是机械弥散。

在实际驱油过程中，由于微观非均质的影响，实际混合作用很强，在此，将分子扩散和流动弥散综合考虑，更为完善的模拟微观渗流过程，综合混合系数 D 为：

$$D=\frac{D_{\mathrm{m}}}{F}+\alpha v_{\mathrm{w}}^{1.2} \tag{1-2-1}$$

式中 D——综合混合系数，$\mathrm{m^2/d}$；

D_{m}——分子扩散系数，$\mathrm{m^2/d}$；

F——多孔介质迂曲度；

α——扩散常数，m；

v_{w}——水相流动速度，m/d。

为了应用的便捷，实际应用的混合系数表达式为：

$$D=\frac{D_{\mathrm{m}}}{F}+\alpha v_{\mathrm{w}} \tag{1-2-2}$$

2. 机械降解机理

聚合物剪切包括机械降解和剪切降黏两种作用。

聚合物降解一般指能使高分子主链发生断裂，或者保持主链不变仅改变取代基的作用。一方面，降解主要取决于该聚合物的化学结构（骨架和侧基），特别是与化学键的键能有关；另一方面，外界因素如应力、温度、氧、残余杂质或过渡金属等对聚合物降解也有很大影响。在聚合物驱油过程中，如何减少降解，保持聚合物在较长时间的稳定性，是提高聚合物驱效果的一个重要问题。

聚合物降解反应主要划分为物理的（热、光、剪切等）和化学的（氧化、水解、微生物酶解等）两种，但在聚合物驱中，一般把聚合物降解分为机械降解、化学降解和生物降解三种。

当聚合物溶液发生形变或流动时，其所承受的剪切应力或拉伸应力（或两者之组合）增大至足以使聚合物分子断裂时，聚合物将出现机械降解。

同时考虑导致黏度永久降低的机械降解和流变性导致的剪切降黏，建立降解与地质因素、流体因素、开发因素的概念关系，把由于机械降解导致的黏度降低系数作为一种中间变量在数值模拟中考虑，建立特性方程：

$$\frac{\mu_{\mathrm{p}}(L)-\mu_{\mathrm{w}}}{\mu_{\mathrm{p}}(0)-\mu_{\mathrm{w}}}=\mathrm{e}^{-A\frac{L}{K^m}v^n} \tag{1-2-3}$$

由于实际油藏多孔介质中渗流速度的不确定性，因此，将特性方程简化为：

$$\frac{\mu_{\mathrm{p}}(L)-\mu_{\mathrm{w}}}{\mu_{\mathrm{p}}(0)-\mu_{\mathrm{w}}}=\mathrm{e}^{-A\frac{L}{K^m}} \tag{1-2-4}$$

式中 $\mu_{\mathrm{p}}(L)$——L 处对应的聚合物黏度，mPa·s；

μ_{w}——水黏度，mPa·s；

μ_p（0）——注入聚合物黏度，mPa·s；

L——聚合物渗流距离，m；

K——储层渗透率，mD；

v——水相渗流速度，m/d；

A、m、n——相关系数。

3. 动吸附机理

目前的数值模拟软件仅考虑聚合物的静态吸附，实际上，一维岩心驱替过程中，聚合物表现出明显偏离静态吸附的特征。由于这种特征来自动吸附实验，因此称为动吸附，与驱替动态密切相关。

从近几年开展的现场监测分析，实际油藏对聚合物的等效吸附非常严重，目前的数值模拟过程中，没有突出该主要因素，导致过多的等效模拟的存在，以及部分间接参数不够准确，因此，将吸附与堵塞（未考虑吸附时间、消解的影响）联系起来，建立更为完善的吸附模型。

当聚合物浓度小于临界值时，吸附遵循常规等温吸附关系式：

$$C_p^* = \frac{bC_p}{1 + aC_p} \tag{1-2-5}$$

当聚合物浓度大于临界值时，吸附遵循完善后的等温吸附关系式：

$$\begin{gathered} C_p^* = \frac{bC_p}{1 + aC_p} + d\left(C_p - C_{p0}\right)^f \\ C_{p0} = A_0 + A_1 K^s \end{gathered} \tag{1-2-6}$$

式中 C_p——聚合物浓度，mg/L；

C^*_p——吸附的聚合物浓度，mg/kg；

C^*_{p0}——聚合物临界浓度，与储层渗透率有关，mg/kg；

b、a、A_0、A_1、B、d、f——相关系数。

4. 堵塞（特殊残余阻力）机理

聚合物高分子链上的羧酸基团存在和电荷的作用，造成了水中的胶体粒子（小于 1μm 的粒子）絮凝和积聚形成微粒团，在孔喉部分结合生成堵塞物，由于聚合物提高了捕捉微小颗粒的能力，使本来不该沉淀的胶体粒子也沉淀下来。

经显微镜观察，发现地层中黏土主要分布在地层孔隙的表面特别是孔喉部位，由于聚合物对黏土具有强烈的包被作用（在钻进中被用作黏土的絮凝剂），在孔喉和孔壁的黏土的表面形成了厚厚的聚合物吸附层，比较大的聚合物分子首先在近井壁处形成吸附层，一般吸附的厚度为几微米到十几微米，如果这些聚合物在运移中所絮凝的微粒，就会卷曲形成一个堵塞的团粒，吸附在底层孔道上，形成堵塞，即使没有捕捉到微粒聚合物，也会在孔道的周围形成堵塞，造成孔道变窄，降低了孔道的渗透率。

由于聚合物水动力学分子半径大，以及与固体的相互作用，导致聚合物渗流过程中，产生选择性堵塞，建立堵塞过程描述的特性方程，即与聚合物浓度、分子量、渗透率等的关系。

当聚合物吸附浓度小于临界值时，没有堵塞作用，此时：

$$\frac{K}{K_e}=1 \tag{1-2-7}$$

当聚合物吸附浓度大于临界值时，堵塞作用存在，此时：

$$\frac{K}{K_e}=1+b\left(C_p^*-aK^d\right)+fe^{g\left(C_p^*-aK^d\right)} \tag{1-2-8}$$

式中 K_e——储层等效渗透率；

C_p^*——吸附的聚合物浓度，mg/kg；

aK^d——聚合物临界吸附浓度，与储层渗透率有关，mg/kg；

b、a、d、g、f——相关系数。

5. 黏弹性机理

水波及区内的残余油大多以油膜、油滴形式存在于油层孔隙中，油滴能否流动不仅取决于油滴两端建立的压力差，还取决于弯液面上的附加毛细管阻力，取决于施加在油滴上的动力和阻力。用压力梯度 $\Delta p/l$ 表示油滴受到的动力（l 为油滴长度，Δp 为施加在油滴上的压差）。关于阻力，它与油水界面张力 σ、毛细管半径 r 有关，一定润湿性和一定半径的毛管，油滴能否流动取决于毛细管数 $\Delta p/l/\sigma$，当此值达到一定值时，油滴便会流动。考虑到流动是发生在孔隙介质中，将压力梯度按照达西公式换算为水黏度 μ 与渗流速度 v 之积。因此，对于一定性质的孔隙介质，毛细管数定义为 $v\mu/\sigma$，用 N_C 表示，即：

$$N_C=v\mu/\sigma \tag{1-2-9}$$

N_C 是一无量纲数，它表示在一定润湿性和一定渗透率的孔隙介质中两相流动时，排驱油滴的动力，即黏滞力 $v\mu$ 与阻力 σ 之比。毛细管数越大，残余油饱和度越低。

聚合物提高微观驱油效率的途径是提高注入水的黏度（μ）及其黏弹性。渗流速度与注采速度有关，在矿场条件下，水中加了聚合物，其黏度可增加几倍或几十倍，但与降低界面张力值相比，其贡献是较小的。尽管如此，在矿场试验中，仍然观察到了聚合物提高驱油效率的作用。传统的观点是，聚合物驱提高波及效率（E_V），不提高驱油效率（E_D）。近年来国内外有些专家提出，由于聚合物溶液的黏弹性效应，聚合物驱不但可提高波及效率，也提高驱油效率。岩心残余油饱和度降低，从而提高驱油效率的因素，可以建立其与残余油饱和度之间的关系：

$$\frac{S_{or}}{S_{oro}}=1+A_1C_p+A_2C_p^2+A_3C_p^3 \tag{1-2-10}$$

或者：

$$\frac{S_{\mathrm{or}}}{S_{\mathrm{oro}}}=1+A_1\left(v\mu\right)^m \tag{1-2-11}$$

式中 S_{or}——残余油饱和度；

S_{oro}——岩心残余油饱和度；

C_{p}——聚合物浓度，mg/L；

v——聚合物渗流速度，m/d；

μ——聚合物有效黏度，mPa·s；

A_1、A_2、A_3——相关系数。

这部分机理，通过输入不同聚合物浓度对应的相对渗透率曲线来实现。

二、凝胶渗流物理特性表征

在聚合物驱机理表征和模拟技术研究的基础上，对可动凝胶开展系统和综合地对比分析，有针对性地开展油层物理评价实验研究，归纳了符合中国油田地质特点的可动凝胶渗流机理，形成合理的可动凝胶渗流数学模型和表征方法。

1. 可动凝胶渗流数学模型

1）基本假设

为了研究的方便，并尽可能多地考虑可动凝胶驱的机理，做如下假设：

（1）整个过程为等温渗流；

（2）流体流动遵循达西定律；

（3）流体只包括油、气、水三相；

（4）气相中只有气组分；

（5）油相中含有油和气两种组分，两种组分在油相中的含量随压力变化，并可用溶解气油比来描述；

（6）水相中包括自由水和胶粒。一价阳离子（不包括 H^+）、二价阳离子、Cr^{3+} 离子、Cr_{2O7}^{2-}（重铬酸盐）、CS（NH_2）$_2$（硫脲）、聚合物、可动凝胶、酸组分分布于自由水中，一价阳离子（不包括 H^+）、二价阳离子还分布于胶粒中；

（7）胶粒与自由水相对渗透率不同；

（8）各相间的平衡在瞬间完成，瞬时成胶；

（9）考虑胶粒的启动压力梯度；

（10）组分物质的扩散符合 Fick 定律，同时考虑机械弥散；

（11）考虑油、气、水之间的毛细管力影响，考虑重力的影响；

（12）考虑聚合物体系对残余油饱和度的影响；

（13）聚合物等物质的加入不影响油、水相体积和油水相密度；

（14）聚合物、可动凝胶、胶粒组分考虑不可入孔隙；

（15）一价阳离子（不包括 H^+）、二价阳离子在自由水和胶粒中分配系数均为 1。

2）质量守恒方程的建立

（1）油组分质量守恒方程：

$$\nabla\left[\frac{KK_{ro}\rho_o}{\mu_o}\left(\nabla p_o-\gamma_o\nabla H\right)\right]+\rho_{o0}q_o=\frac{\partial\left(\phi\rho_o S_o\right)}{\partial t} \tag{1-2-12}$$

$$\gamma_o=\rho_o g$$

式中 K——渗透率，D；

K_{ro}——油相相对渗透率；

ρ_o——地下原油密度，g/cm^3；

μ_o——地下原油黏度，mPa·s；

p_o——油相压力，atm；

g——重力加速度；

H——海拔深度，m；

q_o——地下注入油相体积，cm^3/s；

ϕ——孔隙度；

S_o——油相饱和度；

t——时间，s。

（2）气组分质量守恒方程：

$$\nabla\left[\frac{KK_{ro}\rho_g R_s B_g}{B_o\mu_o}\left(\nabla p_o-\gamma_o\nabla H\right)\right]+\nabla\left[\frac{KK_{rg}\rho_g}{\mu_g}\left(\nabla p_g-\gamma_g\nabla H\right)\right]+\rho_{g0}q_g=\frac{\partial\left(\phi\rho_o S_o R_s\right)}{\partial t}+\frac{\partial\left(\phi\rho_g S_g\right)}{\partial t}$$

$$\gamma_g=\rho_g g \tag{1-2-13}$$

式中 R_s——溶解气油比，m^3/m^3；

B_o——油相体积系数；

B_g——气相体积系数；

K_{rg}——气相相对渗透率；

ρ_g——地下气体密度，g/cm^3；

μ_g——地下气体黏度，mPa·s；

p_g——气相压力，atm；

q_g——地下注入气相体积，cm^3/s；

S_g——气相饱和度。

（3）自由水质量守恒方程：

$$\nabla\left[\frac{KK_{rw}\rho_w}{R_k\mu_w}\left(\nabla p_w-\gamma_w\nabla H\right)\right]+\rho_w q_w C_{w-w}=\frac{\partial\left(\phi S_w\rho_w\right)}{\partial t}$$

$$\gamma_w=\rho_g g \tag{1-2-14}$$

式中 K_{rw}——水相相对渗透率；

ρ_w——地下水相密度，g/cm^3；

μ_w——地下水相黏度，mPa·s；

p_w——水相压力，atm；

q_w——地下注入水相体积，cm^3/s；

S_w——油相饱和度；

C_{w-w}——注入水相分数。

（4）胶粒质量守恒方程：

$$\nabla\left\{\frac{KK_{rgel}\rho_{gel}}{\mu_{gel}}\mathrm{Bool}\left[\nabla p_w-\gamma_{gel}\nabla H-\mathrm{SGN}\left(\nabla p_w-\gamma_{gel}\nabla H\right)\lambda\right]\right\}+$$
$$\phi\left(S_w+S_{gel}\right)R_{gel}+q_w\rho_{gel}C_{w-gel}=\frac{\partial\left(\phi S_{gel}\rho_{gel}\right)}{\partial t}+\frac{\partial\left[f_{gel}\rho_r\left(1-\phi\right)C_{gelads}\right]}{\partial t} \quad (1\text{-}2\text{-}15)$$

$$\gamma_{gel}=\rho_{gel}g$$

式中 K_{rgel}——胶粒相对渗透率；

ρ_{gel}——地下胶粒密度，g/cm^3；

μ_{gel}——地下胶粒等效黏度，mPa·s；

SGN（$\Delta p_{w}-\gamma_{gel}\Delta H$）——胶粒运移启动压力梯度符号；

λ——胶粒启动压力梯度，atm/cm；

R_{gel}——地下胶粒生成速度，g/s；

S_{gel}——胶粒饱和度；

C_{w-gel}——注入水中胶粒分数；

ρ_r——岩石密度，g/cm^3；

C_{gelads}——地下胶粒滞留浓度，g/g。

（5）传质扩散方程：

$$\nabla\left[\frac{KK_{rw}C_i}{R_k\mu_w}\left(\nabla p_w-\gamma_w\nabla H\right)\right]+\nabla\left[\phi\left(S_wD_{w-i}+S_{gel}D_{gel-i}\right)\nabla C_i\right]+$$
$$\nabla\left\{\frac{KK_{rgel}C_i}{\mu_{gel}}\mathrm{Bool}\left[\nabla p_w-\gamma_{gel}\nabla H-\mathrm{SGN}\left(\nabla p_w-\gamma_{gel}\nabla H\right)\lambda\right]\right\}+ \quad (1\text{-}2\text{-}16)$$
$$\rho_wq_wC_{w-i}+\phi\left(S_w+S_{gel}\right)R_i=\frac{\partial\left(\phi S_wC_i\right)}{\partial t}+\frac{\partial\left(\phi S_{gel}C_i\right)}{\partial t}+\frac{\partial\left[f_i\rho_r\left(1-\phi\right)C_{iads}\right]}{\partial t}$$

式中 C_i——水溶液中组分 i 的浓度，g/g；

Bool——阶跃函数；

C_{w-i}——注入水中组分 i 浓度；

C_{iads}——组分 i 吸附浓度，g/g。

2. 可动凝胶与胶粒的转化

（1）可动凝胶的直接生成：

$$\text{polymer}+n\text{Cr}^{3+} \rightarrow \text{cl\_polymer(mg)}C_{\text{mg}} \leqslant C_{\text{mgmax}} \tag{1-2-17}$$

式中 n——反应系数；

C_{mgmax}——胶粒和可动凝胶临界浓度。

（2）胶粒的直接生成：

$$\text{polymer}+n\text{Cr}^{3+} \rightarrow \text{cl\_polymer(gel)}C_{\text{mg}} \leqslant C_{\text{mgmax}} \tag{1-2-18}$$

（3）可动凝胶向胶粒的转化：

$$\text{cl\_polymer}\left(\text{mg}\right)\xrightarrow{K^{ex}}\text{cl\_polymer(gel)} \qquad C_{\text{mg}} > C_{\text{mgmax}} \tag{1-2-19}$$

（4）可动凝胶的降解：

$$R_{\text{gel}}^{-} = \frac{\text{d}S_{\text{gel}}}{\text{d}t} = -K_{\text{d}} \cdot S_{\text{gel}} \tag{1-2-20}$$

式中 K_{d}——可动凝胶降解速度系数。

3. 胶粒相对渗透率的描述

当考虑胶粒的相对流动时，应建立四相相对渗透率的描述。油相、气相的相对渗透率曲线仍按三相渗透率处理，增加胶粒的相对渗透率曲线并修正自由水的相对渗透率（图 1-2-1）。

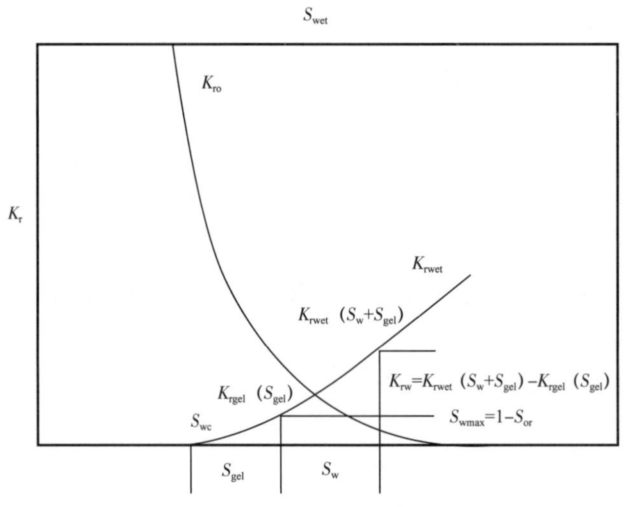

图 1-2-1 四相渗透率示意图

随着湿相饱和度增大，平均孔喉半径逐渐减小。当平均孔喉半径小于可动凝胶的水动力半径时（对应饱和度 S'_{gel}），胶粒丧失流动能力。胶粒的相对渗透率曲线可以表示为：

$$K_{\text{rgel}} = \begin{cases} K_{\text{rw}0} & S_{\text{gel}} \leqslant S'_{\text{gel}} \\ 0 & S_{\text{gel}} > S'_{\text{gel}} \end{cases} \tag{1-2-21}$$

此时的自由水相对渗透率；

$$K_{rw}=\begin{cases}K_{rgel} & S_w\leqslant S'_{gel}\\ K_{rw0}-K_{rgel}\quad\left(S'_{gel}\right) & S_w>S'_{gel}\end{cases}\tag{1-2-22}$$

4. 交联聚合物可注入性

（1）可注入性与聚合物分子线团回旋半径的关系：

$$K_{ei}=\begin{cases}0r_e\geqslant r\\ K/\left(K_{RF}\cdot K_{Ri}\right)\quad r_e<r_i=\text{ploymer},\text{gel}\end{cases}\tag{1-2-23}$$

孔喉半径大于聚合物分子线团回旋半径的5～10倍时，聚合物不会堵塞。

（2）可注入性与地层有效孔径的关系：

地层有效孔径和有效渗透率K和有效孔隙度ϕ呈一定的函数关系，即地层有效孔径等于（K/ϕ）$^{1/2}$。

对于刚性颗粒，根据“1/3”和“2/3”架桥原理，只要颗粒的直径小于有效孔径的1/3就能够通过地层，对于交联聚合物，因其自身的黏弹性，大于1/3有效孔径，甚至更大的都能通过地层，这取决于膨胀颗粒凝胶的黏弹性大小和膨胀速率。

三、注水倍数与驱替程度关系

选取港西具有代表性的实际柱状小岩心44块，岩心渗透率范围20～1700mD，原油黏度范围1.3～42.3mPa·s（实验温度下），注入水黏度0.42mP·s。模拟油藏高温高压环境，参照油藏实际驱替速度和临界流速，即实验温度80℃、实验压力18MPa、实验驱替速度0.49mL/min，开展注水倍数对驱油效率影响物理模拟研究。在试验过程中密切计量含水率、含水饱和度等随注入孔隙体积倍数变化数据，对试验数据进行统计、分析。

根据44块岩样注水孔隙体积倍数PV与驱替程度E_D之间的关系，进行归纳分析，得到低含水期、中高含水期及特高含水率期的注水孔隙体积倍数PV与驱替程度E_D之间呈双对数关系变化，且相关性很好，其关系表达式如下：

$$\ln E_D=a\ln(PV)+b\tag{1-2-24}$$

式中　a、b——回归系数；

PV——注水孔隙体积倍数；

E_D——驱替程度，%。

随着注水孔隙体积倍数PV增加，驱替程度一直处于增长的趋势，只是在不同含水阶段，驱替程度增大的幅度有所不同（表1-2-1）。

表 1-2-1　注水倍数与提高驱替程度数据表

含水阶段	含水率（%）	增加注水倍数	提高驱替程度（%）
低含水期	0～30	0.20	25.49
中高含水期	30～80	0.18	6.60
高、特高含水期	80～98	1.28	6.48

第三节　“二三结合”采收率计算理论模型

鉴于目前复杂断块高含水油田“二三结合”油藏工程相关理论，尤其是采收率计算方法不够完善，重点开展“二三结合”采收率计算理论模型研究。

一、常规开发方式下提高采收率评价方法

采收率计算、预测、评价至少包括两种用途：开发优化层面和潜力评价层面，需要选用不同的采收率概念，其中，“二三结合”采收率推荐用潜力评价层面的概念。

1. 现行采收率评价行业规范和标准

根据现行行业规范和标准，归纳了三大类（静态法、动态法、数值模拟法）9 种 27 项采收率计算方法，推荐基于静态法构建“二三结合”提高采收率理论模型，尤其是理论公式法（表 1-3-1）。

表 1-3-1　目前行业规范推荐石油可采储量计算方法

行业规范项目		《石油可采储量计算方法》（SY/T 5367—2010）
技术开发阶段划分		静态法、动态法
静态法	经验公式法	水驱砂岩经验公式
		其他经验公式
	类比法	类比法预测和标定
	理论公式法	水驱驱油效率 × 波及系数法
		弹性驱动油藏计算公式
动态法		童宪章图版法
	水驱曲线法	马克西莫夫—童宪章水驱曲线（甲型）
		沙卓夫水驱曲线（乙型）

续表

行业规范项目		《石油可采储量计算方法》（SY/T 5367—2010）
技术开发阶段划分		静态法、动态法
动态法	水驱曲线法	西帕切夫水驱曲线（丙型）
		纳扎洛夫水驱曲线（丁型）
		含水率与累计产油量曲线
		含油率与累计产油量曲线
		水油比与累计产油量曲线
	产量递减法	指数递减
		双曲递减
		调和递减
	增长曲线法	威布尔预测模型
		HCZ 单峰预测模型
		广义翁氏预测模型
		HCZ 多峰预测模型
数值模拟方法		

不同采收率评价模型和方法，其所适应的开发阶段、开发条件不同也不尽相同（表 1–3–2）。

表 1–3–2　采收率评价模型和方法适用的基本条件

技术划分阶段	采收率评价方法		应用条件及注意事项
静态法	经验公式法		用于未开发或开发初期，缺少动态数据，开发未形成规律阶段
	类比法		
	理论公式法		
动态法	童氏图版法	童宪章图版、含改进的童宪章图版	用于开发中后期，判断开发效果，描述含水率与采出程度的关系
	水驱曲线法	含水率与累计产油量曲线	（1）动态资料全，数量多，数据可靠； （2）综合含水率大于 50%； （3）若以年单位，要求 3 年以上的稳定水驱规律；若以月单位，要求至少 12 个月以上的稳定水驱规律； （4）原则上不能忽略近期开采动态，也不能为了建立水驱规律而进行强行拟合； （5）不同方法选取的数据时间段及数据点数量需一致
		含油率与累计产油量曲线	
		水油比与累计产油量曲线	
		甲型水驱曲线	
		乙型水驱曲线	
		丙型水驱曲线	
		丁型水驱曲线	

续表

<table>
<tr><th>技术划分阶段</th><th colspan="2">采收率评价方法</th><th>应用条件及注意事项</th></tr>
<tr><td rowspan="6">动态法</td><td rowspan="3">产量递减法</td><td>指数递减</td><td rowspan="3">（1）动态资料全，数量多，数据可靠；
（2）若以年单位，要求 3 年以上的稳定递减；若以月单位，要求至少 12 个月以上的稳定递减；
（3）原则上不能忽略近期开采动态，也不能为了建立递减而进行强行要求所有资料点适应某种趋势</td></tr>
<tr><td>双曲递减法</td></tr>
<tr><td>调和递减法</td></tr>
<tr><td rowspan="3">增长曲线法</td><td>威布尔预测模型</td><td rowspan="3">用于油田产量随开发时间先不断增加，达到一定值都递减的变化过程</td></tr>
<tr><td>HCZ 预测模型（胡建国、陈元千、张胜宗）</td></tr>
<tr><td>广义翁氏预测模型</td></tr>
<tr><td>静态 + 动态法</td><td colspan="2">油藏数值模拟</td><td>可用</td></tr>
</table>

2. 推荐水驱砂岩油藏采收率评价经验公式

1）经验公式 1

$$E_{\mathrm{R}}=0.274-0.1116\lg\mu_{\mathrm{R}}+0.09746\lg\overline{K}-0.0001802h_{\mathrm{oe}}f-0.06741V_{\mathrm{k}}+0.0001675T \quad (1-3-1)$$

式中 μ_{R}——油水黏度比，无量纲；

K——平均空气渗透率，mD；

h_{oe}——油层平均有效厚度，m；

f——井控面积，ha[1]/井；

V_{k}——渗透率变异系数；

T——油层温度，℃。

其中参数变化范围见表 1-3-3。

表 1-3-3 公式（1-3-1）参数的分布范围

参数	油水黏度比	平均空气渗透率（mD）	平均有效厚度（m）	井控面积（ha/井）	渗透率变异系数	油层温度（℃）
变化范围	1.9～162.5	69～3000	5.2～35.0	2.3～24.0	0.26～0.92	30.0～99.5
平均值	36.7	883	16.7	9.4	0.677	63.0

2）经验公式 2

$$E_{\mathrm{R}}=0.05842+0.08461\lg\frac{K_{\mathrm{a}}}{\mu_{\mathrm{o}}}+0.3464\phi+0.003871S \quad (1-3-2)$$

其中的参数变化范围见表 1-3-4。

[1] 1ha，即 1 公顷，等于 10000m²。

表 1-3-4 公式（1-3-2）参数的分布范围

参数	地层原油黏度（mPa·s）	空气渗透率（mD）	有效孔隙度	井网密度（口/km^2）
变化范围	0.5～154.0	4.8～8900	0.15～0.33	3.1～28.3
平均值	18.4	1269	0.25	9.6

3）经验公式 3

根据经验公式（表 1-3-5）确定水驱砂岩油藏相应井网密度下的采收率（中国石油勘探开发研究院），f 为井控面积 ha/井。

表 1-3-5 国内不同类型油藏井网密度与采收率的关系

类别	流度［mD/（mPa·s）］	回归公式
1	300～600	$E_R=0.6031e^{-0.02012f}$
2	100～300	$E_R=0.5508e^{-0.02354f}$
3	30～100	$E_R=0.5227e^{-0.02635f}$
4	5～30	$E_R=0.4832e^{-0.05423f}$
5	＜5	$E_R=0.4051e^{-0.10148f}$

3. 其他参考的采收率评价经验公式

1）美国 Guthrie 和 Greenberger 的相关经验公式

$$E_R=0.11403+0.2719\lg K-0.1335\lg\mu_0+0.25569S_{wi}-1.538\phi-0.00115 \tag{1-3-3}$$

适用条件：油层物性较好（渗透率大于 1000mD，孔隙度大于 25%），原油性质较好（原油黏度 0.4～2.0mPa·s）。

2）陈元千经验公式

$$E_R=0.2143\left(\frac{K}{\mu_o}\right)^{0.1316} \tag{1-3-4}$$

利用 200 多个水驱程度大于 60% 的砂岩油田资料，统计分析得出采收率与流度有关的公式：渗透率 20～5000mD，原油地下黏度 0.5～76.0mPa·s。

经验公式确定采收率受流体性质、物性、井网密度、开发方式等影响，有很大的局限性，需参考其他方法确定采收率。

3）底水碳酸盐岩油藏采收率经验公式

$$E_R=0.2326\left(\frac{\phi_1 S_{oi}}{B_{oi}}\right)^{0.969}\times\left(\frac{\bar{K}_e\mu_w}{\mu_o}\right)^{0.4863}\times S_{wi}^{-0.5326} \tag{1-3-5}$$

其中的参数变化范围见表 1–3–6。

表 1–3–6　公式（1–3–5）中各项参数的分布范围

参数	总孔隙度	原始含水饱和度	原始含水饱和度	原始原油体积系数	有效渗透率（mD）	地层原油黏度（mPa·s）	地层水黏度（mPa·s）
变化范围	0.05～0.12	0.70～0.80	0.20～0.30	1.031～1.537	10～30900	0.50～21.50	0.18～0.38
平均值	0.06	0.74	0.26	1.159	4060	5.25	0.27

4）水驱砾岩油藏采收率经验公式

$$E_R = 0.9356 - 0.1089\lg\mu_o - 0.0059p_i + 0.0637\left(\frac{\bar{K}_t}{\mu_o}\right)^{0.3409} + 0.001696f + 0.003288L - 0.9087V_k - 0.0183n_{ow} \tag{1-3-6}$$

对于有明显过渡带的油藏：

$$E_{RT} = E_R\left[1 - \frac{0.225N(W)}{N}\right] \tag{1-3-7}$$

其中的参数变化范围见表 1–3–7。

表 1–3–7　公式（1–3–7）中参数变化范围

参数	地层原油黏度	原始地层压力（MPa）	有效渗透率（mD）	井网密度（口 /km²）	油层连通率（%）	渗透率变异系数	注采井数比	过渡地质储量 / 地质储量
变化范围	2.0～215.0	4.45～31.00	30～540	3.75～30.40	42.0～100.0	0.9～1.0	1.89～6.00	0～0.408
平均值	21.6	13.30	142	12.4	73.1	0.9	2.94	0.021

5）溶解气驱油田采收率计算经验公式

$$E_R = 0.2126\left[\frac{\phi(1-S_{wi})}{B_{ob}}\right]^{0.1611} \times \left(\frac{\bar{K}_e}{\mu_{ob}}\right)^{0.0979} \times S_{wi}^{-0.3722} \times \left(\frac{p_b}{p_s}\right)^{0.1741} \tag{1-3-8}$$

其中，油藏废弃压力 p_s 一般取饱和压力的 15%。

4. 推荐水驱砂岩油藏采收率评价理论公式

对于水驱油藏，主要是驱油效率—波及系数法，水驱油藏采出程度表达为：

$$E_R = E_D \times E_h \times E_A \tag{1-3-9}$$

E_D 与 f_w 关系的根据分流量方程：

$$f_{\rm w}=\frac{\dfrac{\mu_{\rm o}}{\mu_{\rm w}}\cdot\dfrac{K_{\rm w}}{K_{\rm o}}}{1+\dfrac{\mu_{\rm o}}{\mu_{\rm w}}\cdot\dfrac{K_{\rm w}}{K_{\rm o}}} \tag{1-3-10}$$

根据威吉尔方程：

$$\overline{S}_{\rm w}=S_{\rm w}+\frac{1-f_{\rm w}}{f'_{\rm w}} \tag{1-3-11}$$

油藏驱油效率 $E_{\rm D}$ 表示为：

$$E_{\rm D}=\frac{S_{\rm w}-S_{\rm wi}}{1-S_{\rm wi}} \tag{1-3-12}$$

$E_{\rm A}$ 与 $f_{\rm w}$ 关系，根据以下经验公式计算：

$$E_{\rm A}=\frac{1}{\left[a_1\ln\left(M+a_2\right)+a_3\right]f_{\rm w}+a_4\ln\left(M+a_5\right)+a_6+1} \tag{1-3-13}$$

其中的数值见表 1–3–8。

表 1–3–8　面波及系数及数学关系式的系数

系数	5 点	直线	交错
a_1	–0.2062	–0.3014	–0.2077
a_2	–0.0712	–0.1568	–0.1059
a_3	–0.5110	–0.9402	–0.3526
a_4	0.3048	0.3714	0.2608
a_5	0.1230	–0.0865	0.2444
a_6	0.4394	0.8805	0.3158

$E_{\rm h}$ 与 $f_{\rm w}$ 关系计算：
对于 $0\leqslant M\leqslant 10$ 和 $0.3\leqslant V_{\rm k}\leqslant 0.8$，WOC 为水油比，计算 Y 值如下：

$$Y=\frac{\left(\text{WOC}+0.4\right)\left(18.948-2.499V_{\rm k}\right)}{\left(M+1.137-0.8094V_{\rm k}\right)10^{f\left(V_{\rm k}\right)}} \tag{1-3-14}$$

式中 $f\left(V_{\rm k}\right)$ 计算式为：

$$f\left(V_{\rm k}\right)=-0.6891+0.8735V_{\rm k}+1.6453V_{\rm k}^2 \tag{1-3-15}$$

根据计算的 Y 可以按式（1–3–16）迭代计算 $E_{\rm h}$：

$$Y = a_1 E_{\mathrm{h}}^{a_2} \left(1 - E_{\mathrm{h}}\right)^{a_3} \tag{1-3-16}$$

其中，a_1=3.34088568；a_2=0.773734820；a_3=−1.22859406；

流度比 M：

$$M = \frac{\mu_{\mathrm{o}}}{\mu_{\mathrm{w}} K_{\mathrm{ro}}\left(S_{\mathrm{wi}}\right)}\left[K_{\mathrm{ro}}\left(\overline{S_{\mathrm{wf}}}\right) + K_{\mathrm{rw}}\left(\overline{S_{\mathrm{wf}}}\right)\right] \tag{1-3-17}$$

将以上计算的 E_{D}、E_{h}、E_{a} 与 f_{w} 的关系计算结果代入，得到 R 与 f_{w} 的关系，一般取 f_{w}=0.98 时的 R 为采收率。

二、“二三结合”采收率计算理论模型

1. 基本相似准则组合建立

对比分析常规开发方式下提高采收率评价方法，筛选对采收率影响大的关键相似准则和 7 项参数。

（1）水油流度比：

$$M_i = \frac{\mu_{\mathrm{o}}}{\mu_{\mathrm{w}} K_{\mathrm{ro}}\left(S_{\mathrm{wc}}\right)}\left[K_{\mathrm{ro}}\left(\overline{S_{\mathrm{wf}}}\right) + K_{\mathrm{rw}}\left(\overline{S_{\mathrm{wf}}}\right)\right], i = \text{水,聚合物,ASP} \tag{1-3-18}$$

（2）含水饱和度：

$$S_{\mathrm{w}}=S_{\mathrm{w}i}\left(f_{\mathrm{w}}\right),\ i=\text{水，聚合物，ASP} \tag{1-3-19}$$

（3）含水率（相对渗透率）：

$$f_{\mathrm{w}}=f_{\mathrm{w}i}\left(S_{\mathrm{w}}\right),\ i=\text{水，聚合物，ASP} \tag{1-3-20}$$

（4）垂向非均质系数：

$$V_{\mathrm{k}}=V_{\mathrm{k}i},\ i=\text{水，聚合物，ASP} \tag{1-3-21}$$

（5）井网密度：n。（1-3-22）

（6）储层平均渗透率：K。（1-3-23）

（7）储层渗透率与流度比协同参数：$\dfrac{K}{M}$。（1-3-24）

2. 影响采收率的主控因素及作用过程表征

在确定基本相似准则的基础上，从渗流力学和油藏工程的角度，对比分析油气田开发过程中常用的采收率分析评价模型。

1）波及参数计算模型

反七点法井网、五点法井网、反九点法井网，见水时面积波及系数与水油流度比的表达式：

$$B\sqrt{\frac{1+M}{2M}} \tag{1-3-25}$$

2）胡斯努林模型

常用的胡斯努林法改进和完善的公式表征了采收率与储层参数、井网密度模型：

$$E_{\mathrm{R}}=\left(0.698+0.16625\lg\frac{K}{\mu_{\mathrm{o}}}\right)\mathrm{e}^{-\frac{0.792}{n}\left(\frac{K}{\mu_{\mathrm{o}}}\right)^{-0.253}} \tag{1-3-26}$$

其中第二项与表征体积波及系数的表达式相似：

$$E_{\mathrm{V}}=\mathrm{e}^{-\frac{1.125}{n}\left(\frac{K}{\mu_{\mathrm{o}}}\right)^{-0.148}} \tag{1-3-27}$$

3）井间水驱油模型

驱替过程中，含油区束缚水饱和度为常数时，两相区中含水饱和度和含油饱和度分布规律（图 1-3-1），图中以距离为横坐标，以含水饱和度为纵坐标。其中，S_{w} 为含水饱和度，S_{o} 为含油饱和度，S_{wc} 为束缚水饱和度，S_{or} 为残余油饱和度，可流动含油饱和度为 $S_{\mathrm{o}}-S_{\mathrm{or}}$。

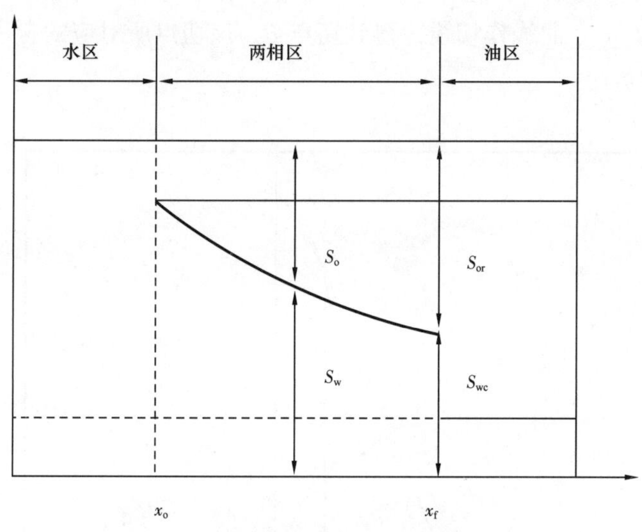

图 1-3-1 饱和度分布曲线

根据贝克莱—列维尔特油水两相渗流理论，确定一维水驱油注入水突破前驱替前缘位置。等饱和度面移动方程：

$$\frac{\mathrm{d}x}{\mathrm{d}t}=\frac{Q}{\phi A}\cdot\frac{\mathrm{d}f_{\mathrm{w}}}{\mathrm{d}S_{\mathrm{w}}}=\frac{Q}{\phi A}f_{\mathrm{w}}'\left(S_{\mathrm{w}}\right) \tag{1-3-28}$$

它表明等饱和度平面的移动速度等于截面上的总液流速度乘以含水率对含水饱和度的导数。在含水率与含水饱和度的关系曲线上，不同含水饱和度时的含水率导数不同，因此各饱和度平面的推进速度也不相等。

对等饱和度平面移动方程两边积分可得：

$$x-x_0=\frac{f'_{\rm w}\left(S_{\rm w}\right)}{\phi A}\int_{t_0}^{t}Q{\rm d}t \tag{1-3-29}$$

式中　x——某一饱和度面 t 时刻到达的位置；

x_0——原始油水界面位置；

$\int_{t_0}^{t}Q{\rm d}t$——从两相区形成（t=0）到 t 时刻渗入两相区的总水量（或从 0 到 t 采出的油水总量）。

由于各含水饱和度下的 $f'_{\rm w}$（$S_{\rm w}$）值不同，因此等饱和度平面在 t 时刻到达的位置也不相同。

水驱油前缘位置 $x_{\rm f}$ 的确定方法：

$$f'_{\rm w}\left(S_{\rm wf}\right)=\frac{f_{\rm w}\left(S_{\rm wf}\right)}{S_{\rm wf}-S_{\rm wc}} \tag{1-3-30}$$

式（1-3-30）是一个含有水驱油前缘含水饱和度 $S_{\rm wf}$ 的隐函数关系式，根据此式可用图解法求得 $S_{\rm wf}$，其方法如下：在含水率与含水饱和度关系曲线（图 1-3-2）中通过束缚水饱和度 $S_{\rm wf}$ 点对 $f_{\rm w}$—$S_{\rm w}$ 曲线作切线，得到切点 B，该切点所对应的含水饱和度即为水驱油前缘含水饱和度 $S_{\rm wf}$。

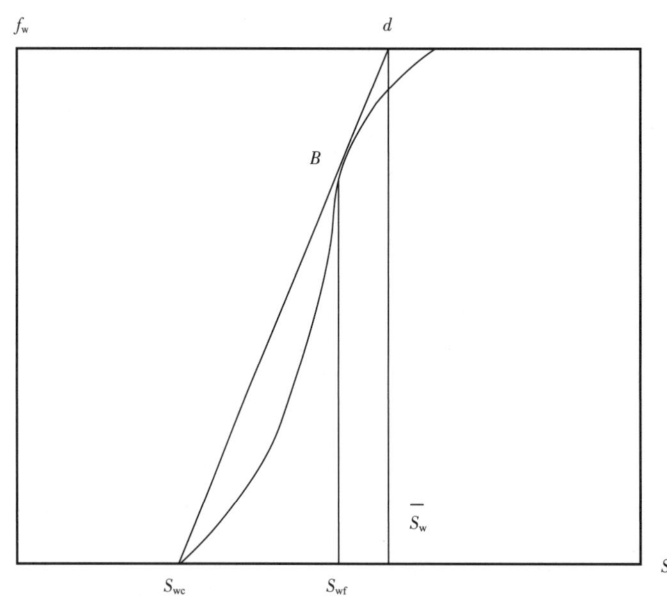

图 1-3-2　水驱前缘饱和度示意图

求得 $S_{\rm wf}$ 后，再在 $f'_{\rm w}$—$S_{\rm w}$ 关系曲线上求出 $f'_{\rm w}$（$S_{\rm wf}$），然后即可求出水驱油前缘所到达的位置 $x_{\rm f}$：

$$x_f - x_0 = \frac{f'_w(S_{wf})}{\phi A}\int_0^t Q\mathrm{d}t \quad (1\text{-}3\text{-}31)$$

当水驱油前缘到达井排时，油井就见水，此时（x_f–x_0）等于原始油水边缘与井排之间的距离（L_0–x_0），因而根据式（1–3–31）又可求出水驱油前缘到达井排（或排液道）的时间。也就是确定井排见水时间。设井排见水时间为 T，则有：

$$L_e - x_0 = \frac{f'_w(S_{wf})}{\phi A}\int_0^T Q\mathrm{d}t \quad (1\text{-}3\text{-}32)$$

式中 L_e——供水边缘至井排的距离；

x_0——供水边缘至原始油水界面的距离；

T——井排见水时间。

两相渗流区中平均含水饱和度 $\overline{S_w}$ 的确定：

设两相渗流区中的平均含水饱和度为 $\overline{S_w}$，根据物质平衡原理，可得：

$$\int_0^t Q\mathrm{d}t = \phi A(x_f - x_0)(\overline{S_w} - S_{wc}) \quad (1\text{-}3\text{-}33)$$

由此可得；

$$\overline{S_w} - S_{wc} = \frac{\int_0^t Q\mathrm{d}t}{\phi A(x_f - x_0)} \quad (1\text{-}3\text{-}34)$$

代入式（1–3–34）则：

$$\overline{S_w} - S_{wc} = \frac{1}{f'_w(S_{wf})} \quad (1\text{-}3\text{-}35)$$

或者可写成：

$$f'_w(S_{wf}) = \frac{1}{\overline{S_w} - S_{wc}} \quad (1\text{-}3\text{-}36)$$

式（1–3–36）是一个含有两相区平均含水饱和度 $\overline{S_w}$ 的隐函数关系式。

水驱油注入水突破后井间饱和度分布：水驱油前缘到达井排后，两相渗流区中含水饱和度的变化规律可以认为与前缘到达井排前的变化规律相同，因此在求解井排见水后两相区含水饱和度变化规律时，可以假定水驱油前缘在到达井排后继续向前推进，此时计算出任一时刻 t，两相区中任一点 x 处的 f'_w（S_w）然后在 f'_w—S_w 关系曲线上找出相应的含水饱和度 S_w。这样就可得到井排见水后任一时刻两相区中含水饱和度的分布曲线（图 1–3–3、图 1–3–4）。

如果要求得见水后井排处含水饱和度 S_{w2} 随时间的变化时，可由下式求出 t 时刻 S_{w2}—t 的值：

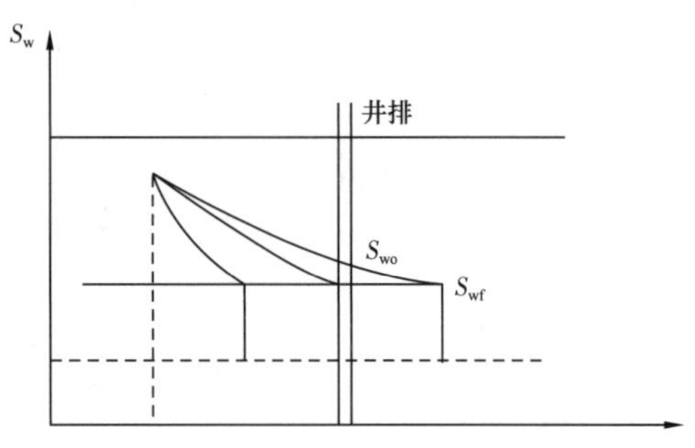

图 1-3-3　见水后含水饱和度分布图

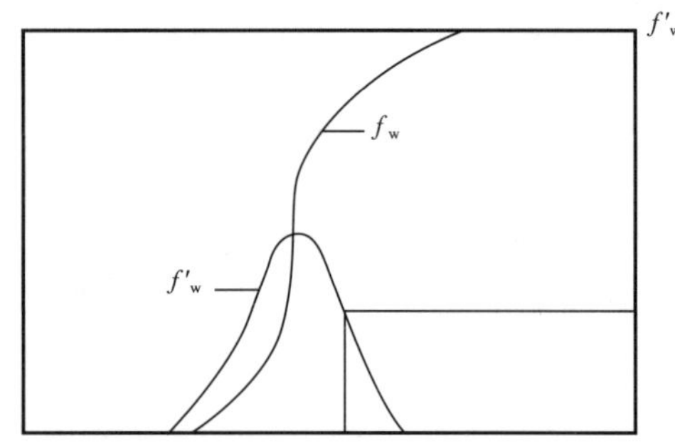

图 1-3-4　含水上升率变化曲线图

$$L_e - x_0 = \frac{f'_w\left(S_w\right)}{\phi A}\int_0^t Q\mathrm{d}t \tag{1-3-37}$$

然后再进一步根据 f'_w（S_{w2}）求出相应的井排处含水饱和度 S_{w2} 来。给出不同的时间 t 值，进行计算即可求得 S_{w2}—t 的关系曲线。

对出口端截面可写出：

$$L_e - x_0 = \frac{f'_w\left(S_{w2}\right)}{\phi A}\int_0^t Q\mathrm{d}t = \frac{f'_w\left(S_{w2}\right)}{\phi A}W_1 \tag{1-3-38}$$

其中 $W_1 = \int_0^t Q\mathrm{d}t$ 为累计注水量。

由此可得：

$$f'_w\left(S_{w2}\right) = \frac{\left(L_e - x_0\right)\phi A}{W_1} = \frac{1}{Q_1} \tag{1-3-39}$$

式中　Q_1——累计注水量的孔隙体积倍数。

由于 f_o（S_{w2}）$=1-f_w$（S_{w2}），其中 f_o（S_{w2}）为岩心出口端含油率。

将 f'（S_{w2}）和 f_o（S_{w2}）代入得：

$$\overline{S_w} = S_{w2} + Q_1 f_o\left(S_{w2}\right) \tag{1-3-40}$$

岩心出口端见水后，岩心中平均含水饱和度与出口端含油率的关系。

对比筛选上述模型，建立了影响采收率主控因素及作用过程的表征方法，共 6 项。

（1）平面波及系数的表征：

$$B\sqrt{\frac{1+M}{2M}} + \frac{Cf_w\left(S_{we}\right)}{1+Df_w\left(S_{we}\right)}\left(1 - B\sqrt{\frac{1+M}{2M}}\right) \tag{1-3-41}$$

（2）井网密度对平面波及系数校正的表征：

$$\mathrm{e}^{-\frac{G}{n}\left(\frac{K}{M}\right)^{-H}} \tag{1-3-42}$$

（3）储层渗透率与流度比协同参数校正表征：

$$1+E\times\lg\frac{K}{M} \tag{1-3-43}$$

（4）垂向非均质影响校正的表征：

$$1-V_{\mathrm{k}}^{F} \tag{1-3-44}$$

（5）驱替过程的表征：

$$\frac{S_{\mathrm{we}}+\dfrac{1-f_{\mathrm{w}}\left(S_{\mathrm{we}}\right)}{f_{\mathrm{w}}'\left(S_{\mathrm{we}}\right)}-S_{\mathrm{wc}}}{1-S_{\mathrm{wc}}-S_{\mathrm{or}}} \tag{1-3-45}$$

（6）相对渗透率。

由于界面张力和毛细管数的变化，残余油饱和度发生变化，因此，相对渗透率随之变化。完整的相对渗透率计算主要包括以下三个步骤：一是确定油水相渗及油气相渗各自曲线的特征值；二是拟合两相流体相对渗透率函数表达式的指数；三是利用 Stone 模型，计算油、气、水三相的油相相对渗透率。

对于油气两相混合流体，油相和气相的相对渗透率的表达式分别为：

$$K_{\mathrm{rog}}=K_{\mathrm{rogmax}}\left(\frac{S_{\mathrm{o}}-S_{\mathrm{org}}}{1-S_{\mathrm{org}}-S_{\mathrm{gc}}}\right)^{n_{\mathrm{og}}} \tag{1-3-46}$$

式中　K_{rog}——油气两相相对渗透率曲线对应的油相相对渗透率；

K_{rogmax}——油气两相相对渗透率曲线中油相相对渗透率曲线最大值；

S_{o}——含油饱和度；

S_{org}——油气两相相对渗透率曲线对应的残余油饱和度；

S_{gc}——油气两相相对渗透率曲线对应的滞留气饱和度；

n_{og}——油气两相相对渗透率曲线对应油相相对渗透率函数表达式的幂指数。

$$K_{\mathrm{rg}}=K_{\mathrm{rgmax}}\left(\frac{S_{\mathrm{g}}-S_{\mathrm{gc}}}{1-S_{\mathrm{org}}-S_{\mathrm{gc}}}\right)^{n_{\mathrm{g}}} \tag{1-3-47}$$

式中　K_{rg}——油气两相相对渗透率曲线对应的气相相对渗透率；

K_{rgmax}——油气两相相对渗透率中气相相对渗透率曲线的最大值（特征值）；

S_{g}——含气饱和度；

S_{gc}——油气两相相对渗透率曲线对应的滞留气饱和度；

S_{org}——油气两相相对渗透率曲线对应的残余油饱和度；

n_{g}——油气两相相对渗透率曲线对应的气相相对渗透率函数表达式的幂指数。

对于油水两相混合流体，油相和水相的相对渗透率的表达式分别为：

$$K_{\mathrm{row}} = K_{\mathrm{rowmax}} \left(\frac{S_{\mathrm{o}} - S_{\mathrm{orw}}}{1 - S_{\mathrm{wc}} - S_{\mathrm{orw}}} \right)^{n_{\mathrm{ow}}} \tag{1-3-48}$$

式中 K_{row}——油水两相相对渗透率曲线对应的油相相对渗透率；

K_{rowmax}——油水两相相对渗透率曲线中油相相对渗透率曲线的最大值；

S_{o}——含油饱和度；

S_{orw}——油水两相相对渗透率曲线对应的残余油饱和度；

S_{wc}——油水两相相对渗透率曲线对应的束缚水饱和度；

n_{ow}——油水两相相对渗透率曲线对应油相相对渗透率函数表达式的幂指数。

$$K_{\mathrm{m}} = K_{\mathrm{mmax}} \left(\frac{S_{\mathrm{w}} - S_{\mathrm{wc}}}{1 - S_{\mathrm{wc}} - S_{\mathrm{onv}}} \right)^{n_{\mathrm{w}}} \tag{1-3-49}$$

式中 K_{rw}——油水两相相对渗透率曲线对应的水相相对渗透率；

K_{rwmax}——油水两相相对渗透率曲线中水相相对渗透率曲线的最大值；

S_{w}——含水饱和度；

S_{wc}——油水两相相对渗透率曲线对应的束缚水饱和度；

S_{orw}——油水两相相对渗透率曲线对应的残余油饱和度；

n_{w}——油水两相相对渗透率曲线对应的水相相对渗透率函数表达式的幂指数。

对于油、气、水三相混合流体，气相和水相的相对渗透率可分别用两相相对渗透率关系来表达。油相相对渗透率不能直接用两相相对渗透率关系中的油相表达式，需要借助 Stone 模型来获得。

Stone 模型给出的三相流体中，油相相对渗透率 K_{ro} 的函数表达式为：

$$K_{\mathrm{ro}} = S_{\mathrm{o}}^{*} \beta_{\mathrm{w}} \beta_{\mathrm{g}} \tag{1-3-50}$$

其中：

$$S_{\mathrm{o}}^{*} = \frac{S_{\mathrm{o}} - S_{\mathrm{or}}}{1 - S_{\mathrm{wc}} - S_{\mathrm{or}} - S_{\mathrm{gc}}}$$

$$\beta_{\mathrm{w}} = \frac{K_{\mathrm{row}}}{1 - S_{\mathrm{w}}^{*}}$$

$$\beta_{\mathrm{g}} = \frac{K_{\mathrm{rog}}}{1 - S_{\mathrm{g}}^{*}}$$

$$S_{\mathrm{w}}^{*} = \frac{S_{\mathrm{w}} - S_{\mathrm{wc}}}{1 - S_{\mathrm{wc}} - S_{\mathrm{or}} - S_{\mathrm{gc}}}$$

$$S_{\mathrm{g}}^{*} = \frac{S_{\mathrm{g}} - S_{\mathrm{gc}}}{1 - S_{\mathrm{wc}} - S_{\mathrm{or}} - S_{\mathrm{gc}}}$$

$S_{\mathrm{or}}=S_{\mathrm{or}}(N_{\mathrm{C}})$ 残余油是毛细管数的函数，主要是驱替液黏度和界面张力的函数。

3.“二三结合”采收率计算模型

根据影响采收率主控因素及作用过程的表征，以前 1–2 项因素为主体，3–4 项是校正，第 5–6 项是过程，因此，从渗流力学和油藏工程的角度，借鉴波及参数计算模型、胡斯努林模型、井间水驱油模型、井网影响模型，构建“二三结合”提高采收率计算基本模型：

$$\begin{cases} E_R = A\left[B\sqrt{\dfrac{1+M}{2M}} + \dfrac{Cf_w\left(S_{we}\right)}{1+Df_w\left(S_{we}\right)}\left(1-B\sqrt{\dfrac{1+M}{2M}}\right)\right]\left(1+E\lg\dfrac{K}{M}\right) \\ \dfrac{S_{we}+\dfrac{1-f_w\left(S_{we}\right)}{f_w'\left(S_{we}\right)}-S_{wc}}{1-S_{wc}-S_{or}}\left(1-V_k{}^F\right)e^{-\frac{G}{n}\left(\frac{K}{M}\right)^{-H}} \\ M_i = \dfrac{\mu_o}{\mu_w K_{ro}\left(S_{wc}\right)}\left[K_{ro}\left(\overline{S_{wf}}\right)+K_{rw}\left(\overline{S_{wf}}\right)\right],\ i=\text{水，聚合物，ASP} \\ f_w = f_{wi}\left(S_w\right),\ i=\text{水，聚合物，ASP} \\ S_w = S_{wi}\left(f_w\right),\ i=\text{水，聚合物，ASP} \\ V_k = V_{ki},\ i=\text{水，聚合物，ASP} \end{cases} \tag{1-3-51}$$

式中 $B\sqrt{\dfrac{1+M}{2M}}$——主要是表征流度比对见水时面积波及系数的影响；

$\dfrac{Cf_w\left(S_{we}\right)}{1+Df_w\left(S_{we}\right)}\left(1-B\sqrt{\dfrac{1+M}{2M}}\right)$——主要是表征流度比对见水后面积波及系数的影响；

$1+E\lg\dfrac{K}{M}$——主要是表征渗透率对提高采收率的影响；

$\dfrac{S_{we}+\dfrac{1-f_w\left(S_{we}\right)}{f_w'\left(S_{we}\right)}-S_{wc}}{1-S_{wc}-S_{or}}$——主要是表征不同含水阶段驱油效率对提高采收率的影响；

$1-V_k{}^F$——主要是表征储层非均质对提高采收率的影响；

$e^{-\frac{G}{n}\left(\frac{K}{M}\right)^{-H}}$——主要是表征井网密度对提高采收率的影响。

流度比、相对渗透率、微观驱油效率、井网密度体现了二次开发和三次采油的作用机理和过程。

即将“二三结合”提高采收率平面模型细化为：

$$E_R=E_A C_1\left(E_A,\ f_w\right) C_2\left(K\right) E_D E_h C_3\left(n\right) \tag{1-3-52}$$

三、“二三结合”协同增效模型

1.“二三结合”提高采收率原理

1）原井网采收率

对应参数：渗透率 K、变异系数 V_k、流度比 M_1、综合含水率 f_w、原井网密度 n_1、微观驱替效率 ΔS_1，采收率表达式：

$$E_{\text{R1}} = A\left[B\sqrt{\frac{1+M_1}{2M_1}} + \frac{Cf_{\text{w}}\left(S_{\text{we}}\right)}{1+Df_{\text{w}}\left(S_{\text{we}}\right)}\left(1-B\sqrt{\frac{1+M_1}{2M_1}}\right)\right]\left(1+E\lg\frac{K}{M_1}\right)\Delta S_1\left(1-V_{\text{k}}{}^{F}\right)\text{e}^{-\frac{G}{n_1}\left(\frac{K}{M_1}\right)^{-H}} \tag{1-3-53}$$

$$E_{\text{R1}} = E_1\left(M_1\right)E_2\left(\frac{K}{M_1}\right)E_3\left(M_1,P_{\text{c1}}\right) \tag{1-3-54}$$

其中：$E_1\left(M_1\right) = A\left[B\sqrt{\frac{1+M_1}{2M_1}} + \frac{Cf_{\text{w}}\left(S_{\text{we}}\right)}{1+Df_{\text{w}}\left(S_{\text{we}}\right)}\left(1-B\sqrt{\frac{1+M_1}{2M_1}}\right)\right]$

$$E_2\left(\frac{K}{M_1}\right) = \left(1+E\lg\frac{K}{M_1}\right)$$

$$E_3\left(M_1,P_{\text{c1}}\right) = \Delta S_1\left(1-V_{\text{k}}{}^{F}\right)$$

$$E_4\left(\frac{K}{M_1},n_1\right) = \text{e}^{-\frac{G}{n_1}\left(\frac{K}{M_1}\right)^{-H}}$$

2）二次开发采收率

对应参数：渗透率 K、变异系数 V_{k}、流度比 M_1、综合含水率 f_{w}、现井网密度 n_2、微观驱替效率 ΔS_1，其中：$n_2 > n_1$。

$$E_{\text{R2}} = A\left[B\sqrt{\frac{1+M_1}{2M_1}} + \frac{Cf_{\text{w}}\left(S_{\text{we}}\right)}{1+Df_{\text{w}}\left(S_{\text{we}}\right)}\left(1-B\sqrt{\frac{1+M_1}{2M_1}}\right)\right]\left(1+E\lg\frac{K}{M_1}\right)\Delta S_1\left(1-V_{\text{k}}{}^{F}\right)\text{e}^{-\frac{G}{n_2}\left(\frac{K}{M_1}\right)^{-H}} \tag{1-3-55}$$

$$E_{\text{R2}} = E_1\left(M_1\right)E_2\left(\frac{K}{M_1}\right)E_3\left(M_1,P_{\text{c1}}\right)E_4\left(\frac{K}{M_1},n_2\right) \tag{1-3-56}$$

3）原井网三次采油采收率

对应参数：渗透率 K、变异系数 V_{k}、流度比 M_2、综合含水率 f_{w}、原井网密度 n_1、微观驱替效率 ΔS_2，其中：$M_2 < M_1$，$\Delta S_2 > \Delta S_1$。

$$E_{\text{R3}} = A\left[B\sqrt{\frac{1+M_2}{2M_2}} + \frac{Cf_{\text{w}}\left(S_{\text{we}}\right)}{1+Df_{\text{w}}\left(S_{\text{we}}\right)}\left(1-B\sqrt{\frac{1+M_2}{2M_2}}\right)\right]\left(1+E\lg\frac{K}{M_2}\right)\Delta S_2\left(1-V_{\text{k}}{}^{F}\right)\text{e}^{-\frac{G}{n_1}\left(\frac{K}{M_2}\right)^{-H}} \tag{1-3-57}$$

$$E_{\text{R3}} = E_1\left(M_2\right)E_2\left(\frac{K}{M_2}\right)E_3\left(M_2,P_{\text{c2}}\right)E_4\left(\frac{K}{M_2},n_1\right) \tag{1-3-58}$$

4）“二三结合”采收率

对应参数：渗透率 K、变异系数 V_k、流度比 M_2、综合含水率 f_w、现井网密度 n_2、微观驱替效率 ΔS_2，其中：$M_2 < M_1$，$\Delta S_2 > \Delta S_1$，$n_2 > n_1$：

$$E_{R23}=A\left[B\sqrt{\frac{1+M_2}{2M_2}}+\frac{Cf_w\left(S_{we}\right)}{1+Df_w\left(S_{we}\right)}\left(1-B\sqrt{\frac{1+M_2}{2M_2}}\right)\right]\left(1+E\lg\frac{K}{M_2}\right)\Delta S_2\left(1-V_k^{\ F}\right)e^{-\frac{G}{n_2}\left(\frac{K}{M_2}\right)^{-H}} \tag{1-3-59}$$

$$E_{R23}=E_1\left(M_2\right)E_2\left(\frac{K}{M_2}\right)E_3\left(M_2,P_{c2}\right)E_4\left(\frac{K}{M_2},n_2\right) \tag{1-3-60}$$

5）“二三结合”采收率“1+1>2”证明

$$\alpha=E_1\left(M_2\right)-E_1\left(M_1\right) \tag{1-3-61}$$

$$\beta=E_2\left(\frac{K}{M_2}\right)-E_2\left(\frac{K}{M_1}\right) \tag{1-3-62}$$

$$\delta=E_3\left(M_2,P_{c2}\right)-E_3\left(M_1,P_{c1}\right) \tag{1-3-63}$$

$$\varepsilon=E_4\left(\frac{K}{M_1},n_2\right)-E_4\left(\frac{K}{M_1},n_1\right) \tag{1-3-64}$$

$$\in=E_4\left(\frac{K}{M_2},n_1\right)-E_4\left(\frac{K}{M_1},n_1\right) \tag{1-3-65}$$

$$\theta=E_4\left(\frac{K}{M_2},n_2\right)-E_4\left(\frac{K}{M_1},n_1\right) \tag{1-3-66}$$

式中 α——不同流度比下理论波及系数差值；

β——不同流度下波及体积影响因子差值；

δ——驱油效率差值；

ε——二次开发井网密度影响差值；

$\in$——三次采油井网密度影响差值；

θ——二三结合井网密度影响差值。

$G \gg H$：流度及流度比的影响前面模块已经考虑，井网密度影响模块中，流度影响只是校正井网与流度的协同效应，该效应与井网密度影响对比，相对次要，且 H 为幂指数，所以 $G \gg H$。

$\theta>\varepsilon$ 且 $\theta>\in$ 流度改善能够提升井网加密的效果，因此“二三结合”的井网加密效果，好于仅井网加密的二次开发，也好于仅流度改善的三次采油。

$\in\approx0$：该模块主要是表征井网密度影响，因此，不存在井网加密时，该值很小，接近 0。

即：$G\gg$H，$\theta>\varepsilon$ 且 $\theta>\in$，$\in\approx0$ 且 6 个变量均大于 0。

提高采收率幅度化为：

$$\Delta E_{\mathrm{R2}}=E_1\left(M_1\right)E_2\left(\frac{K}{M_1}\right)E_3\left(M_1,P_{\mathrm{c1}}\right)\varepsilon \tag{1-3-67}$$

$$\begin{aligned}\Delta E_{\mathrm{R3}}=&\left[E_1\left(M_1\right)+\alpha\right]\left[E_2\left(\frac{K}{M_1}\right)+\beta\right]\left[E_3\left(M_1,P_{\mathrm{c1}}\right)+\delta\right]\left[E_4\left(\frac{K}{M_1},n_1\right)+\in\right]-\\&E_1\left(M_1\right)E_2\left(\frac{K}{M_1}\right)E_3\left(M_1,P_{\mathrm{c1}}\right)E_4\left(\frac{K}{M_1},n_1\right)\end{aligned} \tag{1-3-68}$$

近似于：

$$\begin{aligned}&E_1\left(M_1\right)E_2\left(\frac{K}{M_1}\right)\delta E_4\left(\frac{K}{M_1},n_1\right)+E_1\left(M_1\right)\beta\delta E_4\left(\frac{K}{M_1},n_1\right)+\\&E_1\left(M_1\right)\beta E_3\left(M_1,P_{\mathrm{c1}}\right)E_4\left(\frac{K}{M_1},n_1\right)+\alpha E_2\left(\frac{K}{M_1}\right)E_3\left(M_1,P_{\mathrm{c1}}\right)E_4\left(\frac{K}{M_1},n_1\right)+\\&\alpha E_2\left(\frac{K}{M_1}\right)\delta E_4\left(\frac{K}{M_1},n_1\right)+\alpha\beta\delta E_4\left(\frac{K}{M_1},n_1\right)+\alpha\beta E_3\left(M_1,P_{\mathrm{c1}}\right)E_4\left(\frac{K}{M_1},n_1\right)\end{aligned} \tag{1-3-69}$$

$$\begin{aligned}\Delta E_{\mathrm{R23}}=&\left[E_1\left(M_1\right)+\alpha\right]\left[E_2\left(\frac{K}{M_1}\right)+\beta\right]\left[E_3\left(M_1,P_{\mathrm{c1}}\right)+\delta\right]\left[E_4\left(\frac{K}{M_1},n_1\right)+\theta\right]-\\&E_1\left(M_1\right)E_2\left(\frac{K}{M_1}\right)E_3\left(M_1,P_{\mathrm{c1}}\right)E_4\left(\frac{K}{M_1},n_1\right)=\\&\left[E_1\left(M_1\right)+\alpha\right]\left[E_2\left(\frac{K}{M_1}\right)+\beta\right]1\left(M_1\right)E_2\left(\frac{K}{M_1}\right)\delta E_4\left(\frac{K}{M_1},n_1\right)+\\&E_1\left(M_1\right)\beta\delta E_4\left(\frac{K}{M_1},n_1\right)+E\left[E_3\left(M_1,P_{\mathrm{c1}}\right)+\delta\right]\theta+\end{aligned} \tag{1-3-70}$$

$$\begin{aligned}&E_1\left(M_1\right)\beta E_3\left(M_1,P_{\mathrm{c1}}\right)E_4\left(\frac{K}{M_1},n_1\right)+\alpha E_2\left(\frac{K}{M_1}\right)E_3\left(M_1,P_{\mathrm{c1}}\right)E_4\left(\frac{K}{M_1},n_1\right)+\\&\alpha E_2\left(\frac{K}{M_1}\right)\delta E_4\left(\frac{K}{M_1},n_1\right)+\alpha\beta\delta E_4\left(\frac{K}{M_1},n_1\right)+\alpha\beta E_3\left(M_1,P_{\mathrm{c1}}\right)E_4\left(\frac{K}{M_1},n_1\right)\end{aligned} \tag{1-3-71}$$

“二三结合”提高采收率与二次开发、三次采油提高采收率之和的差：

$$\Delta E_{R23}-\Delta E_{R2}-\Delta E_{R3}=\left[E_1\left(M_1\right)+\alpha\right]\left[E_2\left(\frac{K}{M_1}\right)+\beta\right]\left[E_3\left(M_1,P_{c1}\right)+\delta\right]\theta-E_1\left(M_1\right)E_2\left(\frac{K}{M_1}\right)E_3\left(M_1,P_{c1}\right)\varepsilon \tag{1-3-72}$$

即：ΔE_{R23}–ΔE_{R2}–ΔE_{R3}

$$>\left[E_1\left(M_1\right)+\alpha\right]\left[E_2\left(\frac{K}{M_1}\right)+\beta\right]\left[E_3\left(M_1,P_{c1}\right)+\delta\right]\theta-E_1\left(M_1\right)E_2\left(\frac{K}{M_1}\right)E_3\left(M_1,P_{c1}\right)\theta \tag{1-3-73}$$

简化为：

$$\Delta E_{R23}-\Delta E_{R2}-\Delta E_{R3}>0 \tag{1-3-74}$$

$$\Delta E_{R23}>\Delta E_{R2}+\Delta E_{R3} \tag{1-3-75}$$

6）“二三结合”协同效应增效分析

二次开发主要是井网密度影响机理，即主要与 ε 相关：

$$\Delta E_{R2}=E_1\left(M_1\right)E_2\left(\frac{K}{M_1}\right)E_3\left(M_1,P_{c1}\right)\varepsilon \tag{1-3-76}$$

三次采油主要是流度比改善（α）、驱油效率改善（δ）、三次采油协同效应对波及体积（β、$\in$）影响机理：

$$\Delta E_{R3}=\left[E_1\left(M_1\right)+\alpha\right]\left[E_2\left(\frac{K}{M_1}\right)+\beta\right]\left[E_3\left(M_1,P_{c1}\right)+\delta\right]\left[E_4\left(\frac{K}{M_1},n_1\right)+\in\right]-1\left(M_1\right)E_2\left(\frac{K}{M_1}\right)E_3\left(M_1,P_{c1}\right)E_4\left(\frac{K}{M_1},n_1\right) \tag{1-3-77}$$

“二三结合”主要是井网密度（θ）、流度比改善（α）、驱油效率改善（δ）、二三结合协同效应对波及体积（β）影响机理：

$$\Delta E_{R23}=\left[E_1\left(M_1\right)+\alpha\right]\left[E_2\left(\frac{K}{M_1}\right)+\beta\right]\left[E_3\left(M_1,P_{c1}\right)+\delta\right]\left[E_4\left(\frac{K}{M_1},n_1\right)+\theta\right]-E_1\left(M_1\right)E_2\left(\frac{K}{M_1}\right)E_3\left(M_1,P_{c1}\right)E_4\left(\frac{K}{M_1},n_1\right) \tag{1-3-78}$$

2.“二三结合”提高采收率评价模型参数

首先考虑单因素对于采收率的影响，再综合处理，参考油藏基础参数：油水黏度比

μr 为 5；平均渗透率 K 为 200mD；M 取 6。

1）参数 F

利用数值模拟得到变异系数与采收率系数图，拟合公式 $E=1-V_k^F$。为了计算方便将其线性化，因为采收率和变异系数都是零到一之间的正数，可取对数 $\ln(1-E)=F\ln V_k$ 得出 $\ln(1-E)$ 与 $\ln V_k$ 关系图的斜率即可（图 1-3-5、图 1-3-6）。拟合得到 $E=1-V_k^F$，得到 $F=3$。

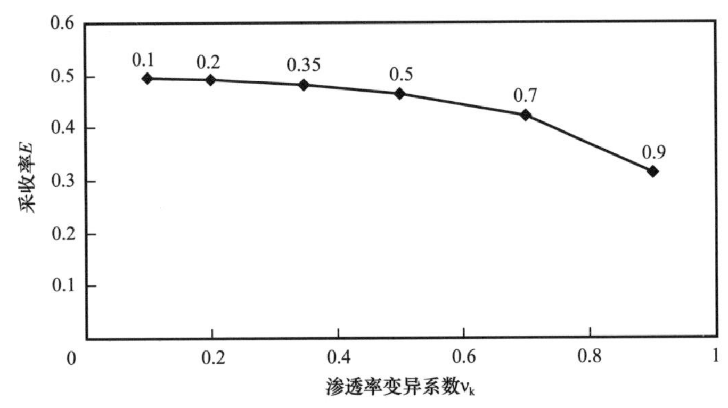

图 1-3-5　渗透率变异系数与采收率关系图

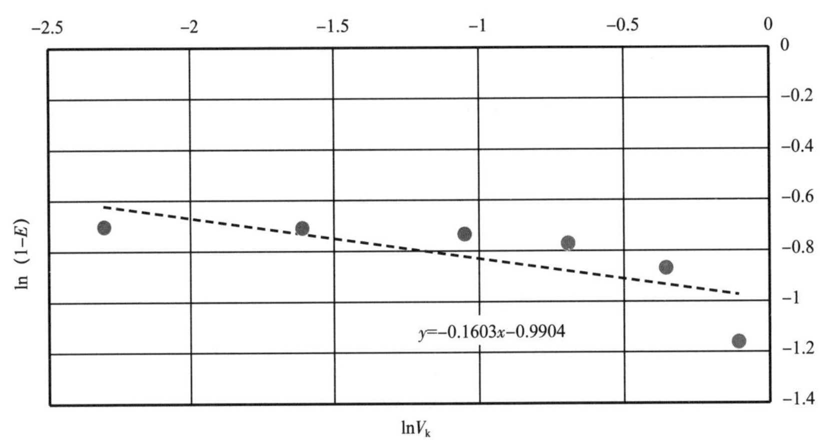

图 1-3-6　拟合数据图

分析拟合数据跟精度，应该在变异系数前有系数，也即是 $E=1-F'V_k^F$，在拟合过程中 $\ln F'$ 就是取对数后线性拟合图的截距 -0.9904，从而 $F'=e^{-0.9904}=0.3714$，得到更加符合数据的公式 $E=1-0.3714V_k^{-0.1603}$。

此外，可以发现对坐标取对数再取相反数后成对数关系，符合得比较好（图 1-3-7），最终拟合得到函数：

$$E=1-0.05331(-\ln V_k)^{-0.1014} \tag{1-3-79}$$

2）BCD 参数

以五点井网为例讨论 B、C、D 三个参数，用数学曲线拟合的方法给点其参数的取值

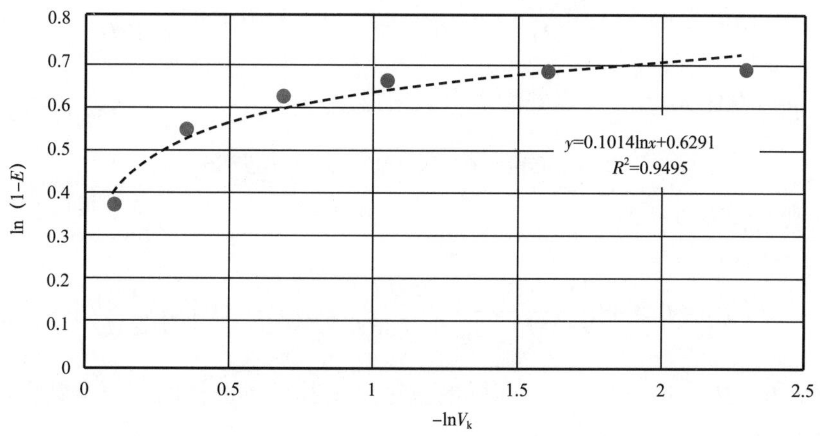

图 1-3-7　拟合含水图

范围。含水率和波及系数的关系，可根据不同的流度比值可以得到，理论数据中波及系数是近井含水饱和度的增凸函数（一阶二阶导数都为正）：

设：$f(x)=\dfrac{Cx}{1+Dx},x\in(0.1),f'(x)=\dfrac{C}{(1+Dx)^2}>0,f'(x)=\dfrac{-CD}{(1+Dx)^3}>0$，因此可以结合波及系数简单判断出 $C>0$，$D<0$。

对于 B，因为在公式里面当近井含水率为 0 时，可以对应的波及系数计算出 B，f_w（S_{we}）=0，则：

$$E_A=B\sqrt{\frac{1+M}{2M}} \tag{1-3-80}$$

此时 E_A=0.35，反解出：B=0.4583。

对于 C、D，因为只有两个未知数，计算时可以考虑取 0.55 和 0.95 两个点作为基准点组成一个二元一次方程组，计算出 C、D，以 M=6 为例计算：

$$\begin{cases}0.35+\dfrac{0.55C}{1+0.55D}=0.4578\\[2mm]0.35+\dfrac{0.95C}{1+0.95D}=0.7686\end{cases} \tag{1-3-81}$$

计算得出：

$$\begin{cases}C=0.1711\\D=0.7872\end{cases} \tag{1-3-82}$$

五点井网数据拟合得：

$$B=0.4583，C=0.1711，D=-0.7872$$

波及系数公式变成：

$$E_A = 0.4583\sqrt{\frac{1+M}{2M}} + \frac{0.1711 f_w S_{we}}{1-0.7872 f_w S_{we}}\left(1-0.4583\sqrt{\frac{1+M}{2M}}\right) \tag{1-3-83}$$

若取水油流度比 M=1，五点井网拟合数据得：

$$B=0.5049,\ C=0.3092,\ D=-0.5886$$

波及系数公式变成：

$$E_A = 0.5049\sqrt{\frac{1+M}{2M}} + \frac{0.1992 f_w S_{we}}{1-0.7886 f_w S_{we}}\left(1-0.5049\sqrt{\frac{1+M}{2M}}\right) \tag{1-3-84}$$

对于 E、G、H，这三个参数用同样的方法给出其可供选择的一个参数，与胡斯努林公式的对比导出。

原油黏度取 5，流度比取 6，由改进的胡斯努林公式非指数部分 $0.698+0.16625\lg\frac{K}{\mu_o}$，换成 $a+b\lg\frac{K}{M}$，建立等式关系：

$$0.698+0.16625\lg\frac{K}{\mu_o} = a+b\lg\frac{K}{M} = a+0.16625\lg\frac{K}{M} \tag{1-3-85}$$

从而得到 $A=0.7772, 0.7772+0.16625\lg\frac{K}{M}=0.7772\left(1+0.2139\lg\frac{K}{M}\right)$，得 E=0.2139。

将波及体积公式或者胡斯努林公式指数部分和建立的采收率公式指数部分对比：

$$-\frac{1.125}{n}\left(\frac{K}{\mu_o}\right)^{-0.148} = -\frac{G}{n}\left(\frac{K}{M}\right)^{-H} \tag{1-3-86}$$

且由后面指数部分可以得到：H=0.148，G=1.095。

$$\begin{aligned} E_R = A&\left[0.4583\sqrt{\frac{1+M}{2M}} + \frac{0.3019 f_w(S_{we})}{1-0.7872 f_w(S_{we})}\left(1-0.4583\sqrt{\frac{1+M}{2M}}\right)\right] \\ &\left(1+0.2139\lg\frac{K}{M}\right)\times\frac{S_{we}-S_{wc}+\dfrac{1-f_w(S_{we})}{f'_w(we)}}{1-S_{or}-S_{wc}}\left(1-V_k^3\right)e^{-\frac{1.095}{n}\left(\frac{K}{M}\right)^{-0.148}} \end{aligned} \tag{1-3-87}$$

对于 A，在上面建立了采收率计算公式中，A 所起的作用为最后的归一化，用胡思努林公式计算采收率和上面计算采收率的公式作比较得出 A 的取值，并作为实际油藏参数不够准确、利用水驱指标校正时的调整系数。

3.“二三结合”提高采收率评价模型完善

为了增加模型的通用性，根据工程应用习惯，对“二三结合”提高采收率评价基本模型进行适当变形、简化、完善，以吸纳更多的现有认识和研究结果。

$$
\begin{cases}
E_{\mathrm{R}}=\dfrac{0.49A}{\left[a_1\ln\left(M+a_2\right)+a_3\right]f_{\mathrm{w}}+a_4\ln\left(M+a_5\right)+a_6+1}\left(1+0.214\lg\dfrac{K}{M}\right)\\
\dfrac{S_{\mathrm{we}}+\dfrac{1-f_{\mathrm{w}}\left(S_{\mathrm{we}}\right)}{f_{\mathrm{w}}'\left(S_{\mathrm{we}}\right)}-S_{\mathrm{wc}}}{1-S_{\mathrm{wc}}-S_{\mathrm{or}}}\left(1-V_{\mathrm{k}}^{3}\right)\mathrm{e}^{-\frac{1.095}{n}\left(\frac{K}{M}\right)^{-0.148}}\\
M_i=\dfrac{\mu_{\mathrm{o}}}{\mu_{\mathrm{w}}K_{\mathrm{ro}}\left(S_{\mathrm{wc}}\right)}\left[K_{\mathrm{ro}}\left(\overline{S_{\mathrm{wf}}}\right)+K_{\mathrm{rw}}\left(\overline{S_{\mathrm{wf}}}\right)\right],\ i=\text{水，聚合物，ASP}\\
f_{\mathrm{w}}=f_{\mathrm{w}i}\left(S_{\mathrm{w}}\right),\ i=\text{水，聚合物，ASP}\\
S_{\mathrm{w}}=S_{\mathrm{w}i}\left(f_{\mathrm{w}}\right),\ i=\text{水，聚合物，ASP}\\
V_{\mathrm{k}}=V_{\mathrm{k}i},\ i=\text{水，聚合物，ASP}
\end{cases}
\tag{1-3-88}
$$

表 1-3-9　参考五点井网系数表

系数	参考五点井网
a_1	−0.2062
a_2	−0.0712
a_3	−0.5110
a_4	0.3048
a_5	0.1230
a_6	0.4394

4.“二三结合”提高采收率评价模型应用方法

考虑到“二三结合”提高采收率是一个过程，因此，建立了基于“二三结合”提高采收率模型的过程评价应用方法。

（1）基础数据准备：储层物性、油藏参数、流体物性、三次采油用剂物化参数、相对渗透率、井网井距等。

（2）利用水驱结果参数和采收率理论模型，计算理论采出程度—含水率关系曲线至目前含水率，校正 A，必要时非均质系数、相对渗透率等参数，计算井间平均含油饱和度。

（3）如果某一含水下井网加密，则直接计算对应采出程度，形成采出程度跳跃。

（4）减少井间平均含油饱和度，设定理论注采液量初值。

（5）计算地层中驱替液的参数，如果处于三次采油过程中，按照零维物质守恒原理计算流体参数（包括黏度等）、相对渗透率端点参数。

（6）计算理论相对渗透率，计算对应驱替液理论前缘含水饱和度，计算理论平均含水饱和度和油—驱替液流度比，计算产出端含水率。

（7）计算注采液量，与理论注采液量对比，如果大于设定的误差，调整理论注采液量参数，转向步骤（5）。

（8）计算井间平均含油饱和度对应的采出程度，如果井间平均含油饱和度、产出含水率、采出程度未达到中止条件，则转向步骤（4）。

根据所建模型，“二三结合”提高采收率与单独的二次开发、三次采油提高采收率之和相比，理论上协同增效可达10%左右。

第四节　全生命周期开发价值链模型

全生命周期开发价值链是以油田内部价值活动为核心所形成的价值体系，含生产活动和开发活动。对高含水油田而言，开发活动是构成开发价值链的主要因素。基于不同价值取向（技术、经济、社会）创建相应的开发价值链模型，实现价值最大化。

在“二三结合”提高采收率理论模型研发的基础上，建立老油田全生命周期效益稳产开发价值链模型，通过提出老油田全生命周期效益稳产开发价值链理念，建立复杂断块高含水油田“二三结合”转换时机数学模型，可揭示“二三结合”转换时机敏感性，实现“二三结合”转换时机优化。

一、“二三结合”转换时机优化设计方法

“二三结合”是组合二次开发和三次采油，发挥两者间互补优势，优选驱替介质转换时机实现“二三结合”高效协同融合驱替剩余油，笔者分别从提高采收率、提高经济效益、井网全生命周期管理的角度出发，探索如何确定驱替介质转换时机是“二三结合”的重点研究内容。

1. 基于提高采收率的驱替介质转换时机优化方法

“二三结合”的开发价值观是为了增加老油田效益可采储量，既提高老油田采收率，如何通过优选驱替介质转换时机实现提高采收率最大化尤为重要。

为研究“二三结合”注采井网构建完成后驱替介质转换时机对最终采收率的影响，利用数值模拟方法建立9注16采的机理模型，部署新井13口、老井利用12口（参考《大港油田港西开发区“二三结合”工业化试验方案》中总方案老井利用比例），注采井距150m，（图1–4–1）。

储层物性参数参考港西油田（平均孔隙度31%、平均渗透率988mD），油藏中深1100m，原始地层压力系数1.0，饱和压力9.8MPa，地下原油黏度取平均黏度30mPa·s，溶解气油比33m^3/m^3，相渗曲线参考港西四区取心实测数据。该模型原油地质储量为79×10^{4}t，初始含油饱和度场取自港西四区Ng1–2–2含油饱和度场的局部区域（图1–4–2），该区域采出程度33.64%、含水率为94.2%。

在相同条件下仅改变水驱转聚/表二元复合驱的时间，对比不同三次采油转换时机对最终采收率的影响。高渗透储层二次开发水驱转聚/表二元复合驱越晚，三次采油提高采收率的增幅越小（图1–4–3），其中在采出程度43%之前，三次采油提高采收率幅度差距降幅不大，每年下降幅度仅0.34%，但当采出程度超过43%后，三次采油提高采收率幅

度将大幅下降，因此对于高渗透储层开展“二三结合”时，实施区块最佳选择时机在采出程度 43% 之前，这个区间转变驱替介质提高采收率的效果最佳。

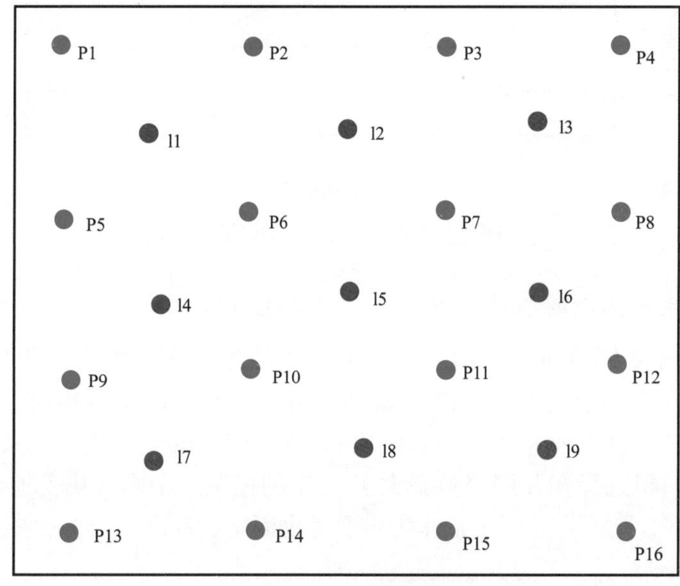

图 1-4-1 转换时机机理研究注采井网图

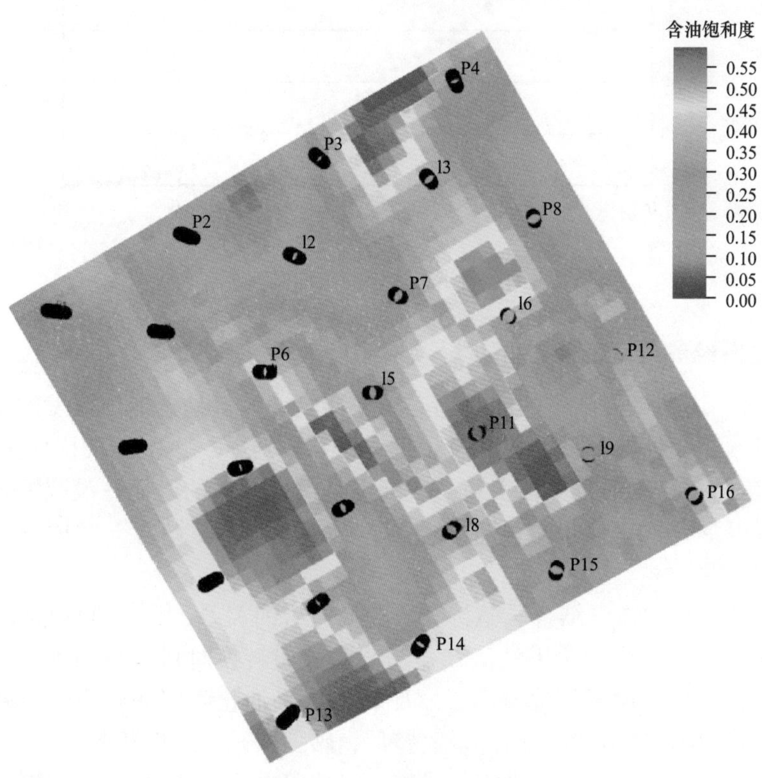

图 1-4-2 含油饱和度场

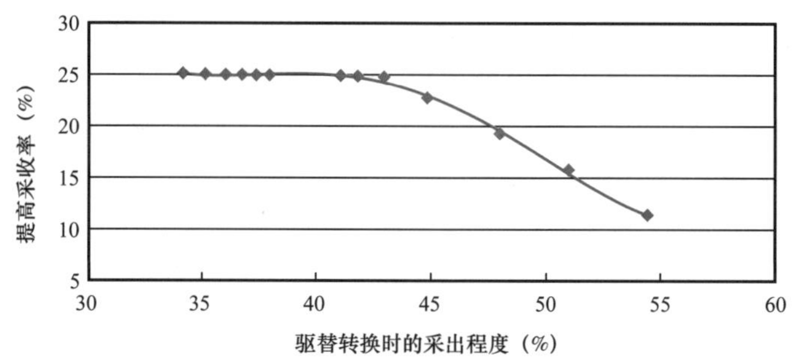

图 1-4-3　驱替转换时采出程度与提高采收率关系图

2. 基于井网生命周期的驱替介质转换时机优化方法

二次开发具有良好的注采井网基础，三次采油才能更好地发挥效果。复杂断块油藏断层多、断块小、构造复杂，受断层蠕动、地层出砂及注水等影响，套变井较严重。“二三结合”转换时机的选择应充分结合区块的井网完善程度与井寿命的关系（图 1-4-4），通常情况下转换时机选择在井网完整率大于 95% 的情况，个别区块受地质及开发因素影响，井网完善性好，则不将井网因素作为主要考虑因素；反之，作为主要因素考虑。

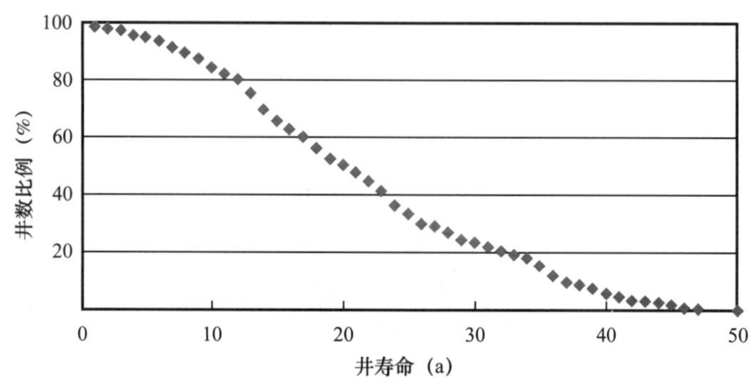

图 1-4-4　港西井网完整性概率统计

3. 基于提高经济效益的驱替介质转换时机优化方法

“二三结合”增加可采储量的同时还必须保持经济效益是老油田开发的根本。高含水阶段二次开发水驱驱油效率低，单井产量低，经济效益差，占大港油田储量 70% 的老油田在油价 65 美元 /bbl 以下时单独实施二次开发是没有效益的。而在没有完善的井网层系基础上，单独开展三次采油也是没有效益的，必须要“二三结合”发挥开发与经济协同效应才能效益开发。

研究经济效益与“二三结合”驱替介质转换时机的关系，根据港西油田的研究成果，结合当前油价，建立不同油价下经济效益与驱替介质转换时机关系图版，从图 1-4-5 中可以看出，二次开发井网部署完整后，水驱转三次采油化学驱的转换时机越早，经济效益越好。主要是因为二次开发井网部署完整后，转三次采油的时机越早，“二三结合”叠加增产量就越高，在其他条件（投资、成本、税费等）不变的情况下，按折现率折现后，叠加的净现金流现值为正的值多，经济有效期内的净现金流量的现值之和越高，项目效益就好。如果二次开发井网部署完整后不进行三次采油，二次开发产量会逐年下降，在其他条件（投资、成本、税费等）不变的情况下，折现后净现金流现值为负值的多，转三次采油的时机越晚，经济有效期内叠加上三次采油的净现金流量的现值之和越低，项目效益就差。另外，在其他条件（投资、成本、税费等）不变的情况下，油价越高，收入越高，内部收益率也高，经济效益越好。

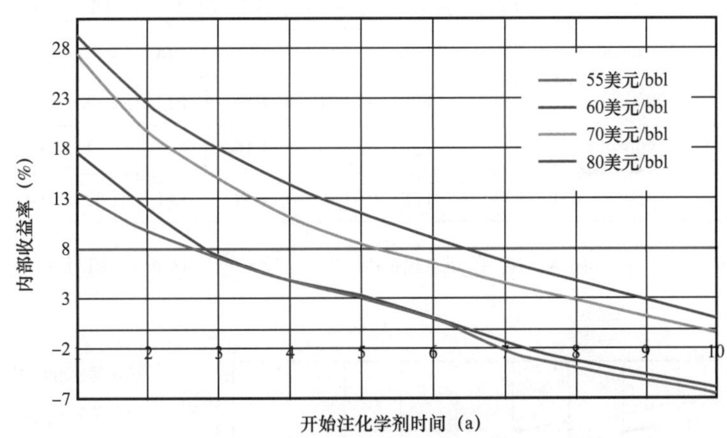

图 1-4-5　不同油价下经济效益与驱替介质转换时机关系图版

财务基准收益率是指项目投资者所期望达到的投资收益率，作为评价参数的行业财务基准收益率代表行业内投资项目应达到的最低财务盈利水平，是行业内项目财务内部收益率的基准判据，也是计算财务净现值的折现率。当项目财务内部收益率高于或等于行业的基准收益率时，认为项目财务上是可行的。2017—2018 年中国石油规定评价项目基准收益率为 8%。从图 1-4-5 中可以看出，油价低于 60 美元 /bbl 的时候，采出程度高于 35% 的油藏，驱替介质最迟应在井网构建后头两年内由水驱转化学驱才有经济效益，如果油价升高，转换时机可适当后延。

4. 驱替介质转换时机多因素优化决策图版

“二三结合”中影响二次开发转三次采油时机的主要因素既有油藏因素，也有生产动态因素，目前已初步研究的影响因素包括井网生命周期、采出程度、地层原油黏度及经济效益等，这些因素最终都会通过各自的因素影响提高采收率的增幅。为了指导不同油田（区块）优化驱替介质转换时机，利用数值模拟的方法，将不同的影响因素综合考虑，形成了驱替介质转换时机多因素优化决策模型。

针对不同驱替体系黏度与原油黏度比，设计不同转三次采油的时机，对比其技术指标和经济指标，制定多因素影响下二次开发转三次采油时机图版。方案设计见表 1-4-1，设计 5 种不同黏度比、9 个不同转三次采油时机共 45 个对比方案。聚 / 表二元复合驱体系段塞结构为 0.15PV 聚合物前置段塞（聚合物浓度为主段塞浓度 +500mg/L），0.6PV 聚合物主段塞 +0.2% 表面活性剂，0.05PV 聚合物尾段塞（聚合物浓度为主段塞浓度 −500mg/L），预测含水至 98%，对比其提高采收率和不同原油价格（55 美元 /bbl、60 美元 /bbl、70 美元 /bbl、80 美元 /bbl）时的经济效益。

表 1-4-1　不同转换时机方案设计表

转换时机		建成井网后开始注化学剂时间（a）								
原油黏度（mPa·s）	聚合物浓度（mg/L）	1	2	3	4	5	6	7	8	10
0.8	1500	F1	F2	F3	F4	F5	F6	F7	F8	F9
1.0	1640	F10	F11	F12	F13	F14	F15	F16	F17	F18
1.4	2000	F19	F20	F21	F22	F23	F24	F25	F26	F27
2.0	2800	F28	F29	F30	F31	F32	F33	F34	F35	F36
4.0	3450	F37	F38	F39	F40	F41	F42	F43	F44	F45

原油价格在 55 美元 / bbl 和 70 美元 / bbl 时“二三结合”转换时机优选图版（图 1-4-6、图 1-4-7）。

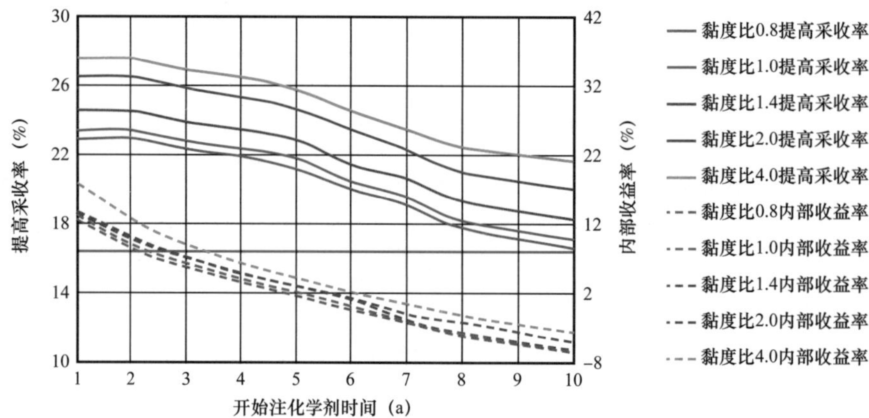

图 1-4-6　原油价格 55 美元 / bbl 时“二三结合”转换时机优选图版

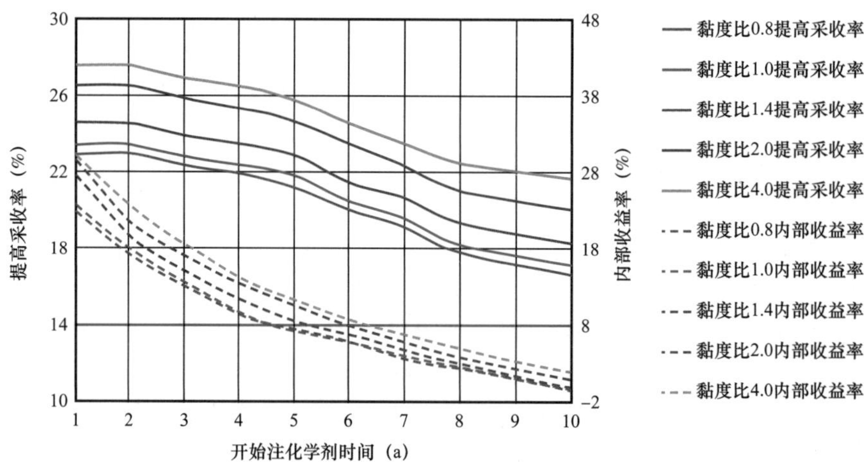

图 1-4-7　原油价格 70 美元 / bbl 时“二三结合”转换时机优选图版

从图 1-4-8 中可以看出，二次开发转三次采油时间越晚，“二三结合”提高采收率越低，相同油价下其内部收益率越低、经济效益越差。其中不同黏度比下第 1 年转三次采油提高采收率比第 10 年转三次采油均高 6% 左右；从经济效益来看，以内部收益率 8% 为经济效益极限点，原油价格为 55 美元 / bbl 时，黏度比不大于 1.0，井网建成后转三次采油的极限转换时间为 2 年，黏度比大于 1.0 时，转三次采油的极限转换时间为 3 年；原油价格为 70 美元 /bbl 时，黏度比不大于 1.5，井网建成后转三次采油的极限转换时间为 5 年，黏度比大于 1.5 时，转三次采油的极限转换时间为 6 年（图 1-4-8）。

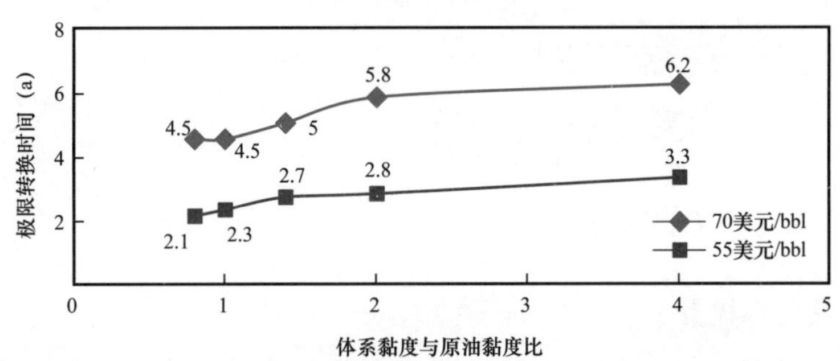

图 1-4-8 不同黏度比二次开发转三次采油极限转换时间

综合考虑提高采收率和经济效益情况，当原油价格不大于 60 美元 / bbl 时，二次开发转三次采油的极限转换时间为 3 年；当原油价格介于 60～70 美元 /bbl 时，二次开发转三次采油的极限转换时间为 3～5 年；当原油价格大于 70 美元 /bbl 时，二次开发转三次采油的极限转换时间为 5 年（图 1-4-9）。

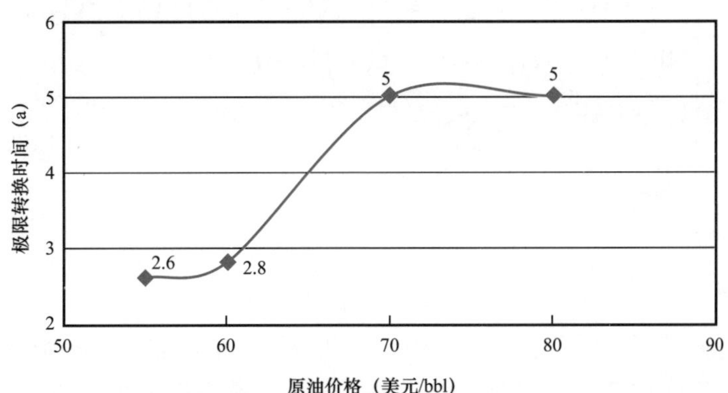

图 1-4-9 黏度比 1.4 时不同原油价格下“二三结合”极限转换时间

二、“二三结合”全生命周期开发价值链模型

以年产液速度 Q_L、时间 t 为自变量，固定油田生命周期 n、“二三结合”转换时机 T，考察每年净现值 NPV_t、累计净现值 NPV。以稳产、效益、净现值最大化为目标，构建了老油田“二三结合”全生命周期开发价值链数学模型。

1. 产量模型

按照油藏工程理论模型，预测采收率—年产液量—年平均含水曲线，作为“二三结合”全生命周期效益稳产开发价值链的产量模型。

$$\begin{cases} E_{\mathrm{R}}=\dfrac{0.49A}{\left[a_1\ln\left(M+a_2\right)+a_3\right]f_{\mathrm{w}}+a_4\ln\left(M+a_5\right)+a_6+1}\left(1+0.214\lg\dfrac{K}{M}\right) \\ \dfrac{S_{\mathrm{we}}+\dfrac{1-f_{\mathrm{w}}\left(S_{\mathrm{we}}\right)}{f_{\mathrm{w}}'\left(S_{\mathrm{we}}\right)}-S_{\mathrm{wc}}}{1-S_{\mathrm{wc}}-S_{\mathrm{or}}}\left(1-V_{\mathrm{k}}^{\ 3}\right)\mathrm{e}^{-\frac{1.095}{n}\left(\frac{K}{M}\right)^{-0.148}} \\ Q_{\mathrm{L}}\left(t\right)=\mathrm{or}\left[\sum_{j=1}^{m_1}Q_{\mathrm{Lj}}\left(t\right)\ \sum_{j=1}^{m_1+m_2}Q_{\mathrm{Lj}}\left(t\right)\right] \\ Q_{\mathrm{o}}\left(t\right)=Q_{\mathrm{L}}\left(t\right)f_{\mathrm{w}}\left(t\right) \end{cases} \tag{1-4-1}$$

2. 净现值最大化模型

按照技术经济模型，测算钻井采油投资、集输建设投资、水处理费用、注剂费用、集输装置维护费用，计算净现值，当“二三结合”生命周期 n 固定时，求导确定最优转换时机，作为“二三结合”全生命周期效益稳产开发价值链的净现值最大化模型。

$$\begin{cases} I_{\mathrm{d}}\left(t\right)=\mathrm{or}\left[0,\ m_2\cdot C_{\mathrm{d}}+Q_{\mathrm{Lmax}}\cdot C_{\mathrm{b}}\right] \\ C_{\mathrm{P}}\left(t\right)=C_{\mathrm{L}}Q_{\mathrm{L}}+C_{\mathrm{o}}Q_{\mathrm{o}}+\mathrm{and}\left(C_{i\mathrm{w}}Q_{i\mathrm{w}},\ C_{i\mathrm{a}}Q_{i\mathrm{a}}\right)+Q_{\mathrm{Lmax}}\cdot C_{\mathrm{QLmax}} \\ \mathrm{NPV}_{\mathrm{t}}=\left[Q_{\mathrm{o}}\left(t\right)P-I_{\mathrm{d}}\left(t\right)-C_{\mathrm{P}}\left(t\right)\right]\left(1+i\right)^{-t} \\ \mathrm{NPV}=\sum_{t=1}^{T-1}\mathrm{NPV}_{\mathrm{t}}+\sum_{t=T}^{n}\mathrm{NPV}_{\mathrm{t}} \\ \dfrac{\partial\mathrm{NPV}}{\partial T}=0 \end{cases} \tag{1-4-2}$$

3. 效益模型

按照技术经济模型，测算水处理费用、注剂费用、集输装置维护费用，计算净现值，当“二三结合”生命周期 n 固定时，确定最后一年受益不能为负，作为“二三结合”全生命周期效益稳产开发价值链的效益模型。

$$\begin{cases} C_{\mathrm{P}}\left(t\right)=C_{\mathrm{L}}Q_{\mathrm{L}}+C_{\mathrm{o}}Q_{\mathrm{o}}+\mathrm{and}\left(C_{i\mathrm{w}}Q_{i\mathrm{w}},C_{i\mathrm{a}}Q_{i\mathrm{a}}\right)+Q_{\mathrm{Lmax}}\cdot C_{\mathrm{QLmax}} \\ \mathrm{NPV}_{\mathrm{t}}=\left[Q_{\mathrm{o}}\left(t\right)P-I_{\mathrm{d}}\left(t\right)-C_{\mathrm{P}}\left(t\right)\right]\left(1+i\right)^{-t} \\ \mathrm{NPV}_{\mathrm{n}}\geqslant 0 \end{cases} \tag{1-4-3}$$

上述三个模型合并，得到复杂断块油田高含水期“二三结合”全生命周期效益稳产开发价值链数学模型。

$$
\begin{cases}
E_{\mathrm{R}}=\dfrac{0.49A}{\left[a_1\ln\left(M+a_2\right)+a_3\right]f_{\mathrm{w}}+a_4\ln\left(M+a_5\right)+a_6+1}\left(1+0.214\lg\dfrac{K}{M}\right)\\
\dfrac{S_{\mathrm{we}}+\dfrac{1-f_{\mathrm{w}}\left(S_{\mathrm{we}}\right)}{f_{\mathrm{w}}'\left(S_{\mathrm{we}}\right)}-S_{\mathrm{wc}}}{1-S_{\mathrm{wc}}-S_{\mathrm{or}}}\left(1-V_{\mathrm{k}}^{3}\right)\mathrm{e}^{-\frac{1.095}{n}\left(\frac{K}{M}\right)^{-0.148}}\\
Q_{\mathrm{L}}\left(t\right)=\mathrm{or}\left[\sum_{j=1}^{m_1}Q_{\mathrm{Lj}}\left(t\right),\ \sum_{j=1}^{m_1+m_2}Q_{\mathrm{Lj}}\left(t\right)\right]\\
Q_{\mathrm{o}}\left(t\right)=Q_{\mathrm{L}}\left(t\right)f_{\mathrm{w}}\left(t\right)\\
I_{\mathrm{d}}\left(t\right)=\mathrm{or}\left[0,\ m_2\cdot C_{\mathrm{d}}+Q_{\mathrm{Lmax}}\cdot C_{\mathrm{b}}\right]\\
C_{\mathrm{P}}\left(t\right)=C_{\mathrm{L}}Q_{\mathrm{L}}+C_{\mathrm{o}}Q_{\mathrm{o}}+\mathrm{and}\left(C_{\mathrm{iw}}Q_{\mathrm{iw}},\ C_{ia}Q_{ia}\right)+Q_{\mathrm{Lmax}}\cdot C_{\mathrm{QLmax}}\\
\mathrm{NPV_t}=\left[Q_{\mathrm{o}}\left(t\right)P-I_{\mathrm{d}}\left(t\right)-C_{\mathrm{P}}\left(t\right)\right]\left(1+i\right)^{-t}\\
\mathrm{NPV}=\sum_{t=1}^{T-1}\mathrm{NPV_t}+\sum_{t=T}^{n}\mathrm{NPV_t}\\
\mathrm{NPV_n}\geqslant 0\\
\dfrac{\partial \mathrm{NPV}}{\partial T}=0
\end{cases}
\tag{1-4-4}
$$

式中 n——油田生命周期；

T——二三结合转换时机；

m_1——二次开发前油井数；

m_2——二次开发加密井数；

or——其中任意一个；

and——其中每一个。

以采收率模型为动态预测手段，保证油田生命周期、产液稳定、配套合理下的经济效益最大化。

第五节 “二三结合”产能计算模型

“二三结合”产能建设周期由二次开发和三次采油两阶段组成，其中二次开发主要指钻新井完善井网阶段，三次采油主要指化学驱、天然气驱、减氧空气驱等转化驱替介质注入阶段。因此，方案新建产能包括新井新建产能和三次采油新建产能两部分。可根据油藏工程方法和数值模拟法测算这两个阶段的计算结果。

一、二次开发新井新建产能计算方法

1. 基本概念

1）油田生产能力

指油田（或油井）按照方案或设计建成投产后，在既定条件下的稳定年产量。

2）新建产能

新建产能即新增生产能力，指油田（或油井）通过实施方案或设计后，在既定生产条件下新增的稳定年产量，新增生产能力的数量一般按设计能力计算，设计能力指方案中论证的在正常情况下能够达到的生产能力。

3）到位率

产能建设到位率指产能建设项目实施后第二年的年产量与实施当年设计新建生产能力的比值。

2. 计算方法

1）新井新建产能

新井新建产能计算公式：

$$C_{二}=n\times q_{o}\times d \tag{1-5-1}$$

式中 $C_{二}$——新井新建产能，10^4t/a；

n——新钻油井总数；

q_o——采油井平均单井日产油量，t；

d——采油井年生产时率，d/a。

2）采油井平均单井日产油

采油井平均单井日产油是油藏工程设计中的关键，在该项指标的设计中，主要考虑油田或断块中现存井的自然产能和现行工艺技术条件下可形成的生产压差及可动用的油层厚度，其关系式为：

$$Q_{1}=J_{o}\times h_{d}\times \Delta p \tag{1-5-2}$$

式中 Q_1——单井日产量，t；

J_o——比采油指数，t/（m·MPa·d）；

Δp——生产压差，MPa；

h_d——动用油层厚度，m。

另外，还可以通过油藏工程相邻区块类比法与数值模拟预测法等方法确定平均单井日产油。

3）采油井年生产时率

一般机械采油井为300d/a，自喷井为330d/a。

二、三次采油新建产能计算方法

1. 基本概念

三次采油新建产能是指油田通过实施三次采油化学驱方案或设计后，在既定生产条件下与水驱相比新增的最大稳定年产量。由于注入过程中容易出现非均衡驱替，因此三次采油见效单井见效时间参差不齐或同一口井不同见效方向见效时间不同步，因此各油田三次采油总新建产能应等于采油单井新建产能之和。

2. 三次采油新建产能与三次采油新增可采储量关系

以港西四区聚合物驱先导性试验与扩大区为例，通过统计三次采油单井实施情况，可以看出三次采油见效单井累增油与年增油峰值的关系有一定的对应规律（图 1-5-1）。但由于实际区块见效井数少，且考虑的因素较为单一，因此只能作为某种条件下的定性认识。为了能够系统地获得比较清楚的定量描述，必须借助数值模拟技术手段。

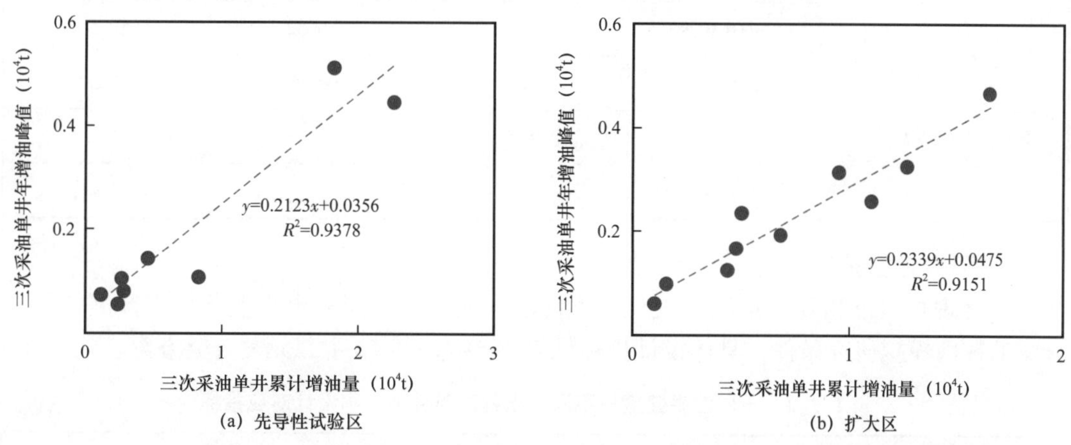

图 1-5-1 港西四区先导性试验区（a）与扩大区（b）三次采油累计增油量与年增油量峰值关系

3. 数值模拟研究

1）研究模型设定

本次研究依托港西四区明化镇组实际模型作为研究对象，模型平均厚度 12m，平均孔隙度 0.32%，渗透率 2500mD，原油密度 0.93g/cm^3，网格步长 20m×20m，总节点数 30×30×3=2700 个，地层孔隙体积 69.118×10^4m^3，地质储量 40.8×10^4t。在此基础上建立了 4 注 9 采五点法井网（图 1-5-2），注采井距 170m，注采液量比 1.1，水驱末期采出程度 41%，化学驱为聚 / 表二元复合驱，段塞注入总体积 0.8PV，段塞构成（表 1-5-1），注入速度 0.12PV/a。

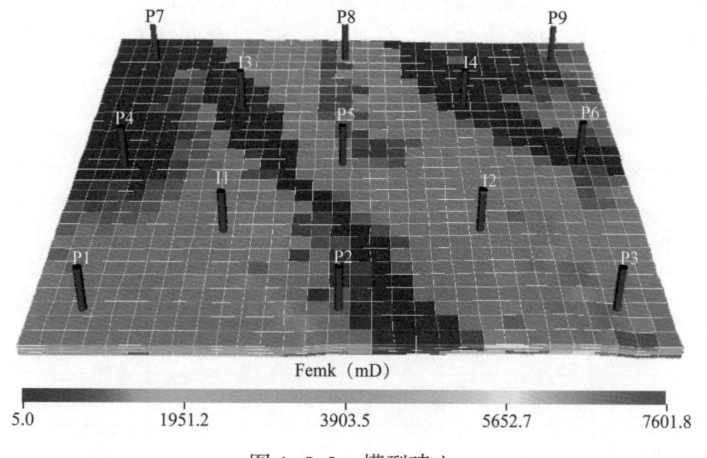

图 1-5-2 模型建立

表 1–5–1　二元驱体系段塞结构设计表

段塞分级名称	段塞组成	指标		注入体积（PV）
		黏度比（mPa·s）	界面张力（mN/m）	
聚合物前置段塞	0.25%P	1.85		0.1
二元主段塞	0.22%P+0.3%S	1.61	0.0052	0.35
二元副段塞	0.22%P+0.2%S	1.61	0.005	0.25
聚合物保护段塞	0.15%P	0.85		0.1
合计				0.8

2）研究模拟条件

结合现场可能出现的情况，设计了不同注入速度与不同采出程度条件下开展二元复合驱的数值模拟研究条件，具体设计指标见表 1–5–2，共 12 个二元复合驱方案。

表 1–5–2　不同注采速度—不同采出程度条件下方案设计对应指标

注入速度（PV/a）	采出程度（%）		
0.04	30	38	45
0.08	35	41	49
0.12	41	44	47
0.16	21	29	36

3）数值模拟预测结果

根据不同阶段得到的年产油量数据，通过整理，可以获得每口井每年因药剂投入较水驱新增的年产油量（复合表 1–5–3），其中表中每一列数据最高值为该井化学驱新建产能，每一列合计为该井因二元复合驱药剂所增加的累计增油量即三次采油新增可采储量（表 1–5–4）。所有井的化学驱新建产能合计为化学驱方案新建总产能，所有列数据总合计为化学驱方案新增可采储量。

表 1–5–3　单井每年增油量统计

年	单井年增油量（t）								
	P1 井	P2 井	P3 井	P4 井	P5 井	P6 井	P7 井	P8 井	P9 井
1	6	11	12	5	10	12	8	20	6
…	…	…	…	…	…	…	…	…	…
7	238	560	187	815	1739	702	101	526	136
8	230	647	220	591	937	937	203	562	296

续表

年	单井年增油量（t）								
	P1 井	P2 井	P3 井	P4 井	P5 井	P6 井	P7 井	P8 井	P9 井
9	213	631	351	621	548	839	312	457	472
10	161	505	495	531	322	817	390	389	520
11	71	347	382	382	139	775	502	204	519
12	28	130	353	194	0	734	538	139	403

表 1–5–4　单井三次采油新建产能和累计增加可采储量表

类别	P1 井	P2 井	P3 井	P4 井	P5 井	P6 井	P7 井	P8 井	P9 井
单井产能（10^4t/a）	0.0238	0.0647	0.0495	0.0815	0.1739	0.0937	0.0538	0.0562	0.052
累计增可采储量（10^4t）	0.1346	0.3901	0.313	0.4294	0.6131	0.6059	0.3168	0.3083	0.2862

4）三次采油产能计算方法研究

根据以上研究结果分析，将不同方案的单井三次采油新建产能与累计增可采储量做出散点图（图 1–5–3）。通过线性回归可以看出不同注入速度条件下，呈放射状，且注入

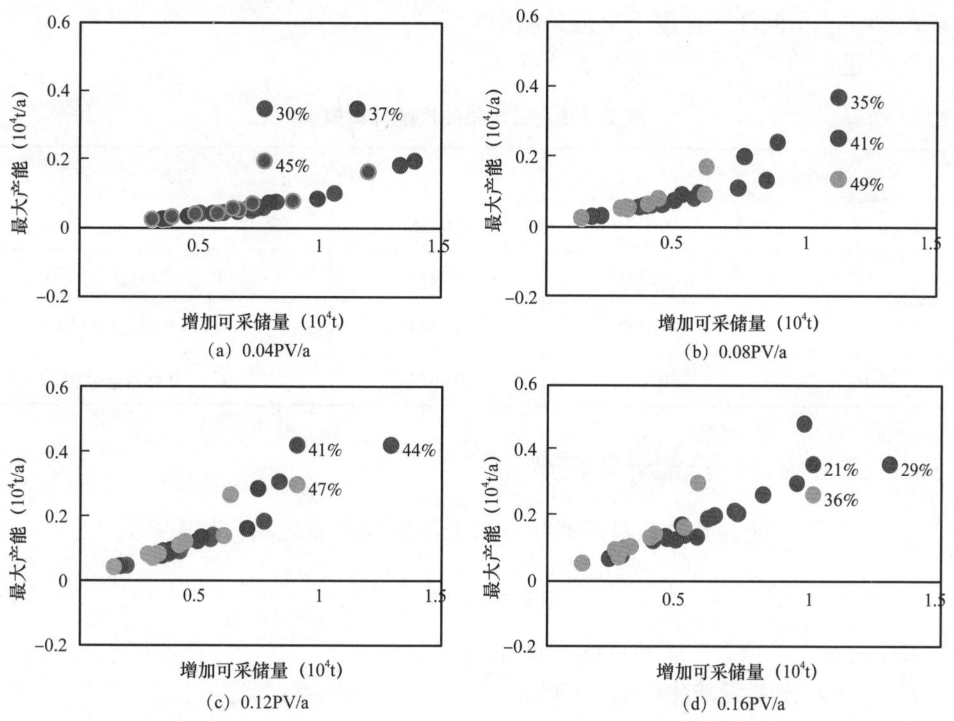

图 1–5–3　各方案三次采油新建产能与增加可采储量散点图

速度越高，回归线斜率越高，可依据不同速度下单井增加可采储量与单井产能关系，线性回归建立关系图版计算三次采油新建产能，其关系图版如图 1–5–4 所示，获得公式见式（1–5–3）。

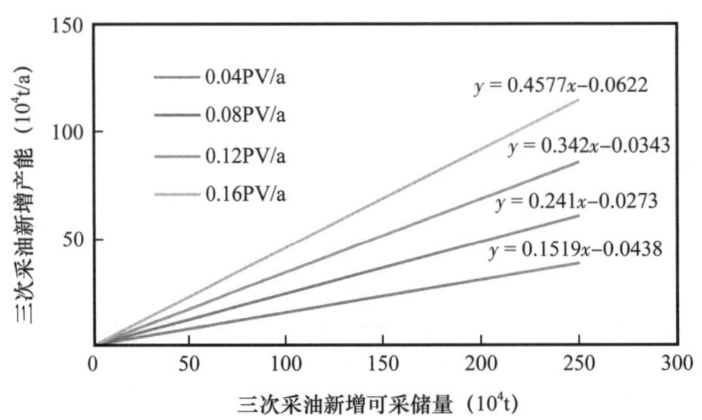

图 1–5–4　三次采油新增可采储量与新建产能关系图版

4. 三次采油计算模型

通过转换得到三次采油产能计算公式：

$$C_{三}=aQ-b \tag{1-5-3}$$

式中　$C_{三}$——三次采油新建产能，10^4t；

Q——三次采油新增可采储量，10^4t；

a、b——不同注入速度下对应关系图版值。

最终所建立的三次采油模型见表 1–5–5。

表 1–5–5　三次采油产能计算模型

注入速度（PV/a）	a	b	三次采油计算模型
0.04	0.1519	0.0438	$C_{三}=0.1519Q-0.0438$
0.08	0.241	0.0273	$C_{三}=0.241Q-0.0273$
0.12	0.342	0.0343	$C_{三}=0.342Q-0.0343$
0.16	0.4577	0.0622	$C_{三}=0.4577Q-0.0622$

三、“二三结合”产能计算模型

“二三结合”产能为新井新建产能与三次采油新建产能之和，其关系式为：

$$C=C_{二}+C_{三} \tag{1-5-4}$$

式中　C——“二三结合”新建产能，10^4t/a；

$C_{二}$——二次开发新建产能，10^4t/a；

$C_{三}$——三次采油新建产能，10^4t/a。

第二章　复杂断块油藏精细描述方法

油藏描述是对油藏三维空间的各种参数进行定量描述和表征，是建立反映油藏构造、沉积、成岩、流体等特征的三维油藏地质模型。油藏描述技术的发展和应用使油藏研究由定性和半定量走向定量化，由传统的油藏地质研究转入多学科一体化综合的系统研究。油田投入开发后，随着油藏开采程度的加深和生产动态资料的增加所进行的精细地质特征研究和剩余油分布描述，并不断完善储层的地质模型和量化剩余油分布，称为精细油藏描述。大港油田位于渤海湾盆地黄骅坳陷，属复式断块油气藏群组成的典型复杂断块油田，具有断层多、断块小而破碎、沉积类型多、储层非均质性强、含油层系多、油水关系复杂等特点，随着长期注水开发，地质静态与油藏动态关系日益复杂，主要体现在以下三个方面：一是小微地质体认识程度低，难以满足精细开发、精确挖潜的需求；二是储层内部结构刻画精度低，难以满足井网层系精准部署的需求；三是剩余油高度分散，传统技术手段难以满足量化时变剩余油潜力的需求。本章主要基于复杂断块油田高精度油藏表征方法的技术难点，系统阐述小微构造精细解释方法、薄砂体精细预测方法、多相耦合井震构型精细刻画方法、化学驱储层非均质动态描述方法、时空域变换剩余油定量表征方法，为“二三结合”项目提供精细的油藏模型。

第一节　小微构造精细解释方法

小微构造不属于传统意义上的构造研究范畴，是由砂体沉积中的下切作用、差异压实作用和古地形影响等形成的。小微构造研究目的是阐明沉积单元的顶底形态及其对油气水（包括剩余油）运动规律的影响和控制作用，从而指导剩余油开发。小微构造主要依据地震资料及钻井（钻井、测井、录井、岩心、岩屑）资料进行研究，首先要对研究区逐口井进行海拔高度、补心高度及井斜角的校正，然后利用新的小层对比结果，以 2m 等深线精细地刻画出小层顶底的构造形态。在综合考虑井网条件和其他地质条件的情况下，分析不同的小微构造对剩余油分布的控制作用。小微构造解释主要包括低级序断层解释及油气层构造形态解释两个方面。

一、低级序断层解释方法

复杂断块油田具有断层多、断块小的特点，高含水开发阶段低级序断层对于精细注水等有效开发造成了很大影响。前人主要利用井间对比、全三维地震解释、相干体分析、边缘检测等方法，对断距较大断层的分布形态已经有了较清晰的认识，但受地震资料品质、算法可靠性等因素影响，对于 10m 以下低级序断层的分布特征、几何形态、组合关系仍然难以有效识别。针对这些问题，综合利用高精度三维地震资料，结合钻井、测井、录井等成果，采用井震结合的油藏地球物理手段，创新形成“六步法”低级序断层综合解释技术。通过分方位叠加得到反映各向异性的地震数据体，以地层倾角、方位角解释数据体为基础，应用构造导向滤波和边缘检测技术来加强断层显示效果，利用相干体和曲率体检测断层边界，在以上解释基础上应用“蚂蚁体”技术自动追踪小断层，采用井震藏结合方法联合验证、精准组合断裂系统，解决了5m及以内断距断层识别和组合的技术难题，为准确认识和挖掘低级序断层控制的剩余油潜力打下基础。多年的勘探开发实践证明，断块圈闭是大港油区主要的含油气单元。大港油区二级断层控制着地层的沉积，也是油气富集的关键，三（四）级断层对局部圈闭的形成和油气的分布起着一定的控制作用。因此，断层解释的精度直接关系到地质结构的认识、圈闭的评价和储量的估算及评价井、开发井位部署，它是研究工作的重点之一。

低级序断层是在断层级别中四级以下的小断层，它们对地层沉积模式基本不起作用，对油气聚集也不起控制作用，但是低级序断层对于剩余油的富集起到控制作用。研究低级序断层对于开发中后期分析剩余油、提高采收率至关重要。低级序断层在地震剖面上表现为微弱的扭曲和错动，在地震资料上难以识别，需要经过一些特殊的处理能够使其得到加强。

通过井震结合，尤其通过地震手段更好的识别低级序断层。对于大港油区而言，断距在5～10m之间的均认为是低级序断层。对于曲流河和辫状河沉积而言，其沉积特征导致单单从井的对比上来研究其断缺层位及断距等的难度相当大，因曲流河泥包砂沉积、辫状河砂包泥沉积，纵向上对比层位的缺失不好评价。所以非常有必要通过井震结合才能够更有效地识别低级序断裂，从而有效解释断层。研究中应用“六步法”识别断层，包括分方位叠加、地层倾角、方位角、构造导向滤波、边缘检测技术、相干体、曲率体、“蚂蚁体”等多种地震属性技术，最后希望通过定量化自动识别来表征断层要素，该方法为探索阶段。

1. 分方位叠加技术

观测系统的宽窄方位一般是指三维排列片的宽长之比，更严格的定义是：排列片宽长之比与横纵覆盖次数之比的平均值。比值小于0.5的为窄方位，比值在0.6～0.85的为宽方位，比值大于0.85的为全方位。窄方位炮检距分布对偏移距X来说是线性的，对X^2作图，则炮检距的分布更集中在近炮检距处。宽方位炮检距分布对偏移距X来说是非线性的，远炮检距的分布偏多，按X^2作图，则炮检距的分布是线性的。窄方位勘探有利于增大排列长度，使设计的排列长度可以达到AVO分析所需要的最大炮检距、利于DMO和速度横向变化显著的情况。宽方位勘探有利于分方位速度分析、多次波衰减、静校正求解，并且对地下采样的方向性均匀。偏移是把各条绕射双曲线的能量送到各自顶点，把能量集中到绕射点。窄方位观测系统往往横向上观测不足，对倾斜、尖灭断层等复杂构造的归位精度也会造成影响。但是宽方位勘探需要对各向异性问题进行充分考虑。宽方位地震勘探面临的主要挑战就是如何识别各向异性，并在叠加和偏移中消除各向异性的影响，常规处理方法就是分方位处理。

利用平行断层方位和垂直断层方位的各向异性特征，利用地震波传播的各向异性特征，在断裂平行方位与垂直方位各向异性极强。有针对性地对研究资料进行分方位叠加处理，得到四个方位的数据体。然后在分方位数据的基础之上进行后续处理进而识别断层，从垂直方位的时间切片更加能够识别东西向断层，沿平行方位更能识别南北向断层（图 2–1–1）。

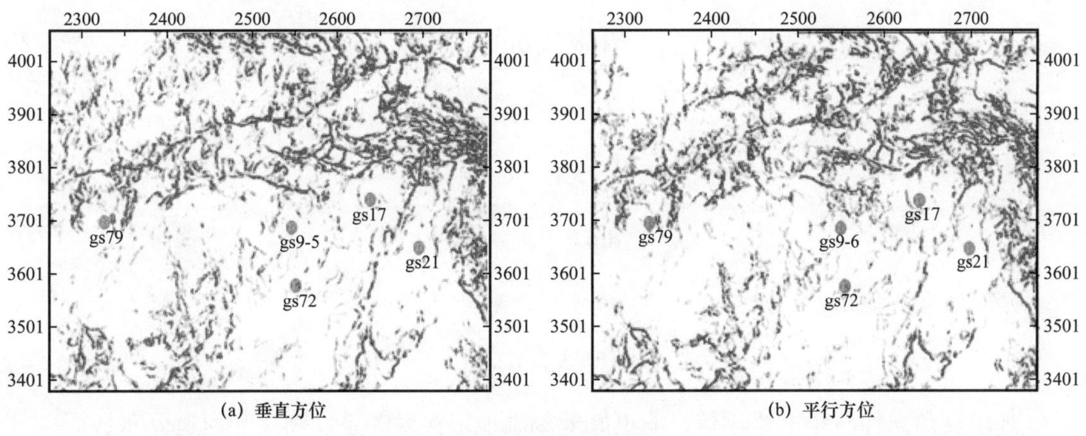

图 2–1–1 分方位断层解释图

2. 地层倾角和方位角

倾角和方位角已成为一种非常有价值的解释工具，倾角和方位角是计算机辅助三维地震地层学的关键部分之一。目前主要应用是用来表征局部反射面的不连续性。通常情况下，不能得到一个精确的时—深转换关系，所以倾角和方位角体只是显示了倾角和方位角的相对变化关系。随着算法的开发，现在可以在不拾取层位的情况下计算三维反射层的倾角和方位角，利用垂直窗口进行倾角和方位角估算比在拾取的层位进行估算能提供更为稳定的估算结果。目前常见的计算方法包括正交道的方法、多窗口扫描方法、梯度构造张量（GST）法、平面波分解（PWD）法。倾角和方位角体是体曲率、相干、振幅梯度、地震纹理和构造导向滤波的基础。

1）正交道方法

利用 Hilbert 变换求取正交道，求取瞬时相位和瞬时频率，求取主侧线和联络线的瞬时波数；沿测线方向的瞬时波数与瞬时频率相除即可得到沿测线的视倾角，即可以求取地层倾角和方位角。

$$\mathrm{d}^{\mathrm{H}}(t)=\mathrm{d}(t)\cdot\frac{1}{\pi t} \tag{2-1-1}$$

式中 d^{H}（t）——地震正交道；

d（t）——地震道；

$\frac{1}{\pi t}$——Hilbert 算子。

瞬时倾角和方位角的计算公式如下：

主测线方向瞬时波数：

$$k_x = \frac{\partial\phi}{\partial x} = \frac{d\left(\partial d^H / \partial x\right) - d^H\left(\partial d / \partial x\right)}{d^2 + \left(d^H\right)^2} \tag{2-1-2}$$

联络测线方向瞬时波数：

$$k_y = \frac{\partial\phi}{\partial y} = \frac{d\left(\partial d^H / \partial y\right) - d^H\left(\partial d / \partial y\right)}{d^2 + \left(d^H\right)^2} \tag{2-1-3}$$

瞬时倾角：

$$\text{dip} = \sqrt[2]{p^2 + q^2} \tag{2-1-4}$$

瞬时倾向方位角：

$$\phi = a\tan 2(p,q) \tag{2-1-5}$$

地层倾角属性与相干体比较，能更好地刻画地层接触关系、断层和河道分布特征。

2）多窗口扫描方法

选取分析点周围多个窗口进行扫描，求取相似度最大的窗口作为分析点处的倾角、方位角估算窗口，瞬时倾角即为具有最大相干的倾角。该方法大幅提高了分析点倾角、方位角的精度，在识别小断裂方面具有更好的效果。

3）梯度结构张量

梯度结构张量是精细刻画和分析地震数据中反射结构特征的一个有效工具，基于GST算法及其衍生的多个属性可以定性、定量描述断层、河道等地质体引起的不连续反射特征，同时，对于平行、倾斜、波状沉积层理结构特征也有很好的指示作用。

梯度结构张量分析是将图像纹理处理技术引入到地震解释领域中的一种新的属性分析方法。其基本原理是将地震数据构建为二维或三维图像数据属性，进而基于局部的构造张量特征值相对大小及组合参数确定地震图像数据中的不同纹理单元（如波状、层状、杂乱反射等）的结构属性，非常适合于三维地震数据反射结构的解释和反射异常体的自动识别。

本书利用的方法是多窗口倾角扫描的方法。对得到的方位角数据体、沿主测线方向倾角数据以及沿联络测线方向倾角数据进行分析。从联络测线及主测线方位倾角扫描切片上可以看出：联络侧线倾角切片更加能够识别东西向断裂，主测线倾角切片更加能够识别主断裂，比如港东断层和马棚口断层在图中清晰可见（图2–1–2）。

3. 构造导向滤波

构造导向滤波的实质是针对平行于地震同相轴信息的一种平滑操作，该法采用“各向异性扩散”平滑算法，即平滑操作只对平行于地震同相轴的信息进行，而对垂直于地震同相轴方向的信息不做任何平滑。如果发现地震同相轴横向不连续，将不做平滑，即此平滑操作不是超出地震反射终止（断层及岩性边界）的操作，因此这种滤波方法能保护断层和岩性边界信息。

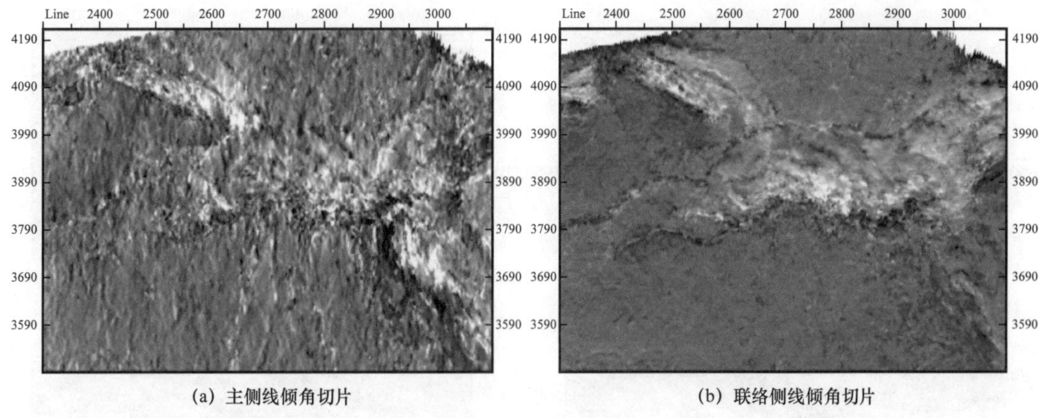

(a) 主侧线倾角切片　(b) 联络侧线倾角切片

图 2-1-2　倾角扫描技术断层解释图（切片时间 1280ms）

许多平滑过程可用偏微分方程来描述。Witkin 提出了尺度空间滤波，即将图像与不同尺度高斯核函数卷积，相当于求解以图像为初值的热传导方程。随后，Perona 和 Malik 进行深入研究，提出了非线性的各向同性扩散方程（P–M 方程）。随后，Weckert 等提出了结构张量的概念，给出了各向异性扩散模型，即构造导向滤波技术，其方程为：

$$\begin{cases}\dfrac{\partial u(x,y,t)}{\partial t}=\mathrm{div}\left[s_{\sigma}\nabla u\right]\\ u(x,y,0)=u_0(x,y)\end{cases} \tag{2-1-6}$$

式中　S——结构张量，　$S=G\sigma*G\sigma$ 表示尺度为 σ 的高斯函数。

设地震波振幅作为 u（x，y，t）用式（2-1-6）进行几次迭代后，小断层等细小构造也会被抹除，为解决此问题，Fehmers 和 Hocker 在公式（2-1-7）中引入了连续性因子 $0\leqslant\varepsilon\leqslant1$（$\varepsilon$ 在断层附近接近于 0，在远离断层处接近于 1）：

$$\begin{cases}\dfrac{\partial u(x,y,t)}{\partial t}=\mathrm{div}\left[\varepsilon s_{\sigma}\nabla u\right]\\ u(x,y,0)=u_0(x,y)\end{cases} \tag{2-1-7}$$

综上所述，构造导向滤波技术其目的是沿着地震反射界面的倾向和走向，利用有效滤波方法去噪，增加同相轴的连续性，提高同相轴终止处（断层）的侧向分辨率，保存或改善断层的尖锐性，保护断层和岩性边界信息。在构造导向滤波处理后的地震数据体上进行相干属性计算，可突显小断层。利用构造导向滤波可以提高资料的信噪比，提高层位、断层的可解释性，可使相干切片上的曲流河、小断层更清晰，断层的展布方向和接触关系更明确。

通过构造导向滤波可以得到中值滤波体（Median）、均值滤波体（Mean）、PCF 滤波体等。针对不同的断裂异常，可以对比优选更加有效的滤波方式进行后续处理，通过比较几种滤波后的数据，将每种滤波方法得到的数据与原始数据对比，对于断层的加强效果均明显（图 2-1-3），尤其以中值滤波效果更佳。

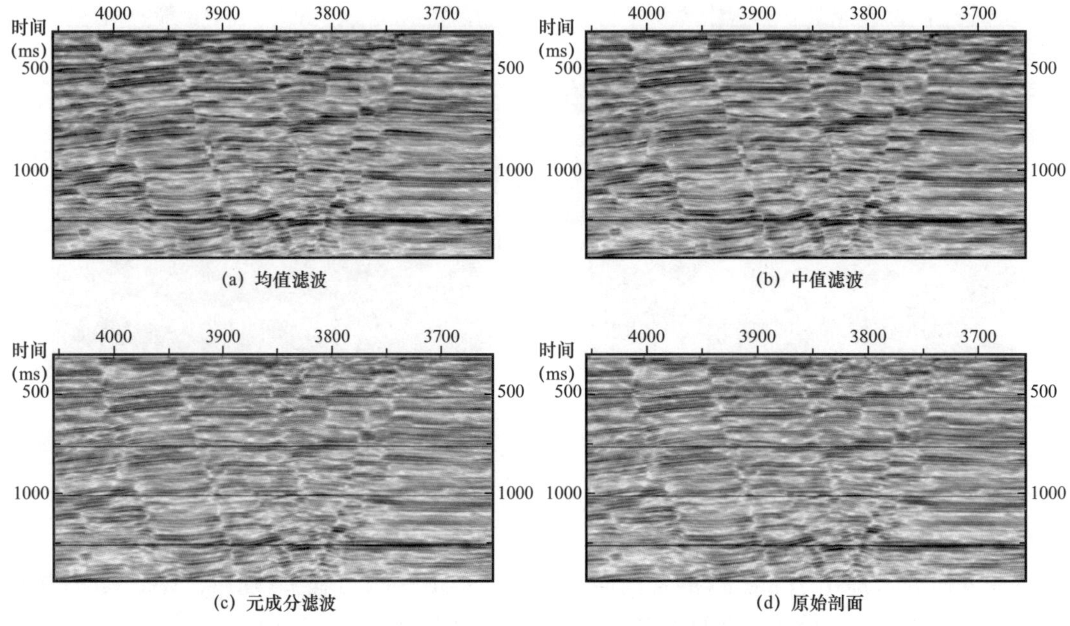

图 2–1–3　构造导向滤波（Line 2604）

4. 边缘检测

三维地震数据体的边缘检测主要用于增强图像的边缘和灰度突变部分，使灰度反差增强以有利于边缘拾取，它们与地下构造和岩性的变化密切相关。如果将图像平滑理解为积分作用和低通滤波，则图像的边缘检测相应于微分作用和高通滤波，它通过增强高频分量减少图像中的模糊。

1）利用微分提取图像轮廓处理

一阶微分法：Sobel 差分法是利用水平（x）和垂直（y）方向的模板对影像做褶积，得到 x 和 y 两个方向上的梯度分量（将方向差分运算与局部加权平均相结合来提取边界）。

Roberts 差分法是一种利用局部差分来寻找边缘的算子（对角方向），利用交叉方向的模板对影像作褶积，得到交叉方向（p，q）的梯度分量。

二阶微分法：拉普拉斯算子（Laplacian）是不依赖于边缘方向的二阶导数算子，利用目标点与水平和垂直方向、对角线方向或周围所有点的模板对影像作褶积，得到各方向的梯度分量。

2）模板匹配法

边缘检测中的模板法是 R.Kirsch 于 1971 年提出的一种能检测边缘方向的 Kirsch 算子法，它使用了 8 个模板来确定梯度幅值和方向，是一种非线性方向算子。其基本思想是改进取平均值过程，从而尽量使边缘两侧的像素各自与自己同类的像素取平均值，然后再求平均值之差，来减小由于取平均值所造成的边缘细节丢失。通常采用八个方向模板的方法进行检测，取其中最大的值作为边缘的强度，而将不与之对应的方向作为边缘的方向。

3）Hilbert 变换的边缘检测

利用 Hilbert 变换求正交道是对时间方向（纵向）来进行计算的，现在利用它对地震测线方向（横向）来进行计算，也就是说用 Hilbert 变换算子对地震数据进行空间滤波，从而进行边缘检测。

4）广义 Hilbert 变换的边缘检测

简单来说，广义 Hilbert 变换就是一定时窗的传统 Hilbert 变换。由于采用时窗函数，它的效果要好于传统的 Hilbert 变换。

5）分数导数的边缘检测

利用分数求导的方法，得到空间滤波算子，利用它对地震数据进行空间滤波，从而进行边缘检测。

5. 相干体

地震勘探中，相干属性主要用来检测断层、裂缝及刻画地质体边界。在相干属性提取过程中，主要分析以目标点为中心的时窗内的相邻地震道波形的相似性。波形的相似性与地层的连续性密切相关，因此，相干属性就是利用波形之间的相似性来反应地层的不连续性特征。目前已经开发了四种比较成熟的相干算法，分别为 C1、C2、C3、C4。

C1 是基于相关的相干算法，分别计算主测线、联络测线方向的相关系数，然后再合成主测线和联络线方向相关系数。其计算量小，易于实现，但受资料限制，抗噪能力差，仅适用于信噪比高、以识别大断层为主的地震资料中。

C2 是基于相似的相干算法，可对任意多道地震数据计算相干，是基于等时或沿构造层位在一定时窗内进行相干计算。其稳定且抗噪性强，并且时窗长度可变，但不能正确反映地层倾角。

C3 是基于协方差矩阵特征值的相干算法，直接进行三维地震数据体相干计算。其无需层位约束，分辨率高，但没有考虑倾角和方位角的变化。

C4 是基于子体属性的多算子相干算法，是 2000 年由德国 Teec 公司提出的第四代子体相干算法，是基于子体属性的多算子相干算法。其优点是可选择性强，并且可将相邻子体之间地球物理学特征参数的变化也表征出来，实现地震属性的高分辨率检测，同时可将地震相干体、倾角体、方位角体三种数据进行像素合成显示，实现多信息检测，使检测成果更利于地质解释。其公式如下：

$$S(x_i,y_i,z_k)=\frac{\sum_k\left\{\left[\sum_{i,j}g_{ijk}(x_i,y_i,z_k)\right]^{-1}\left[\sum_{i,j}g_{ijk}(x_i,y_i,z_k)s(x_i,y_i,z_k)\right]\right\}}{\sum_k\left\{\sum_{i,j}g_{ijk}(x_i,y_i,z_k)\left[s(x_i,y_i,z_k)\right]^2\right\}} \quad (2\text{-}1\text{-}8)$$

式中 $S(x_i, y_i, z_k)$——加权相干算子；

$s(x_i, y_i, z_k)$——任意样点；

$g_{ijk}(x_i, y_i, z_k)$——任意样点加权因子。

本次研究应用特征值相干的方法，为了凸显小断层，用矩阵 9×9 的特征值相干法来计算相干体，得到的相干剖面（图 2-1-4）。通过该相干体再进行“蚂蚁体”计算，最终用于断层解释。

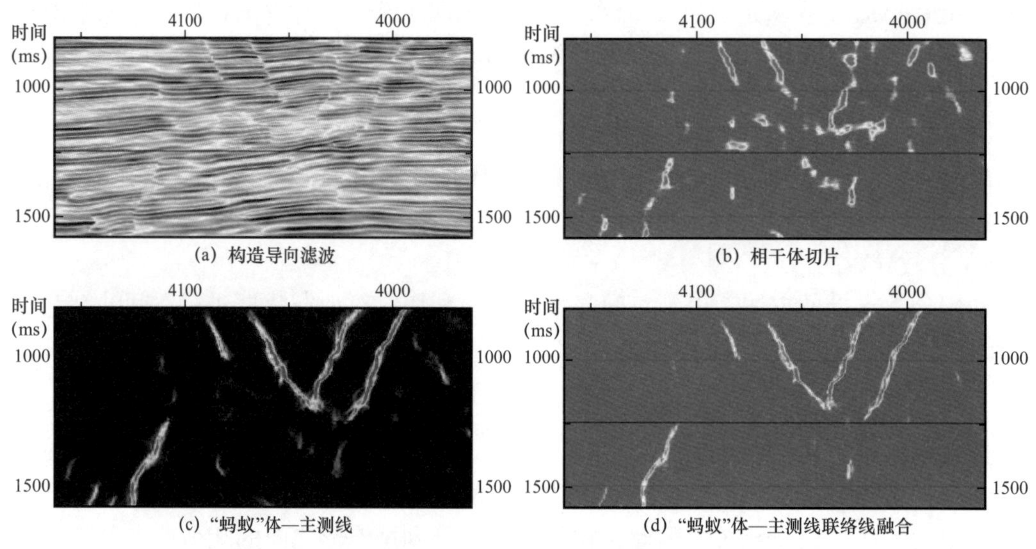

图 2-1-4　特征值相干与“蚂蚁”体剖面图（Line 2584）

6. 曲率体

曲率是描述曲线上任一点的弯曲程度，它是一个圆半径的倒数，其大小可以反映一个弧形的弯曲程度，曲率越大越弯曲。对于脆性岩石，裂缝发育程度与弯曲程度成正比，所以可用曲率法去评价断层及裂缝。

曲率属性是一项比较新的技术，可以有效反映线性特征、局部形状变化。在反映断层、裂缝、地貌形态变化方面，与其他属性方法效果对比，具有明显优势，可提高断层解释精度，并有效地识别河道。

对于三维情况，在任意方向可得到一个曲率，因此可得到无数个法线曲率。人们发现最有用的子集是正交的法线曲率，用两个正交的法线斜率定义平均曲率：

$$K_{m}=\frac{K_{1}+K_{2}}{2}=\frac{K_{max}+K_{min}}{2} \tag{2-1-9}$$

在无限个法线曲率中，绝对值最大的叫最大曲率（K_{max}），而与之正交的叫最小曲率（K_{min}）。

高斯曲率（Gaussian curvature）：

$$K_{g}=K_{max}\times K_{min} \tag{2-1-10}$$

高斯曲率描述了界面的弯曲度，有时也叫总曲率（total curvature）。

对扫描地层倾角体求一阶导数计算构造体曲率，对地震数据时间分量的横向二阶导数计算振幅体曲率，实现了三维体曲率计算，避免了人为因素影响，提高了精度。

根据构造曲率的思路，研发了地震数据的振幅曲率，它是对地震数据振幅进行横向二阶求导数。像构造曲率一样，振幅曲率能提供许多有用的地质信息。提取振幅曲率来对对振幅变化比较敏感的储层进行解释。

7.“蚂蚁体”

“蚂蚁体”技术，又称断裂系统自动追踪技术，是近些年兴起的一种叠后微裂缝预测技术，对小断层识别非常有效。该技术是蚁群算法在地震勘探领域中较为成功的应用，能够实现断层和裂缝的自动追踪，缩短三维地震构造解释的周期，提高解释效率。

“蚂蚁追踪”是模拟自然界中蚂蚁的觅食行为而产生，主要通过称为“人工蚂蚁”的智能群体之间的信息传递来达到寻优的目的。在这一过程中，“蚂蚁”总是偏向于选择信息素浓的路径，通过信息量的不断更新最终收敛于最优路径上。在地震数据体或不连续体（相干体、方差体）中散播大量“电子蚂蚁”，同时设置断裂条件，使某单个“蚂蚁”沿满足条件处追踪，同时释放信息素，吸引其他“蚂蚁”，并依此往下追踪，直到条件不满足时停止追踪。

在三维地震数据体（地震振幅属性体）中，视三维地震数据体为不同的二维地震数据面，把二维地震数据面划分为不同的网格单元A，作为每只“蚂蚁”的初始活动边界。在每个网格单元A中按照一定的概率（断层裂缝等不连续处概率大）放入1只“电子蚂蚁”。

“电子蚂蚁”的起点确定后，需要确定“蚂蚁”的追踪方向。把“电子蚂蚁”的初始活动范围A划分为更小的区域B，按照一定的算法确定每个小区域B的主方向。“蚂蚁”所在数据块B的主方向即为“蚂蚁”追踪主方向，“蚂蚁”运动时允许有一定角度（最大15°）偏离主方向，即“蚂蚁”追踪背离。

“蚂蚁”在数据块B中运动到达的下一个节点，由一定概率公式确定。即在“蚂蚁”当前搜索范围内，每一个数据点都有信息素浓度，根据一定的算法由数据点的信息素浓度计算数据点的概率。确定该只“蚂蚁”的目的数据点，也是下一次追踪的起点。“蚂蚁”在其初始分布范围内，完成一次搜索过程后，每个数据点的信息素会按一定算法更新。

每只“蚂蚁”沿断裂处进行追踪，并释放信息素以吸引其他“蚂蚁”，形成正反馈机制，最终完成对整个三维地震数据体的断裂追踪，形成“蚂蚁”数据体。由于噪声是随机的、无规律的，因此“蚂蚁”行经该点后遗留的信息素较小，而对于长的、主要的断层线，其信息素较为突出，根据信息素的分布可有效区分边缘和噪声信息，追踪裂缝。利用“蚂蚁”追踪技术进行断裂系统的预测，将获得一个低噪音、具有清晰断裂痕迹的“蚂蚁”属性体。

最终通过过井剖面的分析认为，该系列方法能够较好地识别5～10m的低级序断层，尤其对于马棚口断层的平面展布进行了落实。使得进一步分析井间油藏关系时能够更加有据可依。

二、微构造解释方法

1. 微构造概念

微构造的定义是由李兴国在20世纪80年代提出的，油层微构造是指在宏观的油田构造背景之下，油层顶底面的微型起伏变化而形成的构造特征，其幅度和范围都比较小，面积大多小于 0.3km^2，构造幅度不超过 15m。近些年来，国内外对微构造的认识不断深入，相关研究的论文不断增多，这一领域受到了开发地质工作者的广泛重视，丰富了早先的思想，学者们主要从微构造的分类、成因及其对剩余油气分布的控制作用等方面展开。微构造研究目的是阐明沉积单元的顶底形态及其对油、气、水（包括剩余油）运动规律的影响和控制作用，从而指导剩余油开发。

微构造可以揭示构造的非均质性，预测开发过程中剩余油的分布，是复杂断块油田高含水期控水稳油的一项重要综合技术。它的做法是：用较密井网资料和小间距等高线对分布较广的油砂层顶面或底面作构造等深图，等深距为 1～5m。对于正韵律砂体以底面为准作图，反韵律砂体以顶面为准作图，厚油层顶底面均作图，其优点是能显示出油层三种微型构造：正向微型构造（包括小高点、小鼻状构造、小断鼻），负向微型构造（包括小低点、小沟槽、小断沟），斜面微型构造。正向微型构造一般为高产井、剩余油富集部位，负向微型构造则为低产井、高含水井区、斜面微型构造则介于二者之间。在考虑注采井网、油井和注水井的距离、注入水量、注水流线及地质因素的基础上，选择可比性强的井进行对比分析，从而得出储层微构造模式与剩余油分布及原油产量的关系。

2. 微构造形成因素

油层微型构造不属于传统意义上的构造研究范畴，它们是砂体沉积中的下切作用、差异压实作用和古地形影响等形成的，与构造作用力无关。差异压实作用表现为同期沉积的砂泥岩，砂岩较易形成凸起；沉积环境的影响表现在河流相中的河道和三角洲相中的分流河道，在下切作用下促成砂岩底界面形成凹陷；古地形则表现在沉积作用在古地形的影响下，约束沉积相的形态使砂体的顶底发育微构造的各种类型。事实上，微构造的发育是沉积能量变化的一种表现形式。

1）差异压实作用

沉积作用如果成为微构造发育的主控因素，那么可以形成很多差异压实的微构造类型。例如，河道或分流河道微相形成的砂体厚度大，而毗邻的天然堤、决口扇和分流河道间沉积微相主要形成了粉砂质和泥质细粒沉积。同期沉积的地层在埋藏过程中，就会导致差异压实作用，形成厚砂体部位的凸起和细粒沉积部位的凹陷，这种凸起或凹陷的构造幅度一般很小，规模也不大，凸起即为正向微构造单元，凹陷即为负向微构造单元。差异压实作用形成的这微构造类型位置上相邻，与河道和河道两翼共生发育。

2）沉积环境

上述由于差异压实作用形成的微构造单元主要是后期成岩作用改造而成的，不是先期沉积作用的产物。事实上，河流相和三角洲亚相自身也可能形成一些微构造。例如，河道自身的下切作用与河流相废弃河道的发育导致微构造的形成，这种沉积作用形成的微构造单元大多是负向的，其规模和幅度都不大。

（1）河道的下切作用。

三角洲亚相中的分流河道、水下分流河道等沉积微相及河流相形成的河道在不同程度下切的过程中，河道底部充填了自物源搬运并不断剥蚀而来的沉积物，在河道底部位发育负向微构造，这类负向微构造多见微沟槽和微低点；其中，微沟槽构造单元的形态与河道微相的走势基本一致。

（2）废弃河道的形成及充填。

在泛滥平原沉积相，河流相的河道发生频繁改道的条件是洪水期的形成。每发生一次洪水事件，河流就发生一次蚀凹增凸作用；相应地，在凹岸一侧发生侵蚀，在凸岸一侧形成一期侧积体。所以，在周期性洪水的机制下，河流的侧积作用进行，河流的弯曲程度也随之不断加大。在不断加剧的条件下，河水冲破原有的曲率最大的位置，形成新的河道，原有的河道充填进淤泥，从而形成废弃河道或牛轭湖。事实上，废弃河道内部的充填机制比较复杂，充填物本身相对杂乱。但是从前人对废弃河道的研究来看，其内部还存在着规律性，横剖面上还部分保留河道的剖面形态，呈窄且厚的分布特点；沿着河道走势的方向的剖面来看，从上游到下游，废弃河道自厚变薄，这一过程中依然可以形成类似河道的负向微构造单元，如微低点和微沟槽。

3）古地形

古地形本身是微构造形成的关键因素，它的形态直接或间接地约束了微构造的范围、幅度和形态特征。举例而言，古地形如果呈凸起的形态，沉积过程中自然会形成上凸，产生顶凸底凸型正向微构造单元；古地形如果呈下凹的形态，沉积过程中自然充填沉积物质，产生底凹型的负向微构造单元。在河道沉积的边部，如果古地形上凸，则产生微鼻状构造；相反，若古地形下凹，则会形成微沟槽构造。事实上，河道频繁改道，微构造可能在地质历史时期不断地形成和消亡，可能不断改变着自身发育的形态，不断改变存在的地理位置，这说明砂体微构造的发育形态和不同时期的沉积环境存在很大的相关性。

古地形控制形成的微构造通常规模不一、构造幅度不一，这和古地貌的规模有很大的关系。沉积作用形成的微构造规模一般较小，而与构造成因有关的微构造相对规模则较大。这种微构造单元的面积一般超过 0.3km^2，幅度大于 20m，主要沿着断层分布，形成微断鼻和微断沟构造。其中，上盘的微构造主要受逆牵引作用或是拖曳作用的控制；而下盘一侧，由于拖曳力在不同位置上的差异，应力强部位形成下凹，应力弱部位形成凸起，下凹处容易形成负向微构造，而凸起处往往形成正向微构造。

一般地，从断裂控烃的理论角度来说，复杂断块油田中断层决定了油气的分布，构造成因的正向微构造单元成为剩余油分布聚集区最有利的部位，此处部署的采油井产能通常很高；即使是负向微构造，只要发育在构造趋势的高点，在小型的微断沟构造部署的采油井虽然较微断鼻构造部署的采油井的产能低，然而它依然可以赋存剩余油。

3. 微构造精细表征方法

1）高精度井震标定方法

井震关系标定的目的是将地震数据和测井数据建立联系，即赋予地震数据体准确的地质含义，以便于较为准确地利用地震资料开展后续微构造解释工作，测井资料和地震资料都是对地下储层的反映，只是反映的角度和尺度不相同，通常情况下，高精度井震关系标定主要有以下几个步骤：

（1）选择标志井，以油层组为研究对象开展层位标定：通常的做法是，利用声波时差、密度曲线计算反射系数，通过分析各油组的测井、地震响应特征，厘清各油组顶（底）面对应的地震同相轴，然后提取雷克子波并与反射系数褶积形成合成地震记录；采用合成记录整体漂移的方式，宏观上建立起测井、地震资料油层组级地层单元的对应关系。

（2）以微构造研究目标层为对象进行精细标定：精细标定目的是明确目标层砂体的反射特征，以提高微构造表征的准确度。通常的做法是，在油组层位标定的基础上，分析目标层位与相邻地层的岩性变化会对速度、密度（即反射系数）造成何种影响，以便于确定目标层位的反射极性和振幅大小；据此对油层组级层位标定结果进行微调，以实现目的层合成记录和井旁道的最佳匹配，从而建立起测井、地震资料单砂层级地层单元的对应关系。

（3）在单井合成记录标定基础上，需开展多井联合标定，认清区域内储层的地震响应特征，标定之后通过单井时深趋势检查和多井时—深关系对比进行质量控制，单井时—深趋势没有突变、多井时—深关系一致的情况表明标定质量较好 。

2）地震切片识别微构造方法

微构造的幅度变化很小，基于不同形态的微构造在同一时刻、不同时间的水平切片上同相轴的变化规律就可以识别及确认微构造的形态，保证微构造形态被合理地识别。

（1）应用地震切片来识别和寻找微构造形态发生变化的区域：在同一时刻的水平切片上，同相轴表现为一个闭合的曲线，并随着时间的增加，“闭合曲线面积”向外移动且面积扩大，该闭合面积区域为小高微构造分布区。

（2）在同一时刻的水平切片上，同相轴表现为一个闭合的曲线，随着时间的增加，“闭合曲线面积”向里移动且面积减小，直至缩小为一点并消失，这个区域为小低微构造。通过微构造的解释层位提取沿层振幅切片，微构造对应的同相轴追踪合理时，所提取的都是正振幅值或负振幅值；通过提取沿层的振幅切片来检验微构造的层位解释精度，保证微构造形态得到合理、精确的地震解释，若微构造对应的同相轴追踪不合理，所提取的振幅值包含正值和负值（图 2-1-5）。

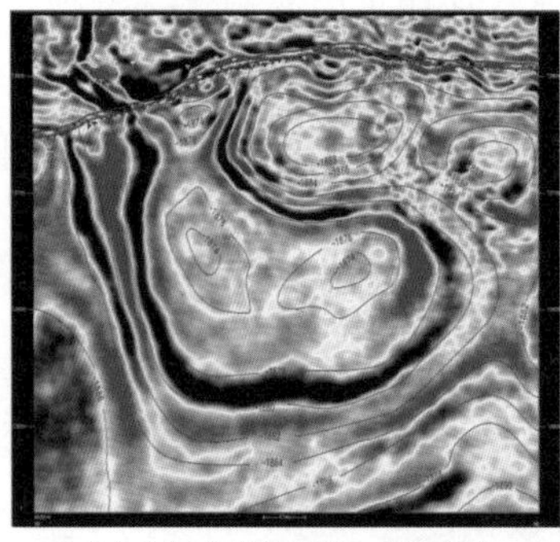

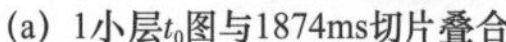

(a) 1小层t_0图与1874ms切片叠合

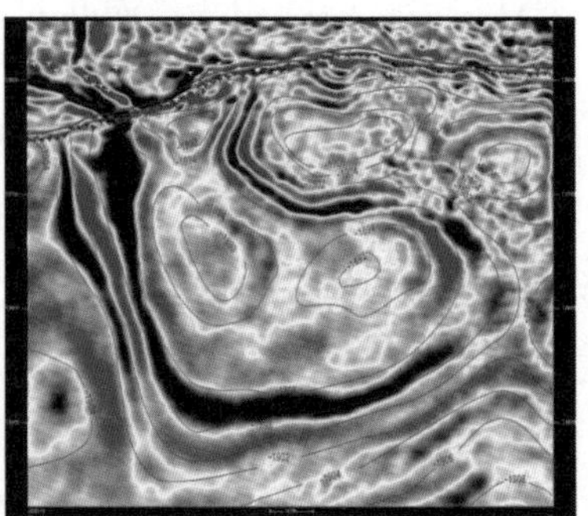

(b) 2小层t_0图与1892ms切片叠合

图 2-1-5　地震切片识别微构造形态

3）微构造精细成图方法

在陆相碎屑岩沉积环境和复杂断块地区，地层起伏变化较快，此时地层内部的速度会随着地层起伏而变化。这时通常在等时地层格架的约束下，以单井高精度井震联合标定为基础，采用井间速度插值的方法建立三维空间速度场，然后通过变速成图方法精细地表征速度的横向变化，进而精细地描述微构造形态，变速成图的主要流程如下：

（1）参考 VSP 资料，应用高精度井震关系标定技术，得到各井点高精度时—深关系；

（2）采用层位自动追踪解释稳定的地震层序界面，搭建等时地层格架；

（3）在等时地层格架约束下，加入各井点时深关系插值外推建立速度场；

（4）采用该速度场进行时深转换，得到深度域解释层位；

（5）采用小网格间距（一般不大于 10m）进行网格化，不平滑或尽量少平滑网格，绘制 2m 间隔的深度等值线，精细刻画低幅度构造的构造形态；

（6）时—深转换后得到的深度网格与井点有深度误差，利用井点的分层深度对深度网格进行校正，得到最终的深度构造图。

4. 微构造研究实例

微构造主要依据钻井资料进行研究，首先需要对研究区逐口井进行海拔高度、补心高度及井斜角的校正，然后利用新的小层对比结果，以 2m 等深线精细地刻画出小层顶底的构造形态。在综合考虑井网条件和其他地质条件的情况下，分析不同的微构造对剩余油分布的控制作用。综合运用单层或合层生产数据、测井解释和剩余油饱和度及油藏数值模拟预测的剩余油饱和度分析剩余油富集规律与微构造组合之间的内在联系。

以北大港港东油田为例区内断裂被北东东、北西西向和近南北向三组断层切割成大小不等形态各异的自然断块，断块面积一般小于 $1km^2$，最大的面积为 $2.25\ km^2$，最小的面积仅为 $0.2km^2$。由于断块受断层遮挡和岩性变化所限，一般多属封闭型和半开型。在对 11 个油层组进行解释的基础之上，本次构造解释的最重要目的是进行单砂体的微构造解释。仅仅通过人工校正成图与井震联动成图差异较大，尤其是在微构造的成图方面。但是井震联动精细构造成图对于井分层要求严格，每口井的分层、复杂断块区井的断点等均严格吻合。在研究中发现，单砂体层位划分存在问题的井对于微构造成图影响非常大。通过对 10 层单砂体微构造分析，累计发现微背斜 17 个、微断鼻 40 个。

第二节　薄砂体精细预测方法

薄层的概念是相对的，地震勘探开发中定义薄层是以其纵向分辨率为依据的，即对地震子波而言，不能分辨出顶底反射面的地层称为薄层。在原始地震剖面中，一般不容易识别地质薄层，而传统的分析方法在识别薄层能力上往往具有较强的局限性，薄层可以是单一地层，也可以是薄互层组合。因为实际中往往是一套薄互层对应某种形式的地震响应，所以追求可分辨的单一地层容易陷入地震资料处理的误区。

大港复杂断块油田发育曲流河、辫状河、冲积扇等多种沉积类型，具有多期砂体叠置、储层横向变化快、厚度变化大等特点，储层厚度在 10m 以下的薄砂体非常发育。目前储层预测主要基于常规地震属性分析、叠后波阻抗反演等方法展开，但受地震资料品质、算法误差等因素影响，砂体识别精度难以满足开发要求。针对面临的技术问题，提出了复杂断块油田薄砂体精细预测方法，主要应用近偏移距叠加方法得到分辨率更高的地震数据，在此基础上利用谱分解方法建立储层厚度和响应频率之间的关系，井震结合对沉积微相、砂体进行预测，有效解决了4m左右薄砂体精细刻画的难题。

一、基于近偏移距叠加的地震处理方法

1. 近偏移距叠加技术原理

地震信号可分辨的极限储层厚度越小，则分辨率越高。对于某一时间深度（t_0）处的地层，分辨极限储层厚度随入射角增加而增大，即分辨率降低。具体来说，当入射角为0°时，分辨率达到最大；当入射角接近于90°时，地震信号无法分辨任何厚度的地层。对于主频20Hz的地震子波，入射角为0°与45°的时间分辨率相差约5.2ms，对于速度为3000m/s的地层，厚度分辨率相差15.6m左右。一方面，地层速度由浅至深不断增加使得地震波发生折射，使得地下深处目的层实际入射角度大于炮检距和深度推算出的角度；另一方面，大入射角地震波传播距离更长，高频信号衰减更为严重，分辨率进一步降低。因此，越是近偏移距叠加处理得到的地震资料分辨率越高。

2. 应用实例

图2-2-1所示为全叠加剖面与近偏移距叠加剖面对比。油层对比图显示，LQ5-9井、LQ7-8井等井发育两层薄砂体NmⅢ-4-1、NmⅢ-4-2，在常规变密度剖面中无法区分的两层砂体，在20°近偏移距叠加剖面中却能够非常清晰地识别，表明近偏移距叠加处理可以提高薄砂体的识别能力。

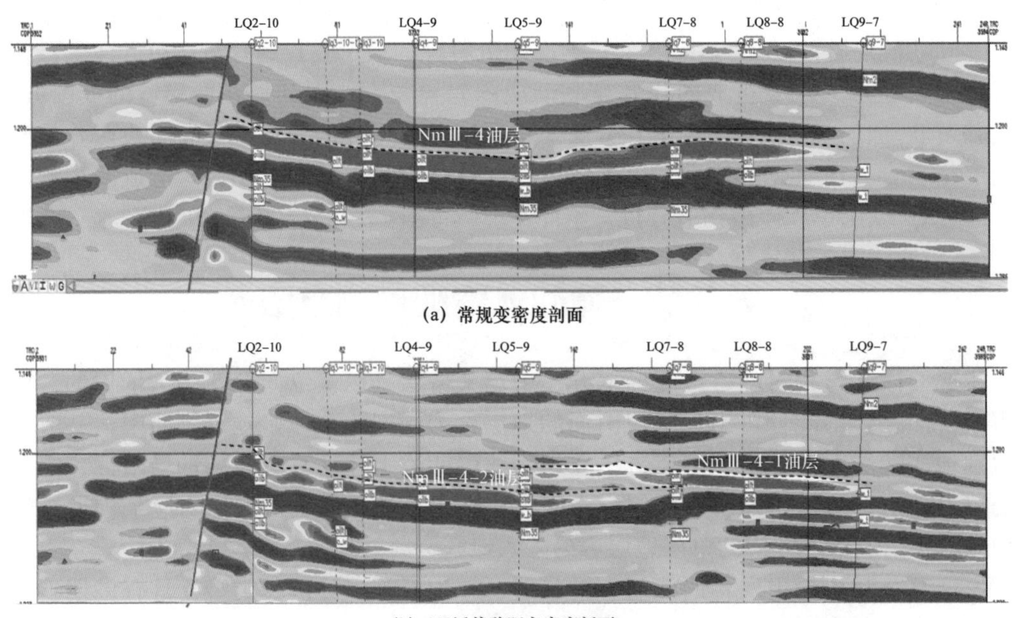

图2-2-1 港东二区七断块常规、近偏移距变密度剖面识别对比图

二、基于谱分解的薄砂体预测方法

该技术是建立在谱分解技术基础之上，通过井震结合对单频体、调谐体及 RGB 彩色融合技术的应用，达到预测储层、刻画沉积微相的目的。具体方法是利用已知井的储层厚度、沉积微相、地震数据求取的井点处的调谐频率做交汇，建立调谐频率与沉积微相之间的关系；在此基础上对每一个单频成分赋予一定的地质含义，然后进行 RGB 彩色融合，得到沉积微相指导下的 RGB 融合图，以此反映砂体空间分布情况。

1. 薄砂体预测技术流程

首先确定研究工区内每口井目的层的砂层厚度，以砂层底界作为分析界面，在地震剖面中向上第一预定时间、向下第二预定时间作为分析时窗进行协调分析，来确定每口井目的层的响应频率。沿每口井的目的层在单频体数据中提取最大振幅值，在对应位置读取响应振幅；并定义单井目的层沉积微相类型。

在以上研究成果基础上，建立沉积微相与储层厚度之间的关系、储层厚度与响应频率之间的关系、储层厚度与响应振幅之间的关系、沉积微相与响应频率之间的关系、沉积微相与响应振幅之间的关系；根据沉积微相与储层厚度之间的关系、沉积微相与响应频率之间的关系、沉积微相与响应振幅之间的关系及储层厚度与响应频率之间的关系选择三个融合频率和各自对应的沉积微相；根据储层厚度与响应频率之间的关系确定三个融合频率各自对应的融合振幅范围；根据三个融合频率各自对应的沉积微相和各自对应的融合振幅范围对三个融合频率进行 RGB 融合，得到薄层砂体空间分布情况。

2. 应用实例

用测井微相和对应的砂体厚度及提取的响应频率做统计性交会分析（图 2-2-2），通过交会图来看，实测厚度与响应频率的总趋势呈负线性相关，拟合优度 R^2=0.902，拟合程度好；薄层厚度接近于 $\lambda/4$（18m）的储层，其响应频率与厚度负相关性较好（R^2=0.76）；而小于 $\lambda/8$（9m）的储层，其响应频率与厚度的负相关性较差（R^2=0.28）。交会图（图 2-2-2）中反映出三个区域：区域①边滩微相，主要表现为厚度大于 10m，响应频率低于 45Hz；区域②③比较复杂，天然堤和河漫滩相分界线不明显，天然堤微相表现为薄层厚度在 4～10m 之间，河漫亚相的薄层厚度小于 4m，响应频率不稳定。原因在于

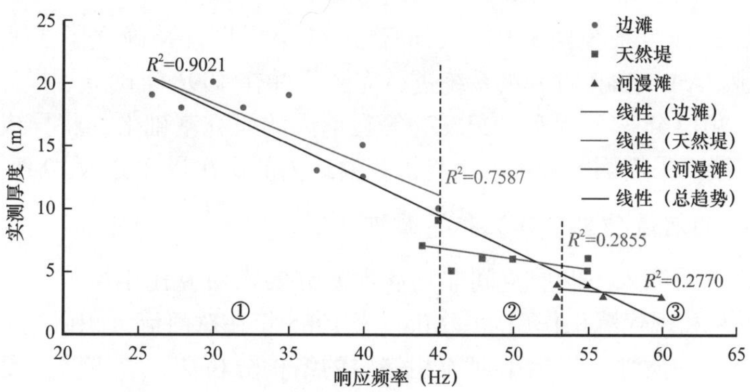

图 2-2-2　实测厚度、响应频率与沉积微相交会图

当厚度极薄（小于 $\lambda/8$）时，调谐频率超出有效带宽导致提取的调谐频率产生错误。河漫滩相和天然堤相的响应频率集中在较高频率段。由此利用交会图得到的结果预测沉积微相及对应砂体空间分布。

从交会图可以看出，响应频率小于 20Hz 时，属于厚层（大于 $\lambda/4$）；响应频率在 20～45Hz 时，为边滩相沉积（厚度在 $\lambda/8$ 与 $\lambda/4$ 之间）；响应频率大于 45Hz 时为天然堤与河漫滩沉积（厚度小于 $\lambda/8$）。

应用近偏移距叠加处理、基于谱分解的薄砂体预测技术，针对港东、港西、小集、羊三木等油田开展薄砂体精细刻画，刻画有利砂体面积 $50km^2$，识别河流相优势储层 23 层，新增拓展储量 150×10^4t。在薄砂体刻画基础上，进一步结合开发动态信息，重新确立了油藏连通关系，拓展了井震结合开展薄砂体刻画、沉积微相预测的相关研究方法，为高精度储层构型多维表征打下了坚实基础。

第三节　多相耦合井震构型精细刻画方法

储层构型指储集砂体的几何形态及其在三维空间的展布，是砂体连通性及砂体与渗流屏障空间组合分布的表征。储层构型从宏观上控制流体渗流，是决定油藏数值模拟中模拟网格大小和数量的重要依据。储层构型模型的核心是沉积模型。不同的沉积条件会形成不同的储层结构类型。为此，从沉积微相入手，综合所有的静（动）态资料，精细地研究砂体规模、连续性、连通性、各种界面特征，建立精细的储层结构模型。大港油田的油气资源主要赋存于曲流河、辫状河、三角洲、冲积扇四类碎屑岩储层中，不同沉积相类型砂体发育规模及叠置关系有着明显的差异。由于河流相储层具有相对简单的内部结构，并且蕴含着更多部分的油气资源，针对河流相构型表征、建模、剩余油的分布规律都已经取得了一系列成果，目前针对三角洲、冲积扇储层构型的研究主要存在以下方面的问题：一是构型级次划分标准不统一；二是构型研究精度较低，缺乏针对单一成因砂体内部构型单元的研究；三是缺少行之有效的储层构型定量表征思路与方法；四是储层构型特征、模式及其对剩余油分布规律的研究有待进一步精细化、定量化。

一、河道砂岩内部沉积界面级别划分与识别

河流沉积界面分级系统由 J.R.L.Allen 于 1983 年提出，并确立了 3 级界面的划分方案。以此为基础，A.D.Miall 对分级系统进行完善，并在 1996 年确立了层序地层内的 6 级界面划分方案。2013 年，吴胜和、纪友亮等在前人的研究基础上，将异成因地层与自成因沉积体进行衔接，采用倒序分级方案将沉积盆地内的层次界面分为 12 级。

1. A.D.Miall 的河道砂岩内部沉积界面级别划分

随着油田开发的深入，储层空间非均质性研究要求研究比小层或单砂体更细的地层单元，在参考露头和现代沉积作用后，Miall 于 1985 年在对河流沉积研究的基础上，针对河流储层的严重非均质性，提出了河流相储层的结构分析法，该方法立足于砂体，将砂体内部结构作为研究对象。

在 Miall（1985）的构成单元分类中没有明显级别的概念，随后进一步提出了沉积体内部界面的构成单元的级别，并分出了 6 级界面和 8 级构成单位（Miall，1988，1990）。其他学者如 Allen 对海岸和河口湾沉积、Dott 等对陆架沉积、Brookfield 等对风成沉积也都做了等级划分。

Miall 的构成单位和等级界面研究对沉积体内部构成进行了详细分级，有其优越性。20 世纪 80 年代后期以来储层沉积学成了国内外研究的热点，因为人们认识到巨大数量的可动油由于砂体内部的非均质性而滞留于储层中未被采出。例如曲流河道砂体在点坝加积过程中形成了薄的泥披覆，从而使储层砂体变成半流通体。因此，要揭示砂体内部的非均质性，就需要按照宏观—微观分级别划分和研究构成单位和等级界面，因为甚至厘米级的细夹层都可能带来重大影响。这样，沉积体内部的构成分析就成为油藏工程的重要基础。

A.D.Miall 从宏观—微观储层非均质性，划分 6 个等级界面（表 2–3–1）（Miall，1988）。

第一级、第二级级定义在微型—中型层界面。

第一级界面为交错层系界面，即由一系列相同纹层组成，具有连续沉积特征，层面方向与古水流方向有关，其内部没有侵蚀界面其特点，侧向上可被更高级次界面截蚀。

表 2–3–1　河道砂体内部层次构型（据 A.D.Miall，1988）

界面等级	界面识别标志	反映地质事件
第一级	交错层系的界面（微型界面），即由一系列相同纹层组成，具有连续的沉积特征，在其内部没有侵蚀面界面其特点，侧向上可被更高级次界面截蚀	层面方向与古水流的方向有关
第二级	交错层系组（小型底形），交错层系组界面，与一级界面的区别是界面上下的岩相发生变化，界面内也没有明显的层面削蚀、或侵蚀面，在岩心上可以区别于一级界面。是砂体内部不同岩相之间的分界面，在侧向上可被更高级界面削蚀，界面方向与古水流的变化有关，如在河口坝砂体不同部位的界面方向也不同	二级界面的存在反映古水流流动条件或流动方向的变化
第三级	交错层理系底的低角度削蚀面（一般小于 15°，中型界面），可能横切多个交错层理组，通常带有内碎屑角砾岩，上下岩相组合非常相似，三级界面可能因上披覆的泥岩或粉砂岩演变成次级沙坝、岩层顶。后续的岩层常常带有被细粒沉积物覆盖的撕裂状底内碎屑角砾岩	指示短暂的物源供给缺乏，局部沉积萎缩
第四级	沉积岩性界面（较大型界面），如点坝、或沙坪底界面，典型的上超界面，典型由扁平向上凸，为单一河口坝砂体内部增生体的顶（底）界面，为一个完整的点坝增生单元，位于岩层界面之下，包容一级至三级界面，被低角度或被局部的上超界面所削蚀	反映了河流沉积作用的短暂变化，如河水流量的变化、负载的增减或湖水的季节性涨缩等
第五级	岩层界面（大型界面），河道复合体，一般轻微向上凹，主要标志普遍见有充填、侵蚀底部滞留砾岩。几何形态平坦微弯曲，与河道底形状一致	沉积古水文环境发生变化，存在沉积间断
第六级	被定义河道组合界面，或古河谷，圈定的是岩石地层组或亚组地层单元。几何形态平坦微弯曲，与河道底形状一致	与古构造有关，沉积环境较大程度发生变化

第二级界面为交错层系组界面，与第一级界面的区别是界面上下的岩相发生变化，界面内也没有明显的层面削蚀或侵蚀面，在岩心上可以区别于第一级界面。第二级界面的存在反映古水流流动条件或流动方向的变化，是砂体内部不同岩相之间的分界面，在侧向上可被更高级界面削蚀，界面方向与古水流的变化有关，如在河口坝砂体不同部位的界面方向也不同。

第三级、第四级指示储层宏观构型的特征，如点沙坝、沙坪等单个沉积单元。第三级界面是交错层理系底的低角度削蚀面（一般小于 15°），可能横切多个交错层理组，通常带有内碎屑角砾岩，上下岩相组合非常相似，第三级界面可能因上披覆的泥岩或粉砂岩演变成次级沙坝、岩层顶，指示短暂的物源供给缺乏，后续的岩层常常带有被细粒沉积物覆盖的撕裂状底内碎屑角砾岩，这些特征在岩心上就可以观察到。

第四级界面是较大型的上界面，如点坝或沙坪底界面，典型的上超界面，典型由扁平向上凸，为单一河口坝砂体内部增生体的顶（底）界面，为一个完整的点坝增生单元，位于岩层界面之下，一级至三级界面，被低角度或被局部的上超界面所削蚀指示其为侧积层面，向下游增积为多个河口坝增生体叠合形成的单一河口坝的顶界面，界面向下游（或湖心）方向倾斜，其上披覆着短暂间洪期沉积的薄泥质夹层，薄泥层界面上下的岩相组合相似。此类界面反映了河流沉积作用的短暂变化，如河水流量的变化、负载的增减或湖水的季节性涨缩等（李思田，1966）。

第五级界面，大型岩层界面，例如河道复合体，一般轻微向上凹，主要标志普遍见有充填、侵蚀底部滞留砾岩。

第六级界面，被定义河道组合界面，第六界面圈定的是组或亚组地层单元。

第五级、第六级界面最先能标定，由于它们在侧向延伸较长，单一，几何形态平坦微弯曲，与河道底形状一致，研究表明，第四级、第五级、第六级界面完全可以通过地震资料的解释、井间地层对比取得，有时与第三级界面相似，也可出现在岩心，它们最大的区别是通过井间对比，各自延伸的范围是不一样的（一个井距或几百米或更小）。各种界面识别与对比方法，能非常清晰地描述河道沉积复合体，尤其是宏观中型、大型层面的认识。

2. 河道砂岩内部沉积界面 12 级划分方案

2013 年，吴胜和、纪友亮等在前人的研究基础上，将异成因地层与自成因沉积体进行衔接，采用倒序分级方案将沉积盆地内的层次界面分为 12 级。以大港油田为代表将沉积地质体的层次结构分为 12 级（表 2-3-2）。

表 2-3-2　大港油田碎屑沉积地质体构型分级简表

Miall 构型分级方案	构型分级方案	构型规模	构型界面	不同相类型构型单元
—	1	系（3000～5000m）	叠合盆地充填复合体	
—	2	组（1000～2000m）	盆地充填复合体	

续表

<table>
<tr><th>Miall 构型分级方案</th><th>构型分级方案</th><th>构型规模</th><th>构型界面</th><th colspan="3">不同相类型构型单元</th></tr>
<tr><td>9 级</td><td>3</td><td>段（100～500m）</td><td>盆地充填体</td><td colspan="3"></td></tr>
<tr><td>8 级</td><td>4</td><td>油组规模（100m）</td><td>体系域</td><td colspan="3"></td></tr>
<tr><td>7 级</td><td>5</td><td>小层规模
（10～50m）</td><td>叠置沉积体</td><td>曲流河</td><td>辫状河</td><td>三角洲前缘</td></tr>
<tr><td>6 级</td><td>6</td><td rowspan="3">砂体规模
（1～10m）</td><td>单期沉积体</td><td rowspan="2">河道
溢岸
泛滥平原</td><td rowspan="2">辫流带
漫流带</td><td rowspan="2">分流水道
河口坝
席状砂</td></tr>
<tr><td>5 级</td><td>7</td><td>单一曲流带 / 辫流带</td></tr>
<tr><td>4 级</td><td>8</td><td>单一微相</td><td>边滩
滞留沉积
天然堤
决口扇
泛滥平原</td><td>心滩
辫状河道
泛滥平原
溢岸</td><td>分流水道
河口坝
席状砂</td></tr>
<tr><td>3 级</td><td>9</td><td>砂体内部规模
（0.1～5m）</td><td>单一增生体</td><td colspan="3">增生体（侧积体、垂积体、夹层等）</td></tr>
<tr><td>2 级</td><td>10</td><td rowspan="3">纹层规模
（10～500mm）</td><td>纹层系组</td><td colspan="3" rowspan="3"></td></tr>
<tr><td>1 级</td><td>11</td><td>纹层系</td></tr>
<tr><td>—</td><td>12</td><td>纹层</td></tr>
</table>

其中，1～6 级为层序构型，7～9 级为砂体构型，10～12 级为层理构型。1～6 级层序构型相当于经典层序地层学的一至六级层序单元。6 级构型为最小一级地层构型单元，在垂向上与最大自成因旋回（如单河道沉积）相当，其内部可进一步划分 6 个级别（7 至 12 级）的岩性体构型单元，其中，7～9 级构型为相构型，10～12 级为层理构型。

二、基于岩心尺度构型表征方法

岩心是解密复杂断块油田高含水期构型与剩余油分布最直观、最有效的手段。单井测井资料、岩心相结合的构型界面识别与级次划分是单砂体内部构型研究基础，其中，1～7 级构型主要通过单砂层精细对比确定，8～12 级是岩心相构型表征的主要对象，按照层次划分思路开展取心井 8～12 级构型精细描述，建立了 8～12 级构型单元的岩心相标志。

1. 8～9 级构型体拼接方式及岩心相标志

以曲流河为例，8 级构型体拼接方式及岩心相标志见表 2–3–3。

表 2-3-3　曲流河 8 级构型拼接方式及岩心相标志

序号	构型拼接模式	岩相与沉积构造	岩相组合模式
1	河漫滩—天然堤构型	构型界面之上岩性为灰绿色泥质粉砂岩，岩相为块状层理粉砂岩相；构型界面之下岩性为灰绿色粉砂质泥岩，岩相为灰绿色泥岩相，块状构造	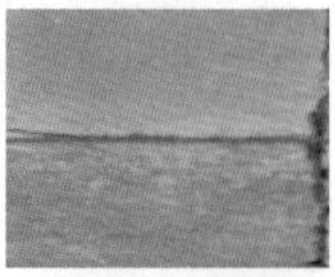
2	天然堤—边滩构型	构型界面之上岩性为泥质细砂岩，岩相为波状层理砂岩相，含油级别为油迹；构型界面之下岩性为细砂岩，岩相为块状层理砂岩相，含油级别为油斑	
3	边滩—河道滞留构型	构型界面之上岩性为细砂岩，岩相为块状层理细砂岩相，含油级别为油迹；构型界面之上岩性为砾岩，岩相为块状层理砾岩相，砾岩底部具有明显冲刷面	
4	决口扇—河漫滩构型	构型界面之上岩性为灰白色粉砂岩，岩相为块状层理粉砂岩相，构型界面之下为灰绿色泥岩相。在构型界面处可见冲刷面	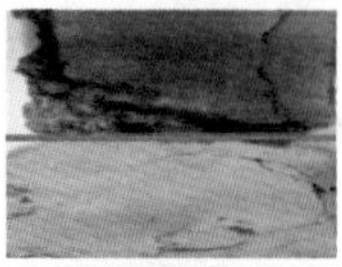
5	废弃河道—天然堤构型	构型界面之上岩性为砾岩，岩相为块状层理砾岩相；构型界面之下为灰白色泥岩相。在构型界面处可见冲刷面	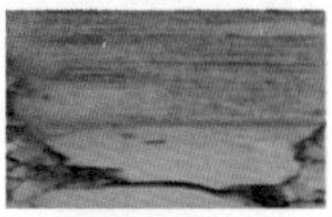
6	决口扇—废弃河道构型	构型界面之上岩性为砾岩，岩相为块状层理砾岩相；构型界面之下细砂岩，岩相为平行层理砂岩相。在构型界面处可见冲刷面	

以辫状河为例，9 级构型体构型拼接方式及岩心相标志见表 2-3-4。

表 2-3-4　辫状河型 9 级构型体构型拼接方式类型

序号	构型拼接方式类型	岩相与沉积构造	岩相组合模式
1	垂积体—垂积体构型	构型界面之上岩性为棕灰色粉—细砂岩，韵律层理，含油级别为油迹；构型界面之下岩性为灰绿色粉砂岩，岩相为水平层理粉砂岩相，水平层理	

续表

序号	构型拼接方式类型	岩相与沉积构造	岩相组合模式
2	落淤层—垂积体构型	构型界面之上岩性为灰绿色泥岩，岩相为灰绿色泥岩相，块状层理；构型界面之下岩性为棕色细砂岩，岩相为块状层理砂岩相，含油级别为油迹	

2. 10～12级构型单元的岩心相标志

按照构型层次划分方案，10级构型界面为增生体内部层系组的界面，11级构型界面为层系组内部一个层理系的界面，12级构型界面为纹层。因此，可通过描述岩心内部沉积构造来识别10～12级构型界面。通过密闭取心井沉积构造描述，总结了河流相储层内部层理结构特征（表2-3-5）。

表2-3-5 曲流河构型内部层理结构特征（据GX4-23井、GX9-9-10井）

代码	岩相名称	颜色	主要岩性	沉积构造
Fc	爬升交错层理粉砂岩相	浅棕色	粉砂岩	爬升交错层理
Fh	水平层理粉砂岩相	浅棕色、棕色	泥质粉砂岩、粉砂岩	水平层理
Fm	块状层理粉砂岩相	浅棕色、灰绿色、灰白色	粉砂岩	块状层理
Fr	波状交错层理粉砂岩相	浅棕色	粉砂岩	波状交错层理
Fw	波状层理粉砂岩相	浅棕色	粉砂岩	波状层理
Gm	块状层理砾岩相	杂色	砾岩、砂质砾岩	块状构造
M-cm	紫红色泥岩相	紫红色	泥岩	块状构造
M-gl	灰绿色泥岩相	灰绿色	泥岩、粉砂质泥岩	块状构造
Sh	平行层理砂岩相	浅棕色、棕色、深棕色	细砂岩	平行层理
Sm	块状层理砂岩相	浅棕色、棕色、深棕色	细砂岩、中砂岩	块状层理
Sp	板状交错层理砂岩相	浅棕色、棕色	细砂岩	板状交错层理
Sr	波状交错层理砂岩相	浅棕色、棕色、深棕色	细砂岩	波状交错层理
St	槽状交错层理砂岩相	浅棕色、棕色	细砂岩	槽状交错层理
Sw	波状层理砂岩相	浅棕色、棕色、深棕色	细砂岩	波状层理
Sx	楔状交错层理砂岩相	浅棕色、棕色	细砂岩	楔状交错层理

三、储层构型级次划分方案

受到多种因素控制，沉积环境和沉积速率具有多级次性，这必然导致沉积体的层次结构性，其主要通过构型界面来划分。所谓构型界面，即一套成因上有联系、级次上相等的岩层接触面。构型界面分级是储层构型解剖的前提，不仅可以建立系统的储层研究系统，还可以通过不同级次构型单元的表征结果进行相互约束和验证，以更好地表征储层。

在碎屑沉积体构型分级方案基础上，采用倒序划分方案，即从 1 级级次开始，对应大级次单元。将主要构型单元与地层划分方案和沉积相划分对应。从油田开发的角度考虑，将沉积盆地内的层次界面分为 13 级，1～6 级构型界面对应于层序地层学的 1～6 级层序单元，大体对应地层分层的界、系、组、段、油组、小层。7 级构型界面对应的单砂层为开发地质中规模最小的地层单元。8～9 级界面分别对应了单一沉积单元及其内部增生体。10～12 级为厘米级的纹层分层，可以从岩心角度进行判别。13 级为微观构型界面，为微米级或纳米级结构（表 2–3–6）。

表 2–3–6　大港油田碎屑沉积体构型分级简表

构型界面分级	构型单元分级	曲流河沉积相分级	辫状河沉积相分级	三角洲沉积相分级	地层分级
1、2、3					界、系、组
4					段
5					油层组
6	复合沉积体	复合曲流带	复合辫流带	三角洲复合带	小层 / 砂层组
7	单一复合体	单一曲流带	单一辫流带	三角洲前缘	单砂层
8	单一单元	点坝 / 废弃河道 / 决口扇	心滩 / 河道	分流河道 / 河口坝	
9	层内体	侧积层 / 侧积体	落淤层 / 垂积体	前积层 / 增生体	
10	纹层系组				
11	纹层系				
12	纹层				
13	微观结构				

在表 2–3–6 的方案中，将 6 级构型对应复合沉积体构型单元，其平面上对应复合曲流带或复合辫流带，由两个以上单一复合体构成；剖面上为小层或砂层组，内部由多个单砂层组合而成，单砂层之间泥岩隔层发育。7 级构型对应单一复合体沉积构型单元，其平面上对应单一曲流带或单一辫流带；剖面上对应地层划分中的单砂层，内

部泥岩夹层发育，可由两个以上的单一沉积单元构成。8级构型对应单一沉积单元，在曲流河沉积体系中，相当于点坝、天然堤、决口扇等。9级构型界面对应增生体，如曲流河点坝内部侧积体、侧积层，辫状河心滩内部的落淤层、沟道砂体。10级构型单元表征纹层系组，11级构型单元表征纹层系，12级构型单元表征纹层，13级构型单元表征微观结构。

四、单井构型相自动判别方法

单井储层构型的识别是构型分析的重要基础。单井储层构型的识别既包括单井构型的划分，又包括对划分结果的验证，笔者以取心井岩心描述的构型划分结果与测井曲线定性和定量关系作为桥梁，通过*K*—均值聚类建立构型单元的划分标准，通过贝叶斯判别形成构型单元的验证公式，从而完成非取心井单井构型单元的识别。单井储层构型识别主要包括4个步骤，其研究流程如图2-3-1所示。

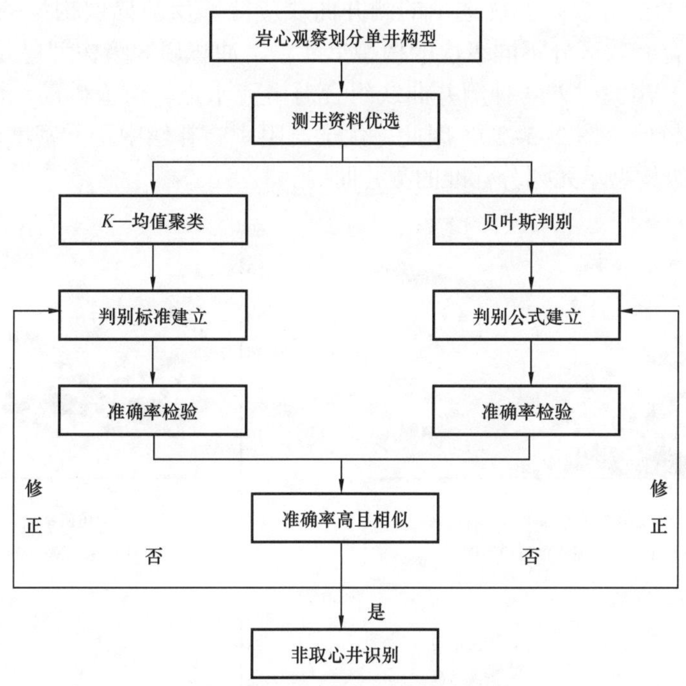

图2-3-1 单井构型识别研究流程

1.取心井构型划分

对于地下油藏，岩心资料是研究区内直接识别沉积构型的第一手资料。通过对取心井进行精细描述、运用储层构型知识理论对取心井进行构型识别是非取心井构型划分标准及判别公式建立的基础。在岩心观察明确各级次构型单元沉积学成因、特征的同时，需要应用构型单元与测井曲线之间定性、半定量的关系来辅助取心井构型单元的划分，形成相对准确且能够用测井曲线判别的取心井构型单元划分结果。

2. 非取心井构型划分标准建立

由于取心十分昂贵，绝大部分开发井出于经济原因而不取心，对于非取心井，类型多样、垂向分辨率高的测井信息是非取心井构型划分最重要的基础资料。因此，如何通过岩心标定测井，建立这些非取心井的构型单元测井判别标准是构型分析十分重要的环节。该方法主要包括三个方面。

（1）测井曲线标准化。不同时期钻井所采用的测井仪器不一样、刻度标准不统一、操作方式不一致，为了消除不同时间、不同仪器测量的测井资料之间存在的系统误差，需要对工区内所有测井资料进行标准化，以确保在利用测井资料建立构型划分标准时更加准确且合理。

（2）测井曲线优选。为了能在准确应用测井数据定量划分构型单元的基础上使划分标准简便易行，需要对种类繁多且表征意义不同的测井曲线进行优选。测井曲线的优选主要考虑两个问题：一是单种测井曲线表达的地质含义，二是几种测井曲线组合对不同级次的构型单元的区分效果。优选出的测井曲线应能够反映储层构型的基本地质含义，并能通过合理组合有效区分不同级次的构型单元。以冲积扇 8 级构型单元为例，电阻率、补偿中子、密度、声波时差 4 种测井曲线组合对辫流水道、辫流砂岛、漫流砂体、漫流细粒的区分效果较好（图 2-3-2），因此，优选电阻率、补偿中子、密度、声波时差 4 种测井曲线作为 8 级构型单元划分标准的测井曲线。

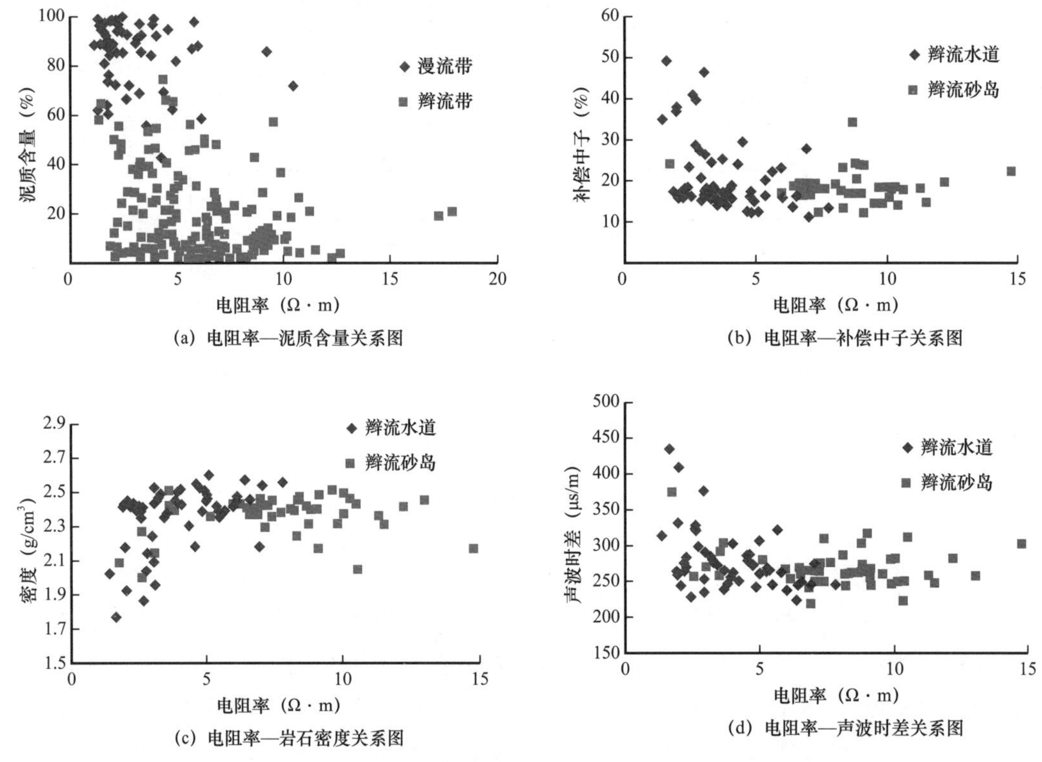

图 2-3-2　交会图法优选测井曲线

（3）标准的建立。标准的建立主要采用聚类分析、人工神经网络等两大类方法。对于储层构型的研究，适合研究区的构型单元划分方案是统一的研究平台，各级次构型单元类型是确定唯一的，因此笔者采用了能够给定聚类数量的经典聚类算法——*K*—均值聚类（表 2–3–7）。

表 2–3–7 *K*– 均值聚类初始聚类中心及最终聚类结果

构型级次	构型单元类型		电阻率（Ω·m）	声波时差（μs/m）	补偿中子（%）	密度（g/cm^3）	孔隙度（%）
7 级	初始聚类中心	漫流带					10.6
		辫流带					17.3
	最终聚类结果	漫流带					4.3～13.4
		辫流带					12.7～21.5
8 级	初始聚类中心	辫流水道	8.0	260	18.2	2.4	
		辫流砂岛	4.5	270	21.3	2.3	
		漫流砂体	3.3	220	12.0	2.6	
	最终聚类结果	辫流水道	＞5.0	235～310	12.2～22.0	2.3～2.6	
		辫流砂岛	2.0～6.5	235～340	12.2～40.6	1.8～2.6	
		漫流砂体	＜5.2	155～320	4.8～23.0	2.1～3.0	
9 级	初始聚类中心	落淤层	6.2	274	21.1	2.2	
		增生体	2.3	265	15.4	2.4	
	最终聚类结果	落淤层	＞3.7	229～445	11.3～57.8	1.7～2.6	
		增生体	1.8～4.3	244～285	13.9～18.2	2.4～2.5	

应用建立的标准对取心井进行划分，并与岩心观察划分结果对比，计算准确率，修正划分标准直至准确率达到要求（图 2–3–3）。

3. 非取心井构型判别公式建立

在建立非取心井构型划分标准之后，为了检验划分结果是否准确，还需要合理的验证方法，笔者采用在沉积、储层研究中应用效果较好的贝叶斯判别法。贝叶斯判别是利用已经确定的变量数据，构建判别函数，使得函数具有某种最优性质，得到未知变量的后验概率，从而把属于不同类别的样本点尽可能地区别开来。建立构型判别公式过程中，首先，应用贝叶斯判别规则得到各级次构型单元的判别公式（表 2–3–8）。

按照 *K*– 均值划分标准得到的构型划分结果，将测井曲线数值分别代入各级次构型单元的判别公式中，得到其后验概率，并进一步判断构型单元归属，计算准确率（图 2–3–4），修正判别公式直至准确率满足要求。

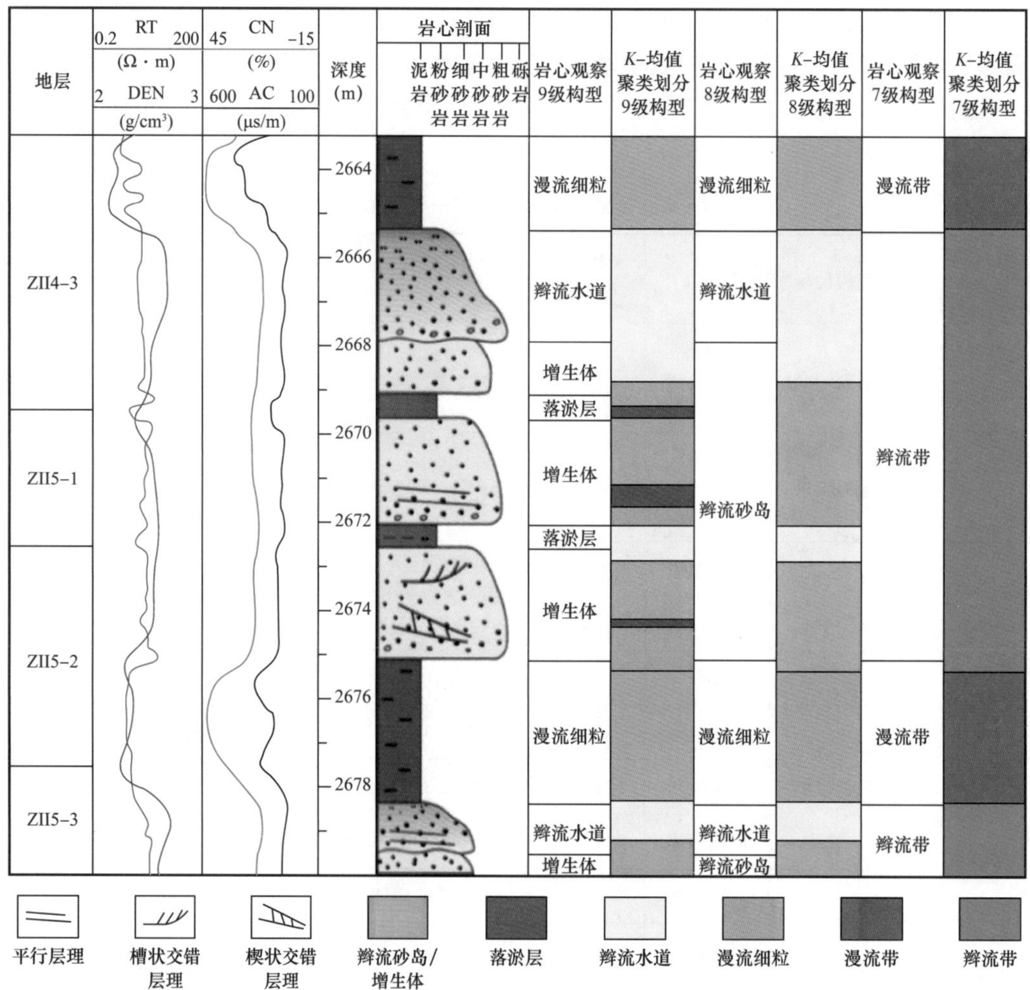

图 2-3-3 K- 均值聚类与岩心观察得到取心井构型单元划分结果

表 2-3-8 冲积扇沉积各级次构型单元贝叶斯判别公式

构型级次	构型单元类型	贝叶斯判别公式
7 级	辫流带	$B_{辫流带}=1.913\varphi+0.469sh-22.208$
	漫流带	$B_{漫流带}=1.719\varphi+0.355sh-14.008$
8 级	辫流砂岛	$B_{辫流砂岛}=3.874R_t+0.685AC+9.563CN+629.750DEN-946.905$
	辫流水道	$B_{辫流水道}=4.103R_t+0.704AC+9.407CN+627.801DEN-945.274$
	漫流砂体	$B_{漫流砂体}=3.395R_t+0.731AC+9.157CN+623.417DEN-943.511$
9 级	增生体	$B_{增生体}=2.909R_t+0.638AC+2.135CN+299.34DEN-475.646$
	落淤层	$B_{落淤层}=1.943R_t+0.625AC+1.991CN+300.36DEN-467.82$

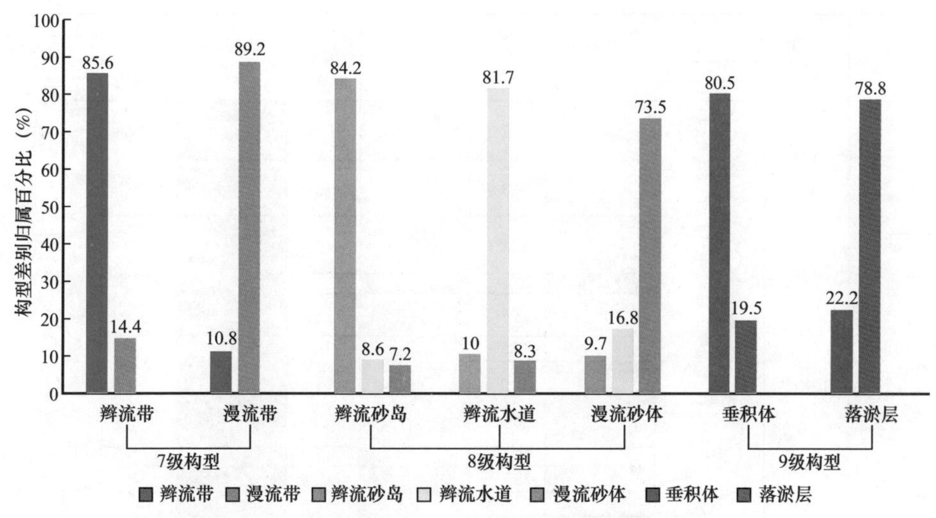

图 2–3–4 贝叶斯判别公式判别各级次构型单元归属占比

4. 非取心井构型识别

将各级次构型单元判别标准应用到非取心井，形成非取心井构型单元的划分结果，应用贝叶斯判别公式对各级次构型单元进行验证，得到所有测井数据点的构型归属并计算准确率，对于准确率较小的构型单元，可以根据专家经验进行适当的人工修改，直到准确率满足要求，完成非取心井构型单元的识别（图 2–3–5）。

研究认为，基于 K– 均值聚类和贝叶斯判别的冲积扇单井构型识别主要包括取心井构型划分、非取心井构型划分标准建立、非取心井构型判别公式建立及非取心井构型识别四个步骤，该方法同样可以应用于其他研究工区多种沉积相类型的单井构型划分标准及判别公式的建立，为开发后期井资料丰富的老油田多种沉积相类型单井构型识别提供了一种新思路。应用本方法识别非取心井构型单元应主要注意三个问题：在岩心观察划分构型结果时，务必要在合理构型级次划分方案基础上对构型单元沉积构型特征充分的认识；在建立划分标准时，需调整测井曲线组合及初始聚类中心得到准确率较高的聚类划分结果；在建立判别公式时，应将各级次构型单元判别准确率和构型单元划分准确率对比，两者接近才说明判别公式准确。由于测井曲线的分辨率所限及构型单元过渡带的岩性变化，该方法对于厚度较薄的构型单元及构型单元过渡带的识别效果相对较差。

五、多相耦合井震构型精细刻画

储层构型研究是高精度油藏描述中一项重要的基础工作。用来研究和表征储层构型的基础资料众多；目前，储层构型的研究大多是借鉴了沉积相的研究方法通过单一方法进行表征。储层构型研究有其自身的特点：储层构型研究时需按照不同级次选择不同的研究资料和方法，而不同资料有其自身的局限性，通过单一资料应用单一方法只能对某一级次构型单元开展重点研究，而无法对其他级次构型单元同时进行准确地识别；储层构型作为沉积相研究的进一步细化，虽有密井网资料的控制，但仍具有较强的多解性，

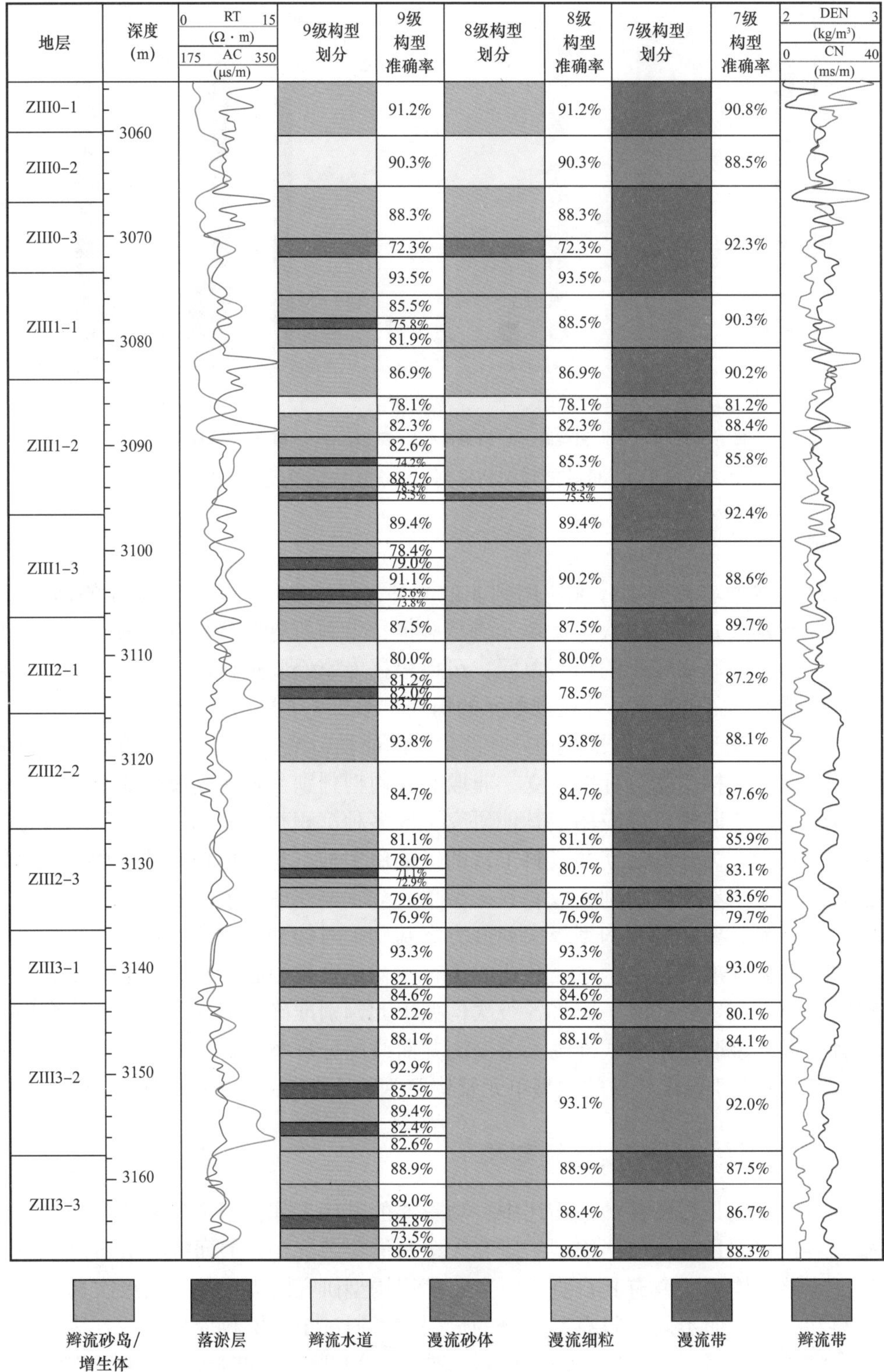

图 2-3-5 非取心井（CX11-13 井）划分结果及准确率

目前并没有可靠的验证方法去判断研究结果是否准确，因此会造成不同研究人员形成不同研究结果而无法统一的现象。因此，提出了一种“多相耦合”储层构型刻画技术，能够有效解决构型研究中准确性较低、缺少验证的问题。

多相耦合即以单井构型识别为基础，建立岩心—构型相；以不同构型单元组合模式为指导，结合测井沉积学建立测井—构型相；以地震资料为基础，通过不同地震资料应用方法，建立地震—构型相；以储层构型理论为指导，将岩心—构型相、测井—构型相、地震—构型相“多相耦合”，用动态资料对构型划分结果进行验证，完成储层构型空间展布刻画与验证。

1. 岩心—构型相

岩心—构型相主要用来表征单井构型特征。在储层构型级次划分方案的基础上，通过岩心精细观察，确定研究区不同级次构型单元类型及构型特征（图 2-3-6），建立取心井的岩心—构型相。

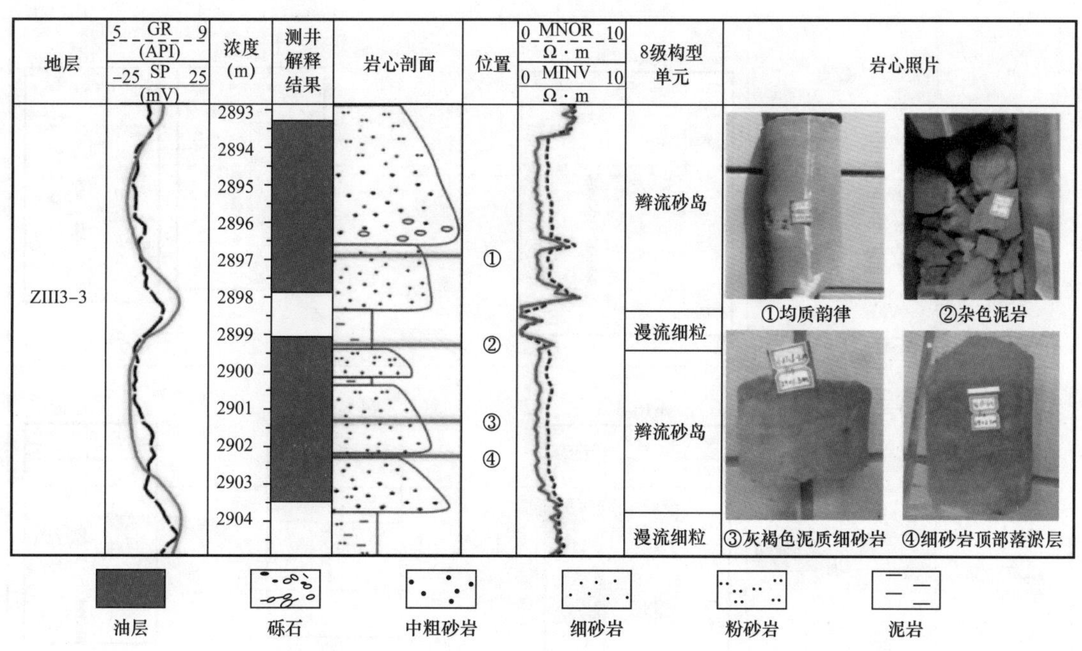

图 2-3-6 辫流砂岛岩电响应特征（X11-6-2 井）

2. 测井—构型相

测井—构型相主要用来表征构型空间展布样式，不同级次构型单元在空间上的组合形式各异，这种差异可以用不同级次构型单元的测井—构型相来刻画。

对于 6 级构型单元，测井—构型相建立同沉积微相研究类似，通过测录井资料可以绘制每个单砂层的砂岩含量图，再结合测井相可知，砂岩含量在 20% 以下的区域更可能发育漫流带，砂岩含量在 20% 以上的区域更可能发育辫流带。对于 7 级构型单元，总结了研究区内单一辫流带测井识别标志，即辫流带顶部高程差异、辫流带砂体规模差异、不连续的相变砂体及测井曲线形态差异。对于 8 级构型单元，共识别出了四种单砂体的组合样式，即辫流水道—辫流砂岛—辫流水道、辫流水道—辫流水道、辫流砂岛—辫流水道—辫流砂岛、辫流水道—漫流砂体—辫流水道（表 2-3-9）。

表 2-3-9　8 级构型单元测井—构型相

组合样式	模式图	测井—构型相
辫流水道—辫流砂岛—辫流水道	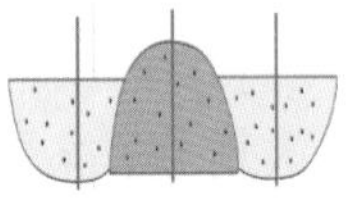	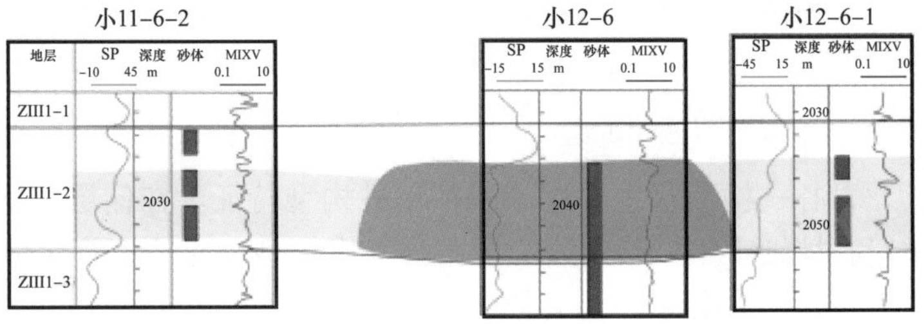 小11-6-2　小12-6　小12-6-1
辫流水道—辫流水道	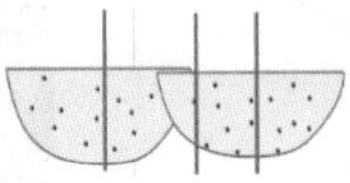	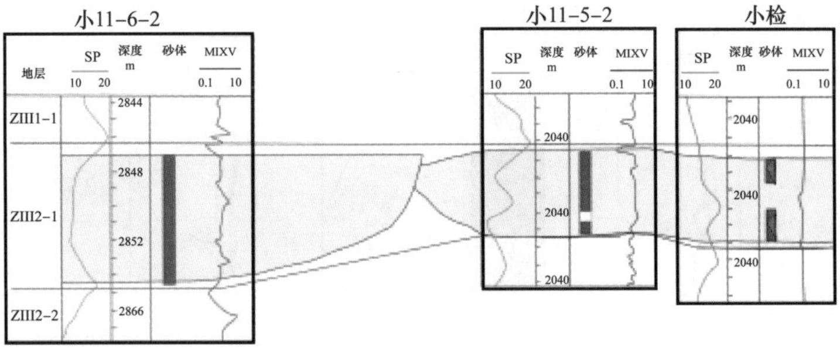 小11-6-2　小11-5-2　小检
辫流砂岛—辫流水道—辫流砂岛	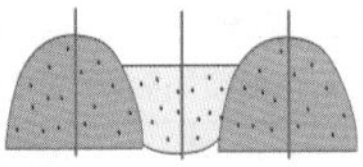	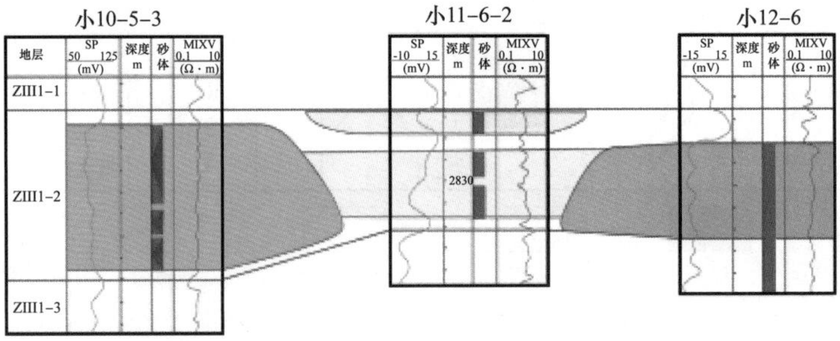 小10-5-3　小11-6-2　小12-6
辫流水道—漫流砂体—辫流水道	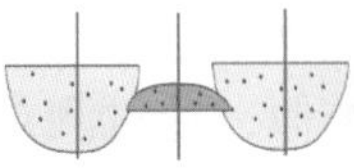	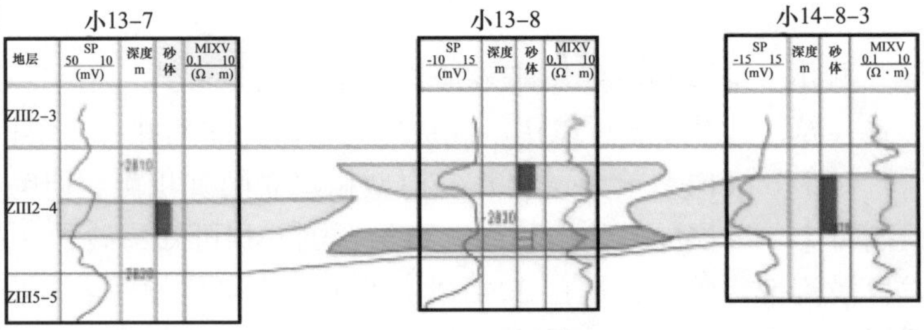 小13-7　小13-8　小14-8-3

对于 9 级构型单元，多用到垂向分辨率高的岩心资料和测井资料。通过单井控制识别出各类型夹层及增生体的定性定量特征，建立起岩—电关系，应用于非取心井，在非取心井间，依据露头剖面观测或前人的研究成果对夹层及增生体的展布规模和形态进行约束，建立测井—构型相。

3. 地震—构型相

地震—构型相主要用来表征构型空间分布范围，应用地震资料表征储层构型的方法多样，包括属性分析、正演、反演等，同样可借鉴薄砂体空间精细预测技术。在研究过程中，应针对不同级次构型单元特征，选用不同的方法，建立其地震构型相。

对于 6～7 级构型单元，采用了基于模糊 C 均质地震属性聚类的分析方法建立起地震—构型相。该方法的主要流程包括地震属性提取、地震属性标准化、地震属性优选、FCM 属性聚类等。受制于地震资料垂向分辨率的限制，提取属性时只能提取砂组间的属性，无法精确到单砂层，因此，可以对多属性聚类结果做切片，对单砂层的井间特征起到参考作用。最终将上述结果综合分析得到 6～7 级地震—构型相（图 2-3-7）。

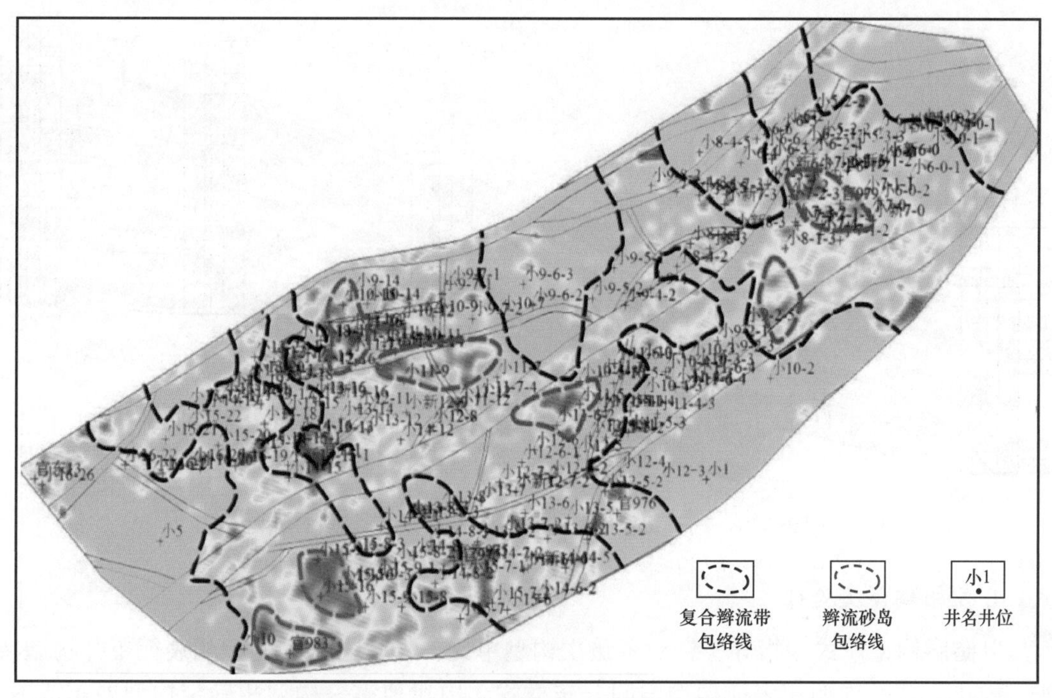

图 2-3-7　6～7 级地震属性聚类地震—构型相

对于 7～8 级构型单元，采用针对薄层开发应用的地震波形指示模拟反演（SMI）建立其地震—构型相。该方法能够利用沉积学基本原理，充分利用地震波形的横向变化来反映储层空间的相变特征，进而分析储层垂向岩性组合高频结构特征。由反演剖面和对应测井解释剖面（图 2-3-8）可知，反演结果能有效地解释出 10m 左右的砂体，对应着测井解释的一个或多个单砂体，因此可以刻画出7级甚至8级构型单元在垂向上的叠置关系及在横向上的拼接关系，为井间砂体的展布范围提供一定的参考。除此以外，还可应用地震振幅与单层厚度之间的关系等刻画构型展布。对于9级构型单元，因受到地震资料垂向分辨率的限制，目前还不能建立准确的地震—构型相。

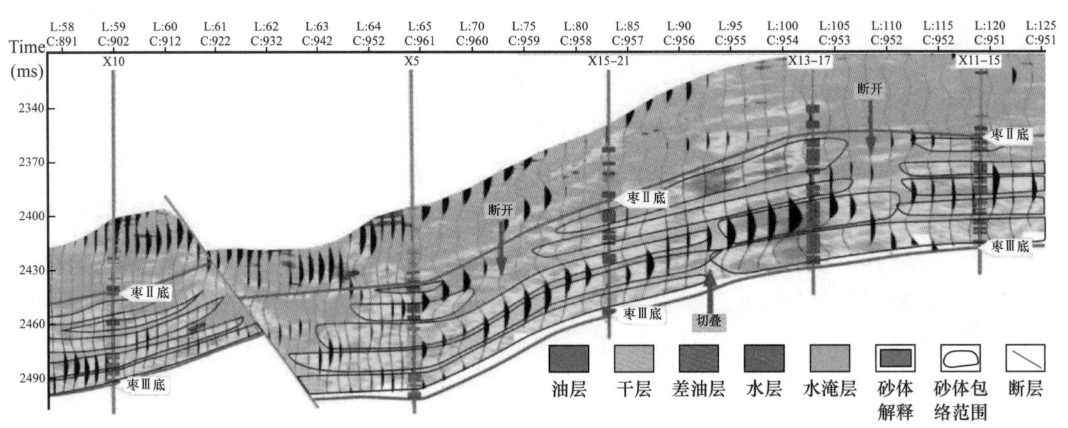

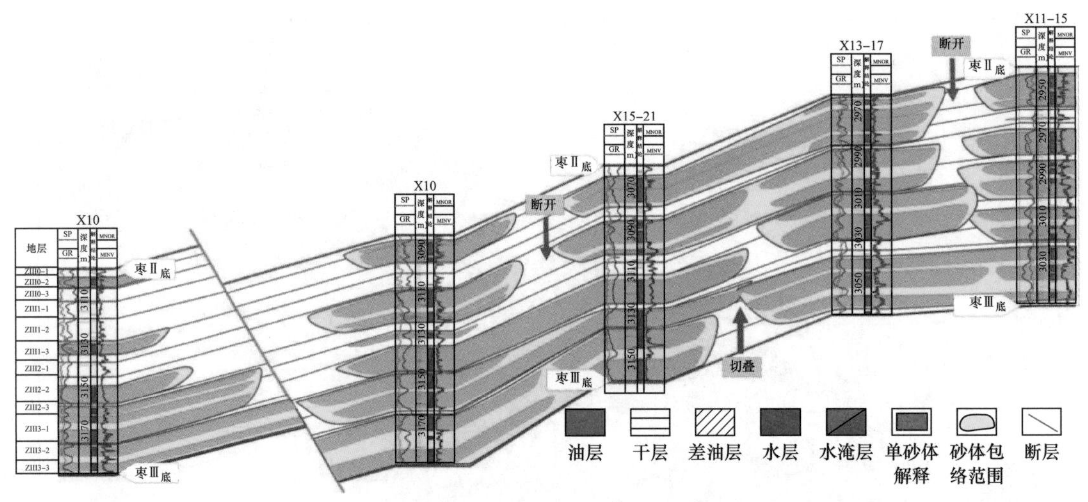

图2-3-8　7～8级测井—构型相及SMI反演地震—构型相

4. 多相耦合及验证

以储层构型模式为指导，针对各级次构型单元，构建岩心—构型相表征单井构型特征、构建测井—构型相表征构型空间分布样式、构建地震—构型相确定构型展布范围，实现构型井间刻画（图2-3-9）。

由于不同单砂体渗透性的不同及在单砂体间存在的渗流屏障，注采井在相同单砂体内和不同单砂体间的注水见效速度及吸水性会有较大差异，因此可以此为依据，通过分析注水见效速度和吸水数据等动态资料来验证所刻画单砂体的连通性。

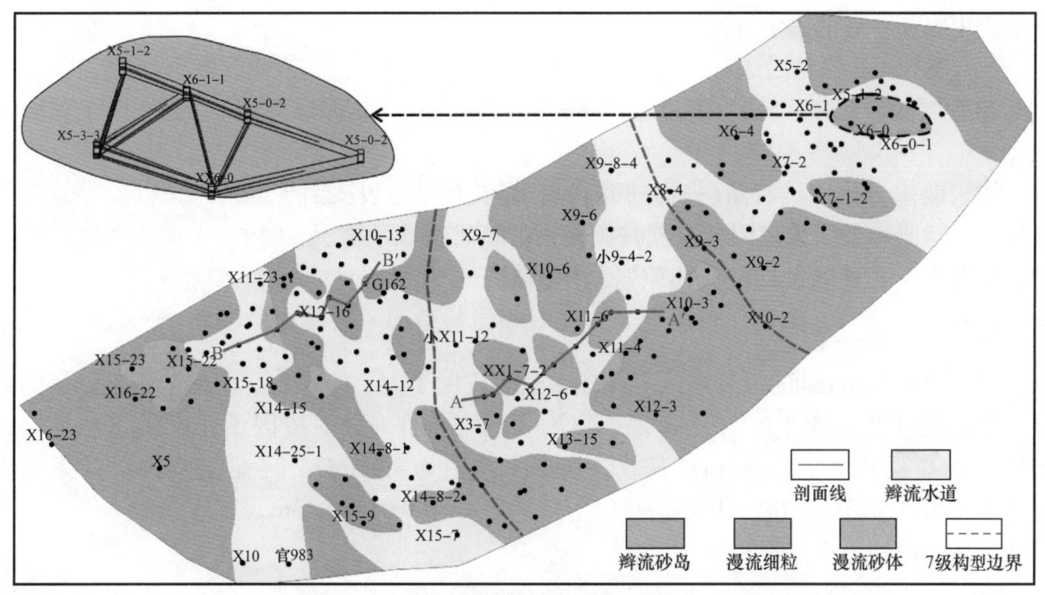

图 2-3-9 多相耦合井震构型精细刻画结果

第四节 化学驱储层非均质动态描述方法

国内化学驱矿场实践表明：井间低效循环受近井、井间、井组、区块多尺度非均质的影响和控制；根据动态监测技术、动态分析技术、动态跟踪技术、开发模拟技术的现状，以及化学驱矿场实践跟踪得到的低效循环特征和数据，完善适合化学驱近井非均质刻画的试井技术；通过研发适合化学驱井间非均质刻画的自示踪技术，研发适合水驱及化学驱的动态非均质刻画技术，完善适合化学驱的数值模拟技术，构建了基于动态资料和监测的化学驱井间循环识别技术体系。

一、基于试井的化学驱近井渗流特征识别方法

化学驱试井解释技术主要针对近井储层和流体非均质、多主力层层间非均质进行诊断评价，因此，采用了复合模型、两层模型、两层复合模型，研究了试井参数之间的关联，降低了参数自由度，建立了与化学驱渗流特征相适合的压力解释方法。

针对更为普遍的油藏特征，分析常规图版的适应性，建立地层参数约束条件，提出储层试井“四步法”参数解释流程。常规图版应用于试井解释时，存在以下缺陷：不能测得完整的（从早期到晚期）各流动阶段的资料时，图版拟合相当困难；适用于解释均质油藏，不适合复合特征明显的试井解释；不适用井储系数过高的情况。根据渗流力学原理，给出复杂油藏表皮因子下限确定方法，并以此为基础建立了地层参数约束、顺序解释方法，提出了试井“四步法”参数解释流程，可实现“曲线特征—地层参数”的一一对应，基本消除复杂油藏试井解释的多解性。

参数约束条件：表皮因子的绝对值一般不能过大且为负值，从渗流力学的角度，建

立了表皮因子下限的确定方法：

$$S > -\frac{1}{2}\ln\frac{22.5k}{\phi\mu C_t r_w^2} \tag{2-4-1}$$

约束效果分析：目前储层试井解释中，都没有考虑表皮因子的约束条件，导致解释结果存疑。具体的，表皮因子反映井筒附近的伤害或改善情况，（内区）渗透率表示地层的渗流能力，二者概念上的作用范围、作用强度是不同的。

1. 解释结果更合理

目前解释结果已证明，（内区）渗透率受表皮因子大小的影响。国内东部某储层的解释结果对比（表 2-4-1），在不考虑表皮因子约束条件时，表皮因子介于 –4.89～–2.60，对应等效井径介于 0.8～8.0m，有效渗透率平均值为 3.92mD；考虑表皮因子约束条件时，表皮因子介于 –0.75～–0.25，对应等效井径介于 0.05～0.13m，有效渗透率平均值为 16.45mD。

表 2-4-1　某储层解释结果

井号	不考虑 S 约束条件		考虑 S 约束条件	
	表皮系数	有效渗透率（mD）	表皮系数	内区有效渗透率（mD）
2	–3.79	5.23	–0.50	25.06
4	–4.89	1.90	–0.50	35.60
6	–3.12	6.93	–0.50	20.00
7	–3.02	4.48	–0.50	29.40
8	–2.60	6.45	–0.50	23.10
11	–3.32	15.73	–0.75	62.75
12	–3.65	10.11	–0.25	72.00
13	–3.60	8.99	–0.75	24.75

从数值上看，考虑表皮因子约束条件后等效井径更为合理。且由于控制了表皮因子的作用范围，解释得到内区渗透率中排除了表皮因子的影响，结果更为合理。考虑表皮因子约束条件后解释得到的渗透率是原结果的约 4 倍，更真实地反映了近井地层渗流能力（图 2-4-1）。

2. 储层“四步法”参数解释流程

考虑表皮因子约束条件后，待解释的参数实现了和试井曲线特征的一一对应，建立了对应的地层参数解释流程。

地层参数解释流程分为以下三个模块：

（1）诊断模块，对表皮因子诊断；

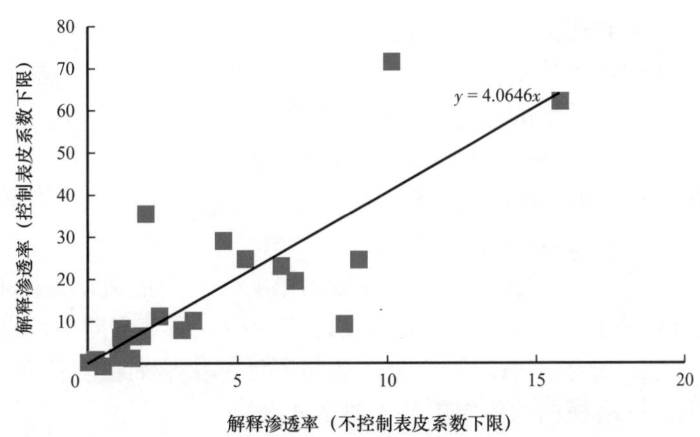

图 2-4-1　表皮因子约束条件对解释渗透率的影响

（2）解释模块，包括对井储系数解释、内区渗透率解释、内区半径解释、外区渗透率解释；

（3）计算模块，包括平均地层压力计算、探测半径计算。

针对目前试井解释模型及软件中解释参数关联性弱，解释结果多解性强的缺陷，建立了地层参数约束、顺序解释方法，提出了试井“四步法”参数解释流程，实现了“曲线特征—地层参数”的一一对应，基本消除了油藏试井解释的多解性，解释参数合理性增强，更能反映储层真实特征参数。

强非均质储层复合特征明显，储层解释参数多，“四步法”参数解释流程中对应参数物理意义明确，试井曲线拟合过程易于操作，数据解释效率及确定性高。

二、基于自示踪的化学驱井间非均质刻画方法

化学驱过程中，注入的化学剂会在油井产出，且易于检出识别，因此，提出了“化学驱自示踪”的理念，视注入的化学剂为示踪剂，反演井间窜流通道。

1. 多孔介质中自示踪物理模型

对于井间自示踪测试，目前国内的地质特征、布井方式、层系划分、注水方式、注水强度条件下，短期至中长期井间自示踪测试主要检测的对象是井间不同方向上通过少量层内单元、通道到达取样井的化学剂。

1）化学剂传质扩散的地质模型和流体模型的基本条件

（1）化学剂运移过程是等温过程。

（2）化学剂完全可溶，且浓度低，不改变溶剂相黏度和密度等物理性质。

（3）孔隙介质中渗流规律均遵循达西方程。

（4）储层内部垂向上存在至少一个流动单元。化学剂从注入井注入，穿越部分层内一个或者多个通道，到达生产井，混合后产出。

（5）化学剂在流动孔隙中流动，在连通孔隙中流动和混合（含扩散和弥散）。

（6）驱替过程中，高渗透通道内剩余油近似平均分布。

（7）井间平面上存在优势流场，即平面突进流场。

（8）多孔介质中存在束缚水，束缚水与流动水之间传质扩散是可逆的，且瞬时完成。

（9）多孔介质中，化学剂的传质扩散是二维的。

（10）岩石骨架表面的吸附是可逆的，且瞬时完成。

2）多孔介质中化学剂传质扩散特征

（1）化学剂在孔隙中流动与混合。

孔隙介质中，化学剂受对流和扩散—弥散的影响，产生沿流动方向的水动力学弥散和垂直于流动方向的分子扩散运动。但是在实际应用中，驱替方向上，驱替速度比较高，相对于水动力学弥散，分子扩散的影响可以忽略不计。化学剂在多孔介质中运移时，既有轴向的传质扩散，又有横向的传质扩散（图 2-4-2）。

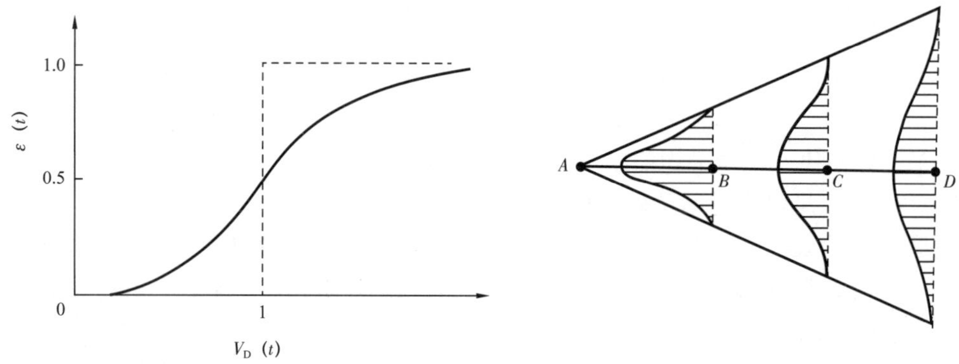

图 2-4-2　轴向弥散和横向扩散示意图

（2）轴向混合常数。

在化学剂流动方向上，Brigham 等于 1961 年通过岩心实验分析，给出了混合系数的表达式：

$$D_L = \frac{D_m}{l_L \phi} + \alpha_L u^{1.2} \tag{2-4-2}$$

式中　D_L——轴向混合系数，cm^2/s；

D_m——分子扩散系数，cm^2/s；

l_L——岩石轴向迂曲度，无量纲；

ϕ——孔隙度；

α_L——轴向弥散常数，cm；

u——孔隙真实流动速度。

第一项为分子扩散项，第二项为机械弥散项，在存在一定流动速度的情况下，机械弥散远大于分子扩散的影响，至少高一个数量级，因此，考虑到现场监测过程中，孔隙流动速度较大，可以将轴向的混合系数简化为与孔隙流动速度的线性关系：

$$D_L = \alpha_L u_L \tag{2-4-3}$$

（3）横向混合常数。

在垂直流动方向上，有关多孔介质混合系数的系统研究资料少，曾有利用人工水池法在地表浅层的粉砂质泥岩含水层内开展扩散—弥散实验的研究。

对于轴向混合常数，是多孔介质中水动力混合和孔隙结构混合的综合反映，对于平面横向混合常数，主要反映的是孔隙结构混合和分子扩散的作用；该实例中分子扩散作用小。

因此，在能够测得均质孔隙结构轴向和横向混合常数的情况下，根据实际的地层情况，可以将测试结果应用到实际测试解释中。

（4）吸附系数。

化学剂在通过多孔介质时会吸附在岩石表面，其吸附多是可逆的，并且瞬间达到平衡，吸附规律遵循 Langmuir 等温吸附式：

$$C_{\mathrm{r}}=\frac{aC}{1+bC} \tag{2-4-4}$$

式中 C_{r}——化学剂吸附浓度，单位质量岩石在单位体积液体中，造成的浓度降低数值，mg/L · cm³/g；

a，b——吸附常数，由实验确定；

C——化学剂浓度，mg/L。

化学剂的吸附与化学剂溶液的浓度和化学剂溶液的矿化度有关，也与吸附地层的润湿性、电性有关，因此该参数数值的大小依赖于实验所选取的化学剂种类及浓度，溶液的矿化度，还依赖于所选用的岩心。

Langmuir 方程在浓度水平低时，可用线性表达式近似表示为：

$$C_{\mathrm{r}}=aC \tag{2-4-5}$$

（5）束缚水与不流动孔隙效应。

在化学剂流经的孔喉中，存在大量的束缚水饱和度，由于束缚水与化学剂溶液能够充分接触，因此，可以认为二者之间的传质扩散瞬时达到平衡，借鉴吸附的表达形式，束缚水内的浓度为：

$$C_{\mathrm{swc}}=C \tag{2-4-6}$$

式中 C_{swc}——束缚水内化学剂浓度，mg/L。

同样，得到不流动孔隙（指连通但是不能流动的孔隙）内的化学剂浓度为：

$$C_{\mathrm{nonp}}=C \tag{2-4-7}$$

式中 C_{nonp}——不流动孔隙水内化学剂浓度，mg/L。

同时，束缚水和不流动孔隙的存在，导致孔隙间隙化学剂的运移速度比平均孔隙间隙速度增大。

（6）剩余油效应。

由于剩余油饱和度 S_{o} 的存在，导致化学剂占据的孔隙体积减小，在大多数情况下可以等效为孔隙度的减小，对化学剂在孔隙间隙的运移速度计算存在影响，数学模型建立过程中需要加以考虑。

2. 化学剂渗流基础数学模型

根据上述分析，在建立多孔介质传质扩散数学模型时，需要对不同方向的传质扩散能力、真实孔隙流动速度、流动孔隙度、束缚水、剩余油及拟双重介质等特征进行系统考虑，在此，首先建立并推导一维单重介质传质扩散数学模型，作为实验研究解释和复杂模型建立的基础。

1）传质扩散连续性方程的建立

单元六面体，吸附、束缚水、不流动孔隙造成的化学剂变化公式得：

$$\begin{aligned}&\left[\phi_{\mathrm{f}}\left(1-S_{\mathrm{o}}-S_{\mathrm{wc}}\right)+a\left(1-\phi\right)\rho_{\mathrm{r}}+\phi S_{\mathrm{wc}}+\left(\phi-\phi_{\mathrm{f}}\right)\left(1-S_{\mathrm{o}}-S_{\mathrm{wc}}\right)\right]\frac{\partial C}{\partial t}\mathrm{d}x\mathrm{d}y\mathrm{d}z\mathrm{d}t\\&=\left[\phi\left(1-S_{\mathrm{o}}\right)+a\left(1-\phi\right)\rho_{\mathrm{r}}\right]\frac{\partial C}{\partial t}\mathrm{d}x\mathrm{d}y\mathrm{d}z\mathrm{d}t\end{aligned} \tag{2-4-8}$$

忽略混合系数的变化，得到三维单重介质化学剂传质扩散数学模型：

$$\begin{aligned}&\left(D_{\mathrm{x}}\frac{\partial^2 C}{\partial x^2}+D_{\mathrm{y}}\frac{\partial^2 C}{\partial y^2}+D_{\mathrm{z}}\frac{\partial^2 C}{\partial z^2}\right)-\left(u_{\mathrm{x}}\frac{\partial C}{\partial x}+u_{\mathrm{y}}\frac{\partial C}{\partial y}+u_{\mathrm{z}}\frac{\partial C}{\partial z}\right)\\&=\frac{\left[\phi\left(1-S_{\mathrm{o}}\right)+a\left(1-\phi\right)\rho_{\mathrm{r}}\right]}{\phi_{\mathrm{f}}\left(1-S_{\mathrm{o}}-S_{\mathrm{wc}}\right)}\frac{\partial C}{\partial t}\end{aligned} \tag{2-4-9}$$

一维流动情况下，三维单重介质化学剂传质扩散基础数学模型：

$$\left(D_{\mathrm{x}}\frac{\partial^2 C}{\partial x^2}+D_{\mathrm{y}}\frac{\partial^2 C}{\partial y^2}+D_{\mathrm{z}}\frac{\partial^2 C}{\partial z^2}\right)-u_{\mathrm{x}}\frac{\partial C}{\partial x}=\frac{\left[\phi\left(1-S_{\mathrm{o}}\right)+a\left(1-\phi\right)\rho_{\mathrm{r}}\right]}{\phi_{\mathrm{f}}\left(1-S_{\mathrm{o}}-S_{\mathrm{wc}}\right)}\cdot\frac{\partial C}{\partial t} \tag{2-4-10}$$

一维流动情况下，一维单重介质化学剂传质扩散基础数学模型：

$$D\frac{\partial^2 C}{\partial x^2}-u\frac{\partial C}{\partial x}=\frac{\left[\phi\left(1-S_{\mathrm{o}}\right)+a\left(1-\phi\right)\rho_{\mathrm{r}}\right]}{\phi_{\mathrm{f}}\left(1-S_{\mathrm{o}}-S_{\mathrm{wc}}\right)}\cdot\frac{\partial C}{\partial t} \tag{2-4-11}$$

2）边界条件和初始条件

在井间示踪测试过程中，考虑化学剂从 t=0 时刻开始连续稳定注入，一维情况下，边界条件和初始条件设置为：

$$C\left(x\ 0\right)=\begin{cases}C_{\mathrm{o}} & x\leqslant 0\\0 & x>0\end{cases} \tag{2-4-12}$$

$$C\left(0,\ t\right)=C_{\mathrm{o}}\ t>0 \tag{2-4-13}$$

$$C(\infty,\ t)=0\quad t>0 \tag{2-4-14}$$

3. 一维流动三维传质扩散数学模型

一维流动三维传质扩散的地质模型剖面如图 2-4-3 所示、俯视图如图 2-4-4 所示。

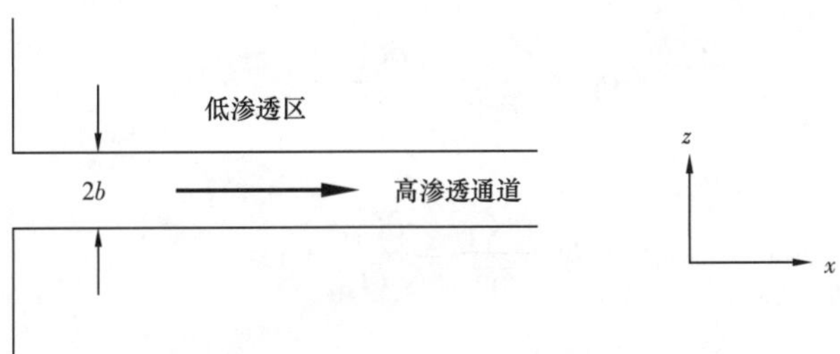

图 2-4-3 一维流动三维传质扩散地质模型剖面图

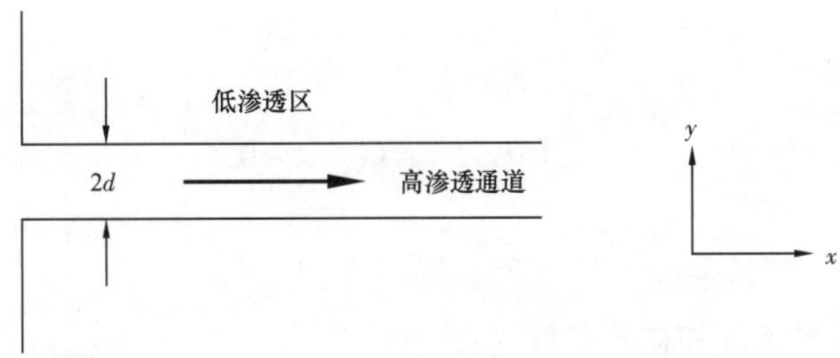

图 2-4-4 一维流动三维传质扩散地质模型俯视图

假设条件：

（1）高渗透通道内 z 轴和 y 轴方向上化学剂浓度相同；

（2）高渗透通道的宽度远小于其长度；

（3）相对低渗透区流速为 0，机械混合作用弱，仅考虑垂直高渗透通道方向的传质扩散；

（4）相对低渗透区的上（下）边界影响暂不考虑，忽略相对低渗透区交叉传质扩散；

（5）化学剂性能稳定。

分别建立高渗透通道和平面低渗透区、垂向低渗透区传质扩散的数学模型，分别以下标 h 和 l1、l2 表示高渗透通道和垂向低渗透区、平面低渗透区参数。

得到高渗通道传质扩散方程：

$$a_{\mathrm{h}}D_{\mathrm{x}}\frac{\partial^2 C_{\mathrm{h}}}{\partial x^2}-a_{\mathrm{h}}u_{\mathrm{x}}\frac{\partial C_{\mathrm{h}}}{\partial x}+a_{\mathrm{h}}\theta_{\mathrm{l1}}D_{\mathrm{l1}}^{*}\left.\frac{\partial C_{\mathrm{l1}}}{\partial z}\right|_{z=b}+a_{\mathrm{h}}\theta_{\mathrm{l2}}D_{\mathrm{l2}}^{*}\left.\frac{\partial C_{\mathrm{l2}}}{\partial y}\right|_{z=d}=\frac{\partial C_{\mathrm{h}}}{\partial t}\quad x\geqslant 0 \tag{2-4-15}$$

同理，令：

$$a_{\mathrm{l1}}=\frac{\left[\varphi_{\mathrm{f}}\left(1-S_{\mathrm{o}}-S_{\mathrm{wc}}\right)\right]_{\mathrm{l1}}}{\left[\varphi\left(1-S_{\mathrm{o}}\right)+a\left(1-\varphi\right)\rho_{\mathrm{r}}\right]_{\mathrm{l1}}}$$

$$a_{12}=\frac{\left[\varphi_{\mathrm{f}}\left(1-S_{\mathrm{o}}-S_{\mathrm{wc}}\right)\right]_{12}}{\left[\varphi\left(1-S_{\mathrm{o}}\right)+a\left(1-\varphi\right)\rho_{\mathrm{r}}\right]_{12}}$$

得到垂向低渗透区和平面低渗透区传质扩散方程：

$$a_{11}D_{\mathrm{z}}\frac{\partial^2 C_{11}}{\partial z^2}=\frac{\partial C_{11}}{\partial t}\quad（z\geqslant b） \tag{2-4-16}$$

$$a_{12}D_{\mathrm{y}}\frac{\partial^2 C_{12}}{\partial y^2}=\frac{\partial C_{12}}{\partial t}\quad（y\geqslant d） \tag{2-4-17}$$

高渗透通道边界条件和初始条件为：

$$C_{\mathrm{h}}\left(x,0\right)=\begin{cases}C_{\mathrm{o}} & x\leqslant 0\\ 0 & x>0\end{cases} \tag{2-4-18}$$

$$C_{\mathrm{h}}（0，t）=C_{\mathrm{o}}\quad t>0 \tag{2-4-19}$$

$$C_{\mathrm{h}}（\infty，t）=0\quad t>0 \tag{2-4-20}$$

垂向低渗透区边界条件和初始条件为：

$$C_{11}（b,x,t）=C_{\mathrm{h}}（x,t） \tag{2-4-21}$$

$$C_{11}（\infty,x,t）=0\quad t>0 \tag{2-4-22}$$

$$C_{11}（z,x,0）=0\quad z\geqslant b \tag{2-4-23}$$

平面低渗透区边界条件和初始条件为：

$$C_{12}（d,x,t）=C_{\mathrm{h}}（x,t） \tag{2-4-24}$$

$$C_{12}（\infty,x,t）=0\quad t>0 \tag{2-4-25}$$

$$C_{12}（y,x,0）=0\quad y\geqslant b \tag{2-4-26}$$

取对时间 t 的 Laplace 变换，令：

$$a_{11}=0,a_{21}=\mathrm{e}^{\sqrt{\frac{s}{a_{11}D_{\mathrm{z}}}}b}\,\overline{C}_{\mathrm{h}}$$

$$a_3=\frac{a_{\mathrm{h}}\theta_{11}D_{11}^{*}}{\sqrt{a_{11}D_{\mathrm{z}}}}+\frac{a_{\mathrm{h}}\theta_{12}D_{12}^{*}}{\sqrt{a_{12}D_{\mathrm{y}}}}$$

$$\lambda_1 = \frac{a_h u_x + \sqrt{a_h^2 u_x^2 + 4a_h D_x \left(s + a_3\sqrt{s}\right)}}{2a_h D_x}$$

$$\lambda_2 = \frac{a_h u_x - \sqrt{a_h^2 u_x^2 + 4a_h D_x \left(s + a_3\sqrt{s}\right)}}{2a_h D_x}$$

$$c_1 = 0$$

$$c_2 = \frac{C_o}{s}$$

$$a_4 = \frac{u_x x}{2D_x}$$

$$a_5 = \frac{4D_x}{a_h u_x^2}$$

得到高渗透通道 Laplace 空间解：

$$\frac{\overline{C}_h}{C_o} = e^{a_4}\frac{1}{s}e^{-a_4\sqrt{1+a_5\left(s+a_3\sqrt{s}\right)}} \tag{2-4-27}$$

根据 Laplace 变换，对式（2–4–27）进行去根号，令 $a_6 = \frac{a_4^2 a_5}{4\xi^2}$，反演得：

$$\begin{aligned}\frac{C_h}{C_o} &= \frac{2e^{a_4}}{\sqrt{\pi}}\int_0^{\infty} e^{\left(-\xi^2-\frac{a_4^2}{4\xi^2}\right)} L^{-1}\left(\frac{1}{s}e^{-a_6 s}e^{-a_6 a_3\sqrt{s}}\right)\mathrm{d}\xi \\ &= \frac{2e^{\frac{u_x x}{2D_x}}}{\sqrt{\pi}}\int_{\frac{x}{2\sqrt{a_h D_x t}}}^{\infty} e^{\left(-\xi^2-\frac{u_x^2 x^2}{16D_x^2\xi^2}\right)}\mathrm{erfc}\left[\frac{a_h\left(\theta_{11}D_{11}^*\sqrt{a_{12}D_y}+\theta_{12}D_{12}^*\sqrt{a_{11}D_z}\right)x^2}{4\xi\sqrt{a_{11}a_{12}a_h D_z D_x D_y}\sqrt{4D_x a_h\xi^2 t - x^2}}\right]\mathrm{d}\xi\end{aligned} \tag{2-4-28}$$

式（2–4–28）即三维传质扩散时高渗透通道上化学剂浓度分布表达式，利用复化辛浦生求积方法进行积分即可。

三、基于动态的化学驱井间非均质刻画方法

水驱或化学驱过程中，由于窜流通道的存在，导致快速水淹，含水率上升；以这个过程作为分析对象，以含水率上升作为目标，可建立基于动态的化学驱低效循环识别技术。

1. 井间窜流通道物理模型

由于主力油层垂向上非均质性的影响，注入水长期冲刷后注采井间容易形成窜流通道。室内实验和理论研究结果表明，窜流通道平面上呈“纺锤形”，垂向上有明显“贼层”特征，可建立其注采井间三维物理模型（图 2–4–5）。

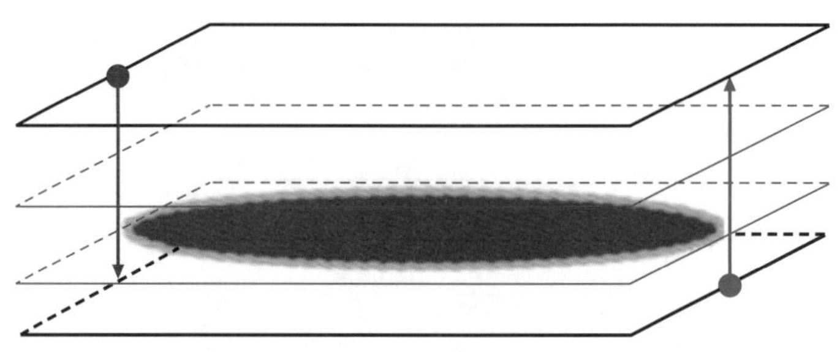

图 2-4-5　高渗透油藏注采井间三维物理模型

对于射孔小层（图 2-4-5 中红色平面），初始的垂向非均质性使大部分注入水进入下部小层，并不断冲刷最终形成平面纺锤形的窜流通道（图 2-4-5 中蓝色区域）。下部小层渗透率的不断扩大使该层最终表现出“贼层”特征，导致高渗透疏松砂岩油藏区块无效水循环比例一般高达 30%。

平面上，储层渗透率变化倍数与注水倍数成正相关关系，冲刷形成的窜流通道和注入流线在平面上形状类似，皆为“纺锤形”。垂向上，初始垂向非均质导致注入水分配不均，各层窜流通道发育程度差异极大，导致了“贼层”的形成与不断加剧。为建立快速、准确的窜流通道量化数学模型，对高渗透油藏注采井间三维物理模型进行降维，变为平面和剖面两个二维物理模型的叠加（图 2-4-6、图 2-4-7）。

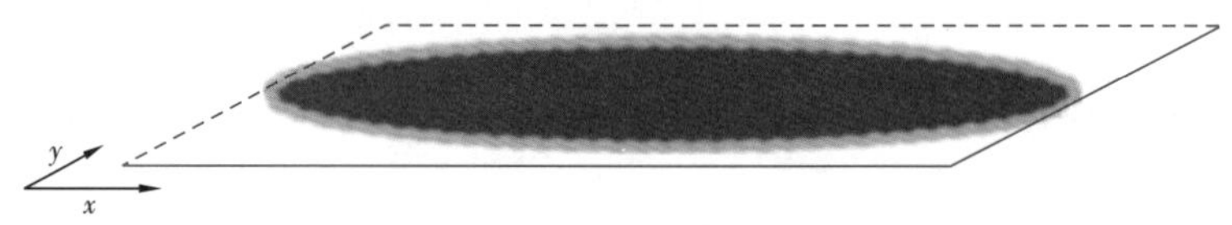

图 2-4-6　高渗透油藏注采井间窜流通道平面物理模型

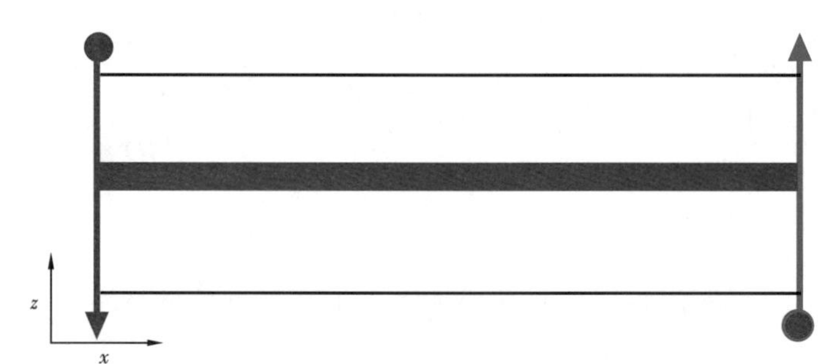

图 2-4-7　高渗透油藏注采井间剖面物理模型

2. 井间平面数学模型建立

窜流通道在平面的纺锤形分布可以通过数值方法计算注采流线分布得到。但此方法数学模型和计算过程复杂，不能满足窜流通道快速量化的要求。根据注入水平面上的“纺锤形”分布［图 2-4-8（a）］和注入化学剂浓度分布［图 2-4-8（b）］的相似性，以及注水倍数、含水饱和度和渗透率变化倍数的单调相关性，提出基于“饱和度差异”的“等效扩散系数”概念，即将注采流线“纺锤形”分布及其对储层渗透率的影响等效为注入水轴向和横向传质扩散作用的影响。

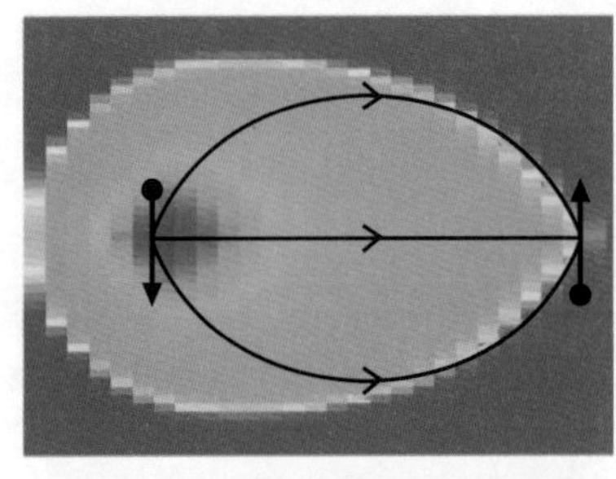
(a) 注入水（蓝色部分）饱和度分布特征

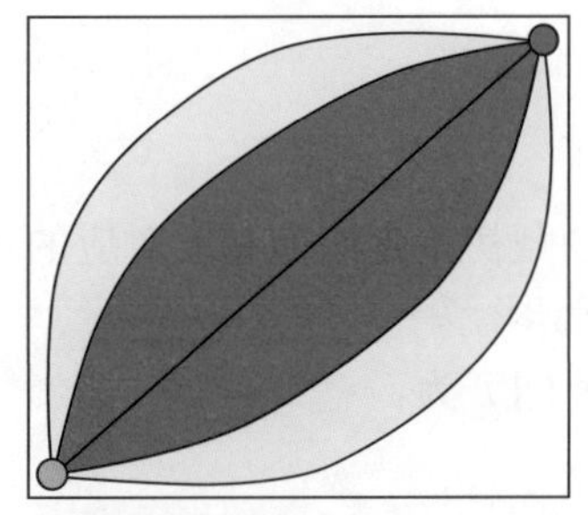
(b) 注入化学剂（红色部分）浓度分布特征

图 2-4-8 注入水和注入化学剂分布特征

1）控制方程

根据一维传质扩散方程，建立一维流动情况下考虑等效传质扩散作用基础数学模型

$$D\frac{\partial^2 C}{\partial x^2}-u\frac{\partial C}{\partial x}=\frac{1}{1-S_{\mathrm{vc}}}\cdot\frac{\partial C}{\partial t} \tag{2-4-29}$$

其中，混合流体中水比例 C 与含水率关系为：

$$C=\frac{m_{\mathrm{w}}}{V_1}=\frac{10^{-6}V_{\mathrm{w}}\rho_{\mathrm{w}}}{V_1}=10^{-6}f_{\mathrm{v}} \tag{2-4-30}$$

则基于传质扩散理论的基础数学模型可变形为：

$$D\frac{\partial^2 f_{\mathrm{w}}}{\partial x^2}-u\frac{\partial f_{\mathrm{w}}}{\partial x}=\frac{1}{1-S_{\mathrm{we}}}\cdot\frac{\partial f_{\mathrm{w}}}{\partial t} \tag{2-4-31}$$

式中 D——等效扩散系数，$\mathrm{cm^2/s}$；

C——水在混合流体的比例，可根据含水率折算，mg/L；

u——注入流体渗流速度，cm/s；

S_{wc}——束缚水饱和度；

t——测试时间，s；

m_{w}——水相质量，mg；

V_1——混合流体体积，L；

V_{w}——水相体积，L；

ρ_{w}——水相密度，kg/L；

f_{w}——产出端质量含水率。

2）初边值条件

考虑从 $t=0$ 时刻开始连续稳定注入，一维情况下，初始条件和边界条件分别为：

$$f_{\mathrm{w}}(x,0)=\begin{cases}1 & x=0\\ f_{\mathrm{w0}} & x>0\end{cases} \tag{2-4-32}$$

$$\begin{cases} f_{\mathrm{w}}(0,t)=1 & t\geqslant 0 \\ f_{\mathrm{w}}(\infty,t)=f_{\mathrm{w}0} & t\geqslant 0 \end{cases} \tag{2-4-33}$$

式中 f_{w0}——油藏初始含油饱和度对应的含水率。

3）数学模型求解

定义修正时间 t' 为：

$$t'=(1-S_{\mathrm{wc}})\,t \tag{2-4-34}$$

则一维传质扩散基础数学模型式可变形为：

$$D\frac{\partial^2 f_{\mathrm{w}}}{\partial x^2}-u\frac{\partial f_{\mathrm{w}}}{\partial x}=\frac{\partial f_{\mathrm{w}}}{\partial t'} \tag{2-4-35}$$

对应的，边界条件变为：

$$\begin{cases} f_{\mathrm{vr}}(0,t)=1 & t'\geqslant 0 \\ f_{\mathrm{v_v}}(\infty,t)=f_{\mathrm{v}0} & t'\geqslant 0 \end{cases} \tag{2-4-36}$$

进行针对时间 t' 的 Laplace 变换，求得 Laplace 空间解后利用 Laplace 逆变换进行反演，得到解析解：

$$f_{\mathrm{w}}=\frac{1}{2}\mathrm{erfc}\left(\frac{x-ut'}{2\sqrt{Dt'}}\right)+\frac{1}{2}\exp\frac{ux}{D}\mathrm{erfc}\left(\frac{x+ut'}{2\sqrt{Dt'}}\right)+f_{\mathrm{vo}} \tag{2-4-37}$$

式中 erfc（x）——高斯误差函数。

式（2-4-37）等号右边第 2 项相比第 1 项一般较小，连续注水时平面模型产出端含水率可简化为：

$$f_{\mathrm{w}}=\frac{1}{2}\mathrm{erfc}\left(\frac{x-ut'}{2\sqrt{Dt'}}\right)+f_{\mathrm{vo}} \tag{2-4-38}$$

3. 产出井三维含水率求解

针对图 2-4-8 所示的高渗透油藏注采井间剖面模型，假设窜流通道内 z 轴方向上含水饱和度相同，且注入水主要沿着“贼层”运移。因此，三维模型产出端含水率还受注入水在非贼层中“分配”导致的稀释作用影响，定义稀释倍数 α 为：

$$\alpha=\frac{T_{\mathrm{k}}b}{\mu_{\mathrm{w}}}\bigg/\left(\frac{T_{\mathrm{k}}b}{\mu_{\mathrm{v}}}+\frac{1-b}{\mu_{\mathrm{o}}}\right) \tag{2-4-39}$$

式中 T_{k}——窜流通道渗透率级差；

b——窜流通道所在“贼层”占生产层厚度比例，%；

μ_{w}——水相黏度，mPa·s；

μ_o——油相黏度，mPa·s。

得到三维模型产出端含水率为：

$$f_w = \frac{1}{2}\alpha \operatorname{erfc}\left(\frac{x-ut'}{2\sqrt{Dt'}}\right) + f_{vel} \tag{2-4-40}$$

四、基于模拟的化学驱井间非均质刻画方法

数学模拟是识别化学驱低效循环的技术之一，在此，完善了化学驱渗流机理（表2-4-2），开展了化学驱过程模拟分析。下面以某组实验为例，展示化学驱模拟识别低效循环过程。

表 2-4-2 完善后化学驱机理列表

序号	主要机理	聚合物	可动凝胶	表面活性剂	复合驱
1	黏度变化	√	√		√
2	渗透率变化	√	√		√
3	堵塞机制	√	√		√
4	界面张力变化			√	√
5	洗油效率变化	√×		√	√
6	静吸附	√	√	√	√
7	动吸附	√	√		√
8	盐敏作用	√	√	√	√
9	可入孔隙	√	√		√
10	阳离子交换			√	√
11	扩散和弥散	√	√	√	√
12	剪切降黏	√	√		√
13	主剂衰减	√	√		√
14	反应消耗			√	√
15	高浓度效应			√	√
16	分散滞留		√		
17	启动压力梯度	√×	√		√
18	多相溶解平衡			√	√
19	四相流动		√	√	√×
20	可注入性	√	√		√

续表

序号	主要机理	聚合物	可动凝胶	表面活性剂	复合驱
21	润湿性变化			√	√
22	协同效应				√
合计		13 项	15 项	11 项	22 项

注：√指化学剂对油藏参数有反映；

× 指化学剂对油藏参数没有反映；

√× 指二者不明显，有争议。

1. 数模基本参数设置

模型管长 30m，内径 ϕ2.5cm，孔隙体积 4100mL，饱和油 2599.5mL；含油饱和度 63.4%。采用 CMG 软件 STARS 模块进行模拟，将圆管等效为相同体积的长方形管，管长 30m，截面长、宽均为 2.2155cm。网格划分为 716×1×4，*I* 方向上平均网格大小 4.2cm，*J* 方向上网格大小为 2.216cm，*K* 方向上网格大小分别为 0.113cm、1.313cm、0.713m、0.076m。孔隙度为 27.84%。12 个测压点位置设置 12 口虚拟井。注入端注入速度为 0.3mL/min，采出端采用定压力生产，压力为 101.3kPa。

实验结果说明模型具有一定的非均质性，设置模型渗透率分别为 100mD、300mD、750mD、7500mD，在前期水驱过程中，由于注入水的冲刷作用，会导致水窜通道的形成，数模中通过重启改变第 4 层渗透率为 50000mD 实现。

2. 数模拟合非均质结果

拟合压力、含水率、浓度等系列参数，其中，产出端含水率及产油速度、累计产油量拟合结果如图 2-4-9、图 2-4-10 所示，拟合效果较好。

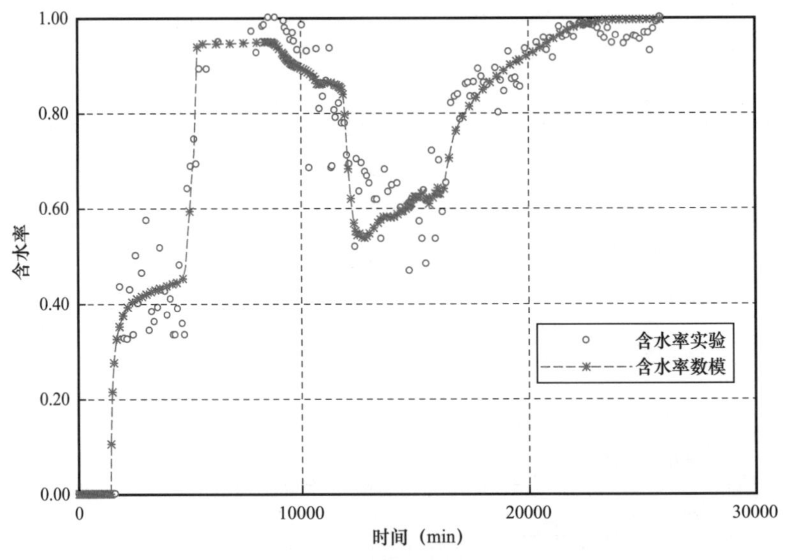

图 2-4-9　产出端含水率拟合

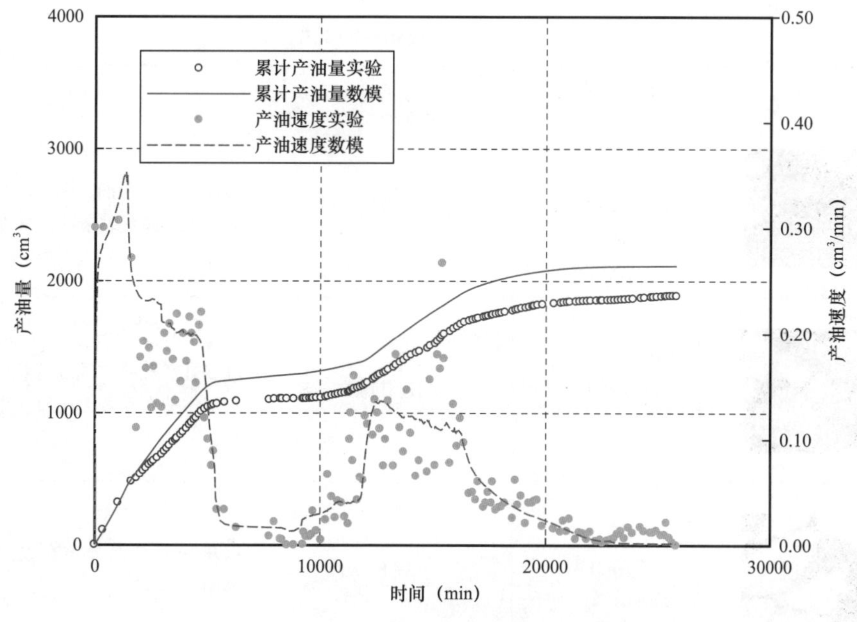

图 2-4-10　产出端产油速度及累计产油量拟合

第五节　时空域变换剩余油定量表征方法

油藏在注入驱替介质一定时间的过程中，受介质驱替作用，油藏储层空间结构在一定范围内发生变化，同时，也改变了孔隙空间或岩石颗粒的表面势能，未被驱替出的油滴势能相应也发生变化，这种随时间—空间变换与剩余油的变化可以定义为（有限）时空域剩余油变换。是空间、结构、流体势能连锁反应的总和。注水开发及多介质驱替是目前已开发油藏提高采收率的主要方式。准确认识剩余油存在两个方面的难点：一是难以准确认识剩余油在平面上和纵向上的分布位置，二是难以对剩余油进行精细定量表征。

时空域变换剩余油定量表征技术首先本着从实验出发，通过研究区内密闭取心井岩心，与实验室结合设计实验内容与流程，开展水驱、核磁多元介质驱替实验、微观刻蚀驱替实验等室内分析化验等资料探讨特高含水油藏微观孔隙结构与剩余油赋存状态关系；研究在驱替过程中驱替介质的变换，时空域发生改变，也改变了孔隙空间或岩石颗粒的表面势能，未被驱替出的油滴势能相应也发生变化，一部分剩余油滴被激活，赋存状态发生变化，达到提高驱替效率目的。

一、剩余油赋存类型及赋存状态

1. 剩余油微观赋存类型

在综合前人研究的基础上，依据微观玻璃刻蚀驱替实验，解剖了微观剩余油赋存状态，划分连续型和分散型两大类 6 种类型，其中连续型包括簇状、多孔状剩余油，分散型包括块状、柱状、滴状、膜状剩余油（表 2-5-1）。

表 2–5–1　微观剩余油类型

镜下图像	剩余油类型	连通性	分布特点
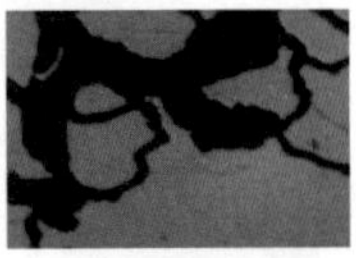	簇状	相连孔隙数＞5	为连片性剩余油，随着注水开发进程的延长，簇状剩余油含量逐渐减少
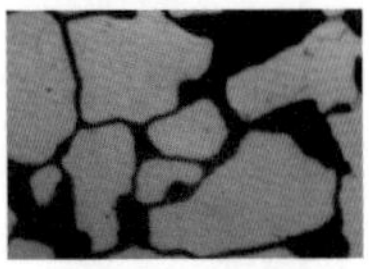	多孔状	2≤相连孔隙数≤5	以多孔、孔吼之间连片状分布，连片状形态分布在较大孔隙、孔喉中
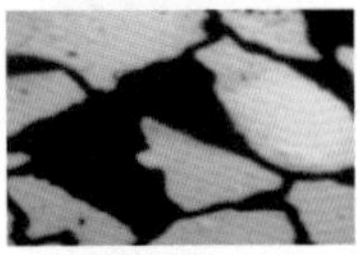	块状	孔隙数 =1	以斑块状形态分布在较大孔隙、孔喉中
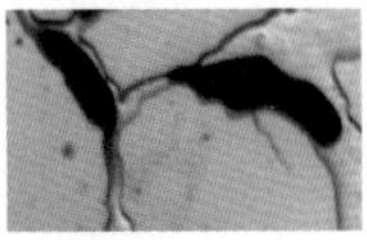	柱状	喉道数 =1	剩余油滞留在狭小的孔道中，以柱状的形式滞留在喉道处
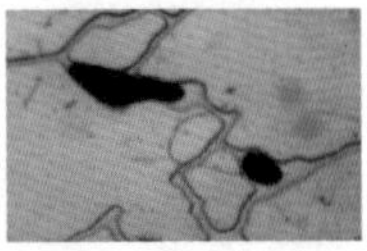	滴状	孔隙数 =1，孤滴状	在喉道处发生滞留，或孤孔处形成孤滴状剩余油
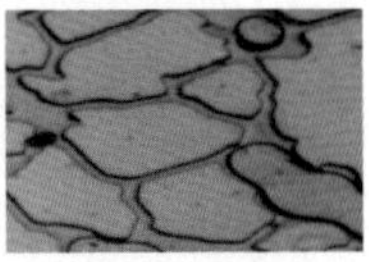	膜状	厚度小于孔道直径的 1/3	在颗粒表面的附着剩余油不能被驱替而形成膜状剩余油

1）簇状剩余油

簇状剩余油是中高渗透率油藏普遍存在的剩余油类型，为连续型剩余油，随着注水开发进程的延长，簇状剩余油含量逐渐减少。这类剩余油主要以大孔隙、较大孔喉被小孔喉相连接包围，由于外围的小孔喉具有较高的毛细管压力，驱替压差不足以克服此毛细管压力，从而阻止了注入水进入内部大孔喉，最终使大孔喉内部富集剩余油。

2）多孔状剩余油

受储层非均质性的影响，这类剩余油主要以多孔、孔喉之间连片状分布，主要分布在较大的孔隙、孔喉中，在注水开发过程中，该区域注入水波及系数较低或油井受效性较差，进而滞留大量剩余油。

3）块状剩余油

这类剩余油主要以斑块状形态分布在较大孔隙、孔喉中，由于储层物性的非均质性，注水驱油过程中原油遇到孔隙变小、孔喉变窄，导致剩余油在物性相对较差的部位富集。

4）柱状剩余油

水驱过程中部分剩余油滞留在狭小的孔道中，以柱状的形式滞留在喉道中，称为柱状剩余油。在低渗透储层区域多见，由于低渗透油藏毛细管压力差异大，喉道半径狭小，分布差异较大，驱替液率先进入大孔道，很快突破大孔道，在小孔道处形成圈闭，特别是孔喉半径差异越大，毛细管压力圈闭现象越严重。

5）滴状剩余油

在水驱过程中，当喉道处的半径小于油滴半径时，此时油滴会发生变形，由于油水界面张力较高，油滴发生变形需要克服的毛细管阻力较大，油滴变形后在喉道处发生滞留，从而形成滴状剩余油。

6）膜状剩余油

由于岩石颗粒表面、孔隙、孔喉内壁表面较强的吸附能力及亲油性，注水过程中孔隙、孔喉形成连续水相，而颗粒表面附着的剩余油不能被驱替而形成膜状剩余油。此类剩余油通过注水很难采出，可以通过化学驱等三次采油技术开采出来。

2. 岩心核磁共振实验与流体饱和度分析

核磁共振 T_2 谱可以反映岩心中束缚水饱和度与可动水饱和度的对比关系，饱含流体的储层砂岩样品通过核磁共振试验可以定量分析油、水等不同流体在孔隙空间内的分布规律及渗流状态。研究共完成 GX4–23 井 5 块样品的核磁共振 T_2 谱测试。从 5 块岩心的 T_2 谱可以看出（表 2–5–2），孔隙度越大，T_2 谱截止值越小，反映束缚水饱和度越低。束缚水主要分布在小孔隙中，但也有一部分束缚水存在于较大孔隙中。样品的剩余油少部分分布在 T_2 为 7.65～400ms 的孔隙内，实验测得港东明化镇油藏砂岩 T_2 截止时间平均为 13.3ms。

表 2–5–2　岩心核磁共振实验数据统计表

样号	岩性	井段（m）	空气渗透率（mD）	孔隙度（%）	T_2 截止值（ms）	束缚水饱和度（%）
4	棕褐色油侵细砂岩	1328.60～1333.00	3300	37.1	6.84	31.21
14	棕褐色油侵细砂岩	1457.99～1462.62	6970	34.4	15.57	23.62
18	棕褐色油侵细砂岩	1479.59～1483.80	1950	36.2	13.54	29.89
32	棕色油侵细砂岩	1505.86～1510.70	2770	35.1	7.65	23.28
39	棕褐色油侵细砂岩	1519.50～1524.35	2450	35.8	22.93	30.86

实验数据分析计算束缚水饱和度 23.28%～31.2%，平均值为 27.77%，与恒速压汞实验相比，获得的不可动流体饱和度较小，从实验原理分析，核磁共振 T_2 谱测试的结果应

该是包括高压压汞实验束缚水饱和度与部分完全不可流动流体，如果把恒速压汞不可动流体饱和度与核磁实验不可动饱和度值之差，这部分流体属于准流动，在条件发生变化时，一定程度上可能是会流动的，对油藏而言可能属于剩余油的潜力部分。

核磁共振驱替实验与剩余油赋存状态：核磁共振技术不仅可以得到岩心总孔隙的含油量、不同孔隙区间的含油量，还能精确测得计算岩心不同孔隙区间的剩余油分布。本次实验选取了 3 块岩心的 6 个点进行，在整个过程中进行六次扫描，过程是：水驱油开始前，进行一次静态油水分布扫描；第一次水驱，以 0.35mL/min 注水速度，水驱至含水率 50% 左右时，进行一次扫描；水驱至含水率 95%，进行一次扫描；转注化学剂，化学驱结束时，进行一次扫描；转水驱，二次水驱过程中进行一次扫描；水驱至含水率接近 100%，进行一次扫描，实验结束。

对 GX4–23 井的核磁共振测试参数进行统计（表 2–5–3），明化镇组的 14# 储层和 32# 储层岩样对比，14# 储层物性好于 32# 储层，含油饱和度略高，残余油饱和度低，虽然饱和度高的不明显，但是可动油饱和度 14# 储层要明显的比 32# 储层高。另外，由于 14# 储层的物性好，在进行水驱后，14# 储层的变化比 32# 储层明显。

表 2–5–3 GX4–23 井核磁共振测试参数统计表

层位	样号	深度（m）	孔隙度（%）	渗透率（mD）	含油饱和度（%）	残余油饱和度（%）	可动油饱和度（%）
明化镇组	14–1	1462.85	34.06	4660	54.97	21.1	33.87
	14–2	1462.85	34.23	5060			
	32–1	1508.66	33.26	3380	52.34	26.8	25.54
	32–2	1508.66	33.22	2230			
馆陶组	79–1	2172.39	30.47	988	15.62	29.9	—
	79–2	2172.39	30.44	787			

进行了 3 块岩心的不同驱替阶段 T_2 谱及不同驱替阶段核磁共振成像对比（表 2–5–4），整体上看，水驱后 T_2 谱大孔隙部分增多。从 14# 储层和 32# 储层对比看，由于 14# 储层的物性好，水驱后大孔隙比 32# 储层要明显增多，油的信号减少明显。这说明，物性好的储层比物性差的储层水淹明显。水驱后注入聚合物溶液驱油，油的信号明显减少，这就是聚合物驱油的优势。聚合物溶液首先进入水已驱过的渗透性高的大孔道流动，部分剩余油被激活，并沿着水驱通道夹带着小油滴向前移动，这些油滴主要是靠聚合物的黏滞力携带而重新流动的剩余油。随着聚合物溶液不断进入水驱的通道，聚合物吸附于孔壁上，黏度较大，造成孔道内渗流阻力增大，迫使后续的聚合物溶液进入临近孔道相对较小的小孔道，将水驱后的剩余油驱出。

G2–62–4 井核磁共振成像驱替实验共完成 4 块样品检测，样品基础数据见表 2–5–5。

改井核磁共振成像驱替不同阶段信号量及含油饱和度见表 2–5–6。

表 2-5-4 GX4-23 井不同驱替阶段核磁共振成像

驱替阶段	核磁共振成像		
	14#	32#	79#
水驱油开始前	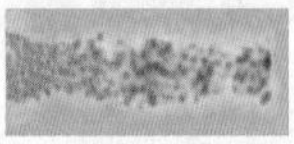	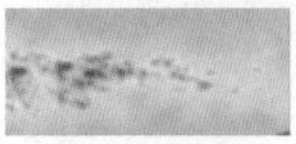	
一次水驱中		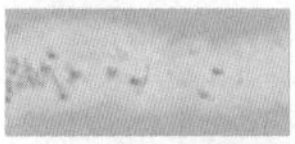	
一次水驱后			
聚合物驱后			
二次水驱中			
二次水驱结束			

表 2-5-5 G2-62-4 井核磁共振成像驱替样品基础数据

样品号	深度（m）	层位	孔隙度（%）	渗透率（mD）	束缚水饱和度（%）	备注
1	1357.61	Nm	39.9	7163.0	34.6	油黏度 6mPa·s，矿化度 3839mg/L
27	1755.77	Nm	36.6	5155.2	27.7	
33	1872.02	Ng	38.6	7457.7	39.4	
50	2376.15	Ed	28.9	1374.8	33.6	油黏度 10.1mPa·s，矿化度 6696mg/L

表 2-5-6 G2-62-4 井核磁共振成像驱替不同阶段信号量及含油饱和度数据表

驱替倍数	1		27		33		50	
	信号量	不同驱替倍数下含油饱和度（%）	信号量	不同驱替倍数下含油饱和度（%）	信号量	不同驱替倍数下含油饱和度（%）	信号量	不同驱替倍数下含油饱和度（%）
原始	67710.724	65.4	63415.243	72.3	46984.019	60.6	51237.508	66.4
0.3PV	45956.425	44.4	39704.376	45.3	34351.797	44.3	29660.889	38.4
0.6PV	42911.266	41.4	37961.128	43.3	31723.471	40.9	25880.986	33.5

续表

驱替倍数	1		27		33		50	
	信号量	不同驱替倍数下含油饱和度（%）	信号量	不同驱替倍数下含油饱和度（%）	信号量	不同驱替倍数下含油饱和度（%）	信号量	不同驱替倍数下含油饱和度（%）
1.0PV	38022.133	36.7	37336.467	42.6	29642.625	38.2	25018.217	32.4
20.0PV	28932.974	27.9	28278.502	32.2	24917.180	32.1	23920.673	31.0
30.0PV	28167.315	27.2	26333.036	30.0	24472.923	31.6	23536.496	30.5
50.0PV	27092.781	26.2	24611.261	28.0	23671.173	30.5	22851.941	29.6
80.0PV	26021.192	25.1	20933.479	23.9	22998.604	29.7	22284.215	28.9

G2-62-4 井的 $1^{\#}$ 和 $27^{\#}$ 两块核磁共振成像驱替样品饱和油时在束缚水阶段油主要分布在孔径 1～50μm 区间，$33^{\#}$ 和 $50^{\#}$ 两块核磁共振成像驱替样品饱和油时在束缚水阶段油主要分布在孔径 1～50μm 和 0～0.01μm 区间。驱替 20PV 前，大孔喉的水驱效果较好，水驱过程中小孔喉油也有动用，但下降幅度很小，驱替 20PV 以后，主要是小孔喉中的油被驱替出来（表 2-5-7）。

表 2-5-7　水驱油过程中 27# 岩心横断面含油饱和度变化

岩心 $27^{\#}$	进口端 1	⟶	出口端 3
饱和油	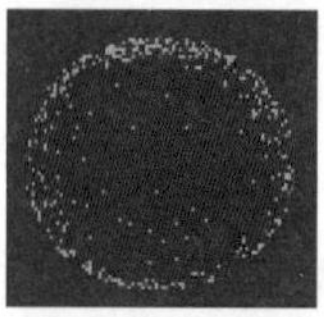	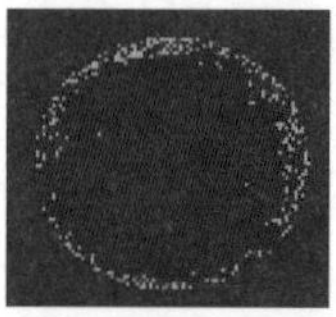	
1.0PV	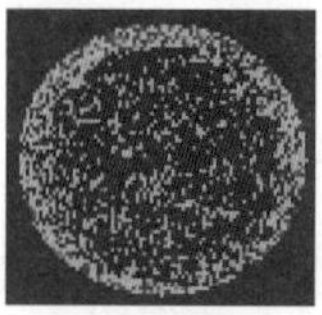	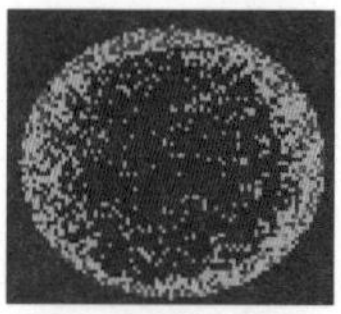	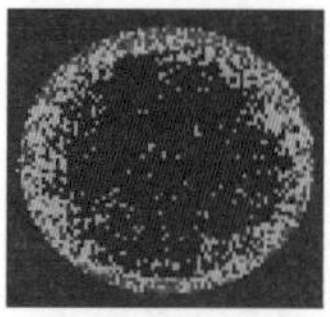
20.0PV	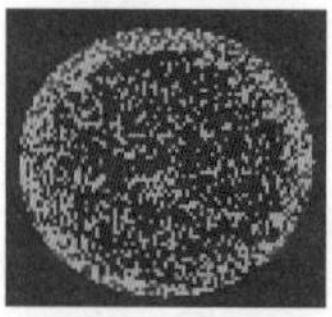	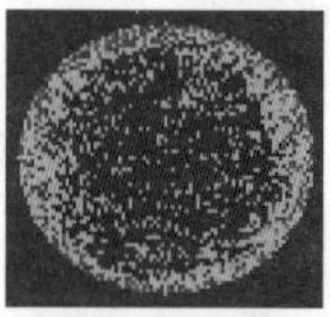	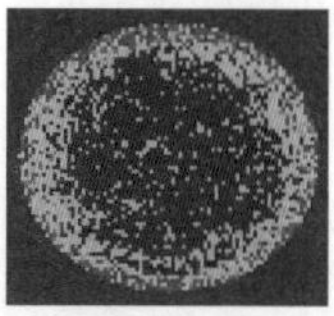
30.0PV	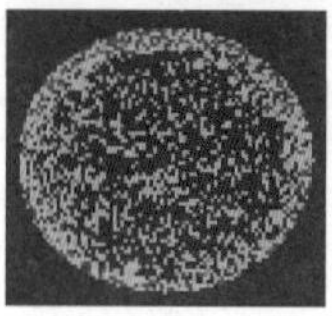	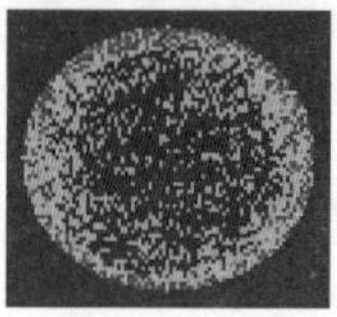	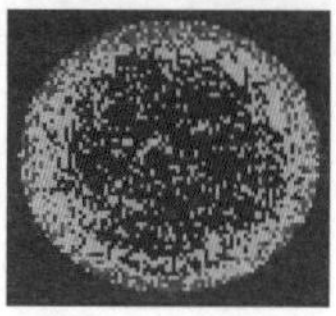

续表

岩心 27#	进口端 1	→	出口端 3
80.0PV			

二、基于密闭取心井实验室数据的剩余油定量化表征技术

高含水油田是从开发初期到高含水期，油藏动态的变化是一个时间—空间、宏观—微观的时间维度、油藏空间体、孔喉维度等变化过程的总和。为了搞清这个历史的变化过程，宏观上通过开展基于非一致性时移地震油藏动态技术研究，从历史时间上展示了港东油田平面宏观上剩余油的时移变化与展布，应用玻璃钢套管井实时监测技术展示了剩余油纵向上的时移变化；微观上以实验为依据，为深化研究高含水期地下剩余油富集规律，大港油田开展了以密闭取心为主的钻井取心与精细岩心描述工作，并开展水驱实验、驱油机理研究、宏观注采完善程度与波及系数、微观剩余油赋存状态、驱油效率等研究。

1. 驱油机理研究

以港西三区油藏（渗透率 1300mD，地下原油黏度 20mPa·s，油藏温度 53℃）为研究对象，开展了从水驱到二元复合驱过程中流度比与面积波及系数的变化关系研究。水驱含水率 50% 时水油流度比 M=9.96，1/M=0.1，对应流度比与波及系数关系图版推算波及系数 62%；聚合物驱过程中研究了含水率 50% 时驱替剂与原油黏度比 0.2、0.4、0.8、1.0 下驱油效果，折算成流度比倒数 1/M 为 1.43、3.27、5.67、7.17，推算波及系数分别是 85%、91%、95%、98%（图 2-5-1）。

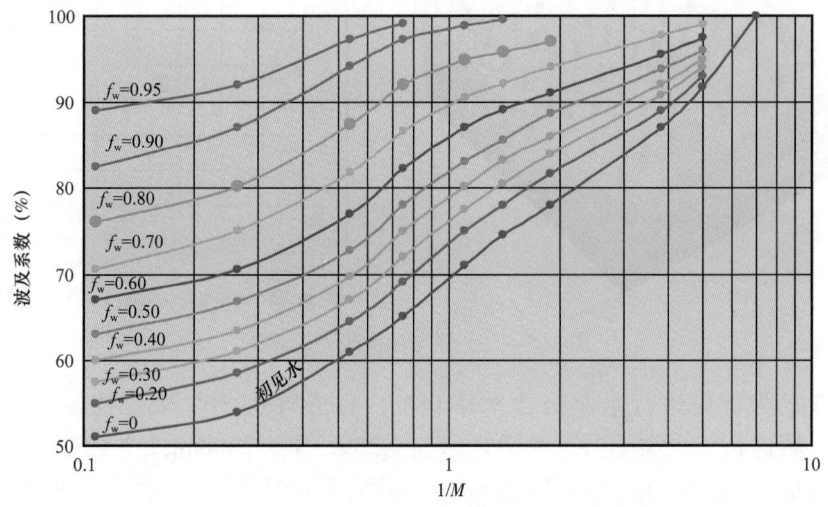

图 2-5-1　五点法井网条件下流度比与波及系数关系

以上数据分析见表2-5-8，由水驱到聚合物驱水油流度比从9.96降至1以下，降低近10倍，波及系数由62%提高至85%，增加了23%，表明了由水驱到二元复合驱过程中驱替相因黏度的增加，流度比降低，波及系数大幅度提高，扩大了波及体积。水油黏度比从0.2提升至1.0，波及系数由85%提升至98%，增加13%，表明多孔介质中流体依靠渗流阻力来提高流度控制能力，当达到一定阻力系数以后，继续增加驱替相黏度，提高波及系数幅度不太明显，若要进一步提高采收率应转向提高驱油效率。

表2-5-8　流度比与波及系数关系

参数	水驱	聚合物驱（黏度比）			
		0.2	0.4	0.8	1.0
流度比 M	9.96	0.698	0.311	0.176	0.140
$1/M$	0.1	1.43	3.27	5.67	7.17
波及系数 E_V（%）	62	85	91	95	98

2.渗透率与波及系数变化关系

利用三维平板大模型实验来研究不同渗透层波及体积与含油饱和度的变化关系，选取正方形平面模型，模型尺寸为80cm×80cm×4.5cm，模型三层渗透率为3000mD、900mD、300mD，其孔隙度为32%，在对角线的位置设置有一个注入端和一个采出端，通过流量计监测注入量和采出量，并且通过布置36对微电极监测电阻率的变化，其模型如图2-5-2所示。

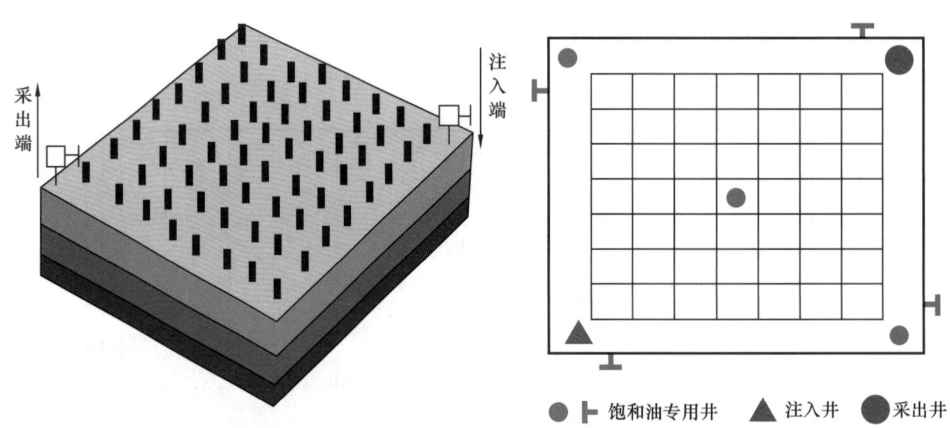

图2-5-2　三维平面大模型示意图

实验方案为首先进行水驱至含水率98%，后进行0.25PV聚合物驱，聚合物浓度1500mg/L，后进行二元复合驱［0.2PV（C_s=0.25%，C_p=2000mg/L）+0.2PV（C_s=0.2%，C_p=1500mg/L）］，最后水驱至含水率98%，实验结果如图2-5-3、表2-5-9所示。

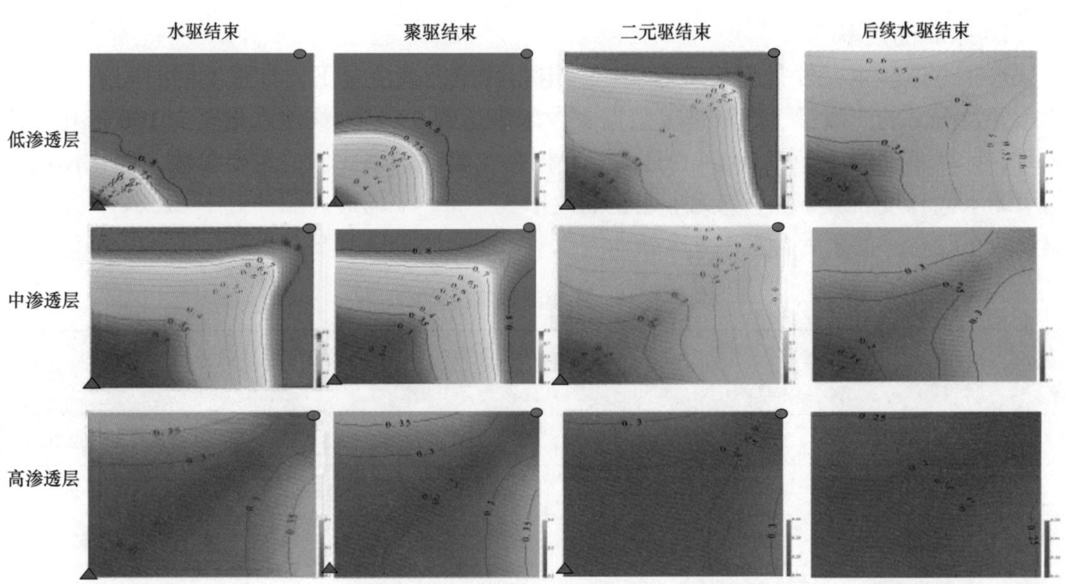

图 2–5–3 非均质模型中不同渗透层阶段含油饱和单分布图

表 2–5–9 不同层位波及系数变化表

对比	含油饱和度（%）			波及系数（%）		
	聚合物驱	二元复合驱	降幅	聚合物驱	二元复合驱	增幅
低渗透层 300mD	65	36	29	21.09	90.63	69.54
中渗透层 900mD	56	20	36	59.38	100	40.62
高渗透层 3000mD	20	15	5	100	100	0

从实验结果可以看出，波及系数随渗透率增加而增大；聚合物驱转二元复合驱后，高渗透层波及系数已达到 100%，说明高渗透层已全部波及，含油饱和度仅降低 5%；相对中渗透层波及系数增幅 40.62%，含油饱和度降低 36%，驱油机制主要以扩大波及体积和提高驱油效率的协同作用为主，相对低渗透层波及系数增幅 69.5%，含油饱和度降低 29%，这说明二元复合驱中聚合物首先进入高渗透层进行大孔隙封堵与充填，然后逐步绕流启动中低渗透透层，相对低渗透层中波及系数增幅较大，扩大波及体积占主导。从波及体积增幅大小可见，低渗透层提高能力最大，中渗透层次之，高渗透层最小；从含油饱和度降幅来看，中渗透层降幅最大，低渗透层次之，高渗透层最小，也说明了二元复合驱主要启动中高渗透层的剩余油。

3. 水驱实验与剩余油激活

高含水期油藏剩余油分布表现为高度分散零星聚集的状态。为深化研究高含水期地下剩余油富集规律，开展了以密闭取心为主的钻井取心与精细岩心描述工作，并开展了水驱实验，为深入研究高含水期的复杂断块油田水驱开发效果奠定了坚实的基础。

1）水驱油效率

水驱模拟注水开发过程实验表明，一定驱替压力或流量下，计量不同时间岩心两端的压差及出口的产油量、产液量等数据，含水率达到 99.95% 或注水量至少 100 倍孔隙体积时，计算驱油效率。表 2-5-10 是共 6 块样品水驱油效率实验的主要参数，明化镇组平均束缚水饱和度 32.7%，平均无水期驱油效率 32.9%，平均最终驱油效率 62.9%；无水期驱油效率较高，见水后含水率上升快。

表 2-5-10　水驱油效率实验数据表

样号	层位	空气渗透率（mD）	孔隙度（%）	束缚水饱和度（%）	无水期驱油效率（%）	注入倍数（PV）	驱油效率（%）
4	明化镇组	2320	33.3	30.4	28.3	103.8	62.26
14	明化镇组	4030	31.8	29.9	28.57	104.77	66.1
18	明化镇组	2190	32.8	35	41.76	107.88	63.08
32	明化镇组	2820	31.1	31.5	26.67	106.57	60.44
39	明化镇组	2100	32.3	36.7	39.13	105.66	62.61
79	馆陶组	782	31.4	42.8	20.93	105.28	49.3

图 2-5-4 是明化镇组 $32^{\#}$ 样品的驱油效率和含水率变化曲线。6 块样品含水率变化出现拐点时，平均含水率 86.8%，驱油效率 41.6%。拐点前含水率上升快，拐点后含水率上升变缓。

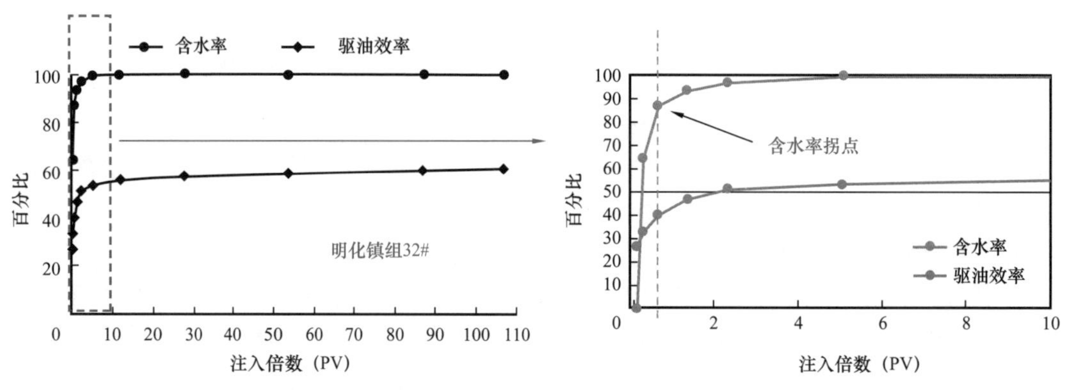

图 2-5-4　水驱油效率、含水率变化曲线

驱油效率随渗透率增大（图 2-5-5、图 2-5-6），明化镇组平均无水期驱油效率 32.9%，平均最终驱油效率 62.9%，均高于馆陶组。

完成全直径样品油水相渗曲线测试 1 块，实验条件与小岩心相同，但在测试全直径样品时，油水渗流方向对应的是地层中的竖直方向，即测得的是垂向水驱油效率，图 2-5-7 为全直径样品的水驱油效率和含水率变化曲线（右侧为低注入倍数下的曲线放大图）。全直径样品无水期驱油效率 46.93%，见水后含水上升快；注入倍数达到 0.39PV 时，含水率出现拐点，含水率为 87.1%，驱油效率 53.6%，最终驱油效率 60.34%。

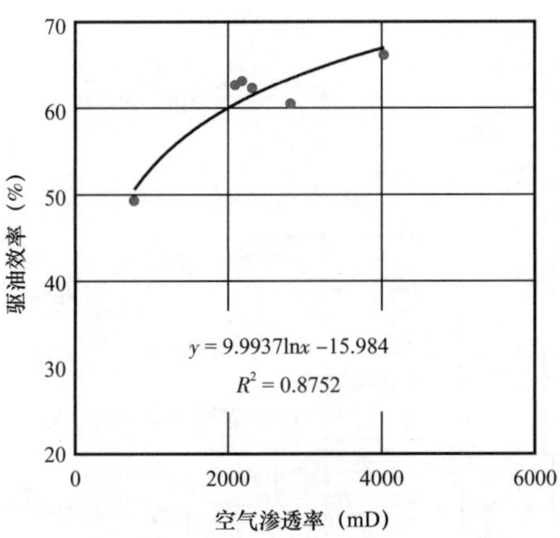

图 2-5-5 水驱油效率与空气渗透率关系

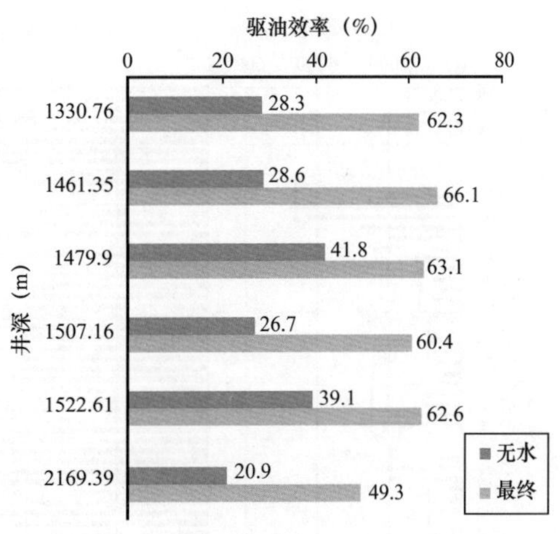

图 2-5-6 不同深度样品的驱油效率

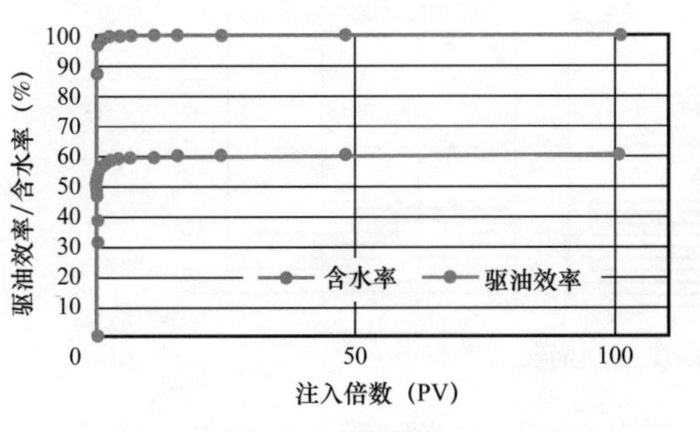

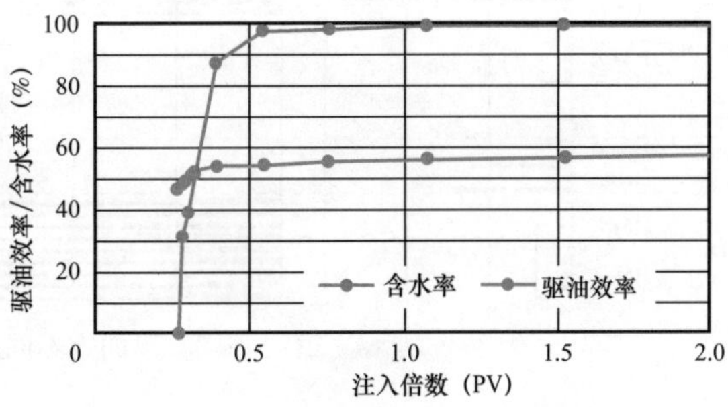

图 2-5-7 全直径样品的水驱油效率和含水率变化曲线

2）纵向剩余油（驱油效率）分布

根据油水相渗和水驱油效率的 18 块样品的束缚水饱和度数据，建立束缚水饱和度和空气渗透率之间的关系（图 2-5-8），求取所有测试样品的束缚水饱和度及原始含油饱和度，根据校正后的含油饱和度，计算不同样品的驱油效率。

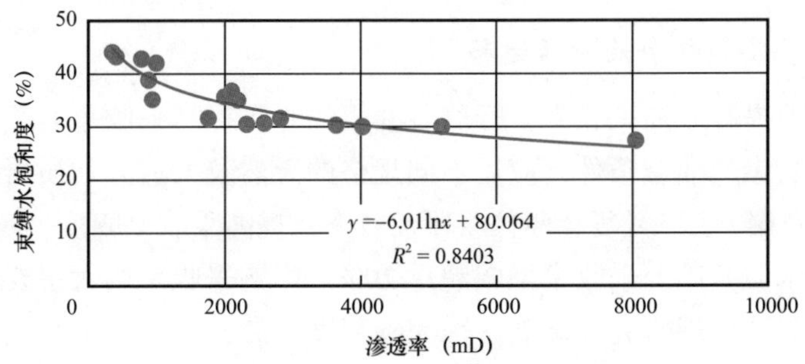

图 2-5-8 束缚水饱和度与渗透率关系

根据计算的初始含油饱和度和校正后的当前含油饱和度，绘制出纵向上不同深度的当前驱油效率（图 2-5-9）。当油藏的实际初始含油饱和度与岩心流动实验建立的初始含油饱和度相差比较大时，实验得到的驱油效率与现场实验驱油效率的误差也会较大。

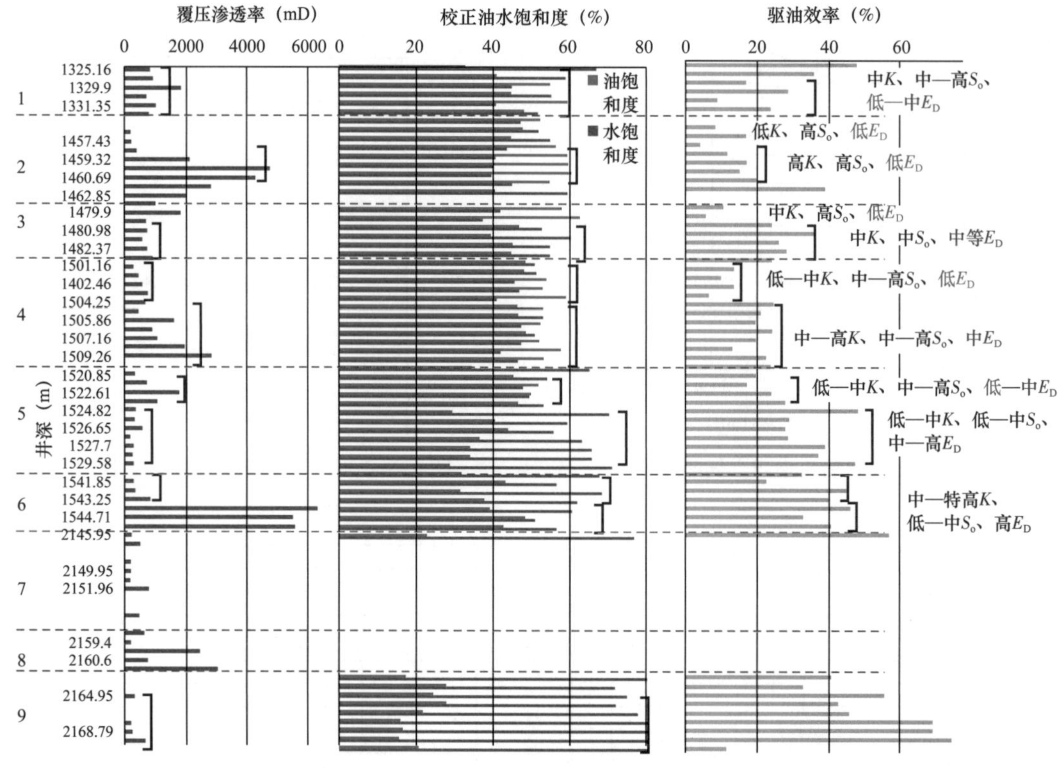

图 2-5-9　纵向上不同深度的当前驱油效率

将计算得到的不同深度的当前驱油效率，与岩心剖面白光、荧光图像进行对照，其一致性较好。目前明化镇组每个砂层中都存在不同部位驱油效率差别比较大的现象，其中第 1 砂层下部，第 2、4 砂层，第 3、5 砂层上部，驱油效率相对较低。由于取心井分析测试取样密度低（约 1m 取 1 块油水饱和度样品），设计钻样位置时，多选择物性和含油性比较好的部位，所以实验所得全井平均含油饱和度应大于实际的平均含油饱和度，根据实验样品计算得到的当前平均驱油效率，比取心井实际平均驱油效率低。

4. 多介质驱替实验剩余油激活运移

为最大限度地提高原油采收率，开展各种驱油介质提高采收率实验与研究非常有必要。通过模拟中高渗透油藏条件，应用不同规格的天然及人造非均质岩心，重点对比了水驱、聚合物驱及聚 / 表二元复合驱体系驱油效率及提高采收率幅度，实验表明聚 / 表二元复合驱体系在水驱基础上采收率增幅超过 20%。影响采收率两大主要因素为波及系数和驱油效率。从驱油机理研究、宏观注采完善程度与波及系数、微观剩余油赋存状态及对驱油效率影响、不同驱替介质驱油效果共四方面进行分析。

1）不同驱替介质驱油效果对比

模拟中高渗透油藏条件，应用不同规格的天然及人造非均质岩心，重点对比了水驱、聚合物驱及聚 / 表二元复合驱体系驱油效率及提高采收率幅度，实验表明聚 / 表二元复合驱体系在水驱基础上采收率增幅超过 20%。

下面是 GX4–23 井密闭取心井共完成化学驱驱油效率实验 2 块（39 # 样品），聚合物驱和二元复合驱各 1 块。实验数据（表 2–5–11）

表 2–5–11 39 # 样品化学驱实验数据对比

类别	渗透率（mD）	孔隙度（%）	水驱驱油效率（%）	化学驱油效率（%）	二次水驱油效率（%）	累计注入倍数（PV）	提高驱油效率（%）	含水率最低值（%）
聚合物驱	2850	34.5	40.4	57.7	64.4	10.74	20.0	75.0
二元复合驱	2780	34.1	41.5	60.4	69.8	7.33	28.3	66.7

试验曲线如图 2–5–10 所示。

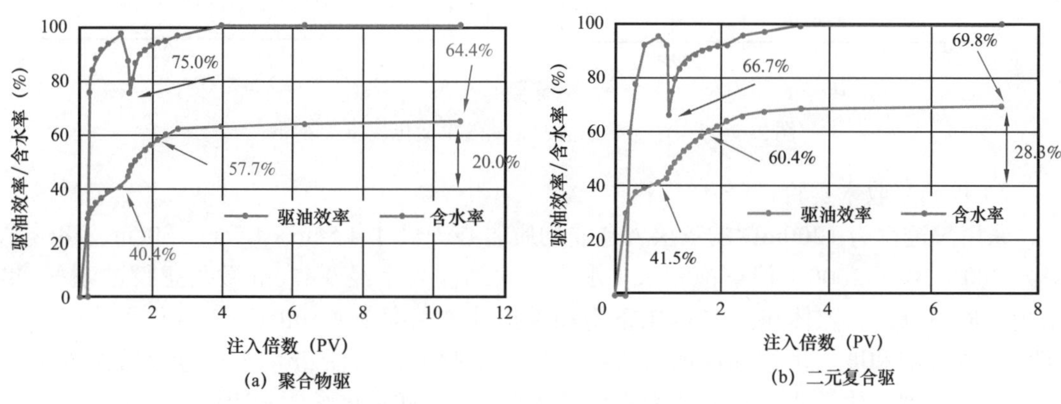

图 2–5–10 聚合物驱、二元复合驱实验对比

注化学剂前，两块样品的水驱油效率在 41% 左右，含水率 96% 左右。注聚合物和二元复合剂各 1PV 后，驱油效率分别提高了 17.3% 和 18.9%；二次水驱后，最终提高的驱油效率幅度分别是 20.0% 和 28.3%。在注化学剂阶段，聚合物和二元复合剂提高的驱油效率幅度相差不大，在后续水驱中两者的差别明显，聚合物段塞在后续水驱中提高驱油效率 2.7%，二元复合剂段塞在后续水驱中提高驱油效率 9.4%。在注化学剂段塞过程中，含水率明显下降，聚合物驱含水率最低降至 75.0%，二元复合驱最低降至 66.7%。达到含水率 99.85% 时，聚合物驱和二元复合驱所用的注入倍数分别是 10.74PV 和 7.33PV，后者所需要的注水量更少。与水驱相比，化学驱能够在较低的驱替速度和低注入倍数下获得更高的驱油效率。

以上化学驱提高的幅度是以一次水驱后的驱油效率为基数，没有考虑如果不注化学剂，而是一直水驱的情况下，在相同注入倍数下也可提高一定的驱油效率。为此需要根据一次水驱的数据，预测如果不注化学剂，一直水驱相同注入倍数时，也能够达到的驱油效率，在此基础上评价化学驱比水驱提高的净驱油效率。对一次水驱过程中的驱油效率与注入倍数数据进行回归，两者呈很好的对数关系，考虑曲线的前段变化快、后段变化慢的特点，选择后面三个点按对数进行回归。从拟合的数据来看，实验数据和拟合数据几乎相同，说明拟合公式可信度很高（图 2-5-11）。外推至与聚合驱相同的注入倍数，确定该注入倍数下水驱的驱油效率。聚合物驱实验外推 10.74PV 时，水驱能够达到的驱油效率为 53.1%，聚合物驱最终驱油效率为 64.4%，净提高的驱油效率是 11.3%；同理，二元复合驱净提高的驱油效率是 17.3%，比聚合物驱高 6%。

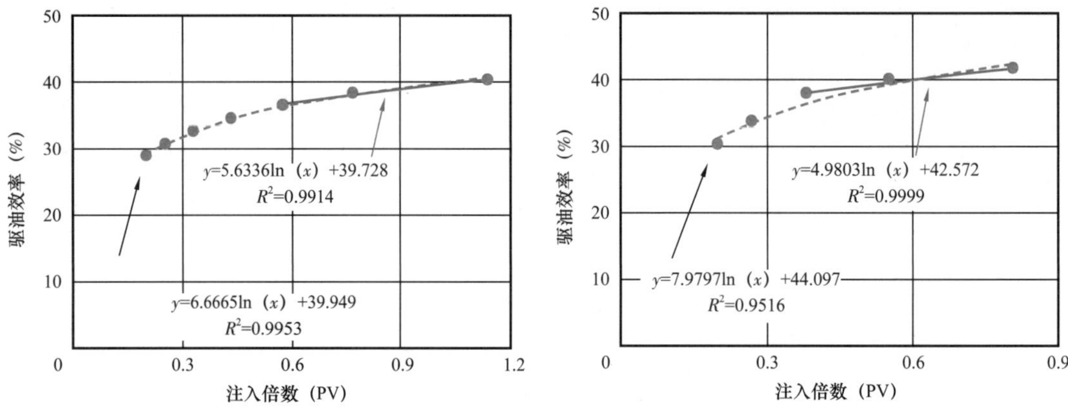

图 2-5-11　注化学剂前的驱油效率变化规律及外推

2）提高采收率实验

采用渗透率为 1200mD 的三层人造非均质岩心（尺寸 4.5cm×4.5cm×30cm，渗透率极差 300、500、2000）抽空饱和水（水为孔大站注入水经 0.45μm 微孔滤膜过滤），测水相渗透率以及孔隙体积。在 63℃下饱和模拟油（黏度 104.5mPa·s）并放置 24h 建立原始束缚水饱和度。把饱和油的岩心接入岩心实验流程，在 58℃下用过滤后注入水进行全水驱 5PV，化学驱驱替方式为先前置水驱 2PV+1PV 化学驱 +2PV 后续水驱，对比不同驱替方式比水驱提高采收率幅度。其中聚合物体系中聚合物浓度为 2000mg/L，二元复合驱体系中聚合物浓度为 2000mg/L，表面活性剂浓度为 0.3%，驱替速度为 5m/d（图 2-5-12）。

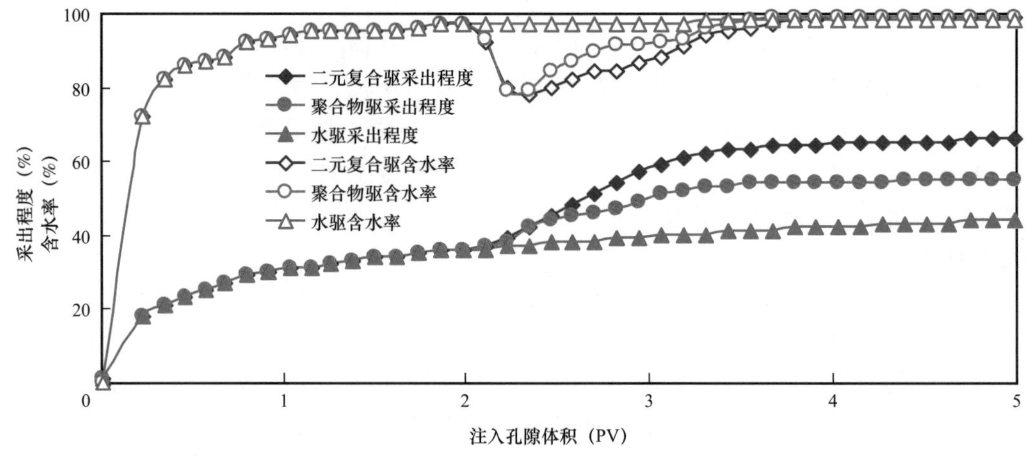

图 2-5-12　不同驱替方式不同驱替阶段采出程度、含水变化曲线

人造非均质岩心物理模拟实验结果表明聚合物驱比水驱提高采收率13.05%，含水率下降达到19.8%；聚/表二元复合驱比水驱提高采收率23.03%，含水率下降达到20.5%。二元复合驱比聚合物驱提高采收率9.98%，且低含水期比聚合物驱长。对比均质岩心实验，非均质岩心实验中因波及体积的扩大，聚合物驱在提高驱油效率的基础上又提高了4%，二元复合驱在单纯提高驱油效率的基础上又提高了8%，这表明了聚合物与表面活性剂二者发生相互协同，不仅能扩大波及体积，还可提高驱油效率，提高采收率幅度超过20%。

3）流度控制与驱油效率对采收率的贡献

为进一步研究化学驱流度控制和驱油效率在提高采收率方面主导作用的问题，采用物理模拟实验的方式开展了研究。化学驱扩大波及体积机理主要通过增加驱替液黏度来实现；提高驱油效率通过降低油水界面张力来实现。而这两部分就体现在二元复合驱体系中聚合物的增黏作用及表面活性剂降低界面张力方面，二者协同作用可实现采收率的大幅度提高。

聚合物溶液与二元复合驱体系相比较，它们黏度相同，流度控制能力相当。因此，它们间采收率差异可以认为是洗油效率不同造成的。为此，流度控制对采收率的贡献率定义为：

$$\beta=\eta_{\text{聚合物驱}}/\eta_{\text{复合驱}} \tag{2-5-1}$$

式中 $\eta_{\text{聚合物驱}}$——聚合物驱采收率；

$\eta_{\text{复合驱}}$——二元复合驱采收率。

实验采用渗透率为500mD三层人造非均质岩心（尺寸4.5cm×4.5cm×30cm），原油黏度20mPa·s，实验方法前已述及。其中聚合物体系中聚合物浓度为2000mg/L，二元复合驱复合驱体系中聚合物浓度为2000mg/L，表面活性剂浓度为0.3%，驱替速度为5m/d。渗透率变异系数对聚合物溶液和二元复合驱体系驱油效果（采收率）影响实验结果见表2-5-12。

表2-5-12 采收率数据（*K*g=500mD）

渗透率变异系数	驱油剂类型	工作黏度（mPa·s）	界面张力（10^{-3}mN/m）	含油饱和度（%）	采收率（%）		采收率增幅（%）
					水驱	化学驱	
0.25	水	0.8	—	71.0	28.5	—	—
	聚合物	11.2	—	70.9	27.8	40.2	11.7
	二元复合驱体系	11.1	1.651	70.7	27.7	45.3	16.8
0.59	水	0.8	—	70.5	26.0	—	—
	聚合物	11.1	—	70.5	25.6	38.8	12.8
	二元复合驱体系	11.2	1.414	70.6	25.7	44.1	18.1

续表

渗透率变异系数	驱油剂类型	工作黏度（mPa·s）	界面张力（10^{-3}mN/m）	含油饱和度（%）	采收率（%）		采收率增幅（%）
					水驱	化学驱	
0.72	水	0.8	—	70.0	23.5	—	—
	聚合物	11.1	—	70.0	22.8	38.2	14.7
	二元复合驱体系	11.1	1.661	70.1	22.8	42.8	19.3

从表 2-5-12 中可以看出，在驱油剂类型相同条件下，随渗透率变异系数增加，采收率增大。在渗透率变异系数相同条件下，与聚合物驱相比，二元复合驱采收率增幅较大。驱油剂流度控制和洗油效率对采收率的贡献率计算结果见表 2-5-13。

表 2-5-13　不同渗透率变异系数下流度控制与驱油效率贡献率数据表

渗透率变异系数	采收率增幅（%）		贡献率（%）	
	聚合物驱	二元复合驱	流度控制	驱油效率
0.25	13.4	18.9	70.9	29.1
0.59	14.5	20.0	72.5	27.5
0.72	16.7	21.0	79.5	20.5

从表 2-5-13 中可以看出，随岩心渗透率变异系数增大，二元复合驱体系流度控制能力对采收率的贡献率增加，洗油效率的贡献率减小。当渗透率变异系数为 0.72 时，流度控制能力对采收率的贡献率为 79.5%，是 3 种渗透率变异系数岩心中最大的。

综合流度控制与洗油效率对采收率贡献研究，二元复合驱体系中流度控制对提高采收率贡献占 70%，驱油效率占 30%。

三、储层构型规模时空域的剩余油分布

近年来运用储层构型技术研究宏观剩余油分布与赋存规律取得了不少成果。基于储层构型规模时空域的剩余油分布研究技术是储层构型技术在剩余油研究方面的延伸，大量密闭取心岩心资料的观察与描述，将过去 7～8 级构型体的研究细化到了 9～12 级，运用建模、数模软件建立了小尺度构型（9～12 级）与剩余油的关系。

1. 沉积相类型构型组合模式

大港断陷湖盆主要沉积相类型为曲流河、辫状河、三角洲、冲积扇，不同沉积相类型、沉积位置不同，导致沉积体系具有多种沉积样式，多因素控制导致其沉积模式非常复杂，形成了主要沉积类型的构型模式（图 2-5-13）。

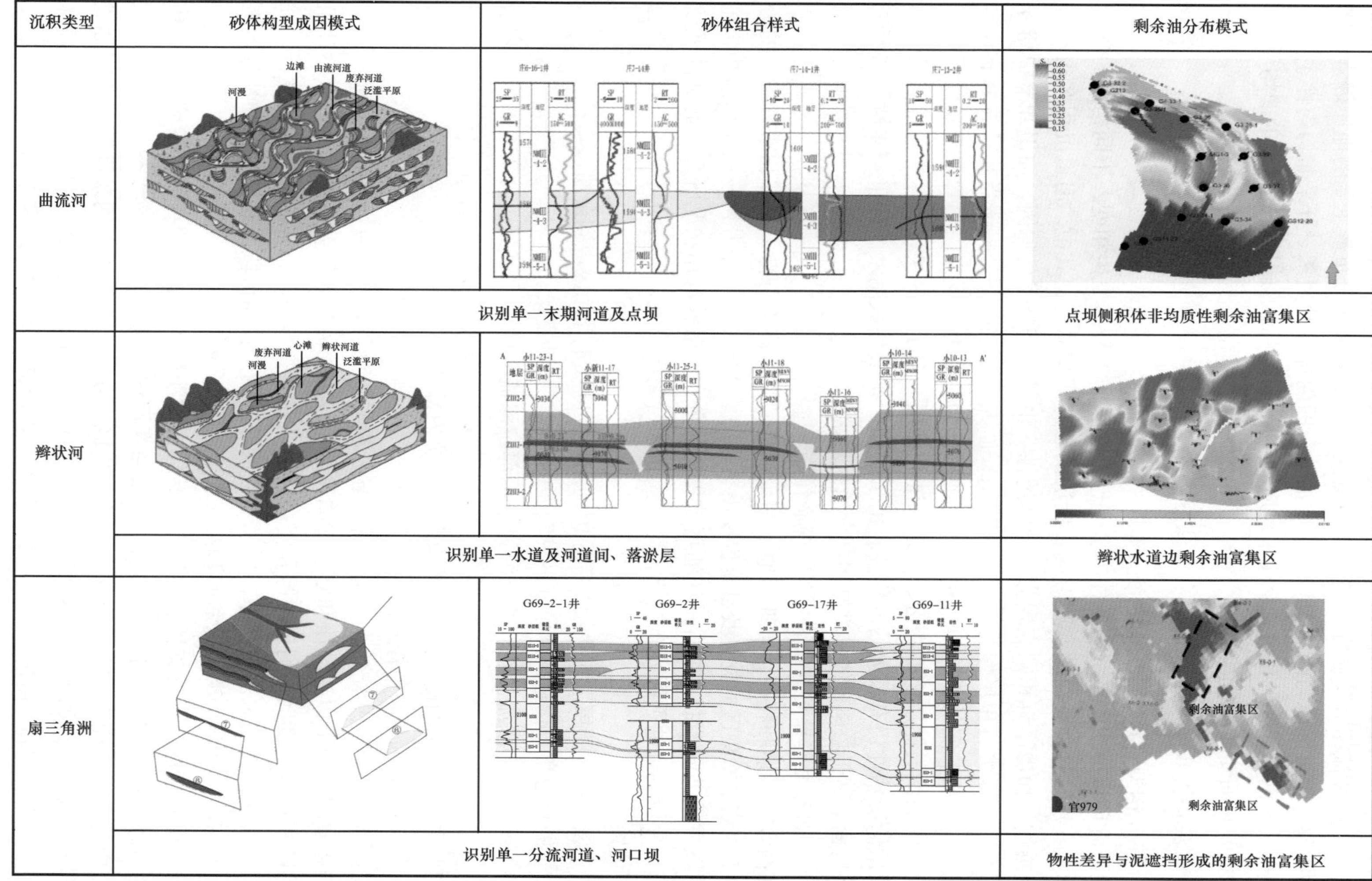

沉积类型	砂体构型成因模式	砂体组合样式	剩余油分布模式
曲流河	边滩 曲流河道 废弃河道 泛滥平原 河漫	识别单一末期河道及点坝	点坝侧积体非均质性剩余油富集区
辫状河	废弃河道 心滩 辫状河道 河漫 泛滥平原	识别单一水道及河道间、落淤层	辫状水道边剩余油富集区
扇三角洲		G69-2-1井 G69-2井 G69-17井 G69-11井 识别单一分流河道、河口坝	剩余油富集区 官979 剩余油富集区 物性差异与泥遮挡形成的剩余油富集区

图 2-5-13 大港断陷湖盆不同沉积相类型构型组合模式

导致油藏非均质驱油的两大因素为油藏非均质性和开采非均质性。油藏非均质性包括构型、储层和流体非均质性。储层非均质性是控制剩余油分布最主要的地质因素，储层构型类型、渗流屏障与渗流差异是剩余油分布的内部控制因素。开采非均匀性主要是层系组合、井网部署、射孔位置、注采对应和注采强度导致的储层开发状况的非均质性，是剩余油分布的外部控制因素。

2. 储层构型非均质性控制的剩余油分布

1）层间构型差异形成的剩余油分布

在河流环境中，由于沉积条件的多变性，在垂向上极易发生相变，不同构型的砂体在垂向上互层。这种垂向相变则形成了储层的层间非均质性，其中，河道沉积多表现为较高渗透性，而溢岸沉积则表现为较低渗透性。由于经济技术的原因，油田开发中划分开发层系时，极少将单层作为一个开发层系，而大部分情况下是将适当井段内上下有非渗透隔层、具有一定储量规模的相邻几个油层作为一套开发层系。尽管在开发层系划分时要求其内的油层储层物性相近，但由于陆相储层垂向上相变快，实际的开发层系内不同油层的储层物性仍有较大的差异性。由于层间干扰会导致剩余油分布差异性，如河道砂体采出程度高于溢岸砂体，溢岸相剩余油相对富集。

2）平面构型差异对剩余油分布的控制作用

在高含水后期和特高含水期，地下剩余油呈“整体高度分散、局部相对富集”的分布格局，剩余油富集区的位置及富集程度由夹层的地质特征、注采井网，以及采油井和注水井射孔方式共同控制，结合前期油藏工程产能分布、射孔动用状况研究，通过油藏数值模拟，分析剩余油平面分布规律，寻找剩余油富集区位置，剩余油富集区位置主要包括以下位置：

（1）未动用、调层、新井投产等原因动用程度低或未动用区域剩余油富集；

（2）断层边角、构造高部位井网控制差的区域剩余油富集；

（3）河道边部渗流变差、两条河道搭接部位渗流受两条河道交切而变差的区域剩余富集；

（4）主力相带（曲流河点坝及辫状河心滩）内部剩余油富集。

3）层内剩余油分布与控制因素

层内流体的渗流差异分为垂向渗流差异及横向渗流屏障，对垂向渗流差异而言，由于河流相储层垂向上以正韵律和复合正韵律为主，顶部砂体物性差，夹层多，水驱油阻力大，砂体水淹程度低，剩余油饱和度高，加之重力的影响，通常注水波及程度低，油层呈弱水洗状态甚至未水洗状态，形成油层顶部的剩余油滞留段，底部砂体物性好，夹层少，水驱油阻力小，砂体水洗程度高，剩余油饱和度低。

如果层内存在低渗透遮挡层，如点坝砂体内的泥质侧积层，则在油层各韵律层泥质夹层下部均可残存相当一部分可动油，剩余油在层内呈现分段聚集的状态，形成一个剖面上呈叠瓦状、平面上呈新月形的剩余油富集区，在一定的注采井网条件下，也可形成下部剩余油富集区。如图 2-5-14 所示，庄一断块 Nm Ⅲ_5 小层数值模拟结果显示，砂体顶部剩余油饱和度高于砂体底部剩余油饱和度，剩余油主要富集在砂体顶部。

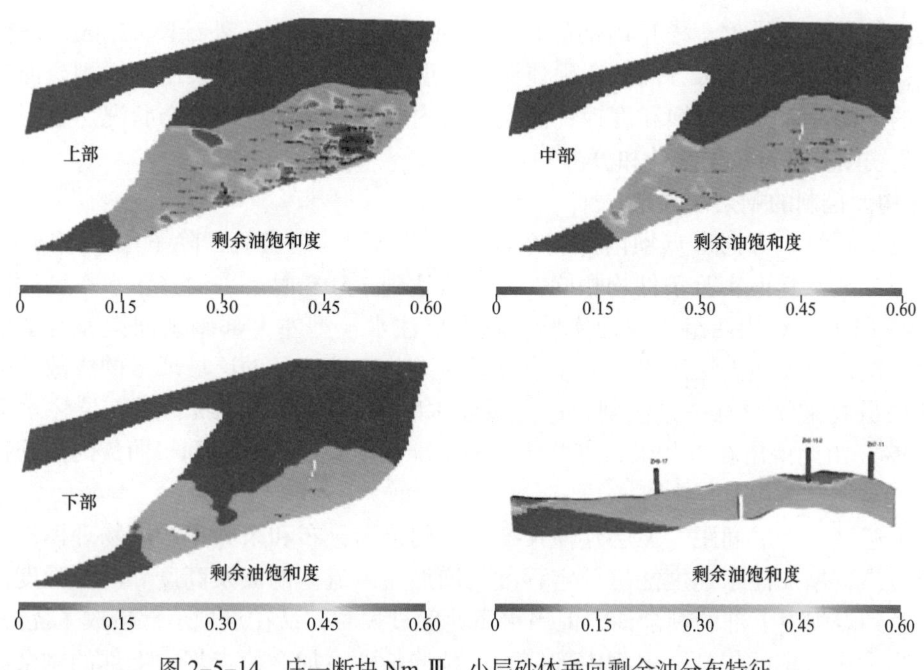

图 2-5-14 庄一断块 Nm Ⅲ $_5$ 小层砂体垂向剩余油分布特征

3. 物理模拟实验研究构型控制的剩余油分布特征

1）物理模拟实验

填砂物理模拟实验是基于储层构型模型，以不同粒径的特制砂制作成不同储层结构，模拟地下地质静态特征，并设计不同的井网、驱替速度、驱替方向、水驱倍数等动态特征，以电子探针监测水驱过程中内部电阻率的变化，从而研究储层构型在不同开发条件下对剩余油形成的控制作用。填砂物理模拟实验设备主要包括油水注入装置、地质模型建立装置、实验箱装置及数据采集处理和控制装置，其实验流程图如图 2-5-15 所示。

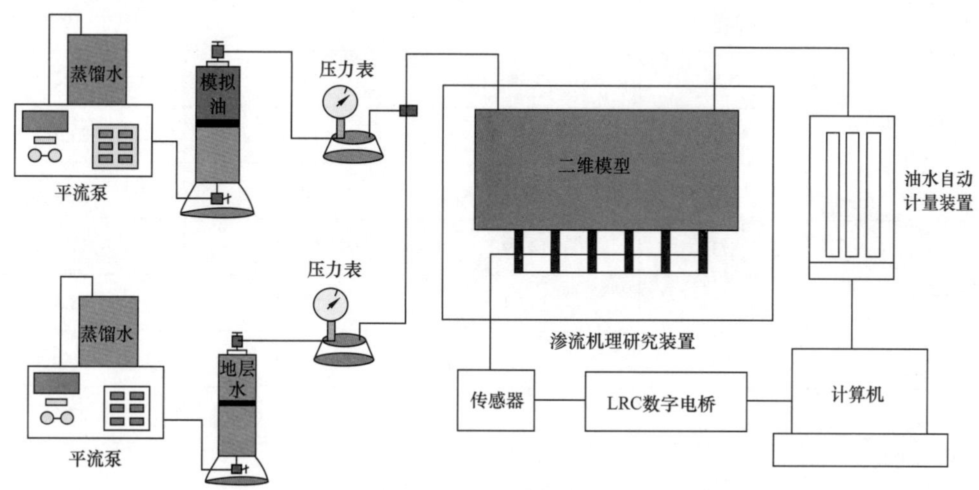

图 2-5-15 实验流程图

采用填砂二维模型，模型内部的长宽为500mm×500mm，外壁厚45mm，进行水驱油试验，目的是研究注水方向、注水速度、夹层间距、夹层延伸长度等对剩余油分布和采收率的影响。通过布置饱和度探针测定模型内剩余油饱和度的分布状况、绘制含油饱和度等值线图并进行数据统计和分析。

2）构型控制的剩余油分布

研究不同注水方向对点坝内部剩余油分布影响的两组实验，除了注水方向不同外，所用模型参数及其他实验条件均相同。注入量达到2.5PV时，采油井含水率已达极限含水率98%以上，对比两组水驱油实验，顺夹层注水模型左上部剩余油饱和度富集区相对较大，这是因为逆夹层注水模型左上方受注水井直接波及的区域增多的缘故。两种注水方式的最终采收率有一定区别，逆夹层注水时采收率为49.21%，顺夹层注水采收率为47.76%，由此得出在直井采、直井注水的情况下逆夹层注水有利于曲流河点坝提高采收率。

注水速度、夹层间距、夹层延伸长度等对剩余油分布和采收率影响物理模拟实验成果可以看出，增加注水速度能够一定程度的增加注入流体的波及高度和波及强度，从而有效波及到点坝中上部的剩余油，但当水驱速度过大时，易在点坝下部形成了优势通道，反而影响了采收率的提高；点坝内部侧积层延伸长度增加会使点坝中上部的剩余油量增多；随着夹层间距增大，注入流体能较容易地波及侧积体的中上部，无水采油期和最终采收率也都有所增加。实验结果见表2-5-14。通过物理模拟实验得出，在采油井含水率达到极限时，由于点坝内部非均质的影响及注采方向、注采速度的影响，点坝内部剩余油富集区（“死油”区）所占比例在11.9%～30.2%之间，平均值为20.9%。

表2-5-14　曲流河点坝内部构型因素对水驱采收率影响数据表（物理模拟）

实验内容与设置		无水采收率（%）	最终采收率（%）	“死油”区比例（%）
注采方向	逆侧积层		49.21	16.7
	顺侧积层		47.76	19
侧积层间距（cm）	5.8	7.34	46.04	30.2
	11.6	9.71	47.76	23.9
	23.2	10.23	50.62	20.2
侧积层延伸长度（$H_{夹层}/H_{油层}$）	1/3	14.59	57.93	11.9
	1/2	13.34	53.85	13.8
	2/3	9.71	47.76	20.6
注入速度（mL/min）	3		41.99	27.6
	6		47.76	20
	12		43.34	26.2

4. 河流相沉积构型与注采井网控制的剩余油分布研究

1）曲流河沉积储层构型概念模型剩余油研究

以港东开发区曲流河构型研究成果为基础，共计设计 15 个机理模型，利用油藏数值模拟手段研究点坝内部剩余油富集规律。模型基本参数为长 600m、宽 500m、高 6m，采用行列式注水方式，3 口注水井、3 口采油井，排距为 510m，井距为 250m，侧积体砂体的渗透率为 1000mD，侧积体的孔隙度为 30%。设计的 15 个机理模型主要包括：设计了 5°、10°、15° 三种不同侧积倾角的机理模型研究侧积层角度对剩余油的影响；设计了 50m、100m、150m 三种不同侧积层间距的机理模型，研究在水驱过程中不同间距的侧积夹层对剩余油的控制作用，设计了半遮挡、全遮挡两种不同侧积层遮挡的机理模型，研究在水驱过程中不同遮挡幅度的侧积夹层对剩余油的控制作用；设计侧积层渗透率为 1mD、10mD 两种不同侧积层渗透率的机理模型，研究在水驱过程中不同渗透率的侧积夹层对剩余油的控制作用；设计顺夹层和逆夹层两种排状注水机理模型，研究不同的注水方向对剩余油的控制作用；设计了保持注采平衡，注水速度分别为 $50m^3/d$、$100m^3/d$、$150m^3/d$ 三种机理模型，研究不同的注采速度对剩余油分布的影响及其开发效果。针对 15 个机理模型分别进行 10 年模拟生产计算。

从模拟结果可以看出，每种机理模型之间开发效果都有所区别，但无论是侧积层倾角的大与小、侧积层间距的长与短、侧积层遮挡的深与浅、侧积层渗透性的大与小、注入速度的快与慢还是水驱油方向不同，都会因为侧积层的存在对油水运移产生影响，使某些部位存在一定规模的剩余油富集区。针对数值模拟输出的剩余油饱和度分布图进行统计，得到每一个模型的水驱波及体积系数（表 2–5–15），从表中可以看出，由于受侧积层遮挡，点坝内部死油区的范围在 13.2%～35.05% 之间，平均值为 24%。

表 2–5–15 不同点坝模型水驱波及体积系数及“死油”区规模统计表

模型	波及体积系数（%）	“死油”区比例（%）	模型	波及体积系数（%）	“死油”区比例（%）
侧积倾角 5°	75.90	24.10	渗透率 1mD	75.90	24.10
侧积倾角 10°	79.27	20.73	渗透率 10mD	73.89	26.11
侧积倾角 15°	79.71	20.29	逆侧积层注水	75.90	24.10
50m 间距	64.95	35.05	顺侧积层注水	69.43	30.57
100m 间距	75.90	24.10	注水速度 $50m^3/d$	68.61	31.39
150m 间距	74.77	25.23	注水速度 $100m^3/d$	79.57	20.43
2/3 遮挡	75.99	24.01	注水速度 $150m^3/d$	86.80	13.20
1/3 遮挡	78.15	21.85			

2）曲流河点坝构型控制的剩余油分布研究

在实际点坝三维地质模型的基础上，通过数值模拟研究点坝内部剩余油分布特征。

模型内设置了两口井（实际井数较多，在此进行了简化），一口注入井（G3-24-1 井）、一口采油井（G205 井），通过模拟计算分析点坝内部斜交层面的夹层对剩余油分布的控制作用。从数值模拟剩余油饱和度分布图（图 2-5-16、图 2-5-17）不难看出，点坝下部储量优先动用，水淹较严重，而剩余油主要富集在点坝中上部。

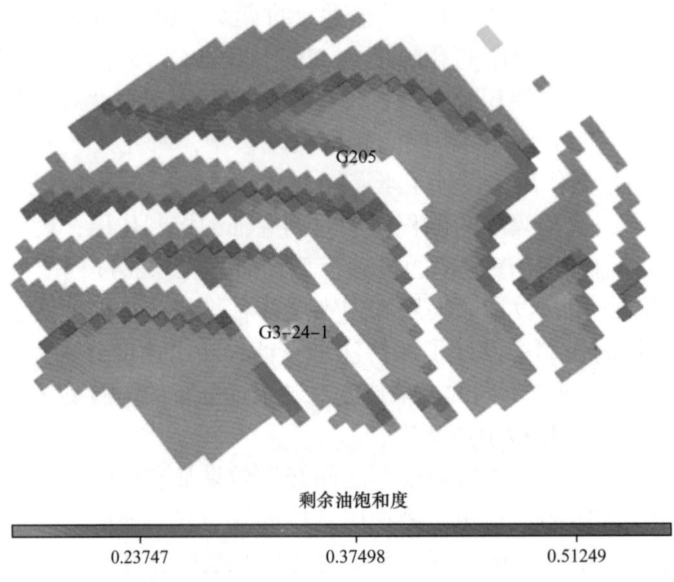

图 2-5-16　点坝中上部开发末期剩余油分布

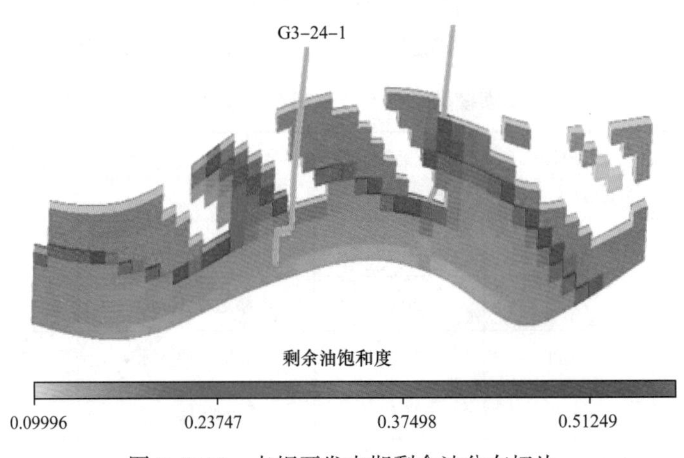

图 2-5-17　点坝开发末期剩余油分布切片

为了定量研究层内剩余油分布特征，在点坝内部构型研究的基础上，选择 GD G2-57 井区 Nm Ⅳ 5-3 单砂层的一个点坝建立了三维地质模型。网格方向考虑断层和末期河道方向。平面上网格数为 150×250，X 方向网格步长 3.5～3.9m，Y 方向网格步长 3.2～3.5m，纵向上网格考虑侧积层、隔层及网格数等因素，分为 20 个数模层，网格总数 150×250×20，共 75 万个。

该点坝历史上有生产井 7 口（5 口油井、2 口水井），目前有 3 口油井正常生产，平均单井日产油 1.9t，综合含水率 97.7%，采出程度 35.2%。

根据该点坝区域开发历史及其他动态测试资料，对模拟区 7 口单井及总体生产数据都进行分析处理，用于数值模拟过程中动态模型的建立及历史拟合过程。按一个月为一个时间段，从 1972 年 5 月到 2012 年 5 月的生产历史划分为 481 个时间步。

实际储量 15.32×10^4t，拟合储量 16.57×10^4t，误差 8.2%。通过点坝内部构型实际生产模拟研究认为：点坝是上部侧积夹层半遮挡、底部半连通的储集模式，点坝内部水驱油波及体积增长具有一定的阶段性。点坝中下部物性好、流通阻力小，注入水很快波及，使油藏开发初期层内波及体积系数迅速上升，随着开发的延续，油层中下部形成优势渗流通道，在没有其他调整措施的情况下，水驱波及范围很难进一步扩大，在极限含水率条件下，最终波及体积系数只有 78%，即在目前注采井网、开采工艺条件下，点坝内部仍有 22% 的地质储量没有被很好地开采。由于侧积层的遮挡作用，注入水沿侧积层上倾方向无泄流通道而回流，在侧积层上部及砂体顶部形成注入水无法波及的高压区，形成一定量的剩余油，通过模拟计算，点坝底部采出程度将近 65%，顶部采出程度仅为 10.82%（图 2-5-18）。说明点坝内部受泥质侧积层的遮挡，注采井间和远离注采井的侧积体剩余油富集，注采井所在的侧积体水淹严重，可见泥质侧积层是控制点坝剩余油分布的重要因素。

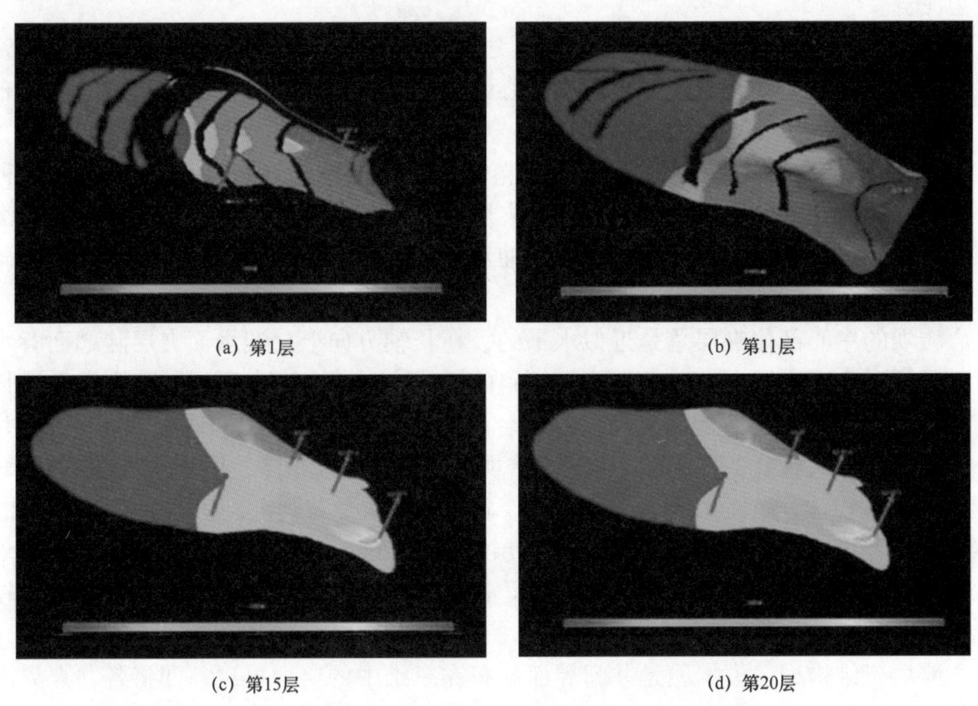

图 2-5-18 G2-58 井区点坝内部剩余油分布示意图

总结利用不同研究方法对曲流河点坝层内剩余油分布研究成果（表 2-5-16）。通过应用物理模拟、数值模拟、密闭取心等共同研究，认为高含水开发后期点坝内部仍有 20%～24% 左右的地质储量没有受到注水波及，主要位于点坝顶部及侧积层上部。

表 2-5-16　不同方法研究点坝内部剩余油结果汇总表

方法	剩余油富集区（“死油”区）比例（%）	平均值（%）	特点描述
物理模拟（剖面模型）	11.90～30.20	20.9	位于油层中上部
数值模拟（机理模型）	13.20～35.05	24.0	位于侧积层上部
数值模拟（点坝模型）	22.00	22.0	位于油层顶部和侧积层上部
密闭取心	20.50	20.5	位于油层顶部和侧积层上部

3）辫状河心滩坝构型控制的剩余油分布研究

辫状河河道快速摆动使多个砂体在垂向上和侧向上相互连通，形成广泛分布的厚砂层，其储层主要的砂体类型为心滩坝和河道填充，即在宽广的河谷内镶嵌着多个互有联系的心滩坝砂体。成因上心滩坝砂体是由多期砂体垂向加积而成。心滩坝内的夹层主要有两类，一类是洪水过后在心滩坝上淤积并被保存下来的细粒沉积，即落淤层；另一类是心滩坝出露水面时坝顶被冲出一些小型的坝上沟道，后期被充填上悬浮的细粒物质，即沟道泥岩。

在羊三木辫状河内部构型及三维地质建模的基础上，选取 YJ1 井区 NgII3-1 砂体开展心滩坝内部构型油藏数值模拟研究。心滩坝与辫状河道呈“宽坝窄河道”的分布样式，研究工区心滩坝长约 1200～2000m，宽约 800～1000m，辫状河道宽约 120m。研究区心滩坝内泥质夹层主要为沟道泥岩和落淤层，夹层厚约 0.4～1.0m，表现为 3 种分布样式，即广泛连片的落淤层、沟道泥岩夹层与局部连片落淤层并存及离散分布的沟道夹层。由于沟道泥岩夹层发育范围小，对油水运动产生的影响比较小，本次不作为研究的重点。

心滩坝的中心部位夹层总是近似水平的，在长轴方向上，迎水面夹层陡峭而背水面较平缓，短轴方向夹层在心滩两翼略有倾斜的模式。对研究区内所有井分别沿心滩长轴方向和短轴方向建立连井剖面进行夹层组合对比，得到井间界面的匹配关系。YJ1 井位于心滩坝中心，识别出 3 期界面并将该心滩坝体分为 4 期垂积体，用 A、B、C、D 表示，最下部的 A 垂积体分布面积最小，B、C、D 垂积体依次覆盖其上，朝下游覆盖面积加大。心滩坝平均厚度 12m，最厚达 20m；落淤层厚度在 20cm 左右；心滩坝的中心部位落淤层总是近似水平的（倾角不超过 2°），在长轴方向上，迎水面落淤层稍陡而背水面较平缓，短轴方向落淤层在心滩两翼略有倾斜（2°～5°）（图 2-5-19）。

心滩坝三维构型建模本质是井间界面展布在三维中的组合再现，即将各井点界面按照井间预测的结果在三维中进行内插，就得到界面的三维展布，进而得到不同期次垂积体的空间展布。依据测井解释资料，建立了层内夹层的孔隙度、渗透率等属性的三维空间展布模型。心滩坝中心部位及长轴方向的迎水面渗透率较高，最高可达 100mD，而两翼渗透率则较低，小于 20mD。这也证明了心滩顶部及长轴迎水面水动力强，夹层岩性较粗的特点。

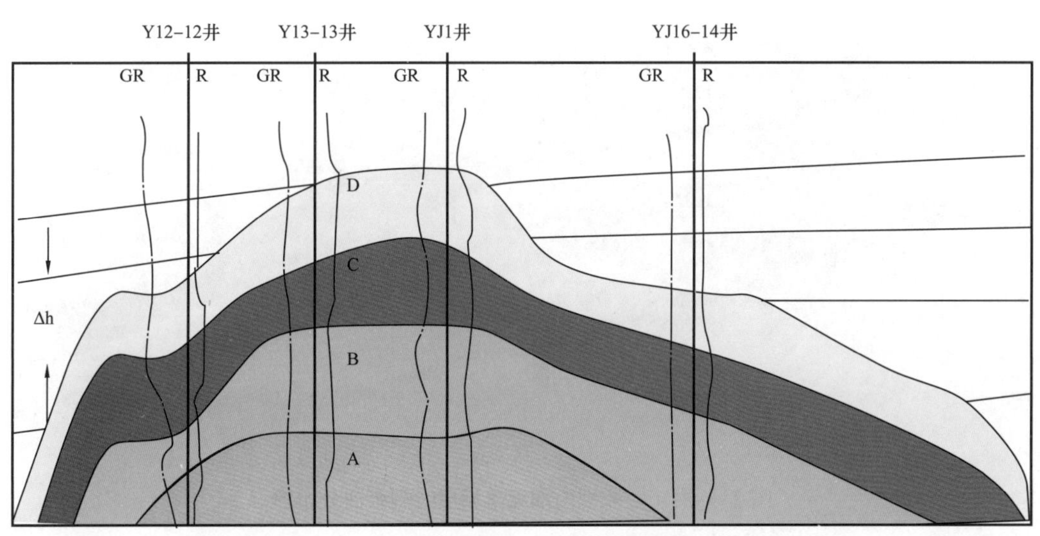

图 2-5-19 Y12-12 井 -Y16-14 井间界面预测及界面倾角示意图

该心滩坝涉及油水井 11 口，地质储量 116×10^4t。该心滩坝具有一定的底水能量，同时也借助注水开发（注水井 5 口，采油井 6 口）。纵向上划分 14 个模拟层，其中 4 号、8 号和 12 号模拟层为落淤夹层，平面上网格步长为 6～8m，网格总数 $180\times64\times14=161280$ 个。在模拟心滩坝边底水能量的基础上，很好地模拟了注入井和采油井的生产历史，模拟计算至 2012 年 10 月底。截至 2012 年 10 月底，该心滩坝综合含水率 93.4%，累计产油 60.94×10^4t，采出程度 52.5%。对剩余油饱和度数据进行统计，心滩坝波及体积系数为 70.8%，即在开发末期有将近 30% 的地质储量没有受到很好的驱替。由于落淤层起到了限制、减缓注入水及边（底）水重力影响的作用，剩余油在落淤层下部呈多段富集。

心滩坝内部落淤层的分布并不是很均匀，有时是连片的，有时是间断的。为此，针对心滩坝内部不发育落淤层即内部无夹层的情况进行了模拟计算。阶段末该心滩坝含水 93.6%，累计产油 61.07×10^4t，采出程度 52.6%，水驱波及体积系数为 76.8%。剩余油主要富集于厚油层顶部（图 2-5-20、图 2-5-21）。

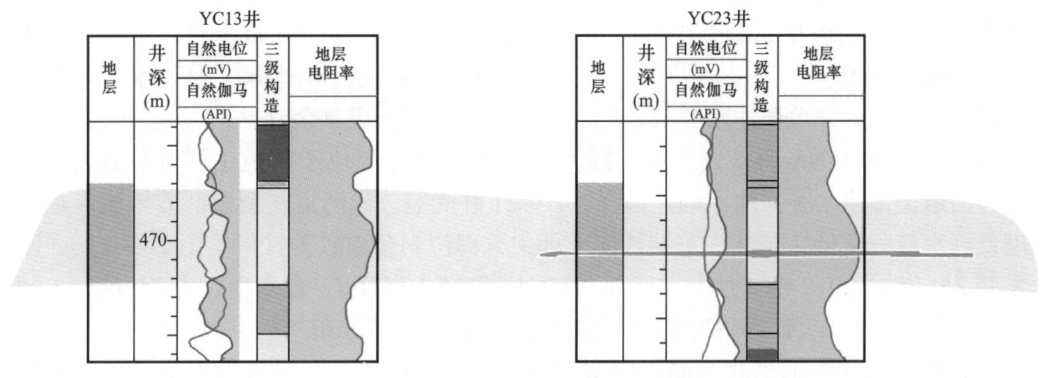

图 2-5-20 心滩坝内部构型示意图

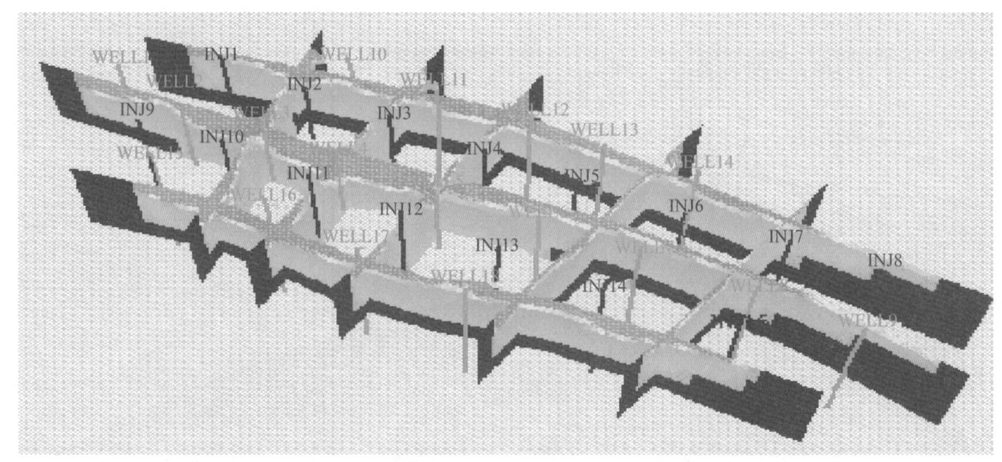

图 2-5-21　心滩坝内部无落淤层时剩余油分布图

对有、无落淤层的模拟计算结果相比较，含水率与采出程度均接近，但波及体积系数无落淤层比有落淤层高出 6%。可以看出，无落淤层情况下水驱波及范围大，剩余油富集区主要位于油层顶部，但中下部驱替不够完善。有落淤层模型，单层厚度薄、非均质性和重力影响小，每层中下部驱替更加彻底，但剩余油富集区呈现多段分布，给后期挖潜增加了难度。

5. *砂岩储层构型规模时空域的剩余油分布研究技术*

砂体构型特征是控制剩余油分布的重要因素之一，砂岩油藏进入高含水开发阶段后，剩余油的分布更加复杂，地下储层砂体构型控制的剩余油挖潜已逐渐成为油田开发调整的主要目标。曲流河、辫状河、三角洲砂体是陆相含油气盆地的主要储集层类型，由于河流负载能力、沉积物搬运沉积方式、沉积环境水动力能量的不同，砂体间的接触关系和砂体内部构型单元（构型界面）级别与非渗透夹层模式不同，这些差异直接控制注水开发过程中的水驱波及特征和高含水期剩余油的分布模式。

1）单一河道（七级构型单元）控制下的剩余油分布

第八级构型单元代表的是砂状席（包括河道充填复合体）的分界面，形态上常呈平或上凹，它们横向延伸广泛（可达数百米），局部可见切割—充填现象，并发育内碎屑和滞积角砾。七级构型单元剩余油的分布主要是宏观上受岩性的旋回影响，如河道边部砂体尖灭处剩余油富集。当采油井受一个方向的注水井影响而其他方向为砂体尖灭或断层等遮挡时，由于油井单侧注水受效，则会在不受效区域形成剩余油。

以羊二庄油田 Nm Ⅲ 5 西部 Z5-21 井区为例，该井区位于河道主体部位，Z3-21 井右端为河道边部注水井，注水向左波及，Z5-21 井受益。而河道左侧边部砂体注入水波及程度低、水淹程度低，尤其在左端砂体上部尖灭部位剩余油较为富集（图 2-5-22）。该区开发井 Z5-21 井 2017 年 9 月平均产油 2.55t/d，产液 10.59t/d，含水率仅为 75.9%。

2）单一点坝 / 心滩（八级构型单元）控制下的剩余油分布

八级构型单元解剖是此次储层构型解剖的第二个层次，在河流沉积中是刻画河道复合沉积体内部单一边滩或者心滩的分布。

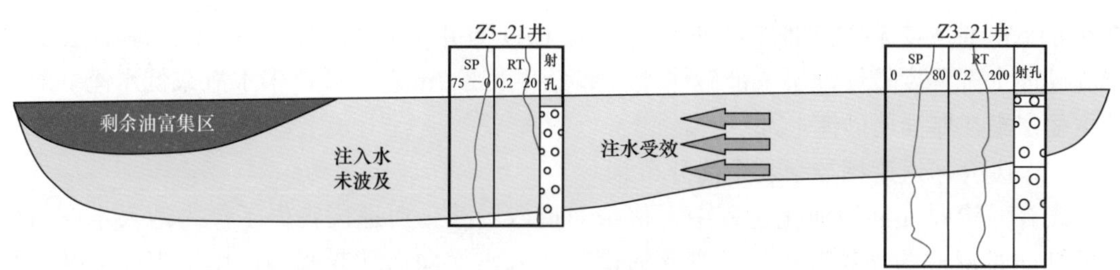

图 2-5-22　河道边部砂体尖灭处剩余油富集模式图

（1）点坝韵律控制下剩余油分布规律。

点坝内部砂体韵律类型主要包括简单正韵律和复合正韵律两种类型。简单正韵律砂体底部物性好，顶部物性差，注入水优先进入底部砂体，导致底部砂体水洗严重，剩余油饱和度底，顶部砂体水洗性弱，剩余油饱和度较高。以 Z7-15K 井 Nm Ⅲ 4-3 砂体为例，C/O 测井解释结论可以证明砂体顶部剩余油饱和度高，剩余油富集（图 2-5-23、图 2-5-24）。复合正韵律砂体是由多个简单正韵律砂体叠加而成，注入水优先进入砂体底部，导致砂体底部水洗程度高，剩余油主要分布在每期正韵律砂体顶部。通过对 2014 年

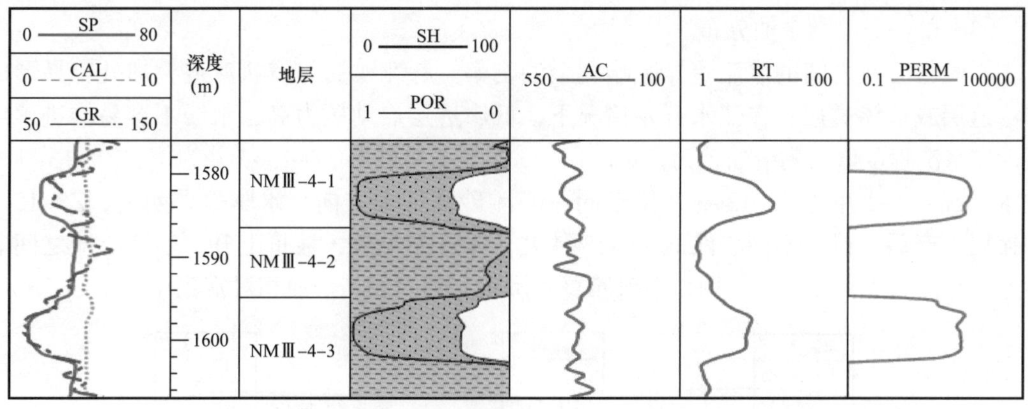

图 2-5-23　Z7-15K 井 Nm Ⅲ 4-3 单砂层简单正韵律特征图

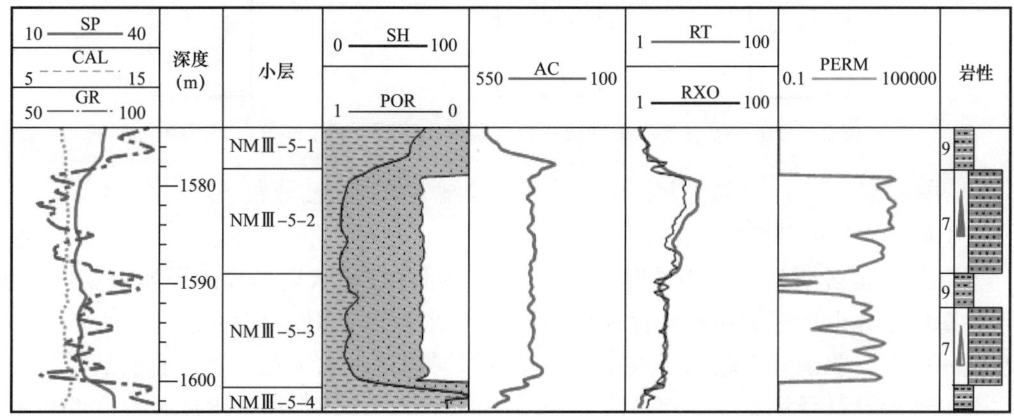

图 2-5-24　Z4-15-7 井 Nm Ⅲ 5-2 和 Nm Ⅲ 5-3 单砂层复合正韵律特征图

至今的 Nm Ⅲ 5-2 和 Nm Ⅲ 5-3 两个单砂层 C/O 测井解释图统计，得出：厚油层上部 10m 砂体水洗程度较厚油层下部砂体差，部分井上部 2m 左右砂体未水淹或低水淹。剩余油主要富集在厚油层砂体上部。

（2）废弃河道遮挡控制剩余油分布。

废弃河道是在河道演化过程中，整条河道或者某一河道段丧失了作为地表水同行路径的功能时形成的细粒沉积物。废弃河道对注入水横向运动起遮挡作用，当注水井与采油井之间发育废弃河道时，则会发生注水不受效的情况，导致废弃河道遮挡部位形成剩余油（图 2-5-25）。

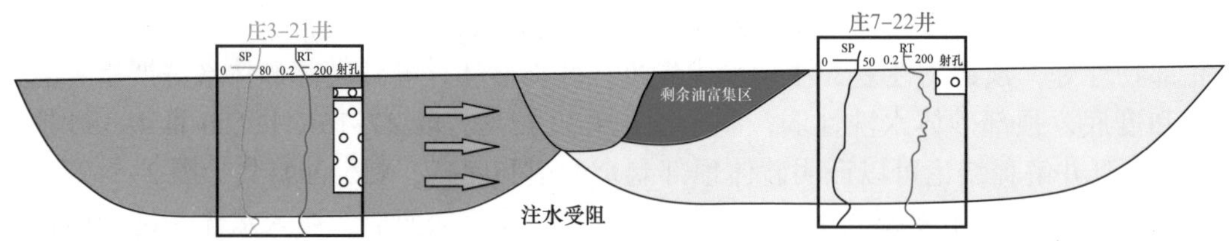

图 2-5-25　废弃河道控制下剩余油分布模式图

（3）单一心滩剩余油分布。

心滩与心滩之间的渗流差异影响剩余油富集。心滩滩翼与辫状河道叠加处容易形成非渗透层或低渗透层，在注水开发情况下，低渗透层启动压力高，水线不容易推进，导致砂体水洗程度低，剩余油较为富集。以 Ng Ⅱ 5-2 单砂层 Z8-13-5 井为例，Z8-13-5 井注水，Z8-15-2 井与 Z8-13-5 井位于同一心滩砂体长轴方向，水驱效果明显，Z8-15-2 井换层生产后，位于不同心滩的 Z8-13-4 井注采开始见效，液量上升。证明心滩之间非渗透层对注入水存在遮挡作用，心滩滩翼和辫状河到内部剩余油相对富集（图 2-5-26）。

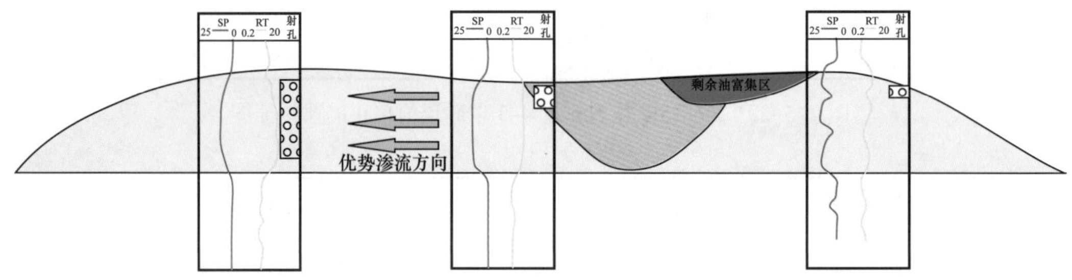

图 2-5-26　Ng Ⅱ 5-2 单砂层八级构型单元控制下剩余油分布模式图

3）单一点坝 / 心滩内部（九级构型单元）控制下的剩余油分布

（1）单一点坝内部剩余油分布。

单个边滩是多期侧积体叠置形成，侧积体之间存在枯水期形成的泥质或物性夹层，由于各期增生体形成时沉积环境存在差异导致各期沉积的物性也存在差异。点坝下部砂体水洗程度高，驱油效率较高，点坝上部受侧积层遮挡，水洗程度差，驱油效率低；砂体边部物性差，且受泥质废弃河道和侧积层的渗流遮挡作用，注入水波及程度低。剩余油主要富集在点坝砂体中上部及边部。

以 Nm Ⅲ 4–3 单砂层 Z9–14–1 井和 Z8–15 井为例，油井 Z8–15 井下发育两期侧积体，开发时两期侧积体全部射开；水井 Z9–14–1 井发育两期侧积体，开发时只射开上部侧积体。油井受侧积层影响，砂体下部驱油效率较高，上部波及程度较弱，剩余油主要分布在井间点坝砂体中上部（图 2–5–27）。C/O 测井解释结论也反映出上部砂体水洗程度弱，剩余油较为富集（图 2–5–28）。Nm Ⅱ 8–2 和 Nm Ⅲ 4–3 点坝模型数值模拟结果显示，点坝砂体上部由于侧积层遮挡作用，剩余油饱和度显著高于点坝中下部，剩余油主要富集在点坝砂体中上部井网控制程度差的地区（图 2–5–29、图 2–5–30）。

图 2–5–27　九级构型单元控制下剩余油分布模式图

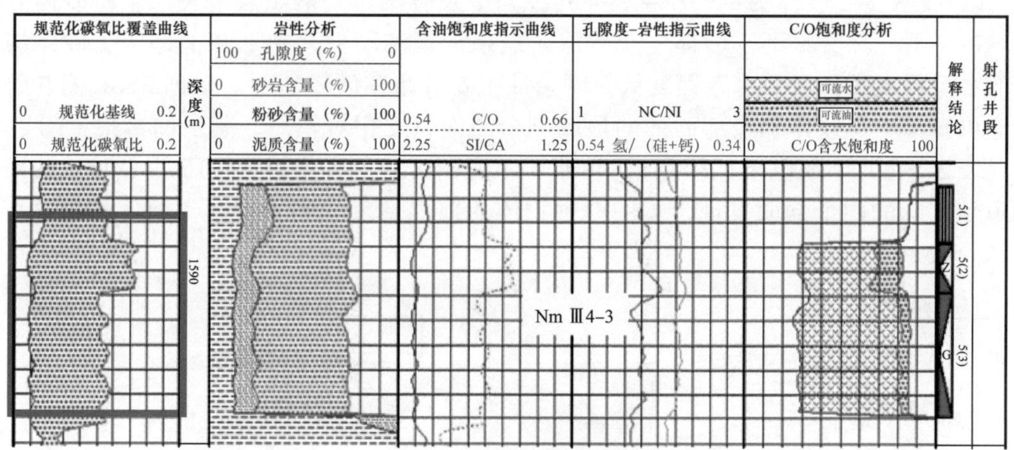

图 2–5–28　Z8–15 井 C/O 测井解释图（2016 年 11 月）

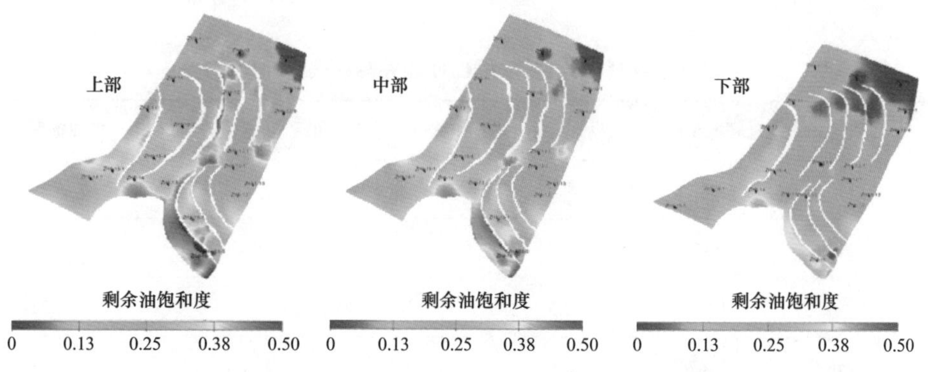

图 2–5–29　Nm Ⅱ 8–2 单砂层剩余油饱和度平面图

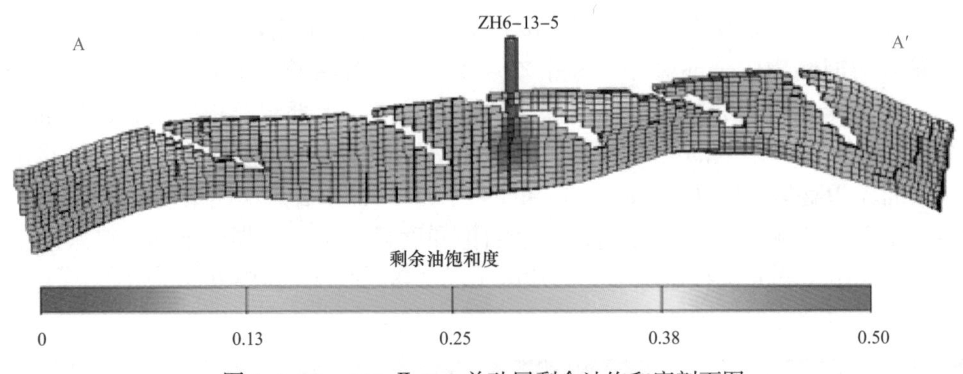

图 2-5-30　Nm Ⅱ 8-2 单砂层剩余油饱和度剖面图

（2）单一心滩内部剩余油分布。

单个心滩是多期垂积体叠置形成，垂积体之间存在枯水期形成的泥质或物性夹层，由于各期增生体形成时沉积环境存在差异导致各期沉积砂体物性也存在差异。心滩内部各垂积体水驱均受波及，整体驱油效率高，受正韵律影响顶部剩余油相对富集由于落淤层的渗流屏障作用，垂向上不同增生体间水淹程度不同，剩余油富集程度不同。

以 Ng Ⅱ 5-2 砂体为例，Z8-13-4 井纵向上发育两个“落淤层”夹层，将砂体分为上、中、下三部分，下部砂体完全水淹，剩余油饱和度低，中部和上部两个砂体均为底部水淹程度高，顶部水淹程度低，剩余油主要分布在砂体顶部。根据 PSSL 测井解释结论可知，中部砂体和上部砂体的顶端剩余油饱和度相对较高，剩余油富集（图 2-5-31、表 2-5-17）。数值模拟模型以 Ng Ⅲ 1-1 解剖区为例，通过 Z5-15 井心滩长轴方向和短轴方向的两个剖面发现，每一期垂积体的顶部剩余油饱和度高，剩余油相对富集（图 2-5-32）。

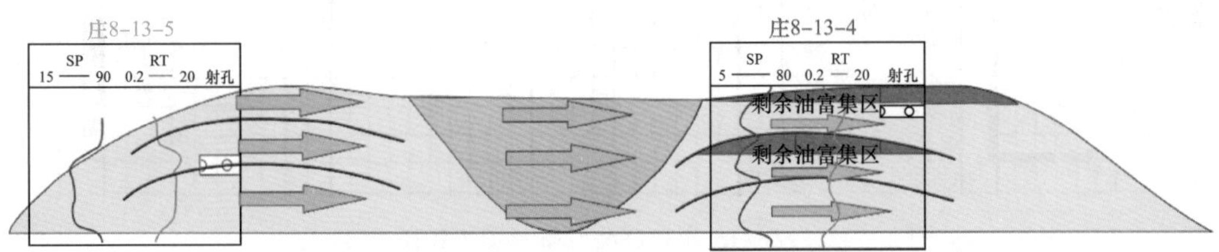

图 2-5-31　Ng Ⅱ 5-2 单砂层九级构型控制下剩余油垂向分布模式图

表 2-5-17　Z8-13-4 井 C/O 测井解释表（2017.1）

层号	顶深（m）	底深（m）	砂厚（m）	脉冲中子全谱饱和度测井解释	含油饱和度（%）
61	1940.6	1942.6	2.0	强水淹层	29.3
61	1942.6	1943.2	0.6	水层	0
62	1944.3	1945.6	1.3	强水淹层	28.1
62	1945.6	1947.2	1.6	水层	0

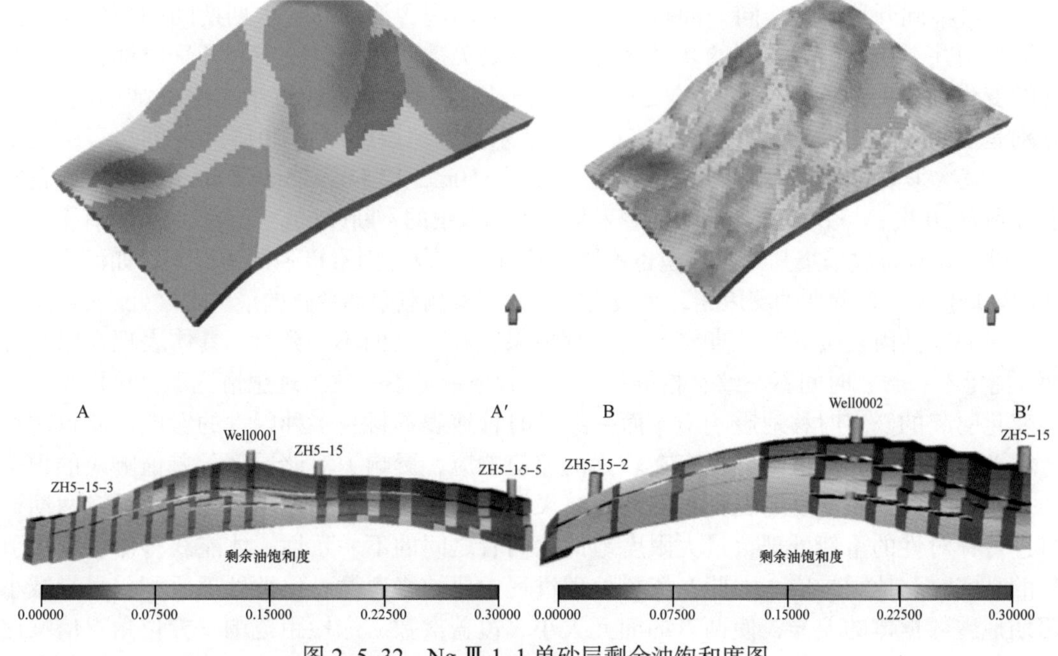

图 2-5-32 Ng Ⅲ 1-1 单砂层剩余油饱和度图

四、剩余油时移监控技术

高含水油田是从开发初期到高含水期，油藏动态的变化是一个时间—空间、宏观—微观的时间维度、油藏空间体、孔喉维度等变化过程的总和。针对不同开采时期，同一油藏，从开发初期的饱含油到高含水期期间的变化，即在不同时期的剩余油分布，不但可以从测井上是能够监测到的，同时也可以通过不同开采时期含水饱和度的变化带来的不同时期的地震响应来表征平面上剩余油的宏观时空域分布。通过对港东地区 1988 年港中三维地震勘探、2003 年港东三维地震勘探及 2015 年六间房三维地震勘探，三次地震资料的基于非一致性时移地震油藏动态技术研究，从历史时间上展示了港东油田平面宏观上剩余油的时移变化与展布；早在 1997 年羊三木三断块开发区部署了两口玻璃钢套管井 YJ1 井和 YJ2 井，对这两口玻璃钢套管井实施了“电阻率比值法”和“C/O 比”监测剩余油饱和度，采用感应测井两次测量的比值和碳氧比两次测量的差值，可有效地反映出油田开发过程中剩余油饱和度的变化。

1. 基于非一致性时移地震油藏动态模型研究

时移地震是在油藏开采过程中通过对同一油气田在不同的时间重复进行三维地震测量，用地震响应随时间变化表征油藏性质变化，应用特殊的时移地震处理技术、差异分析技术、差异成像技术和计算机可视化技术，结合岩石物理学、地质学、油藏工程等资料来描述油藏内部物性参数（孔隙度、渗透率、饱和度、压力、温度）的变化，追踪流体前缘。除带来直接的经济效益外，时移地震对于提高油藏采收率、实现油藏可持续发展意义重大。

针对不同开采时期，同一油藏，从开发初期的饱含油到高含水期期间的变化在不同时期的测井上是能够监测到的。时移地震研究的关键问题是解决不同开采时期含水饱和度的变化带来的地震剖面响应的变化。大港油田港东地区，经过了三次三维地震勘探，分别是 1988 年港中三维地震勘探、2003 年港东三维地震勘探及 2015 年六间房三维地震勘探。三次采集的地震资料面元大小分别为 25m×50m，12.5 m×25m 及 10m×25m，覆盖次数分别为 20 次、40 次及 204 次。随着采集技术和采集的不断改进，三次采集资料有很大的差异性。并且每次采集其地面环境也不同。这种非一致性因素极强的情况下，如何采用合理的处理技术，消除非油藏因素，是最终时移地震检测剩余油变化的最关键之处。

非一致性因素会导致三期资料的处理成果存在很大的不一致性，具体表现在以下方面：能量不一致、时间不一致、相位不一致、频率带宽不一致。理想情况下，可以得到储层变化引起的真实时移地震响应，而一致性时移地震资料受多种因素的影响，使得时移地震差值剖面上非储层部分也存在较强的差值响应，影响了对储层部分差值响应的识别和分析。因此，非重复地震资料的处理结果不能直接用于时移地震研究，必须对两期资料进行针对性的重新处理，最大限度地消除两者之间的不一致性，才能获得储层变化引起的真实时移地震响应。因此在资料处理过程中要始终遵循一致性处理原则：尽量减小两期地震数据体的差异，使两者的面元大小、覆盖次数、炮检距范围、方位角、信噪比等趋于一致；保持总体处理流程的一致性；尽量保持处理参数的一致性，在保证每期资料处理效果的同时，选择使两期资料一致性最好的处理参数；尽量提高速度分析的精度，减少人为速度分析的误差造成的非期望差异。在本次资料的处理中主要采用了以下关键技术：数据规则化技术、地表一致性振幅补偿技术、地表一致性反褶积技术、时差校正技术、振幅均衡技术及匹配滤波技术等。

数据规则化是地震数据处理中重要的处理技术，通过数据规则化，能够改善不同年代采集数据的偏移距分布不一致、覆盖次数不一致及其他采集观测系统带来的非一致性问题；地表一致性振幅补偿技术是为了解决地表激发、接收条件等地表原因引起的能量差异引起的多期地震的非一致性问题；时差校正技术就是通过叠后进行多期地震资料的互相关分析，然后调整子波和相位，达到消除不同年代地震数据时差问题；振幅均衡化技术是在叠后采取的一项振幅归一化的方法，其主要目的是使多期地震资料达到能量的一致性；匹配滤波是为了消除不同年代地震资料频率的非一致性而进行的一项技术（图 2-5-33）。

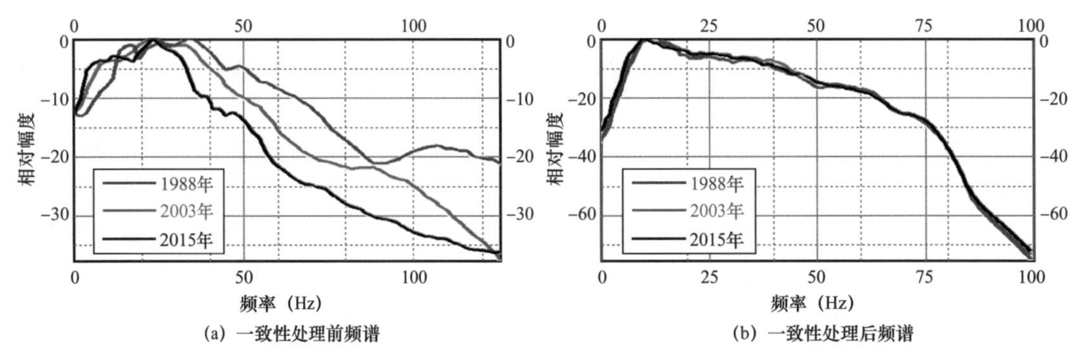

图 2-5-33　一致性处理前后频谱图

通过时移地震处理后得到的三期地震资料才能够用于剩余油分布的预测。时移地震资料进行差异数据分析，在应用互均衡技术前，两次地震资料的差异变化体现在非油藏部位，明显不是由于油藏变化引起的地震响应变化；互均衡后的差异变化体现在油藏分布区域内，这样至少能够反映地下油藏的变化趋势，是否能够达到较高的精度，需要后期进行深入研究和分析。通过对三期地震资料通过优先敏感地震属性的方法，挑选出对于油藏变化响应最敏感的属性，然后应用差异分析的方法，预测油藏的变化。

剩余油的预测主要是通过时移地震差异分析来得到。地震差异分析是在互均衡处理后的地震数据体开展。这就要求时移地震的基础数据是具可重复性的。在理想状态下，由于开采导致的目标油气藏差异综合反映了地震波场的差异，这是必然存在的。时移地震属性差异分析主要开展以下工作：（1）层间时差分析，一般情况下由于采油影响，其地震响应在多期地震之间在同一个油藏会产生时差，利用产生的时差来分析其含油变化；（2）振幅分析，油藏在开采过程中振幅代表了其内部结构的变化，通过振幅的差异分析，然后利用振幅与不同期次测井解释含水饱和度进行交汇分析得到两者之间关系的认识；（3）速度分析法（波阻抗反演法），通过波阻抗之间的差异性表征含水饱和度的差异；（4）优选地震属性法，通过振幅、频率等属性之间构建新属性，然后计算其差异（图 2-5-34）。

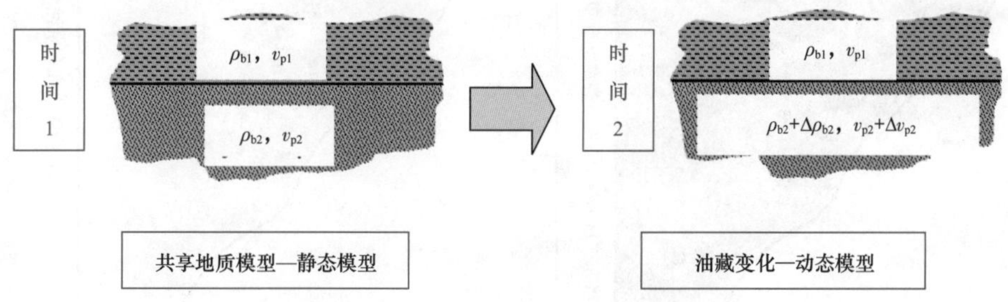

图 2-5-34　非一致性时移地震油藏动态模型

图中：ρ_{b1}，ρ_{b2} 分别为时间 1 上、下岩层岩石密度（单位为 g/cm^3），$\Delta\rho_{b2}$ 为下岩层（含油层）时间 2 岩石密度的变化量；v_{p1}，v_{p2} 分别为上、下岩层岩石声波速度（单位为 m/s），Δv_{p2} 为下岩层（含油层）时间 2 岩石声波速度的变化量。

通过优选地震属性的方法对港东二区六 NmIV-9-3 油藏进行分析。首先通过静态预测其砂体分布范围为 2.56km^2，该油藏砂体沉积厚度 4～20m，其中油藏边部砂体沉积厚度较薄（5m 左右）。油藏开发初期其含油面积为 2.48km^2；油藏开发中含水期，其剩余油面积为 1.05km^2；高含水期，剩余油面积为 0.26km^2（图 2-5-35）。

2. 玻璃钢套管井时空域剩余油监测技术

玻璃钢套管井实时监测技术在目的层段下入玻璃钢套管，利用测井资料监测含油饱和度变化成为解决油田开发监测的一个发展方向。利用玻璃钢套管的不导电特性，可以提高套管井中对油藏动态监测的能力。在开发过程中可以用感应测井、碳氧比测井等监测储层中剩余油饱和度的变化情况，从而提高在套管井中对油藏动态监测的能力，以便优化二次采油、三次采油方案，以期提高原油采收率。

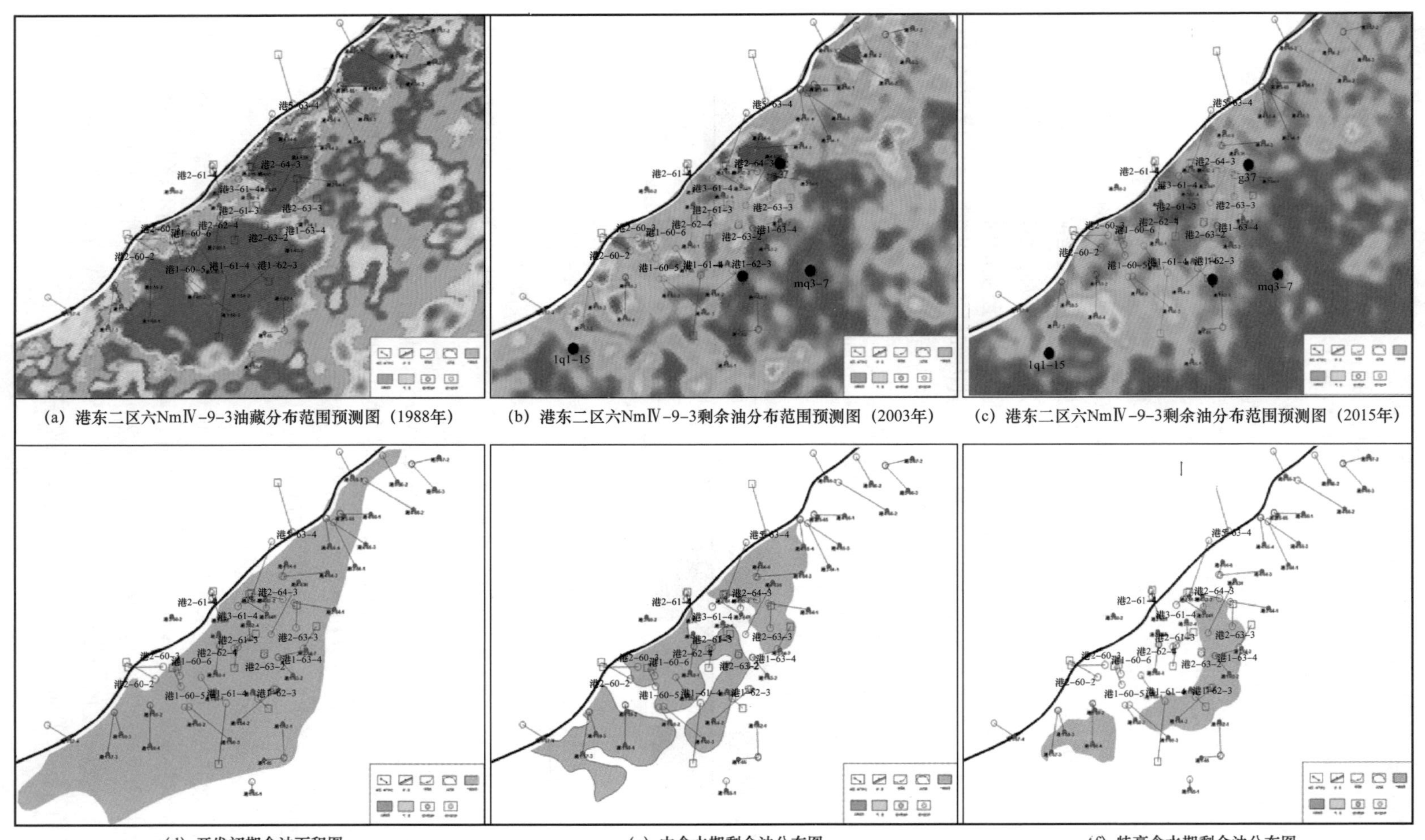

(a) 港东二区六NmⅣ-9-3油藏分布范围预测图（1988年）

(b) 港东二区六NmⅣ-9-3剩余油分布范围预测图（2003年）

(c) 港东二区六NmⅣ-9-3剩余油分布范围预测图（2015年）

(d) 开发初期含油面积图

(e) 中含水期剩余油分布图

(f) 特高含水期剩余油分布图

图2-5-35 非一致性时移处理资料预测油藏分布范围及不同开发阶段的实际油藏分布对比

大港油田羊三木开发区曾于1997年在三断块部署了两口玻璃钢套管井YJ1井和YJ2井。YJ1井部署在注水井Y15–14井与采油井Y14–13井之间的主流线上，YJ2井部署在采油井Y14–13与采油井Y14–14井之间的分流线上，目的层为馆陶组。玻璃钢套管下到需要检测的馆陶组目的层段，这样可以避免磁场干扰，提高监测准确性。对这两口玻璃钢套管井实施了电阻率比值法和C/O比监测剩余油饱和度，采用感应测井两次测量的比值和碳氧比两次测量的差值，可有效地反映出油田开发过程中剩余油饱和度的变化。YJ1井和YJ2井自1997年完钻至今，每年都进行测井监测，所采用的测井项目主要为高分辨感应（HRI）和碳氧比（C/O）时间推移测井，目的是监测剩余油饱和度和水淹规律（图2–5–36）。

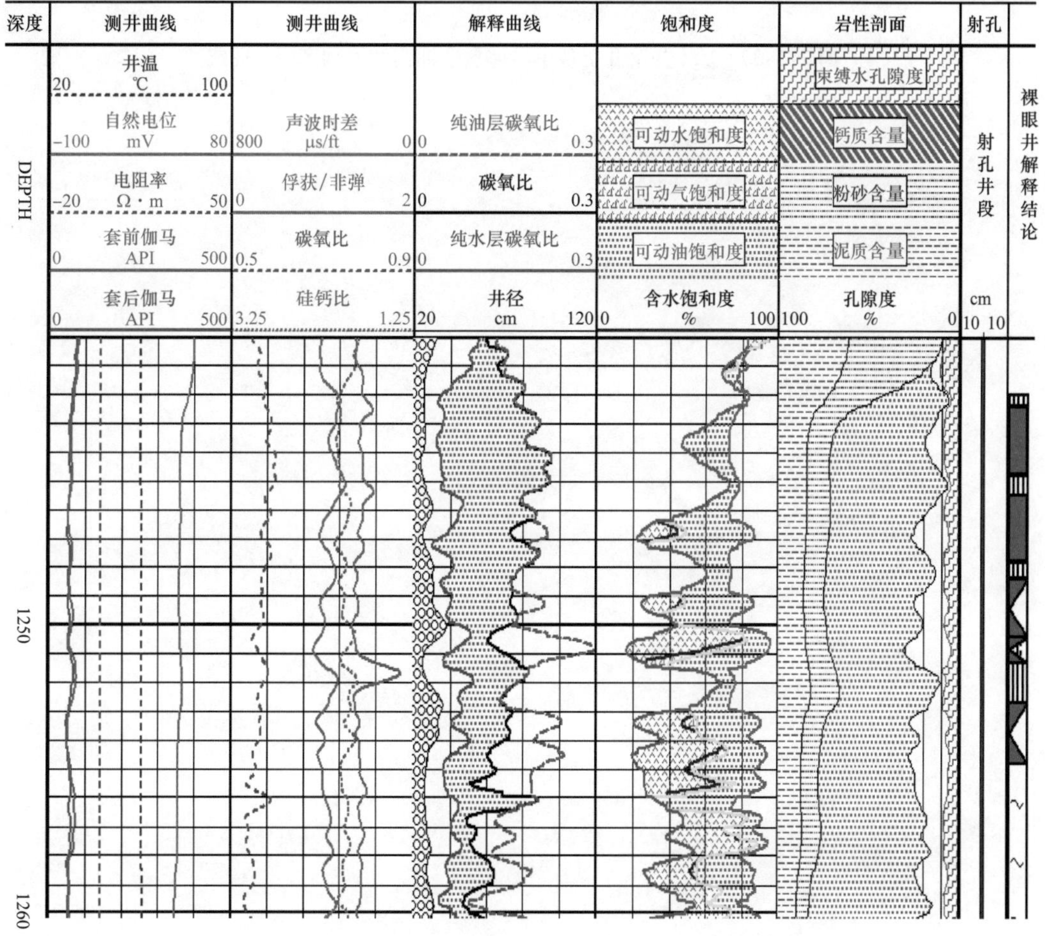

图2–5–36 YJ1井C/O测井解释成果图（2016.1.20）

由YJ1井、YJ2井监测效果可见，感应电阻率时间推移测井和C/O比能谱时间推移测井有效的监测了两口玻璃套管井的剩余油饱和度动态变化情况和水淹状况，并且位于主流线上的YJ1井水淹速度快，YJ1井各层在1997年都有不同程度的水淹，而位于分流线上的YJ2井只是下部部分水淹，随着开发程度的加深，YJ2井在2002年各层均见水，见水时间明显比 YJ1 井晚，符合水淹规律。各层饱和度与 1997 年相比均有不同程度的下降（图 2-5-37），其中下降最多的 37.6%，最少的 18.64%。

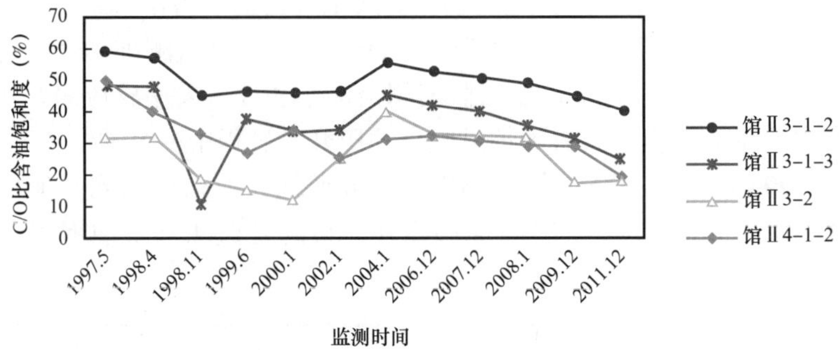

图 2-5-37　YJ1 井馆Ⅱ上各单砂体剩余油饱和度动态变化曲线

第三章　渗流场精细调控技术

经过注水、注聚合物等长期的驱替开发，油藏的储层物性（孔隙度、渗透率等）、含油饱和度、泥质含量等发生变化。油田进入高含水开发阶段，剩余油高度分散，层内矛盾、层间矛盾及平面矛盾突出，油藏开发耗水量大、存水率低、注入水低效无效循环严重，常规的技术手段已经无法解决复杂断块油田高含水期进一步提高采收率的难题。本章主要从渗流场精细调控的角度出发，系统介绍“二三结合”层系重组方法和井网重构方法、注采耦合设计方法、调剖调驱方法，为油藏全藏波及和均衡驱替大幅度提高采收率提供技术支撑。

第一节　渗流场基本概念

油藏渗流场是油藏所含的基质、孔隙及其包含流体的内在静态属性及其外在表现形式的统称。对已开发多年的复杂断块油田高含水期，利用传统的剩余油饱和度场与压力场难以准确地描述油藏渗流场的复杂性，存在代表性不强甚至油藏潜力认识不一致的现象。本节将从渗流场表征方法及差异化的调控模式两方面介绍高含水断块油田渗流场精细调控技术思路。

一、渗流场表征方法

为了直观反映高含水期油藏渗流场“驱替”和“潜力”的关系，优选流线簇、面通量、流场体三类共计六项参数对渗流场进行全方位表征。

1. 流线簇

流线簇是指一口注水井到另一口采油井之间所有流线的集合。流线簇包括两个方面的属性，分别是流线簇流量、流线簇含油率。

1）流线簇流量

流线簇流量是指流线簇上所有流线的流量和，它反映了注水井和采油井之间流量的大小。流线簇流量的计算公式为：

$$\mathrm{SF}=\sum\nolimits_{\forall \mathrm{sl}\in \mathrm{slb}}\left(\overline{\mathrm{FLORES}}\right)_{\mathrm{sl}} \tag{3-1-1}$$

式中　SF——流线簇流量，m^3/d；

$\overline{\mathrm{FLORES}}$——地层条件下的流线上平均流量，$m^3/d$；

下标 sl——属于流线簇的流线；

下标 slb——注采井间流线簇。

2）流线簇含油率

流线簇含油率是指流线簇上所有流线波及体积内的剩余油占总孔隙体积的百分比，它反映了注水井和采油井之间含油率的大小。

流线簇上所有流线波及体积内的剩余油量定义为流线簇潜力，计算公式为：

$$\mathrm{SP}=\sum_{\forall(i,j)\in\mathrm{slb}}\left(\mathrm{RPORV}\times S_{\mathrm{o}}\right)_{(i,j)} \tag{3-1-2}$$

式中 SP——流线簇潜力；

$(\mathrm{RPORV}\times S_{\mathrm{o}})_{(i,\ j)}$——网格（$i$，$j$）的含油体积。

流线簇含油率的计算公式为：

$$\mathrm{SOC}=\frac{\sum_{\forall(i,j)\in\mathrm{slb}}\left(\mathrm{RPORV}\times S_{\mathrm{o}}\right)_{(i,j)}}{\sum_{\forall(i,j)\in\mathrm{slb}}\left(\mathrm{RPORV}\right)_{(i,j)}} \tag{3-1-3}$$

式中 SOC——流线簇含油率；

$(\mathrm{RPORV})_{(i,\ j)}$——网格（$i$，$j$）的孔隙体积。

2. 面通量

面通量为油藏中通过单位横截面积的流体体积，反映了流体对储层的连续冲刷改造作用，综合了地质因素和开发因素的影响，不存在多指标的主观因素，具有可靠性，不受网格划分大小的影响，可以实现储层参数的连续性、方向性定量表征。其计算公式为：

$$M=\frac{Q}{S} \tag{3-1-4}$$

式中 M——面通量，$\mathrm{m^3/m^2}$；

Q——通过横截面积的流体流量，$\mathrm{m^3}$；

S——横截面积，$\mathrm{m^2}$。

其中，瞬时面通量称为驱替强度，累积的面通量称为驱替程度。

1）驱替强度

驱替强度为单位时间内通过单位横截面积的流体体积，用瞬时面通量表示，反映了某一时刻流体在储层内流动的瞬时冲刷强度。

对于任意一个三维空间网格，液体存在 x、y、z 三个方向的流动，各个面均存在流体的流入或流出。x、y、z 方向驱替强度计算公式为：

$$M_x=\frac{|Q_x|}{D_yD_z},\quad M_y=\frac{|Q_y|}{D_xD_z},\quad M_z=\frac{|Q_z|}{D_xD_y} \tag{3-1-5}$$

通过网格的总的驱替强度为 x、y、z 三个方向的面通量之和，即：

$$M = \frac{|Q_x|}{D_y D_z} + \frac{|Q_y|}{D_x D_z} + \frac{|Q_z|}{D_x D_y} \tag{3-1-6}$$

2）驱替程度

驱替程度为一段时间内通过单位横截面积的流体体积之和，用累积面通量表示，反映了一段时间内流体在储层内流动的累积冲刷程度。其计算公式为：

$$M_{\mathrm{t}} = \left(\frac{|Q_x|}{D_y D_z} + \frac{|Q_y|}{D_x D_z} + \frac{|Q_z|}{D_x D_y}\right) \cdot t \tag{3-1-7}$$

式中 Q_x、Q_y、Q_z——x、y、z 方向上的单位时间内通过的流体体积，m^3；

D_x、D_y、D_z——x、y、z 方向上的网格步长，m；

t——累积时间，d。

3. 流场体

不同流线簇与面通量，流场体是对油藏渗流场整体特点的表征，主要包括两个方面的属性，分别为反映驱替均衡程度的流动非均质性与反映潜力状况的优势潜力丰度。

1）流动非均质性

流动非均质性反映了流体在储层内流动的均衡程度，用洛伦兹系数进行表征。

利用流线数值模拟得到各个网格对应油水井的传播时间属性，传播时间可以分为前向传播时间和后向传播时间，其中前向传播时间是指从最近的注水井到网格所需要的时间，后向传播时间是指从网格到最近的采油井所需要的时间，二者之和成为总传播时间。将研究区域内网格按照传播进行排序，然后求取网格排序后的累积流动能力 F_i 与累积储集能力 Φ_i：

$$F_i = \frac{\sum_{j=1}^{i} q_j}{\sum_{j=1}^{N} q_i} \tag{3-1-8}$$

$$\Phi_i = \frac{\sum_{j=1}^{i} V_j}{\sum_{j=1}^{N} V_i} \tag{3-1-9}$$

式中 F_i——排序后第 i 个网格（流线）归一化累积流动能力，无量纲；

q_i——排序后第 i 个网格（流线）流量，m^3/d；

Φ_i——排序后第 i 个网格（流线）归一化累积储集能力，无量纲；

V_i——排序后第 i 个网格（流线）孔隙体积，m^3。

Shook 等将 F–C 诊断图的概念方式推广到三维异构油藏模型。作出累积流动能力 F_i 与累积储集能力 Φ_i 的洛伦兹曲线（图 3–1–1），然后求取洛伦兹系数 L_{c}（图中阴影部分面积的两倍），用洛伦兹系数表征流动非均质性，其表达式为：

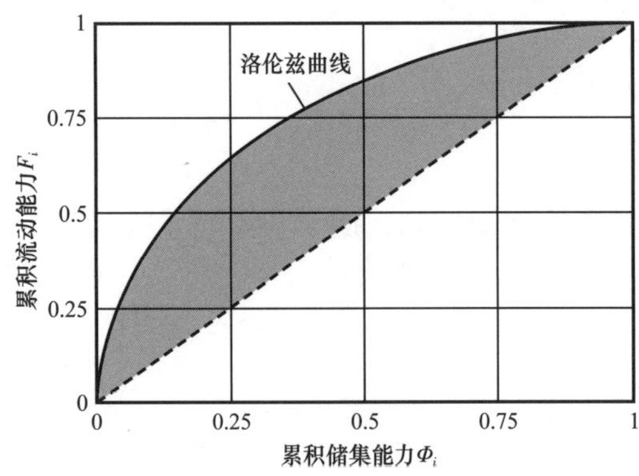

图 3-1-1　累积流动能力 F_i—累积储集能力 Φ_i 的洛伦兹曲线

$$L_c = 2\left(\int_0^1 F d\Phi - 0.5\right) \tag{3-1-10}$$

洛伦兹系数 L_c 值越大，则 F—Φ 曲线越陡，表示在同样的孔隙空间内将包含更大的体积流量，流动非均质性越强，反之，流动非均质越弱。若 F—Φ 曲线呈一条斜率为1的直线，则渗流场内相同孔隙空间包含的体积流量越少，则流场处于完全均质流动的情况。

2）优势潜力丰度

剩余潜力是长期水驱后的累积状态量。在高含水期，常规表征剩余潜力的方法是计算剩余油储量丰度或剩余油可采储量丰度。剩余油储量丰度和剩余油可采储量丰度的计算公式为：

$$J_{o1} = \frac{100 h \phi S_o \rho_o}{B_o} \tag{3-1-11}$$

$$J_{o2} = \frac{100 h \phi \left(S_o - S_{or}\right) \rho_o}{B_o} \tag{3-1-12}$$

式中　J_{o1}——剩余油储量丰度，10^4t/km^2；

J_{o2}——剩余油可采储量丰度，10^4t/km^2。

这种方法在一定程度上反映了区块平面上的剩余油富集量，但是忽略了剩余油的流动能力。影响流动能力的因素包括储层的绝对渗透率、油水两相的相对渗透率和油水两相黏度。基于上述因素，提出了优势潜力丰度计算公式：

$$J_{o3} = \frac{100 \alpha h \phi S_o \rho_o}{B_o} \tag{3-1-13}$$

$$\alpha = \frac{K_{ro} / \mu_o}{K_{ro} / \mu_o + K_{rw} / \mu_w} \times \frac{\ln K}{\ln K_{max}} \tag{3-1-14}$$

式中　J_{o3}——优势潜力丰度，10^4t/km^2；

α——优势潜力丰度系数；

h——储层厚度，m；

ϕ——孔隙度，%；

S_o——含油饱和度，%；

ρ_o——原油密度，g/cm^3；

B_o——原油体积系数。

利用以上三类六参数，可以从“线、面、体”三个方面实现渗流场时空属性的全方位表征。以上给出了六项参数的物理意义与计算方法，由于其计算具备一定的复杂性，在实际运用时需要借助相关软件来实现。

二、渗流场调控模式

为了更好地利用渗流场表征参数指导流场调控，需要对油藏渗流场进行潜力分区评价。为了达到定量评价的效果，综合各项渗流场表征参数，并将驱替强度与驱替程度两项指标进行无量纲处理，建立低控高潜力、低控低潜力、高控高潜力及高控低潜力四类高含水油藏渗流场潜力分区（表 3–1–1）。由于不同油藏状况的复杂性，针对不同类型、不同时期油藏其渗流场潜力分区标准可能会略有差异，实际运用时需做适当调整。

表 3–1–1　渗流场综合潜力分区划分标准表

潜力分区		流线簇		面通量		流场体	
		流线簇流量	流线簇含油率	无因次驱替强度	无因次驱替程度	流动非均质	优势潜力丰度
Ⅰ类	低控高潜力区	SF＜SF_{oa}	SOC＞0.4	m＜0.2	m_t＜0.2	L_c＜0.3	J_O＞$J_{O极}$
Ⅱ类	低控低潜力区	SF＜SF_{oa}	SOC＜0.4	m＜0.4	0.2＜m_t＜0.4	0.3＜L_c＜0.5	J_O＞$J_{O极}$
Ⅲ类	高控高潜力区	SF＞SF_{oa}	SOC＞0.4	m＞0.4	m_t＜0.4	L_c＞0.3	J_O＞$J_{O极}$
Ⅳ类	高控低潜力区	SF＞SF_{oa}	SOC＜0.4	0.2＜m＜0.4	m_t＞0.4	L_c＞0.5	J_O＜$J_{O极}$

其中，低控高潜力区主要是大范围的井网不完善或无井网控制，具有较高的开发潜力；低控低潜力区主要是由于长期开发后剩余油潜力较低，且井网受损情况严重，导致局部井网不完善；高控高潜力区指的是井网完善且整体潜力较大的区域；高控低潜力区井网相对完善，但剩余油动用不均，无效水循环问题严重，整体潜力相对较低。

针对这四类潜力区域，采取差异化调控对策，建立了相对应的层系重组“植流场”、井网重构“补流场”、注采耦合“匀流场”、流度交替“扩流场”四类精细调控模式（表 3–1–2）。

表 3–1–2　渗流场综合潜力分区划分标准表

序号	潜力分区	主要特点	技术对策	调控模式
1	低控高潜力区	无井网控制或井网控制程度低，具有较大的开发潜力	层系重组、重建井网	层系重组“植流场”
2	低控低潜力区	井网受损局部不完善，长期开发后剩余油潜力较低	局部部署新井、完善井网，长停井修复、补层	井网重构“补流场”
3	高控高潜力区	控制程度高、剩余优势潜力丰度较高	注采关系、液量、周期优化调整	注采耦合“匀流场”
4	高控低潜力区	剩余油动用不均，无效水循环严重	调剖堵水	流度交替“扩流场”

第二节 “二三结合”层系重组方法

复杂断块油藏具有井段长、纵向含油层多等特点，纵向上的非均质性造成的层间矛盾突出是影响油藏采收率的重要因素，随着注水开发的持续深入，强非均质性造成层间吸水差异逐渐增大，从而导致油层动用程度逐渐降低，直接影响到油田的开发效果。尤其是油田开发进入高含水阶段后，层间矛盾更加突出，利用三次采油技术虽然在一定程度上能够解决层间矛盾，但由于纵向上的非均质性较强，依然存在吸水不均的问题，部分油层难以得到有效动用。为了提高“二三结合”整体实施效果，确保采收率的大幅度提升，需要建立新的“二三结合”层系重组政策界限与重组方法。

一、层系组合技术界限

1. 层系内砂体规模界限要求

同一层系的油层在不同的开发方式下和油藏条件下对井网的需求关系差异较大。复杂断块油田受断层的影响，砂体大小和形态多、差异大，不同类型的砂体开展化学驱所适应的井网也各不相同。由于三次采油对井网需求较高，较水驱要求层系内砂体相对整装、面积较大，因此首先将砂体按其面积大小划分为 5 个等级（表 3–2–1），将其中面积大于 0.25km^2 的砂体称为大型砂体，将面积介于 0.1～0.25km^2 的砂体称为中型砂体，将面积小于 0.1km^2 的砂体称为小型砂体。

表 3–2–1 港西三区断块“二三结合”井网砂体分级数据表

分类	油砂体面积（km^2）				
	<0.045	0.045～0.075	0.075～0.10	0.10～0.25	>0.25
砂体级别	五级	四级	三级	二级	一级
砂体类型	小型砂体			中型砂体	大型砂体

“二三结合”开发层系中适合开展三次采油的砂体，以大型砂体作为开发层系的核心，补充部分中型砂体，可以组成一套或多套最终以三次采油为目标的独立的开发层系，剩余砂体以剩余油富集程度组合成独立的以水驱挖潜为目标的一套或多套开发层系。

2. 层系内渗透率界限要求

渗透率是影响纵向非均质性的主要因素，同一层系内渗透率级差越大，纵向上的非均质性越强，油层动用程度越低，开发效果越差。对于三次采油来说，纵向上的非均质性在一定程度上有利于提高采收率，但随着非均质程度的增强，开发效果变差。

利用数值模拟方法，建立 2～7 层的机理模型，纵向上为正韵律沉积，平均渗透率为 1000mD，每层厚度均为 4m，孔隙度为 30%（表 3–2–2）。

表 3-2-2 机理模型基本情况表

网格尺寸	个数 × 米	网格数	孔隙度（%）	渗透率级差	渗透率变异系数	初期含水饱和度（%）	初期含水率（%）	模拟初期采出程度（%）
水平	22×10	968～3383	30	1～5	0～0.67	55	93	35.7
纵向	（2～7）×4							

采用五点法注采井网，高压物性和相对渗透率数据参考港西四区，利用十字交叉法进行方案设计，研究不同层数、不同渗透率级差（变异系数）对聚合物驱提高采收率的影响。从预测结果来看（图 3-2-1、图 3-2-2），渗透率级差和变异系数越大，聚合物驱相对于水驱提高采收率幅度越大，渗透率级差超过 4.5 后开始下降，且相同渗透率级差（或变异系数）下层数越少，聚合物驱提高采收率幅度越大；层数越多，聚合物驱提高采收率峰值所对应的渗透率变异系数越小，三次采油阶段同一层系内不同层数下渗透率变异系数上限随着层数增多逐渐降低（图 3-2-3）。

表 3-2-3 层系内不同渗透率级差下采收率增幅方案设计表

层数	渗透率级差								
	1	1.5	2	2.5	3	3.5	4	4.5	5
2	0	0.2	0.33	0.43	0.5	0.56	0.6	0.64	0.67
3	0	0.16	0.27	0.35	0.41	0.45	0.49	0.52	0.54
4	0	0.15	0.25	0.32	0.37	0.41	0.45	0.47	0.5
5	0	0.14	0.24	0.3	0.35	0.39	0.42	0.45	0.47
6	0	0.14	0.23	0.29	0.34	0.38	0.41	0.43	0.46
7	0	0.13	0.22	0.29	0.33	0.37	0.4	0.42	0.44

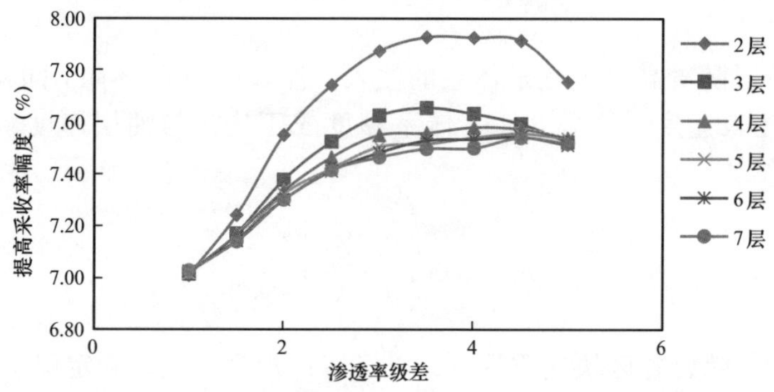

图 3-2-1 不同层数、不同渗透率级差下聚合物驱提高采收率幅度对比图

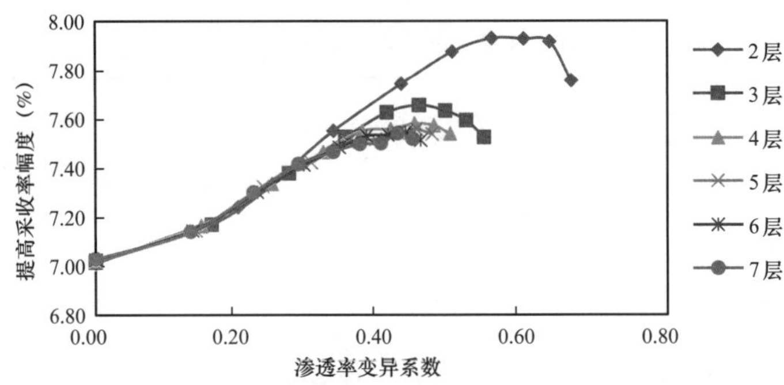

图 3-2-2　不同层数、不同渗透率变异系数下聚合物驱提高采收率幅度对比图

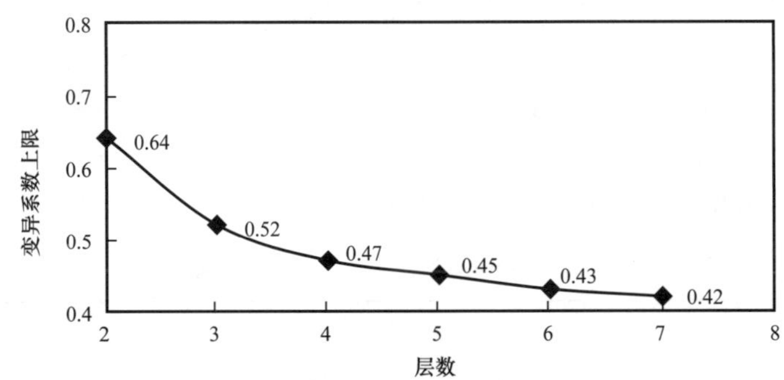

图 3-2-3　层系内不同层数变异系数上限的关系曲线

综上所述，为了更好地发挥三次采油的驱油效果，同一层系内含油层数不宜过多，且渗透率级差不宜超过 4.5，考虑到实际情况更加复杂，非均质性更严重，建议三次采油时同一层系内层数不宜超过 5 层，渗透率级差不超过 4.5。

3. *层系内厚度界限要求*

一套层系内层数越少、厚度越薄、层间干扰影响程度越低，三次采油的开发效果越好；但随着层系厚度的减小，单井产量降低，投资回收期延长，内部收益率下降。因此对层系组合厚度的确定，既要考虑采收率提高幅度，同时又要保证一定的产量规模、兼顾经济效益。

三次采油阶段随着高黏度化学体系的注入，注入压力都会有不同程度的上升，压力上升幅度与注入速度、注采井距、体系黏度成正比，与油层厚度、油层渗透率成反比。

$$\Delta p=0.002\frac{Q}{h}\cdot\frac{\mu_{\mathrm{p}}}{K}\ln\left(\frac{r}{r_{\mathrm{w}}}\right) \tag{3-2-1}$$

实际生产中，综合各区块地质特点，以经济评价为依据，确定层系组合厚度界限，定义内部收益率为 8% 时的层系厚度即为层系组合厚度下限，依据费效对等、初次投资优先的原则，将投资劈分为：

$$I = I_{zj} + \left(I_{dm} - I_{pz}\right) + I_{pz} \cdot N_s / N_z + I_{cs} \tag{3-2-2}$$

式中 I——投资，万元；

I_{zj}——钻井投资，万元；

I_{dm}——地面投资，万元；

I_{pz}——配注站投资，万元；

I_{cs}——投产前措施投资，万元；

N_s——区块地质储量，10^4t；

N_z——配注站所辖区块的总地质储量，10^4t。

根据式（3-2-1）计算得到注采井距与厚度界限组合结合经济评价结果确定合理的层系内厚度界限。

4. *层系内跨度界限要求*

层系组合跨度界限是指组合一套层系的最大井段长度，与所组合油层的非均质程度、沉积韵律性有密切关系。对于均质油层，假设一套层系由 n 个小层组成，层系组合跨度为 L，每个小层到油井井底流压为 p_{w1}，p_{w2}，……，p_{wn}，地层静压为 p_{e1}，p_{e2}，……，p_{en}，油井的总产量为 Q。

采油井平面径向流产量和井筒多相流管流公式：

$$Q_n = \frac{2\pi Kh\left(p_{en} - p_{wn}\right)}{\mu \ln\left(r_e / r_w\right)} \tag{3-2-3}$$

$$p_{en} = P_{e(n-1)} + \frac{h\left(n-1\right) + h(n)}{2}\rho_w g \tag{3-2-4}$$

$$p_{wn} = p_{w(n-1)} + \int_0^{\frac{h(n-1)+h(n)}{2}} \left(\rho_m g + f_m \frac{\rho_m}{d} \cdot \frac{v_s^2}{2}\right) dh \tag{3-2-5}$$

推到出油井总产液量 Q 与层系组合跨度 L_1 之间的关系为：

$$Q = \frac{2\pi Kh}{\mu \ln\left(r_e / r_w\right)}\left[n\left(p_{e1} - p_{w1}\right) + \frac{\left(2^{n-1} - 1\right)L_1}{n}\left(\rho_w g - \rho_m g - f_m \frac{\rho_m}{d} \cdot \frac{v_s^2}{2}\right)\right] \tag{3-2-6}$$

在高含水阶段 $\rho_w=\rho_m$，式（3-2-6）可简化为：

$$Q = \frac{2\pi Kh}{\mu \ln\left(r_e / r_w\right)}\left[n\left(p_{e1} - p_{w1}\right) + \frac{\left(2^{n-1} - 1\right)L_1}{n}\left(f_m \frac{\rho_m}{d} \cdot \frac{v_s^2}{2}\right)\right] \tag{3-2-7}$$

式中 Q——单井产液量，m^3/d；

K——地层渗透率，D；

h——油层厚度，m；

μ——驱替液黏度，mPa·s；

p_{e1}——第一层的地层压力，MPa；

p_{w1}——第一层井底流压，MPa；

n——油层小层数，个；

L_1——层系组合跨度，m；

r_e——供液半径，m

r_w——井筒半径，m；

f_m——采出液的摩擦阻力系数；

ρ_m——采出液密度，g/cm^3；

v_s——采出液流动速度，cm^3/s。

根据上述理论，层系组合跨度主要通过影响生产压差来影响产液量，进而影响开发效果，层系组合跨度越大，生产压差越小，越不利于生产，另外层系组合跨度界限同储层韵律有一定关系，例如在正韵律情况下，跨度越大，由于下部油层井底流压大、渗透率高，注入水大部分进入底部高渗透层，不利于油层的有效动用。

利用数值模拟方法研究，对于均质油层，层系组合跨度上限为 80～100m，对于非均质油层，理想模型数值模拟研究结果表明层系组合跨度上限为 60m 左右。

5. 地层压力差异

地层压力差异是层系重组中影响纵向非均质性的主要因素之一。大港复杂断块油藏纵向上含油井段长、油层薄厚差异大、渗透率差异大，历史上因注采矛盾突出注采平衡差异大，导致高含水阶段层间地层压力差异比较突出，影响了开发效果。

利用数值模拟方法，建立 5 层的机理模型，纵向上为正韵律沉积，平均渗透率为 1000mD，每层厚度均为 5m，孔隙度为 30%，建立 4 组五点法注采井网，根据油田开发中比较常见的不同地层压力系数设计了五套不同的机理方案设计（表 3-2-4）。

表 3-2-4　机理方案设计基本情况表

<table>
<tr><th>层</th><th>压力系数</th><th>一套层系</th><th>二套层系</th><th>三套层系</th><th>四套层系</th><th>五套层系</th></tr>
<tr><td>1</td><td>0.8</td><td>A</td><td>A</td><td>A</td><td>A</td><td>A</td></tr>
<tr><td>2</td><td>0.9</td><td>A</td><td>A</td><td rowspan="2">A</td><td>A</td><td>B</td></tr>
<tr><td>3</td><td>1.0</td><td>A</td><td rowspan="2">A</td><td>B</td><td>C</td></tr>
<tr><td>4</td><td>1.1</td><td>A</td><td>B</td><td>C</td><td>D</td></tr>
<tr><td>5</td><td>1.2</td><td>A</td><td>B</td><td>C</td><td>D</td><td>E</td></tr>
</table>

数值模拟研究结果（表 3-2-5）表明，地层压力系数级差越大，层系组合后的采收率越低；反之，采收率越高。从压力差异数据上看，地层压力系数级差小于 1.25 后开发效果差异不是很明显，地层压力系数级差大于 1.37 后开发效果变差的趋势十分凸显，因此在重构开发层系时，建议同一套开发层系内的压力系数级差最好小于 1.25。

表 3-2-5 不同层系组合与采收率关系表

方案设计	一套层系	二套层系	三套层系	四套层系	五套层系
地层压力系数最大级差	1.5	1.375	1.25	1.125	1
采收率（%）	37.9	44.98	47.24	47.23	47.25

6. 层系内剩余可采储量丰度界限要求

大港油田经过 50 多年的开发，主力油田含水率多达到 90% 以上，剩余油少且分散，为使三次采油开发经济可行，需要量化单套层系储量规模，因此引入层系内剩余储量丰度界限概念。

单井控制可采储量与剩余地质储量丰度之间的关系为：

$$\sum Q_{\mathrm{o}} = AN_{\mathrm{or}}\frac{R_{\max}-R_{\mathrm{f}}}{1-R_{\mathrm{f}}} \tag{3-2-8}$$

式中 N_{or}——剩余地质储量丰度，$10^4\mathrm{t/km^2}$；

$R_{\max}$——最终采收率，%；

R_{f}——目前采出程度，%；

A——单井控制面积，$\mathrm{km^2}$。

根据盈亏平衡原理，得到单井极限累计产量公式

$$\left(\sum Q_0\right)_{\lim} = \frac{I_{\mathrm{D}}\left(1+R_{\mathrm{inj}}\right)+\left(1+R_{\mathrm{DM}}\right)+I_{\mathrm{wo}}t+ax+by+cz}{R_{\mathrm{sp}}\left(I_{\mathrm{o}}-I_{\mathrm{c}}-I_{\mathrm{tax}}\right)} \tag{3-2-9}$$

式中 I_{D}——单井钻井投资，万元 / 口；

R_{inj}——注采井数比，%；

R_{DM}——地面建设与钻井投资比，%；

I_{wo}——年油水井作业费，万元 /t

a——单井聚合物用量，t；

b——单井表面活性剂用量，t；

c——单井碱用量，t；

x——聚合物干粉单价，万元；

y——表面活性剂单价，万元；

z——碱单价，万元；

R_{sp}——原油商品率，%；

I_{o}——油价，万元；

I_{c}——吨油操作费，万元；

I_{tax}——税收与管理费，万元。

式（3–2–8）和式（3–2–9）联立得到极限剩余地质储量丰度与目前采出程度及油价之间的关系：

$$N'_{or}=\frac{\left[I_D\left(1+R_{inj}\right)+\left(1+R_{DM}\right)+I_{wo}t+ax+by+cz\right]\left(1-R_f\right)}{AR_{sp}\left(I_o-I_c-I_{tax}\right)\left(R_{max}-R_f\right)} \quad (3\text{–}2\text{–}10)$$

式中 I_D——单井钻井投资，万元 / 口；

N'_{or}——极限剩余油储量丰度，$10^4t/km^2$；

R_{inj}——注采井数比，%；

R_{DM}——地面建设与钻井投资比，%；

I_{wo}——年油水井作业费，万元 /t；

a——单井聚合物用量，t；

b——单井表面活性剂用量，t；

c——单井碱用量，t；

x——聚合物干粉单价，万元；

y——表面活性剂单价，万元；

z——碱单价，万元；

R_{sp}——原油商品率，%；

I_o——油价，万元；

I_c——吨油操作费，万元；

I_{tax}——税收与管理费，万元；

A——单井控制面积，km^2；

R_{max}——最终采出程度，%；

R_f——目前采出程度，%。

二、镶嵌式层系重组方法

强非均质性是我国大部分复杂断块油藏普遍存在的问题之一，随着注水开发的深入，这种强非均质性造成油田层间吸水状况差异，从而导致油层动用程度逐渐降低，直接影响到油田的开发效果。目前，在开发层系重组中，考虑了渗透率、变异系数、突进系数、渗流阻力、注水启动压力、采出程度、含水率等多项动（静）态非均质参数等，各项参数对层系组合的影响程度具有差异，这就需要综合各项动（静）态参数非均质表征来指导层系重组，提高层系组合的合理性，进而提高油层动用程度。

针对复杂断块油田的强非均质地质特点和各层间含水率、采出程度、压力及动用状况的差异，提出了镶嵌式层系重组技术，该技术在化学驱砂体筛选的基础上综合考虑静态上的地质参数和生产动态参数，包括地质储量、油层发育状况、纵向上的非均质性、单层渗流阻力、注水启动压力、目前油层水淹状况、动用程度、吸水情况、含水率等 12 种主要影响因素，通过计算各层综合因子。利用计算得到的综合因子，结合油藏特点进行层系重组，最终根据层系划分原则，完成复杂断块油田的层系重组划分（图 3–2–4）。

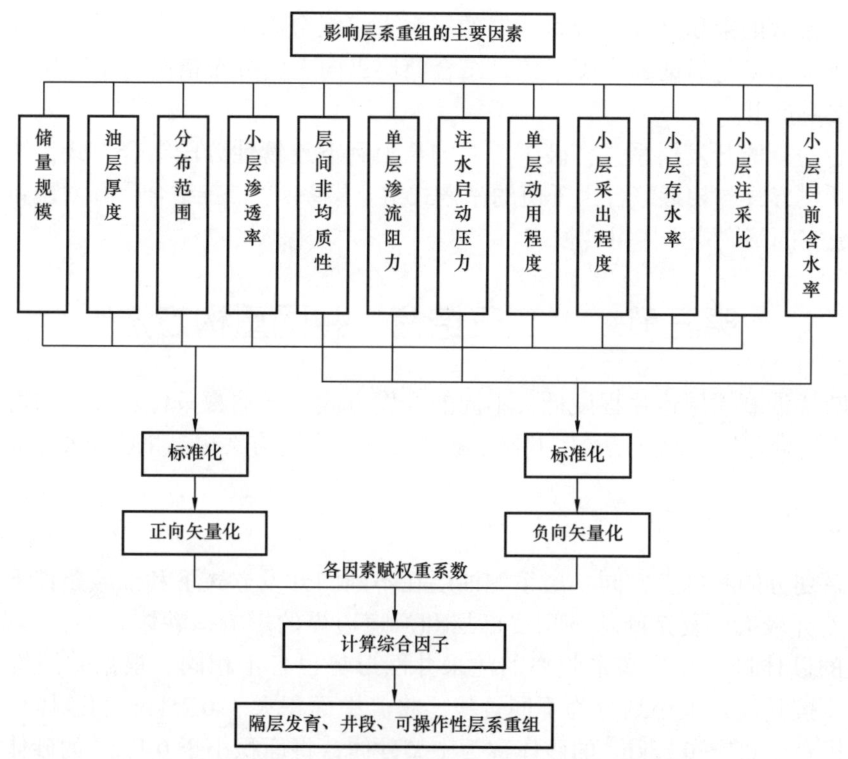

图 3-2-4 “多因素变权决策法”层系重组技术路线图

为了更好地体现各因素对层系重组的影响，首先将各因素利用式（3-2-11）进行标准化，将各因素的参数值转化为 0～1 之间的数值：

$$f_{ij}(x)=\frac{X_{ij}-a_{i1}}{a_{i2}-a_{i1}} \tag{3-2-11}$$

$$F_{ij}(x)=f_{ij}(x) \tag{3-2-12}$$

$$F_{ij}(x)=1-f_{ij}(x) \tag{3-2-13}$$

式中 i——影响因素个数；

j——油层数；

$f_{ij}(x)$——第 j 层 i 因素的归一化值，第 i 个因素中的最大值表示为 a_{i2}，最小值表示为 a_{i1}。

通过计算各因素参数 0～1 之间的数值后，再根据各因素对层系划分影响的作用进行分类，划分为正向影响因素和负向影响因素两类，通过公式进行矢量化，值高与开发效果正相关的因素矢量化应用公式（3-2-12），值低与开发效果负相关的因素矢量化应用公式（3-2-13）。这样各影响因素将转换为具有方向性的矢量化可比较的 0～1 之间的数值，然后根据各影响因素对层系划分的影响程度采用专家权重打分法确定各影响因素的权重分值，各因素分值与总分值的比值即为该因素的影响权重系数，通过向量计算，即各因素与其权重系数的乘积之和形成每一层的层系重组综合因子，综合因子相近的层的开发效果接近，根据量化后的综合因子值，结合储层纵向上的分布情况与实际生产操作可行性，进行层系重组。

重组后的新的开发层系，打破了原有的从上到下连续性分段组合方式，转变成纵向上由相同开发方式与相近综合因子值的镶嵌式组合层系，“二三结合”开发层系与二次开发层系形成空间镶嵌式立体组合模式。

第三节　“二三结合”井网重构方法

复杂断块油藏油层连片程度低，不同的开发方式下与油藏条件对井网的需求关系差异较大。优选合理的“二三结合”井网，为“二三结合”方案提高采收率奠定基础。

一、注采井网形式

在层系划分的基础上，同一层系的油层在不同的开发方式下和油藏条件下对井网的需求关系差异较大。复杂断块油田受断层和河道边界的影响，砂体大小和形态差异大，不同类型的砂体进一步提高采收率的注采井网形势也各不相同。根据井网构建难易程度，将砂体按其面积大小划分为不同等级，将其中面积大于 0.25km^2 的砂体称为大型砂体，将面积介于 0.1～0.25km^2 的砂体称为中型砂体，将面积小于 0.1km^2 的砂体称为小型砂体。

1. 大型砂体井网重组技术

大型砂体可建立相对完善的多井组注采井网，为了评价不同开发条件下的井网构建效果，在相同油藏条件下，针对复杂断块较常用的不规则但相对完善的注采井网、规则正四点法注采井网、规则五点法注采井网，利用数值模拟方法，在注采速度相同、井网密度不同的情况下对水驱和三次采油的开发效果进行对比。

从不同类型井网水驱开发阶段的日产油与含水对比来看，几种井网开发效果差异不大，日产油量与含水率基本一致，说明复杂断块油藏在高含水阶段，结合砂体形态与剩余油丰度，以剩余油富集区为核心建立新井井网，配合老井转注依据疏密结合的原则，建立了相对完善的非规则性井网，最大限度地扩大注水波及体积，并为主力区块的深部调驱、三次采油奠定井网基础。在水驱开发阶段相对完善的非规则性井网即可达到与规则注采井网相同的开发效果（图 3-3-1），这类水驱井网的构建对于复杂断块油田高含水期已有井网的利用更加有利，也更适合于复杂断块油田开发后期水驱剩余油挖潜的实际情况。

若要进一步利用三次采油提高采收率，则井网结构必须向规则井网转化，因为不规则井网会导致渗流场不均衡，药剂驱替后形成的剩余油受不均衡性的影响会导致形成井间剩余油滞留区，除非井网再次大幅度针对性调整，否则这些滞留的剩余油无法被井网有效采出。利用数值模拟方法对不同井网的三次采油开发效果进行对比，其中五点法注采井网的效果最好，不规则井网的效果最差，其差异将会影响增油效果 30% 左右。

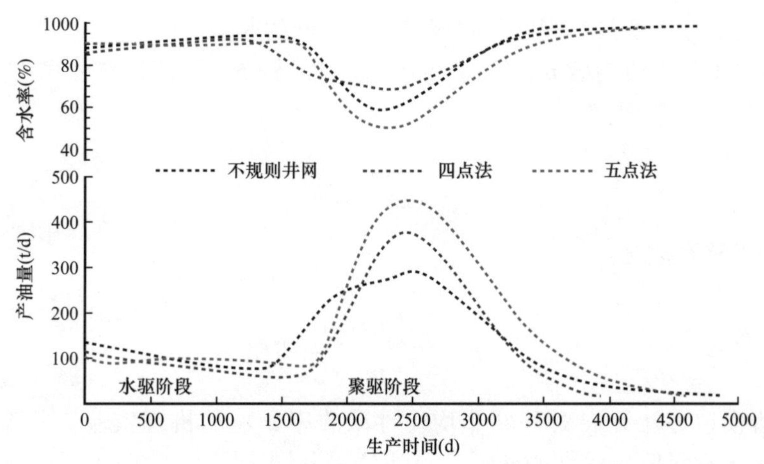

图 3-3-1 不同类型井网进行不同开发方式的方案日产油量与含水率关系图

因此，在高含水阶段开展“二三结合”提高采收率，针对适合开展三次采油的大型砂体要优先设计五点法相对均衡的注采井网，以方便后续的三次采油进一步提高采收率。

2. 中型砂体井网重组技术

该类型砂体因面积小仅可以构建1～2个注采井组，不同的井网具有不同的开发效果，差异比较大，其中效益最好的还是五点法井网，平面波及系数最高，但受剩余资源量的影响，该类型的井网设计一般与大型砂体井网设计相关，是纵向空间砂体组合的一个补充，如果单独形成井网，则受开发方式和经济性协同制约，不同油价下的井网组合形式不一致。

3. 小型砂体井网重组技术

小型砂体因面积小、储量丰度低，一般视剩余油潜力大小有三种不同的开发井网（表3-3-1），一般作为主力砂体井网的接替层或轨迹优化增加油层钻遇率的兼顾层，在三次采油开发方式中，因砂体可增加波及体积小，且砂体易窜聚，一般不作为三次采油潜力砂体。

表 3-3-1 小型砂体不同含油面积砂体分级表

砂体钻遇井数（口）	面积（km^2）	井网类型
1	＜0.045	单井控制，天然能量开发
2	0.045～0.075	可建“一注一采”
3	0.075～0.102	可建“一注两采”

二、井网均衡性评价方法

“二三结合”中的注采井网重建中要考虑老井资源的利用，部分注采井网是变形井网，即井网具有一定的非均质特征，为了评价井网的均衡性对采收率的影响，引入井距偏移系数的概念，用于衡量不规则井网相对规则井网的非均质程度。

结合注水井的注水方向数 m 与每个注水方向的井距 b_i，形成计算公式：

注水井组平均井距 B：

$$B = \sum_{i=1}^{m} b_i / m \tag{3-3-1}$$

注水井组偏移系数 A：

$$A = \frac{\sum_{i=1}^{m} \left| B - b_i \right|}{m} / B \tag{3-3-2}$$

利用数值模拟方法开展对井网非均质性采收率影响的机理实验。共建立了两种常见的偏移方式与不同偏移程度的变形五点法注采井网（图 3-3-2）模型，平均渗透率为1000mD，厚度均为 4m，孔隙度为 30%，平均井距 200m，水驱末期平均含水率为 93%，高压物性和油水相渗数据参考港西区块，采用聚合物驱开发。

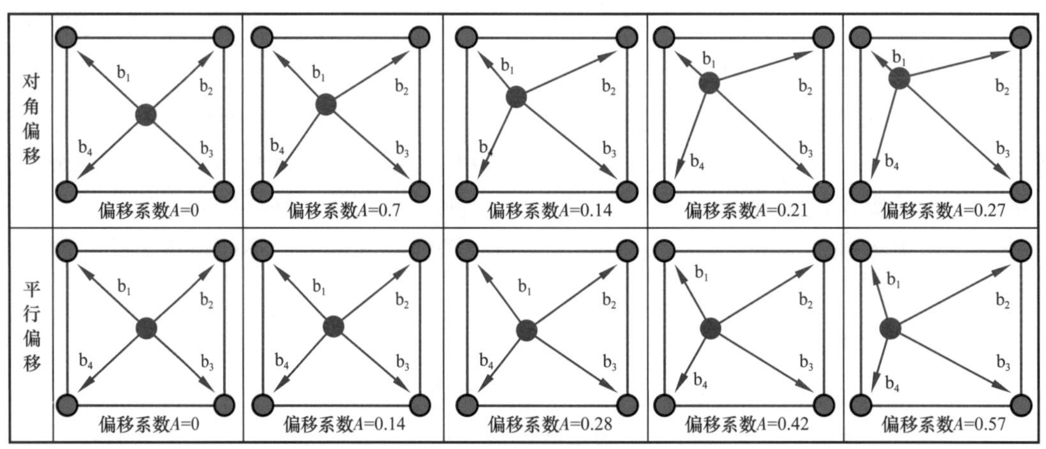

图 3-3-2　不同井网偏移模式设计

研究表明，注入速度相同，不规则井网与规则井网相比水驱采收率相差较大，井网的规则程度对水驱采收率影响比较敏感。从聚合物驱后剩余油分布上看（图 3-3-3），因井网变形程度即是偏移系数的增加，剩余油滞留区面积逐渐增多，说明平面非均质性对剩余油的运移作用增强，平面波及体积减小。

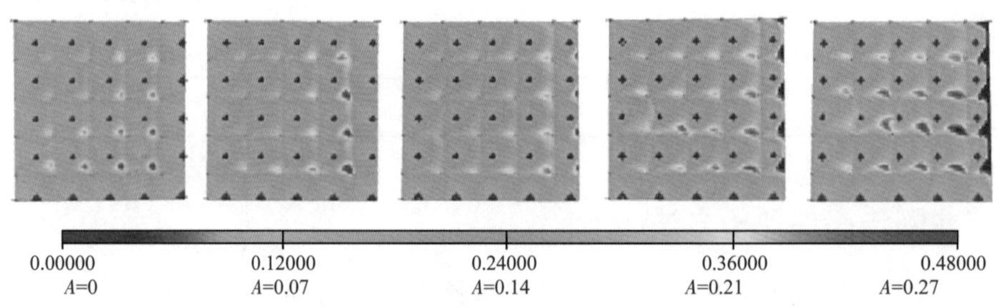

图 3-3-3　平行偏移聚合物驱后剩余油分布图

从不同偏移方式与偏移系数对采收率的影响结果看（图 3-3-4），当井网偏移系数逐渐增大到一定程度后，对采收率的危害影响将逐渐增大，其中对角偏移危害更突出。

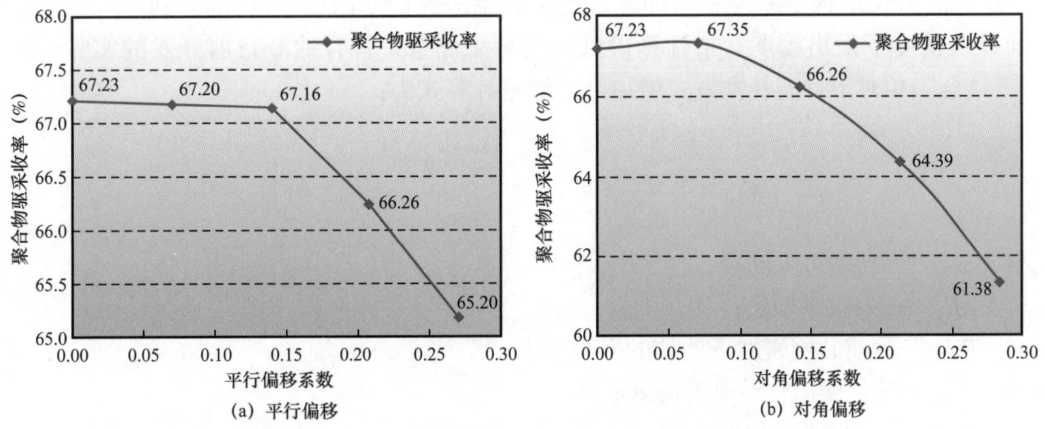

(a) 平行偏移　(b) 对角偏移

图 3-3-4　不同偏移方式与偏移系数对采收率的影响

当偏移系数大于 0.15 后，两种井网偏移方式下的化学驱采收率大幅度降低；当井组偏移系数达到 0.3 时，化学驱采收率相对于均衡井网最大可降低 8.7%。因此要保证“二三结合”井网的波及体积最大化，应确保注采井网最大限度减小井网的偏移程度。

三、注采井距设计方法

已有方法在井网密度的计算公式中考虑了储层物性、流体性质、储量、面积、采油速度、驱油效率、原油售价、采油成本等影响因素。但未考虑资金的时间价值，未考虑三次采油的效益，不适用于“二三结合”方案的井距计算。因此，此处引入一种改进的交会法来计算“二三结合”井距。

1. 计算初期产量

改进的方法以最终采收率与井网密度关系式为基础，进行经济合理的井网密度与极限井网密度计算的推导，进而充分考虑了油藏开发后期流体物性、储层物性、注采井数比对最终采收率的影响，其关系式为：

$$E_{\mathrm{R}}=E_{\mathrm{d}}\mathrm{e}^{\frac{-a\phi S_{\mathrm{o}}h}{K_{\mathrm{o}}^{1.5}R_{\mathrm{inj}}^{0.5}\exp\left(1.75405R_{\mathrm{inj}}^{2}+4.18612R_{\mathrm{inj}}-4.73168\right)^{-1}}/S_{\mathrm{c}}} \qquad (3\text{-}3\text{-}3)$$

式中　E_{R}——最终采收率；

E_{d}——驱油效率；

a——井网数，口 /km^2；

S_{c}——井网密度，口 /km^2；

ϕ——孔隙度；

S_{o}——原油饱和度；

h——油层有效厚度，m；

K_o——油层有效渗透率，mD；

R_{inj}——注采井数比。

改进的方法依据加密调整后油藏最终采收率与评价期内化学驱提高采收率之和减去目前井网密度下采出程度，来计算得到新增可采储量，符合油藏目前开发的实际情况。“二三结合”相对于目前开发方式增加可采储量计算式为：

$$\Delta N_p = N\Delta E_R = N\left(E_d e^{\frac{-a\phi S_o h}{K_o^{1.5} R_{inj}^{0.5} \cdot A_C}/S_c} + R_p - R_T\right) \quad (3\text{-}3\text{-}4)$$

式中 ΔN_p——新增可采储量，10^4t；

ΔE_R——采收率增量；

R_T——目前井网密度下原油的采出程度；

R_p——评价期内化学驱提高采收率；

N——地质储量，10^4t。

A_c——井网参数。

开发后期产油量随时间呈一定递减规律，以指数递减为例，假设调整后水驱井网的递减率 D_c；调整初期的日产油量为 q_0，评价期 T 年内累计产油增量 ΔN_p 可表示为：

$$\Delta N_p = \frac{q_0}{D_c}\left[1-\left(1-D_c\right)^T\right] + NR_p \quad (3\text{-}3\text{-}5)$$

“二三结合”方案设计过程中，通常水驱井网完善后，经过前置水驱再开展化学驱，因此水驱初期产量 q_0 与化学驱无关，由式（3-3-4）等于式（3-3-5）可得：

$$q_0 = \frac{ND_c\left[E_d e^{\frac{-a\phi S_0 h}{K^{1.5}M^{0.5}\exp\left(1.75405M^2+4.18612M-4.73168\right)^{-1}}} / S_c - R_T\right]}{1-\left(1-D_c\right)^T} \quad (3\text{-}3\text{-}6)$$

2. 建立化学驱年增油量数学模型

假设井网建设期为 T_A 年，前置水驱为 T_B 年，第 T_A+T_{B+1} 年开展化学驱，化学驱第一年不增油，化学驱年提高采收率比率与时间满足偏正态分布关系：

$$\begin{cases} f\left(x\right)=0,\ T_A+T_B+1 \geqslant x > 0 \\ f\left(x\right)=\dfrac{b}{\sqrt{2\pi}\sigma} e^{\frac{-\left(x-\mu+T_A+T_B\right)^2}{2\sigma^2}},\ T \geqslant X \geqslant \left(T_A+T_B+2\right) \end{cases} \quad (3\text{-}3\text{-}7)$$

式中 b——修正系数，此处为 1.42；

μ——平均数；

σ——标准差；

σ_2——方差。

3. 建立项目财务净现值方程

考虑原油商品率，根据净现值原理，“二三结合”开发年限 T 内原油的销售总收入的折现值可以分为水驱方案的累计产油折现值与化学驱累计增油折现值两部分：

（1）水驱方案的累计产油折现值：

$$V_1=\sum_{t=1}^{T}\left[P\tau q_t\times\frac{1}{(1+i)^t}\right]=\frac{ND_c\left[E_d e^{\frac{-a\phi S_0 h}{K^{1.5}M^{0.5}\exp\left(1.75405M^2+4.18612M-4.73168\right)^{-1}}/S_c}-R_T\right]}{1-\left(1-D_c\right)^T}\cdot\frac{(1+i)^T-\left(1-D_c\right)^T}{\left(1+D_c\right)\left(1+i\right)^T} \tag{3-3-8}$$

式中 V_1——原油销售总收入的折现值，万元；

P——原油销售价格，元 /t ;

τ——原油商品率；

i——贴现率。

（2）化学驱累计增油折现值：

$$V_2=\sum_{t=T_A+T_B+1}^{T}P\tau NR_p f(t)\times\frac{1}{(1+i)^t} \tag{3-3-9}$$

式中 V_1——水驱方案原油销售总收入的折现值，万元；

P——原油价格，元 /t ;

T——原油商品率；

i——基准收益率；

D_c——综合递减率；

N——地质储量，10^4t ;

V_2——化学驱累计增油总收入的折现值，万元。

“二三结合”开发年限 T 内原油的销售总支出的折现值可以分为单井基建投资折现值、操作成本折现值、综合税金折现值及药剂费折现值四个部分。

基建（钻井、地面、采油工程）投资折现值为：

$$V_3=L\left(AS_c-n\right)\left[1+\sum_{t=1}^{T}i(1+i)^{1(t-1)}\right]^{-1}=\frac{L\left(AS_c-n\right)}{2+i-(1+i)^{1-T}} \tag{3-3-10}$$

操作成本折现值为：

$$V_4=\sum_{t=1}^{T}W\frac{ND_c\left[E_D e^{\frac{-a\phi S_0 h}{K^{1.5}M^{0.5}\exp\left(1.75405M^2+4.18612M-4.73168^{-1}\right)}/S_c}-R_T\right]}{1-\left(1-D_c\right)^T}\times\left[\left(1-D_C\right)^{t-1}\left(1+i\right)^{-t}\right]+$$

$$\frac{\sum_{t=T_A+T_{B+1}}^{T}WNR_p f\left(t\right)}{\left(1+i\right)^t}$$

$$
=W\frac{ND_c\left[E_D e^{\frac{-a\phi S_o h}{K^{1.5}M^{0.5}\exp\left(1.75405M^2+4.18612M-4.73168^{-1}\right)}/S_c}-R_T\right]}{1-\left(1-D_c\right)^T}\times\frac{\left(1+i\right)^T-\left(1-D_c\right)^T}{\left(i+D_c\right)\left(1+i\right)^T}+\sum_{t=T_A+T_{B+1}}^{T}WNR_p f\left(t\right)/\left(1+i\right)^t
$$

（3-3-11）

式中 L——单井基建投资，10^4 元 / 口；

A——含油面积，km^2；

n——目前井数，口；

W——吨油操作成本，元 / 口；

V_3——基建投资折现值，10^4t；

V_4——操作成本折现值，10^4t。

综合税（增值税、城建税、教育附加税）及储量使用费，折现值为：

$$
V_5=\sum_{t=1}^{T}\left[PY\left(1+L_1+L_2\right)+Z\right]\cdot\tau\frac{ND_c\left[E_D e^{\frac{-a\phi S_o h}{K^{1.5}M^{0.5}\exp\left(1.75405M^2+4.18612M-4.73168\right)^{-1}}/S_C}-R_T\right]}{1-\left(1-D_c\right)^T}\cdot\left[\left(1-D_c\right)^{t-1}-\left(1+i\right)^{-t}\right]+\sum_{t=T_A+T_B+1}^{T}\left\{\left[PY\left(1+L_1+L_2\right)+Z\right]\cdot\tau\right\}NR_p f\left(t\right)/\left(1+i\right)^t
$$

$$
=\left[PY\left(1+L_1+L_2\right)+Z\right]\cdot\tau\frac{ND_c\left[E_D e^{\frac{-a\phi S_o h}{K^{1.5}M^{0.5}\exp\left(1.75405M^2+4.18612M-4.73168\right)^{-1}}/S_C}-R_T\right]}{1-\left(1-D_c\right)^T}\cdot\frac{\left(1+i\right)^T-\left(1-D_C\right)^T}{\left(i+D_c\right)\left(1+i\right)^T}+\sum_{t=T_A+T_B+1}^{T}\left\{\left[PY\left(1+L_1+L_2\right)+Z\right]\cdot\tau\right\}NR_p f\left(t\right)/\left(1+i\right)^t \quad (3\text{-}3\text{-}12)
$$

化学驱使用化学药剂需要支出费用，评价期内折现值为：

$$
V_6=\sum_{t=1}^{T_c}XVp_t/(1+i)^t \quad (3\text{-}3\text{-}13)
$$

式中 L_1——成建税；

L_2——教育附加税；

Y——增值税；

Z——储量使用费，口；

X——吨油药剂费，万元 /t；

V_{pt}——第 t 年注入速度，10^4m^3/ 年；

V_5——综合税折现值，10^4t；

T_c——注化学剂年限，年；

V_6——操作成本折现值，10^4t。

综上可得，“二三结合”方案财务净现值为：

$$V = V_1 + V_2 - V_3 - V_4 - V_5 - V_6$$

$$= \frac{ND_c\left[p\tau - p\tau Y\left(1+L_1+L_2\right) - \tau Z - W\right]\left[\left(1+i\right)^T - \left(1-D_c\right)^T\right]}{\left[1-\left(1-D_c\right)^T\right]\left(i+D_c\right)\left(1+i\right)^T} \times$$

$$\left[E_d e^{\frac{-a\phi S_o h}{K^{1.5}M^{0.5}\exp\left(1.75405M^2+4.18612M-4.73168\right)^{-1}}/S_C} - R_T\right] -$$

$$\frac{L\left(AS_c - n\right)}{2+i-\left(1+i\right)^{1-T}} + V_2 - V_6 - \sum_{t=T_A+T_B+1}^{T} WNR_p f(t)/(1+i)^t -$$

$$\sum_{t=T_A+T_B+1}^{T}\left[PY\left(1+L_1+L_2\right)+Z\right]\cdot\tau NR_p f(t)/(1+i)^t \quad (3\text{-}3\text{-}14)$$

式（3-3-14）化简为：

$$V = C_1\left[\frac{E_d e^{\frac{-a\phi S_o h}{K^{1.5}M^{0.5}\exp\left(1.75405M^2+4.18612M-4.73168\right)^{-1}}}}{S_c} - R_T\right] - C_2\left(AS_c - n\right) + C_3 \quad (3\text{-}3\text{-}15)$$

式中 V——财务净现值，10^4t。

当 V=0 时，S_c 为经济极限井网密度，dV/dS_c=0 时为合理井网密度。

令：

$$y_1 = C_1\left[E_d e^{\frac{\frac{-a\phi S_o h}{K^{1.5}M^{0.5}\exp\left(1.75405M^2+4.18612M-4.73168\right)^{-1}}}{S_c}} - R_T\right] + C_3 \quad (3\text{-}3\text{-}16)$$

$$y_2 = C_2\left(AS_c - n\right) \quad (3\text{-}3\text{-}17)$$

$$y_3 = C_1\frac{a\phi S_o h / S_c{}^2 E_d e^{\frac{-a\phi S_o h}{K^{1.5}M^{0.5}\exp\left(1.75405M^2+4.18612M-4.73168\right)^{-1}}/S_c}}{K^{1.5}M^{0.5}\exp\left(1.75405M^2+4.18612M-4.73168\right)^{-1}} \quad (3\text{-}3\text{-}18)$$

$$y_4 = C_2 A S_c^{\ 2} \tag{3-3-19}$$

采用曲线交会法，当 $y_1=y_2$ 时，可求得经济极限井网密度；当 $y_3=y_4$ 时，可求合理井网密度。

第四节　注采耦合设计方法

复杂断块油田进入高含水开发阶段后，流场固化现象明显，剩余油高度分散、局部富集。在井网密度较大、不具备设计新井挖潜剩余油的条件下，可以利用优化注采设计实现这部分剩余油的有效动用。本节将重点介绍三类注采耦合设计方法，包括注采耦合液量优化、流线改向优化和周期性交替注水。

一、注采耦合液量优化方法

在相同注采井网条件下，注水井和采油井的注采液量不同，开发效果会有很大差距。液量优化相对其他提高采收率方法具有成本低，易操作的优点，而传统的液量优化主要依靠生产动态进行液量劈分，不确定性较强，因此需要制定一种精确度高的定量优化策略。本部分介绍一种基于流线簇的液量优化方法。

1. 优化原理

在进行液量优化过程中，某一口井在新时间步的液量等于与该井相连的流线簇的新时间步流量之和，而流线簇新时间步流量可以看作当前时间步流线簇流量与权重的乘积，即：

$$F^{t+1} = \sum f_{ij}^{t+1} \tag{3-4-1}$$

$$f_{ij}^{t+1} = f_{ij}^{t} \times W_{ij} \tag{3-4-2}$$

式中　F^{t+1}——井在新时间步的注采液量，m^3/d；

f_{ij}^{t+1}——流线簇 ij 在新时间步的流量，m^3/d；

f_{ij}^{t}——流线簇 ij 在当前时间步的流量，m^3/d；

W_{ij}——流线簇 ij 对应的权重，无量纲。

因此，求取优化后注采液量的问题变成了求取流线簇 ij 对应权重的问题。

2. 权重的确定

一个注采井组内各个注采井间的流线簇流量除了与渗透率有关外，还与储层厚度有关，为了充分考虑在液量优化中油层厚度的影响，提出单位地层系数流线簇流量的概念。

$$\overline{SF_{ij}} = \frac{SF_{ij}}{Kh} \tag{3-4-3}$$

利用流线簇流量和流线簇潜力进行液量的优化。由于两项参数单位不同，为了方便计算，将它们进行归一化处理，公式如下：

$$\beta_{\mathrm{F}ij}=\overline{SF_{ij}}\,/\,\overline{SF_{\max}} \tag{3-4-4}$$

$$\beta_{\mathrm{P}ij}=SP_{ij}\,/\,SP_{\max} \tag{3-4-5}$$

式中 $\beta_{\mathrm{F}ij}$——流线簇流量 ij 归一化结果，无量纲；

$\beta_{\mathrm{P}ij}$——流线簇潜力 ij 归一化结果，无量纲。

权重定义为归一化的流线簇流量与归一化的流线簇潜力之比，即：

$$W_{ij}=\beta_{\mathrm{F}ij}\,/\,\beta_{\mathrm{P}ij} \tag{3-4-6}$$

权重 W_{ij} 大于 1 时，说明流线簇 ij 的流量相对较大，应减少该流线簇的流量；反之，当权重 W_{ij} 小于 1 时，说明流线簇 ij 的流量相对较小，应增加该流线簇的流量；当权重 W_{ij} 等于 1 时，该流线簇的流量可不做调整。

3. 提液时机的确定

以油水相对渗透率曲线为基础，作含水率、含水上升率—采出程度关系曲线和无量纲米采液指数、无量纲米采油指数曲线，依据曲线判断当含水上升率开始大幅下降、无量纲米采液指数上升时即为最佳提液时机。

最大注水量为：

$$Q_{\max}=\Delta p_{\max}\cdot J_{\mathrm{L}}\cdot H \tag{3-4-7}$$

式中 $Q_{\max}$——最大注水量，$\mathrm{m^3/d}$；

Δp_{Lmax}——最大注采压差，MPa；

J_{L}——比吸水指数，$\mathrm{m^2/(d\cdot MPa)}$；

H——储层厚度，m。

二、注采耦合流线改向方法

针对原有注采井网长期注水导致的流场固化现象，通过改变注采井别来改变注采方向，挖潜滞留区形成的剩余油，达到均衡渗流场的目的。

经过长期注水开发，注采井网中往往会在相同井别之间形成滞留区，此部位剩余油在注采井网不变的情况下一般难以动用（图 3-4-1）。

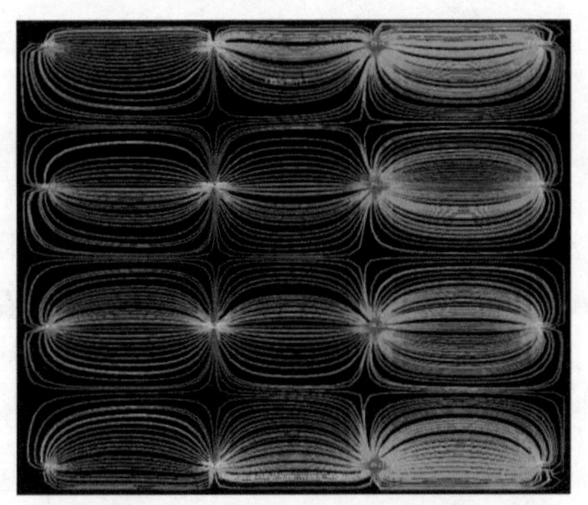

图 3-4-1 长期注水开发的流线分布图

在原有井网的基础上，可以通过改变部分注采井别，改变注采方向，使原来的滞留区变为主渗流区、原来的主渗流区变为滞留区，实现井网控制范围内剩余油的有效动用（图 3-4-2）。

图 3-4-2　改变注采方向后的流线分布图

三、注采耦合周期交替注水方法

针对层内和层间的强非均质引起的流场固化现象，利用周期性交替注采挖潜剩余油，提高波及系数，实现均衡渗流场的目的。大量矿场实践表明，周期交替注水是改善水驱开发效果比较经济有效的措施。

1. 技术原理

通过周期性及方向性地改变注水量和注入压力，可以在储层中形成不稳定压力场，引起地层中的油水不断交换并重新分布。在注水升压阶段，注水量增大，高渗透段较低渗透段压力高，油水从高渗透段流向低渗透段，低渗透段内的剩余油会出现排驱作用，直到高渗透段与低渗透段的压力与毛细管压力达到平衡；在注水井停注、采油井开井生产阶段，高渗透段与低渗透段的高渗透段较低渗透段压力低，同时受到毛细管压力和弹性力的作用，稳定注水状态下无法驱替的低渗透层内的剩余油将流出，同时又通过方向性地调整扩大波及体积，减少波及死角滞留区，使低渗透层内及未波及区域中的油被采出。矿场实践中，可以在层间及井间进行周期交替注水操作（图 3-4-3）。

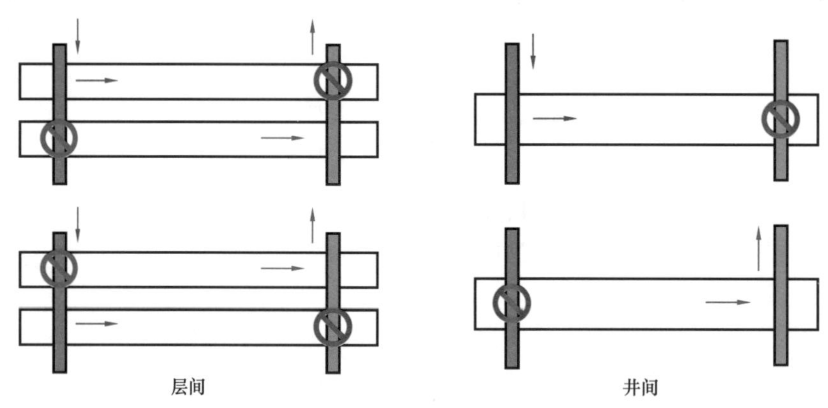

图 3-4-3　注采耦合周期性交替注采示意图

2. 适用条件

在油田开发过程中，周期注水适用于不同条件的油藏。周期注水对均质储层无影响，但在纵向上非均质性强的储层的效果较明显；还适用于低黏度的原油，注水效果随油水黏度比的增大而降低；周期注水对亲水性和亲油性的储层都适用，但周期注水是利用岩石毛细管压力作用，毛细管压力越大，亲水性越好，使注入水将部分油从低渗透层中驱替出来，因此，亲水性油藏效果更好。油藏封闭才能使地层压力在短时间内恢复到预定的较高的压力水平上，所以实施周期注水的油藏最好是封闭的。

3. 注水周期的确定

周期注水的周期，可以认为是一个时间段，在这个时间段内井底压力波动大小及在油水井之间储层中的分布是有规律的变化，即注水周期必须使注水井与采油井之间的压力在一定范围内变化。一般认为，注水时压力由注水井井底开始经过一段时间传播到采油井井底，采油井开始见效，见效时间为 t，压力传导的距离一般为井距 L，理论上注水周期采取见效时间的一半，以保证压力持续传导，维持地层能量，因此注水半周期的计算公式为：

$$T_{半周期}=\frac{C_t \mu \phi L^2}{2K} \tag{3-4-8}$$

式中 $T_{半周期}$——注水周期，d；
C_t——综合压缩系数；
μ——流体黏度，mPa·s；
ϕ——储层孔隙度，%；
L——注采井距，m；
K——储层渗透率，mD。

式（3-4-8）表明，周期注水的周期与地层渗透率成反比，即渗透率越低，压力传播速度越慢，注水周期越长，反之，渗透率越高；当关井时，压力下降速度快，压力传播速度快，需要的注水周期就越短。在实际生产过程中，压降速度不仅与渗透率有关，还与有效厚度有关，也就是与地层系数对应关系更明显，所以在确定注水周期时，计算出的理论周期要根据地层系数调整，相同渗透率下有效厚度较大可适当缩短注水周期。

4. 注水量的确定

注水开发的一个基本要求是要保持注采的平衡，周期性注水开发也是一样，年度总注水量的确定应根据油井往年的产量和其综合含水率，并参考当前区块的压力水平，采用阶段注采平衡的原则来进行测算。在通常的情况下，一般将周期注水总量确定为连续注水总量的 70% 左右。

（1）年总注水量：

$$Q_w = 0.7 \cdot N \cdot V_o \left(B_o + \frac{B_w \cdot f_w}{1 - f_w} \right) \tag{3-4-9}$$

（2）每个周期注水总量：

$$Q_{wp}=\frac{Q_w C_t \mu \phi L^2}{730K} \tag{3-4-10}$$

式中 N——地质储量，10^4t；
V_o——当前采油速度，%；
B_o、B_w——原油、水的体积系数；
f_w——含水率，%。

第五节　调剖调驱技术

大港油田属典型的复杂断块油田，储层非均质性较强，注水开发过程中易产生突进，严重影响开发效果。特别是进入高含水期，经过长期注水冲刷，大孔道、高渗透带更发育，储层非均质性加剧，层间矛盾、层内矛盾和平面矛盾更为突出，水驱波及体积减小，开发效率下降。调剖技术是通过向地层中注入化学剂，限制或降低高渗透层段吸水能力，调整注水井吸水剖面，达到改善水驱波及体积的作用。调驱技术是向地层注入可动凝胶类化学剂封堵优势通道或高渗透条带，实现后续注入流体在地层深部的液流转向，从而扩大波及体积，改善开发效果；调驱剂在地层运移过程中，可通过降低水相相对渗透率、改善流度比、动力捕集等机理提高驱油效率，因此调驱技术是调剖技术的发展，它不仅调整吸水剖面，改善地层深部的非均质性，还可提高驱油效率。调驱既是改善二次开发水驱开发效果的主导技术，也是三次采油化学驱的先导性试验，调驱用的交联聚合物、微球等也是化学驱的驱油剂，由这些化学剂在调驱中的效果可以预见它们在同一油藏中化学驱的效果。

一、调驱剂与储层的匹配技术

调驱剂主要是通过对水流优势通道进行封堵而使液流在地层深部转向，因此需要根据不同的地层渗透率或水流优势通道大小选择适宜封堵强度的调驱剂，以达到理想的调驱效果。为此，采用填砂管模型，通过综合评价不同粒径、浓度、强度的调驱剂在不同渗透率填砂岩心中的注入性能、深部运移性能、封堵性能等指标，形成了预交联体膨颗粒、延缓交联聚合物凝胶和凝胶微球三种主体调驱剂与油藏渗透率的匹配技术。

1. 预交联体膨颗粒与油藏渗透率的匹配性

预交联体膨颗粒调驱剂是目前现场应用广泛的一类颗粒类调驱剂，颗粒粒径与岩石喉道的合理匹配是保证调驱施工效果的基础。若预交联体膨颗粒的粒径与岩石喉道半径不匹配，将会出现颗粒封堵在井口附近而不能向地层深部运移，或颗粒虽然进入地层并向深部运移，但起不到对优势通道的封堵作用，无法使后续驱替液绕流而扩大波及体积。

毫米级预交联体膨颗粒因其粒径较大，填砂管注入过程中注入端端面堵塞现象较明显，在岩心管中的深部运移性能也较差，适应于特高渗透率岩心。

2. 延缓交联聚合物凝胶与油藏渗透率的匹配性

延缓交联聚合物凝胶是目前国内外应用最为广泛的调驱剂。延缓交联聚合物凝胶一般由聚合物和交联剂组成，进入地层后发生交联反应生成凝胶或冻胶，属整体成胶。成胶后仍具有一定流动性，在地层中的封堵是动态的，在一定条件下可运移，具有深部调驱的作用。

对于部分水解聚丙烯酰胺、重铬酸钠、硫代硫酸钠体系，在渗透率为 3～100D 的填砂管岩心中均表现出良好的注入性、深部运移性能、封堵性能和耐冲刷性能，具有良好的调驱适应性。

3. 凝胶微球与油藏渗透率的匹配性

凝胶微球初始尺寸根据需要可制成纳米级、微米级和亚毫米级，封堵机理是利用微球遇水膨胀和吸附的特性封堵地层孔喉，实现液流改向，并且由于微球的弹性良好可以向深部运移，具有逐级调剖的特性。

凝胶微球SMG的初始粒径为几十微米至上百微米。当填砂管岩心的渗透率不超过5D时，凝胶微球SMG表现出良好的注入性、深部运移性能、封堵性能和耐冲刷性能，但当渗透率超过5D后，封堵性能较差，不能有效封堵优势通道。因此，与凝胶微球SMG配伍的岩心渗透率范围为5D以下（表3–5–1）。

表3–5–1 不同类型调驱剂与不同渗透率岩心的配伍性

渗透率（D）	预交联体膨颗粒	延缓交联聚合物凝胶	凝胶微球SMG
3	差	好	好
5	差	好	较好
10	差	好	差
50	差	好	差
100	差	好	差
150	好	—	差
200	较好	—	差

从三种调驱剂与不同渗透率的匹配性来看，预交联体膨颗粒调驱剂适应高渗油藏，延缓交联聚合物凝胶调驱剂适应中—高渗透率油藏，凝胶微球适应相对低渗透率油藏。不同的体系具有不同的适应范围，实际应用过程中，应根据地层渗透性和优势通道发育情况选择相匹配的单一调驱剂或复合调驱剂。

二、多段塞复合凝胶调驱技术

调驱技术起源于20世纪80年代，经过几十年的发展，特别是调驱剂的研发成为国内外研究机构和油田单位研究和应用的热点，取得了一系列成果。大港油田经过长期研究和现场应用，形成了适应本油田实际情况的几类主体调驱技术。

1. 延缓交联聚合物凝胶调驱技术

延缓交联聚合物凝胶调驱剂一般由聚合物和交联剂组成，聚合物主体应用部分水解聚丙烯酰胺，交联剂主要有两大类，即金属离子交联剂和酚醛类交联剂。该体系具有延缓交联的特点，注入时为聚合物特点，进入地层后交联反应生成凝胶或冻胶，因此具有注入性好、可实现深部调驱、施工安全性高等特点。同时可以通过调节聚合物和交联剂的浓度得到不同强度的凝胶，其强度调节范围宽，从几千毫帕·秒到十万毫帕·秒以上，从而适应的油藏渗透率范围也宽。延缓交联聚合物凝胶是整体成胶，形成的封堵体的有效体积大。该凝胶在地层多孔介质中成胶后仍具有一定的流动性，一方面可通过对高渗透带的暂堵作用，使后续注入液体转向扩大波及体积；另一方面当压力梯度增加到一定程度后，可以使延缓交联聚合物凝胶向前推动，直到在新部位再次形成暂堵，达到逐级暂堵逐级扩大波及的作用。大港油田 80% 以上的调驱井中应用到该体系，应用范围广，适应性好。

2. 预交联体膨颗粒调驱技术

预交联体膨颗粒是聚合物与交联剂由地面合成、烘干、粉碎、分筛制备而成，避免了延缓交联聚合物凝胶体系地下不成胶、抗温、抗盐性能差等弊端，具有广泛的适应性。其粒径可在微米级至毫米级之间根据需要生产，具有吸水膨胀的性能，吸水后在外力作用下可发生一定程度的可逆变形。可通过调整体系配方和加工工艺调节膨胀倍数和膨胀速率。预交联体膨颗粒的封堵能力强，不受水质的限制，施工简单，但密度较大时，注入性受影响。该调驱剂在大港油田应用广泛，已在 65% 以上的调驱井中应用，技术成熟度较高。

3. 凝胶微球调驱技术

凝胶微球采用微乳聚合合成技术，制备出初始尺寸为纳米级、微米级的系列活性微球，通过调整单体配比、合成反应条件可以调整微球的水化时间、吸水倍数。凝胶微球注入过程中会产生颗粒相分离现象，颗粒在大孔隙中聚集形成桥堵，而携带液进入小孔隙中驱油，具有“堵大不堵小”的封堵特性和“调”“驱”同步的作用。该调驱剂受水质影响小，并可实现在线注入，在大剂量、长期性深部调驱试验中具有优势，但其封堵能力较弱，适应的渗透率相对较低。主要用于低渗透率油藏及压力上升空间小的单井地层深部处理。

4. 无机复合调剖技术

大港油田应用的无机复合体系主要是石灰乳水泥类，通过调节水灰比，可以得到悬浮体到类似水泥的固结体。该体系的优点有不受水质温度限制、成本低、封堵强度高等，但同时也存在注入性差、不能进入地层深部、注入时对低渗透层有伤害、施工过程中安全把控要求高等不足，因而主要用于优势通道发育特别严重的单井或低压亏空井治理。

5. 涂层凝胶调驱技术

涂层凝胶是一种双液法调驱技术，先注入 A 剂，沿大孔道进入地层并吸附在岩石孔壁上，注入 B 剂后，与 A 剂发生化学反应，形成沉淀涂层继续吸附在孔壁。如此多次交替注入 A 剂、B 剂，吸附层逐渐变厚，优势通道逐渐变窄，流动阻力加大，使后续液流转向。该体系注入性好，适应井筒条件范围广，耐温性好，凝胶化反应不受矿化度影响，长期稳定性好。主要用于特高含水油藏的深部处理。

6. 多段塞复合凝胶调驱技术

研究及应用表明，不同调驱体系的复合应用可以发挥每个体系的优点，进一步延展其适应范围，提高应用效果。复合应用可以是有机体系与有机体系的复合，也可以是无机体系与有机体系的复合，预交联体膨颗粒与延缓交联聚合物凝胶的复合应用是最主要的方式。对于窜流通道发育严重的水井，采用封堵强度高的无机复合体系先封堵窜流通道，然后用预交联体膨颗粒、延缓交联聚合物凝胶体系进一步调整地层非均质性。对于窜流通道发育、注采矛盾明显的水井，前缘段塞注入预交联体膨颗粒与延缓交联聚合物凝胶的混合体系或延缓交联聚合物凝胶体系，防止调驱剂窜至油井，后续再注入预交联体膨颗粒或延缓交联聚合物凝胶体系。对于存在注采矛盾的特高含水油藏，复合应用涂层凝胶与颗粒类调驱剂，更有效地实现治理目的。对于区块整体大剂量深部调驱治理，采用预交联体膨颗粒与延缓交联聚合物凝胶等体系封堵高渗透层，凝胶微球封堵低渗透层中的主流通道，从而大幅提高波及系数，显著提升采收率。

调驱段塞设计中多段塞应用效果优于单段塞。单段塞注入过程中，调驱体系在惯性作用下沿着同一优势通道向前推进，难以实现对不同发育程度的优势通道和高渗透条带的逐级治理。多段塞注入过程中，不同体系、不同强度调驱剂在前一段塞的基础上由于流动阻力、流动状态的改变，自动转向进入新的优势通道或条带，从而实现对优势通道的逐级封堵，更大程度地扩大波及体积。当封堵难度较大时，采用强度逐渐增大的楔式段塞组合方式可以建立更大的封堵强度，提高封堵能力；当需要对地层深部进行治理时，采用强—弱—强的“哑铃”式段塞组合方式，强前缘段塞可以抵消地层吸附、稀释等作用对体系性能的影响，弱中间段塞实现对次级优势通道封堵的同时，由于降低浓度从而降低处理费用，强后置段塞减弱后续注水对调驱剂的冲刷作用，可延长有效期。

三、疏堵结合调驱技术

大港油田部分注水井初期压力并不高、长期注水开发后因近井地带无机、有机堵塞导致的高压注水井也存在平面上或纵向上的注采矛盾，需要进行调驱治理。但高压注水井由于注水压力高且与系统压力之间的压差很小，采用常规调驱方法，一方面过高的挤注压力给现场施工安全操作带来不可估量的潜在风险，另一方面调驱后注水压力进一步上升，将面临无法完成配注甚至注不进水的风险，影响正常注水开发。为此，开发了疏堵结合调驱技术，将解堵与调驱工艺有机组合，既疏通近井地带的堵塞，降低注水压力，又封堵远井处的水流优势通道，扩大波及体积，提高注水开发的有效性，实现控水稳油。

1. 多功能复合解堵体系

近井地带堵塞物包含机械杂质、运移颗粒、无机垢等无机物和胶质沥青、聚合物、凝胶等有机物，针对开发的多功能复合解堵体系包含酸、破胶剂、表面活性剂、防膨剂、缓蚀剂、铁离子稳定剂等组分，具有对无机垢、黏土颗粒的溶蚀作用，对聚合物、凝胶等的破胶作用，对沥青胶质等有机垢的清洗作用，同时还兼具良好的防膨、缓蚀、铁离子稳定、助排性能（表 3–5–2），避免二次伤害堵塞、管柱腐蚀等，可以有效解除近井地带的伤害，提高地层渗透率。

表 3-5-2 多功能复合解堵体系性能

滤饼溶蚀率（%）	凝胶破胶率（%）	原油清洗率（%）	界面张力（mN/m）	防膨率（%）	90℃、N80 钢片腐蚀速率［g/（m^2·h）］	铁离子稳定能力（mg/mL）
58.5	93.8	94.5	2.17	90.3	0.39	12.5

2. 调驱体系

疏堵结合调驱技术用调驱剂需要与解堵体系具有良好的配伍性才能发挥协同作用，否则在注入过程中将被降解而失去调驱作用。将交联后耐酸调驱体系放入解堵体系中浸泡不同时间后，用清水冲洗，在 80℃下烘干。对比浸泡前后的质量，浸泡 3.5h 后溶蚀率低于 20%，强度、韧性无明显变化，无破胶现象，配伍性较好（表 3-5-3）。

表 3-5-3 调驱体系与解堵体系的配伍性实验数据

调驱体系配制用水	浸泡前胶体重量（g）	0.5h		1.5h		2h		3.5h	
		质量（g）	溶蚀率（%）	质量（g）	溶蚀率（%）	质量（g）	溶蚀率（%）	质量（g）	溶蚀率（%）
枣一联	232.5	232.5	2.93	221.5	7.52	217.5	9.19	209.5	12.53
官一联	214.5	214.5	4.46	203.5	9.36	200.5	10.69	182.5	18.7

3. 疏堵结合调驱施工工艺

疏堵结合调驱施工管柱一般采用当前注水管柱不动管柱施工，但要求井筒及管柱状况良好。按调驱、解堵的施工顺序不同，可分为三种施工工艺：

“二步法”施工工艺：即“解堵→调驱”施工工艺，适用于近井地带有伤害、单层突进不明显的高压水井。

“三步法”施工工艺：即“调驱→解堵→调驱”工艺，适用于层间吸水差异大，存在高渗透层注水突进的高压水井。

“四步法”施工工艺：即“解堵→调驱→解堵→调驱”工艺，适用于近井地带受伤害程度严重，注水单层突进不明显的高压水井。

如 G28-47 井自 2006 年以来，已实施 6 轮次调驱治理，日注水 80m^3，注水压力由 12.5MPa 上升到 26.5MPa，近井地带存在堵塞而造成注水井高压。吸水剖面显示主力层吸水逐渐加强，受益油井含水率上升，产量降低，存在调驱需求。采用“解堵→调驱→解堵→调驱”“四步法”施工工艺治理，两次解堵后注入“延缓交联聚合物凝胶 + 预交联体膨颗粒”复合调驱体系，扩大注水波及体积，改善水驱开发效果。第一次注入解堵液 30m^3 后泵压由 28MPa 降至 12MPa，随后注入调驱液 110m^3，泵压由 12MPa 升至 18MPa，第二次注入解堵液 22m^3，泵压又由 18MPa 降至 15MPa，接着再注入调驱液 1500m^3，泵压由 15MPa 逐渐升至 24.8MPa（图 3-5-1）。恢复注水后，日注水 80m^3，注水压力由 26.5MPa 下降至 24MPa，对应油井见到明显效果，累计增油 2933t，有效期达 21 个月。

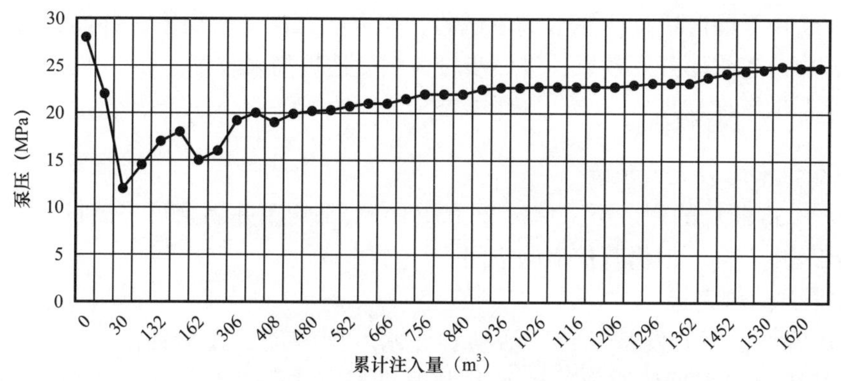

图 3–5–1 G28–47 井施工压力与注入量变化曲线

四、深部调驱提高采收率技术试验

目前，全国大部分油田已进入高含水开发阶段。面对新发现资源品位不断降低的现实，进一步挖掘老油田潜力再次成为油气开发的焦点。为此，中国石油于 2007 年正式提出了老油田二次开发工程，通过采用全新的理念和重构地下认识体系、重建井网结构、重组地面工艺流程的“三重”技术路线，立足当前最新技术，重新构建新的开发体系，大幅度提高油气田最终采收率，实现安全、环保、节能、高效开发的战略性系统工程，并创新性地提出“对水流优势通道等难以用层系井网解决的矛盾，利用深部调驱技术改善水驱，实现更好的水驱波及”，并将深部调驱技术定位为“在二次开发层系、井网完善的基础上，改善水驱开发效果、进一步较大幅度提高采收率的主体配套技术”，从而将调驱技术从单纯的增油措施升级到提高采收率技术，并在中国石油所属的各油田部署开展技术研究和现场试验。大港油田 G 979–938 断块作为高温、高盐油藏的代表被列为重大开发试验项目之一。

1. 区块基本概况

G 979–938 断块主要含油层位为孔一段枣Ⅱ油层组、枣Ⅲ油层组、枣Ⅳ油组，油藏埋深 2727.6～3238.4m，含油面积 2.0km^2，可采储量采出程度 93.29%，综合含水率 96.97%，已处于特高含水高采出程度开发阶段。储层平均孔隙度 17.6%，平均渗透率为 62.0mD，属于中孔隙度、中渗透率储层，层间和平面的非均质性均较强。原油密度 0.8891g/cm^3，地面脱气原油黏度 180.34mPa·s，凝固点 40.9℃，地层水水型主要为 $CaCl_2$ 型，总矿化度 36235mg/L，油层温度 113℃。

G 979–938 断块自 1982 年正式投入开发，同期注水，先后经历了上产稳产、产量递减和产量回升三个阶段，区块产量 1988 年达到最高，日产油 1122t，2011 年降至日产油 90.86t。2008—2011 年，通过开展“油田开发基础年”活动和注水专项治理工作，开发效果趋于好转，根据开发效果评价标准，开发水平由三类上升到一类。但由于平面及层间、层内的非均质性强，剩余油高度分散于主力单砂层，在目前的开采方式下，难以有效提高采收率，因此需要探索新的技术途径。为此由中国石油天然气股份公司立项，在

G 979–938 断块开展区块整体深部调驱试验，探索在二次开发层系、井网完善的基础上，通过深部调驱改善水驱开发效果，进一步较大幅度地提高采收率。

2. 深部调驱可行性

1）剩余油潜力较大

G 979—938 断块的剩余可采储量 26.03×10^4t，平均单井剩余可采储量 1.04×10^4t。尽管区块采出程度较高，但仍有挖潜的空间。

2）注采井网较完善

通过开展“油田开发基础年”活动和注水专项治理工作，具备了较完善的注采井网与层系基础，注水见效明显，油水井井况良好。注采井数比 1 ∶ 1.14，平均井距为 173m，注采对应率 83.8%，水驱控制程度 87.7%。生产油井全部受益，其中 80% 的井双多向受益。

3）注水压力具有上升空间

区块 2005—2010 年调剖井平均注水压力升幅为 3.8MPa，2011 年平均注水压力与系统压差为 7.2MPa，能够保证正常施工及治理后正常注水。

4）常规调驱技术应用效果明显

2005—2010 年，所在油田共实施常规调驱 34 井次，累计增油 1.74×10^4t，平均单井组增油 512t。尽管多轮次调驱也取得了较好的效果，但随着调驱轮次的增加，实施效果呈现下降趋势，因此需要探索新的实施方式。

3. 调驱层位及井网设计

综合考虑以下因素进行调驱层位及井网设计优化：

（1）调驱层位主要针对发育稳定、剩余储量较大的主力油层；

（2）调驱井网立足现有注采井网，优选注采对应率高、注水见效明显、井况良好且有一定压力上升空间的井组。同时针对局部注采井网欠完善井区，实施更新水井或大修恢复。对注水见效不明显、注水困难及井筒存在问题的井组均不纳入调驱井网。

调驱目的层为枣Ⅱ、Ⅲ、Ⅳ全套油层组，不细分。调驱井网为 16 注 22 采，分别占水井油井开井数的 72.7%、88.0%，覆盖含油面积 1.31km^2，地质储量 549.87×10^4t；22 口调驱受益井中，双向及多向受益井 17 口，占受益油井的 77.3%。

4. 水流优势通道识别

水流优势通道识别对提高调驱措施的有效性起着至关重要的作用，但缺乏高效准确的技术方法。为此，充分应用调驱现场实践中积累的经验法，结合模糊综合评判法进行水流优势通道的综合识别。

1）经验法

在 PI 决策的基础上，建立区块注水井间注水压力、压降速率、吸水强度及水驱速度的相关性及规律，评判水驱状况。将注水井水流优势通道发育情况分为窜流严重、窜流发育、无窜流三种，分别用 A 类井、B 类井、C 类井表示。应用经验法识别出 A 类井、B 类井、C 类井分别有 5 口井、7 口井、4 口井（表 3–5–4）。

表 3-5-4 经验法识别水流优势通道主要特征指标

类别	主要特征指标				动态现象
	注水压力（MPa）	压降速率（MPa/min）	吸水强度［m^3/（d·m）］	水驱速度（m/d）	
A 类井	＜15	＞0.1	＞6	＞5	注入水窜流现象明显
B 类井	15～20	0.05～0.1	3～6	＞3	注入窜流现象较明显
C 类井	＞20	＜0.05	＜3	＜3	无明显窜流现象

2）模糊综合评判法

模糊综合评判法从水流优势通道的影响因素和表现特征两个方面入手，首先运用理论分析及专家经验分别筛选出水流优势通道形成的影响因素，即水流优势通道形成必须具备的一些有利的地质条件，再筛选出水流优势通道形成后表现出的特征参数，并分析其相关特性，然后研究确定各因素的变化范围、归一化评判指标和权重值，最后利用模糊理论方法综合处理各种静动态因素指标，建立优势渗流通道定性识别专家系统模型。该方法综合考虑了多种影响因素指标和动态表现指标，利用层次分析法对每个指标的影响程度加以比较，得出其权重，最后得出综合评价指标，借此来判断优势渗流通道的存在与否。

应用模糊综合评判法识别出 A 类井、B 类井、C 类井分别有 5 口井、6 口井、5 口井。

综合经验法与模糊综合评判法识别结果，A 类井、B 类井、C 类井分别有 5 口井、7 口井、4 口井，为后面调驱方案的分类设计打下基础。

综合应用产量和压力综合数据，建立井间关联度计算数学模型，得到了每个油水井间的注采关联性和窜流通道的窜流方向。结合产吸剖面和测井解释结论，得到了纵向窜流层位主要分布在 ZⅢ-1-2 层至 ZⅣ1-1-4 层，这些层也是主力油层，长时间注水驱油导致窜流的发育。

通过测井解释资料或常规监测资料建立渗透率分布函数，再用数值方法计算出油水井含油层段的大孔道地质参数（表 3-5-5），包括渗透率及其厚度和孔喉半径，为后面设计微球孔喉匹配提供依据。

表 3-5-5 窜流通道参数计算结果表

井号	渗透率 50～100mD			渗透率＞100mD		
	厚度（m）	渗透率（mD）	孔道半径（μm）	厚度（m）	渗透率（mD）	孔道半径（μm）
X12-7-1	1.80	79.00	3.97	1.23	309.00	7.86
G979	7.50	77.00	3.94	1.08	302.00	7.77
X11-5-1	1.64	79.28	4.42	0.66	217.30	7.31

续表

井号	渗透率 50～100mD			渗透率＞100mD		
	厚度（m）	渗透率（mD）	孔道半径（μm）	厚度（m）	渗透率（mD）	孔道半径（μm）
X5–1–2	0.60	81.00	3.79	1.58	412.00	8.56
X6–0–1	4.70	79.00	3.74	0.97	282.00	7.08
X11–6–2	7.70	76.00	4.03	1.98	246.00	7.24
X7–0–1	5.22	77.00	5.22	2.73	190.00	8.22
X11–4–3	2.50	78.00	4.38	2.67	207.00	7.13
X11–4–1	5.40	77.00	4.36	2.09	196.00	6.95
XX6–1–2	1.80	79.00	3.86	3.06	662.00	11.16

5. 调驱体系优选

充分依据所在油田多年来调剖体系的现场应用经验，选择调剖效果好、工艺适应性强的体系；并充分考虑本次试验大剂量深部注入要求，综合成本因素，在室内评价认识的基础上，优选适合该油田高温高盐油藏条件的调驱体系。

所在油田 2005—2010 年实施的 34 井次常规调驱中，有 17 井次采用了“预交联体膨颗粒 + 延缓交联聚合物凝胶”复合体系，平均单井组增油量为 738t，高于平均水平，表现出良好的适应性，将其优选为 G 979–938 断块深部调驱用水流优势通道封堵体系。同时考虑大剂量深部调驱长期注入要求，选用凝胶微球 SMG 调驱剂用于封堵次级优势通道和提高驱油效率，该调驱剂可实现在线注入，降低施工成本。

依据小集油田调驱现场经验及调驱剂实验评价结果，采用前置 / 中间处理段塞 + 主体段塞的注入模式。其中前置 / 中间处理段塞采用“预交联体膨颗粒 + 延缓交联聚合物凝胶”的复合调驱体系，主体段塞采用凝胶微球 SMG 调驱剂。

6. 注入参数优化设计

注入参数优化设计采用数值模拟方法进行研究优化，调驱方案数值模拟的水驱部分采用 Eclipse 数值模拟软件中的 E100 黑油模型，三维两相；调驱部分同样采用 Eclipse 软件黑油模型，模拟时利用 POLYMER 聚合物参数基本原理，近似模拟调驱剂在储层中的运移、封堵，在实际模拟调驱效果时，主要是依据调驱剂剖面改善能力分析实验中得到的调驱体系在不同渗透率储层的分配关系，设置不同渗透率分区，给定不同的残余阻力系数来等效实现微球在储层中的选择性封堵以及增大波及面积的机理。

数模研究中，A 类井、B 类井由于水流优势通道发育，采用注入前置 / 中间处理段塞 + 主体段塞方式，封堵优势通道扩大波及体积与提高驱油效果相结合；C 类井因水流优势通道不发育，直接注入主体段塞，调驱一体。通过正交设计方法共设计 40 套方案进行数值模拟（表 3–5–6），从中优选出增油量最优方案。

表 3-5-6 数值模拟计算方案参数表

序号	因素	水平				
1	A 类井调剖剂浓度（%）	0.2	0.3	0.4	0.5	0.6
2	A 类井调剖剂日注量（PV/d）	1.8×10^{-4}	2.0×10^{-4}	2.2×10^{-4}	2.4×10^{-4}	2.6×10^{-4}
3	A 类井调剖剂总量（PV）	0.06	0.08	0.1	0.12	0.14
4	A 类井主段塞比例	0.75	0.8	0.85	0.9	0.95
5	A 类井主段塞个数（个）	1	2	3	4	5
6	B 类井调剖剂浓度（%）	0.1	0.2	0.4	0.6	0.7
7	B 类井调剖剂日注量（PV/d）	1.8×10^{-4}	2.0×10^{-4}	2.2×10^{-4}	2.4×10^{-4}	2.6×10^{-4}
8	B 类井调剖剂总量（PV）	0.06	0.08	0.1	0.12	0.14
9	B 类井主段塞比例	0.6	0.8	0.9	0.95	0.97
10	B 类井主段塞个数（个）	1	2	3	4	5
11	C 类井调剖剂浓度（%）	0.1	0.2	0.3	0.4	0.5
12	C 类井调剖剂日注量（PV/d）	1.8×10^{-4}	2.0×10^{-4}	2.2×10^{-4}	2.4×10^{-4}	2.6×10^{-4}
13	C 类井调剖剂总量（PV）	0.06	0.08	0.1	0.12	0.14

最优方案注入调驱剂总量为 0.1PV，合 $96.97\times10^4m^3$，其中 A 类井、B 类井、C 类井注入 PV 数分别为 0.12PV、0.1PV、0.08PV。方案预计增油 16.81×10^4t，提高采收率 3.06%。注入速度略低于调前注水速度，采取低排量注入，提高调驱剂在地层中的选择性。注入压力整体控制在低于系统压力 1～2MPa，其中前置段塞的注入压力上升幅度控制在单井允许压力上升值的 1/2 以内，对压力上升不理想的井实施中间段塞处理。

7. 现场实施及调整

区块深部调驱于 2011 年 8 月开始现场注入，于 2015 年 8 月完成，共计注入调驱液 $77.76\times10^4m^3$（0.073PV）。实施过程中，以保证试验效果为目标，及时进行方案优化调整。

一是为保证注采平衡，采取周期调驱方式。G938 断块 2012 年受更新井钻井停注及水井大修等因素影响，断块注采一度失衡，造成一定的地层亏空，日产液和日产油明显下降，通过采取“调驱与注水”交替注入方式，地层能量逐渐得到补充，断块生产好转并保持平稳。

二是为改善区块整体开发效果，扩大调驱注采井网。在方案设计时，断块部分水井由于井况原因等没有纳入调驱方案井网，但随着现场施工的开展，部分水井通过大修已经恢复正常生产，具备了调驱条件，部分方案外水井通过调驱也取得了良好的效果，因此为取得最佳试验效果，以改善区块整体开发效果为着眼点，以扩大注水波及体积为主要作用机理，在原调驱井网的基础上，进一步优化调驱井网，增加部分调驱井。

三是以井组生产动态为依据，优化调整段塞比例。对于前置段塞挤注压力没有达到设计指标的注入井，增加前置段塞的剂量或者提高段塞的强度；对于在主段塞注入过程压力上升不理想或对应油井生产形势变差的注入井，适时增加强凝胶中间处理段塞；对于完成了设计注入量的井，由于注水压力降低或者受益油井效果变差的情况，补充注入调驱剂。

通过及时有效的调整，调驱剂总注入量有所降低，前置 / 中间处理段塞比例上升，试验区水驱开发效果明显改善（图 3–5–2 至图 3–5–4）。实现连续 7 年产量增长并保持相对稳定（图 3–5–5），累计增油 12.21×10^4t，提高采收率 3.24%。

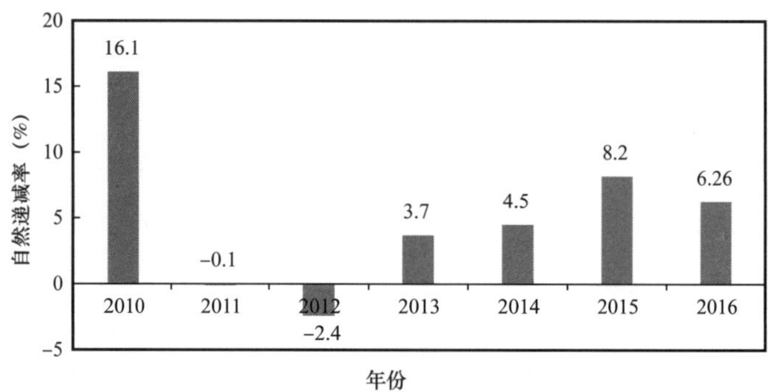

图 3–5–2　自然递减率变化图

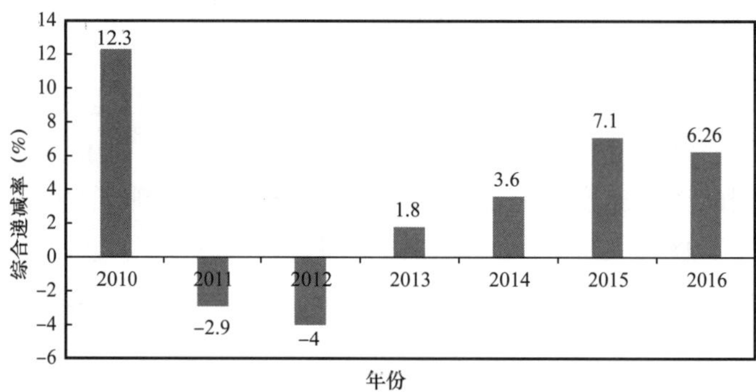

图 3–5–3　综合递减率变化图

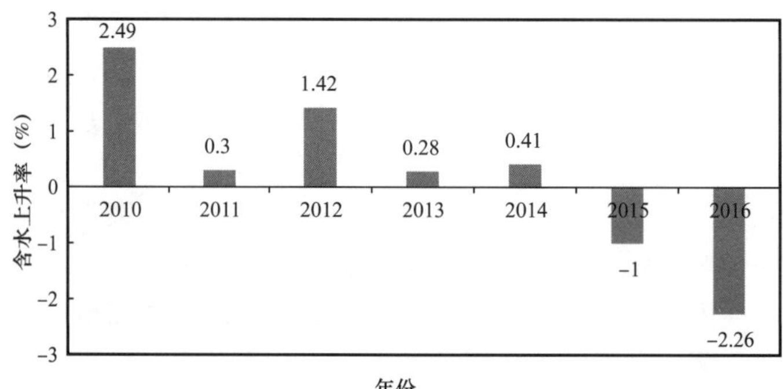

图 3–5–4　含水上升率变化图

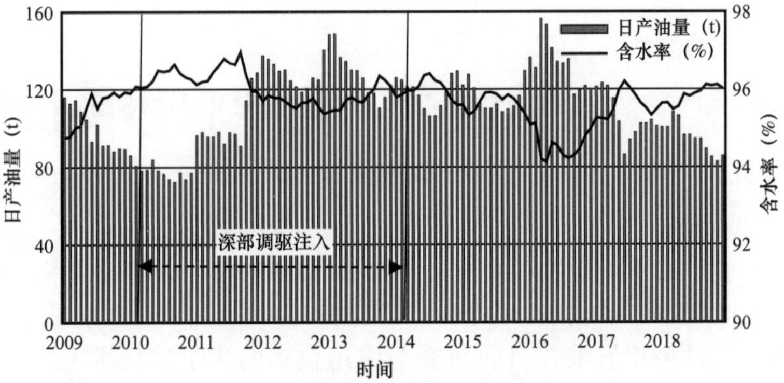

图 3-5-5　G979-938 断块生产曲线图

第四章　化学驱体系优化设计

化学驱是注水开发油田开发后期进一步提高采收率的重要接替技术，可以在水驱基础上较大幅度地提高原油采收率，在国内大庆油田、大港油田、胜利油田等均得到了较大规模的应用，经过多年发展，目前研究与应用较多的化学驱技术主要包括聚合物驱、聚合物 / 表面活性剂（简称聚 / 表）二元复合驱、聚合物 / 表面活性剂 / 碱（简称聚 / 表 / 碱）三元复合驱。聚合物驱是最早应用的化学驱技术，在早期复杂断块油田稳产过程中发挥了重要作用，但是采收率提高幅度相对有限；聚 / 表 / 碱三元复合驱提高采收率幅度大，但由于碱的存在会导致体系降黏、井筒结垢、采出液乳化等一系列问题难以解决，目前仍处于工业化推广的试验阶段；聚 / 表二元复合驱既可以发挥聚合物和表面活性剂的作用，又可以减少采出液乳化，消除碱引起的井筒结垢现象，是目前化学驱工业化推广的主体技术。

化学驱是一项系统工程，对化学驱机理的认识、化学驱油体系性能及相关参数的合理设计是化学驱能否见效的前提和基础。针对复杂断块油藏特点，经过多年研究与现场试验，更深入的认识了化学驱特别是聚 / 表二元复合驱驱油机理，围绕化学驱体系，形成了配聚用水处理技术、化学驱体系筛选评价及段塞优化技术，明确了化学驱体系对环境影响，保证了化学驱体系性能及现场实施效果。

第一节　化学驱油机理研究

化学驱提高采收率的机理主要包括两个方面：一是提高宏观及微观波及效率，二是提高洗油效率。多年来国内外有较多研究，但是关于复杂断块油藏强非均质条件下不同储层如何高效动用、残余油启动机制及乳化对提高采收率的贡献作用等机理尚不明确。因此，采用宏观大模型及微观模型等多种技术方法，系统研究了复杂断块油藏聚 / 表二元复合驱驱油机理，为化学驱体系优选及方案编制奠定基础。

一、聚 / 表二元复合驱对水驱剩余油启动机理

1. 基于三维大模型的不同渗透层驱油机制

1）实验条件

采用三维大型物理模型开展二元复合驱实验，分别得到各阶段含水率和采出程度变化规律，利用油水前缘监测系统绘制各阶段含油饱和度，分析化学驱阶段的驱油效果，细化各层含油饱和度变化。

（1）实验材料。

实验用油：采用脱水原油与煤油按一定比例配制而成的模拟油，53℃下的黏度为17mPa·s；聚合物及表面活性剂：2500万聚合物，BHS型表面活性剂，有效含量为40%。；实验用水：港西三区现场采出水；实验模型：纵向三层非均质高孔隙度岩心模型，尺寸为80cm×80cm×4.5cm，高渗透层、中渗透层、低渗透层的气测渗透率分别为3000mD、900mD、300mD，孔隙度为32%（图4-1-1）。

（2）实验方案。

水驱至含水率98%+聚合物驱0.25PV（C_p=1500mg/L）+二元复合驱［0.2PV（C_s=0.25%，C_p=2000mg/L）+0.2PV（C_s=0.2%，C_p=1500mg/L）］+后续水驱至含水率98%。

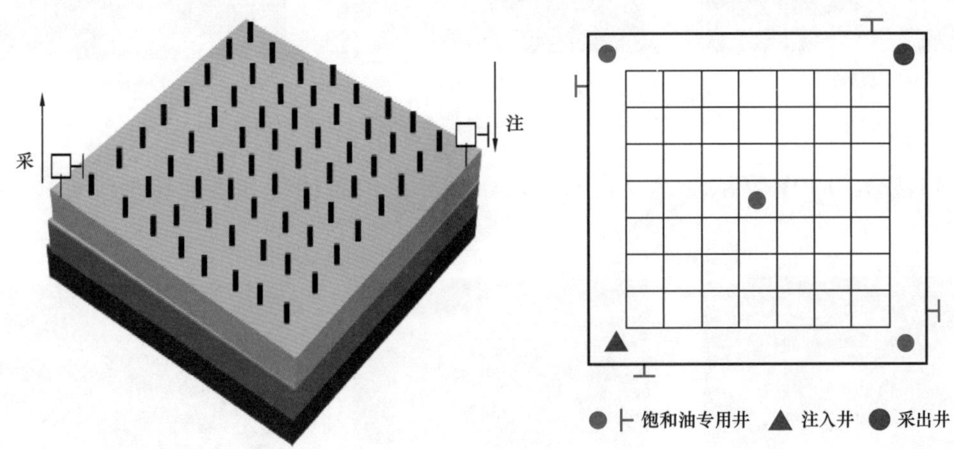

图4-1-1　实验模型和布井示意图

2）结果分析

（1）水驱阶段各层饱和度变化情况。

水驱阶段高渗透层含油饱和度最低，其次为中渗透层，低渗透层含油饱和度最高。由于注采井位于高渗透层，水沿高渗透层迅速推进，形成水窜，所以高渗透层水洗倍数大、驱油效果好，而低渗透层、中渗透层剩余油较多（图4-1-2）。

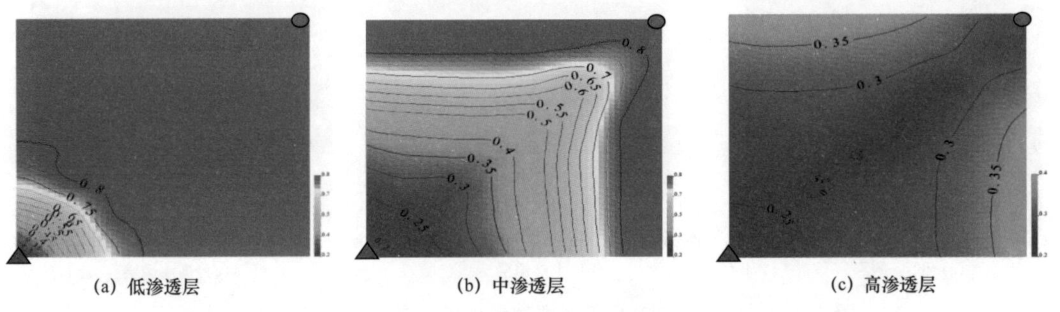

图4-1-2　水驱阶段各层含油饱和度变化情况

（2）聚合物驱结束各层饱和度变化情况。

由图4-1-3可见，由高渗透层到低渗透层含油饱和度、含油量递增，低渗透层的含油饱和度最高。低渗透层聚合物段塞也部分向前推进，这是由于聚合物溶液首先进入高渗透层，对大孔道进行封堵充满，渗流阻力逐渐增大，部分溶液开始绕流到中渗透层、低渗透层，中渗透层、低渗透层的前缘向前明显推进；中渗透层采出井周围明显开始波及；而高渗透层注入井周围剩余油相对较少，因此含油饱和度降低幅度小。

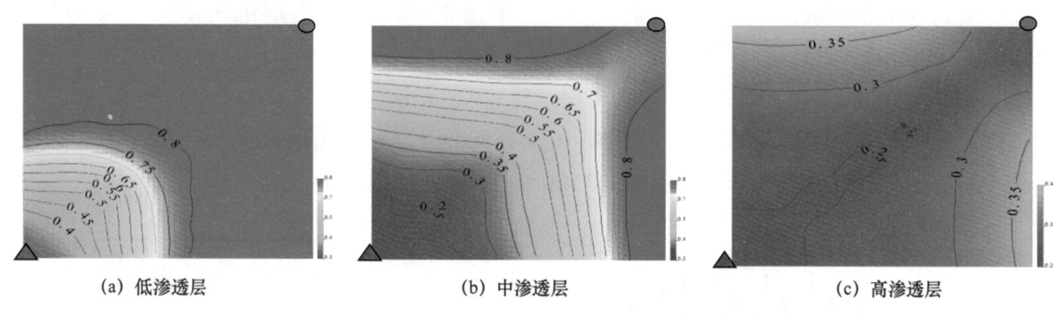

图 4-1-3　聚合物驱结束各层含油饱和度变化情况

（3）二元 0.2PV 高浓二元复合驱段塞驱替结束的含油饱和度变化情况如图 4-1-4 所示。

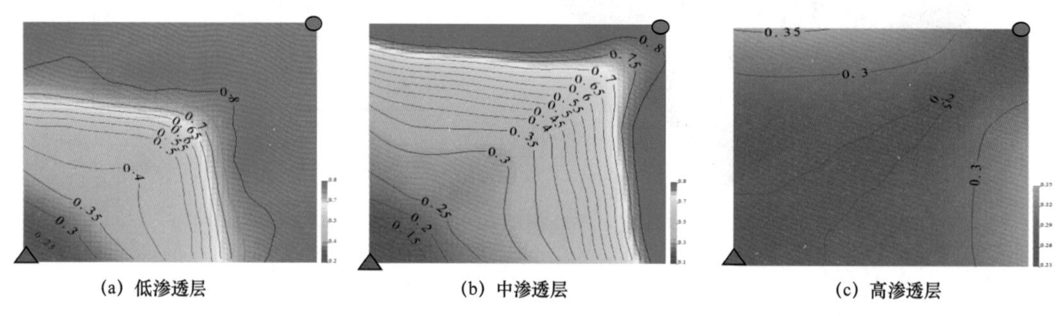

图 4-1-4　注二元 0.2PV 高浓段塞结束各层含油饱和度变化情况

（4）二元 0.2PV 低浓二元复合驱段塞驱替结束的含油饱和度变化情况如图 4-1-5 所示。

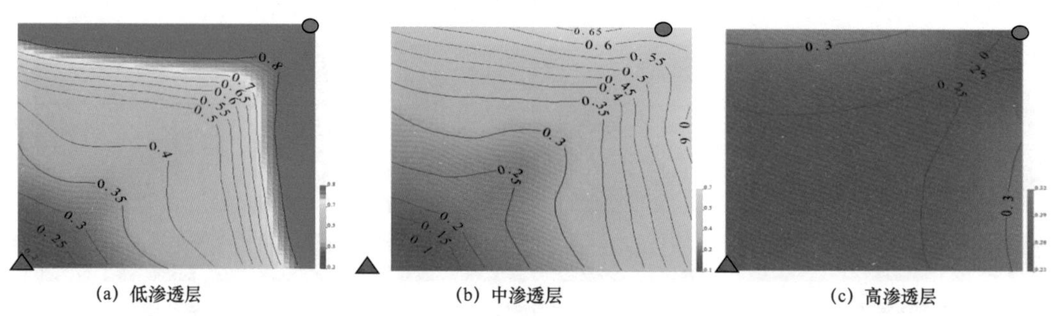

图 4-1-5　注二元 0.2PV 低浓段塞结束各层含油饱和度变化情况

（5）后续水驱结束的含油饱和度变化情况如图 4-1-6 所示。

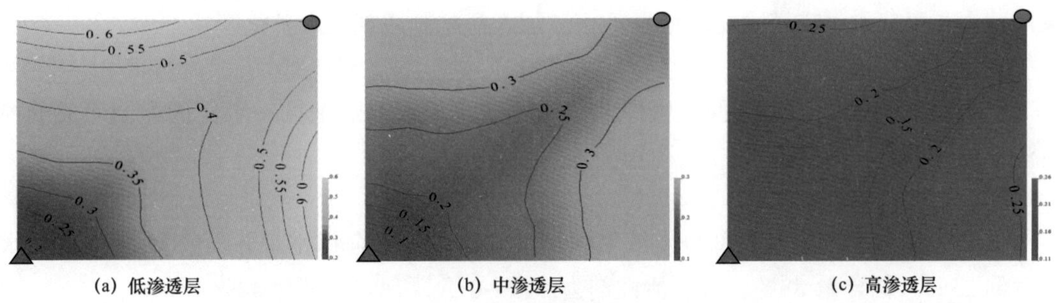

(a) 低渗透层　(b) 中渗透层　(c) 高渗透层

图 4-1-6　后续水驱结束各层含油饱和度变化情况

由图 4-1-4 至图 4-1-6 可以看出，二元 0.2PV 高浓段塞 +0.2PV 低浓段塞驱替结束后，低渗透层含油饱和度变化最为显著，说明注入体系起到了降低流度比、封堵优势水流通道、扩大波及体积的作用，使低渗透层剩余油启动程度最大、含油饱和度降低幅度最大。后续水驱结束后低渗透层、中渗透层剩余油得到进一步驱替动用，剩余油大幅减少。

表 4-1-1 反映了不同渗透层含油饱和度及波及系数的变化。聚合物驱转二元复合驱后，高渗透层波及系数已达到 100%，含油饱和度降低 5 个百分点，驱油机制主要以提高驱油效率为主；中渗透层波及系数增幅 40.62 个百分点，含油饱和度降低 36 个百分点，驱油机制主要以扩大波及体积和提高驱油效率的协同作用为主；低渗透层波及系数增幅 69.5 个百分点，含油饱和度降低 29 个百分点，驱油机制主要以扩大波及体积为主。从波及体积增幅大小可见，低渗透层提高能力最大，中渗透层次之，高渗透层最小；从含油饱和度降幅来看，中渗透层降幅最大，低渗透层次之，高渗透层最小，也说明了二元复合驱主要启动中渗透层剩余油。

表 4-1-1　不同层位波及系数变化表

渗透层	含油饱和度（%）			波及系数（%）		
	聚合物驱	二元复合驱	降幅	聚合物驱	二元复合驱	增幅
低渗透层 300mD	65	36	29	21.09	90.63	69.54
中渗透层 900mD	56	20	36	59.38	100	40.62
高渗透层 3000mD	20	15	5	100	100	0

2. 基于核磁共振的不同孔隙中驱油机理

利用核磁共振技术，开展人造柱状岩心化学驱油实验，通过监测饱和油、水驱后、二元复合驱后的含油饱和度变化，明确不同二元复合驱体系驱油在不同孔隙区间的剩余油启动机制和分布变化。

1）实验条件

（1）重水。

实验过程中利用核磁共振技术来表征剩余油，为避免氢离子对核磁响应信号影响，采用重水（氘代水）来消除响应信号干扰，加入盐配制成现场水矿化度。

（2）实验用油。

实验用油为大港油田港西三区原油，采用脱水原油与煤油按一定比例配制而成的模拟油，53℃下黏度为17mPa·s。

（3）实验药品。

聚合物均为现场提供的部分水解聚丙烯酰胺，高分聚合物相对分子量为2500万，水解度约25%，固含量88%。表面活性剂为BHS-01A，有效含量为40%。

（4）实验温度。

温度为53℃，实验过程均在油藏温度条件下进行。

（5）岩心。

采用人造岩心，岩心参数见表4-1-2。

表4-1-2　实验岩心物性参数

序号	长度（cm）	直径（cm）	水测孔隙度（%）	水测渗透率（mD）	饱和油饱和度（%）
1	9.47	2.52	29.64	687	73.80
2	6.45	2.52	30.00	636	72.83
3	8.29	2.52	29.59	770	72.85

2）实验步骤

测定岩心的渗透率；将岩心抽空2h后，饱和水测量孔隙度；将饱和好水的模型放置在53℃恒温箱内恒温12h以上；模型饱和油，油驱水至模型出口不出水为止，确定原始含油饱和度，测核磁；水驱油至模型出口含水率100%后，测核磁；根据实验方案配制表面活性剂和聚合物母液，室温静置12h，然后配制所需的二元复合驱体系，将二元复合驱体系放置在恒温箱内恒温2h；根据实验方案进行化学驱；化学剂段塞全部注完后，后续水驱，出口含水率达到100%测核磁。

3）实验结果

通过表4-1-3的实验结果可以看出，实验方案1和实验方案3两组体系界面张力相同均维持在10^{-2}mN/m数量级，聚合物浓度分别为1000mg/L和1500mg/L，体系黏度分别为11.8mPa·s和39.7mPa·s，实验方案3体系黏度较实验方案1虽增加三倍，但驱油效率仅提高1.53个百分点；实验方案1和实验方案2两组体系体系黏度近似相等，均维持在11mPa·s左右，但界面张力相差一个数量级，分别为10^{-2}mN/m和10^{-3}mN/m，驱油效率相差13个百分点，说明在高含水油藏开发后期，在保证一定流度控制作用基础上，降低界面张力可大幅提高驱油效率。分析二元复合驱在不同孔隙之间启动剩余油的能力，中孔隙占29.32%，大孔隙占22.13%，小孔隙占12.69%，进一步证实了二元复合驱启动中高渗透层剩余油占主导。

表 4-1-3 不同浓度下二元复合驱提高采收率对比

实验方案	体系	黏度（mPa·s）		界面张力（mN/m）	绝对采出程度（%）			绝对总采出程度（%）	提高采收率（%）
		驱替液	被驱替液		孔隙<1μm	孔隙1～5μm	孔隙>5μm		
0	水驱	—	20.3	—	1.43	15.17	13.47	40.76	
1	1000P+0.1%S	11.8		1.49×10^{-2}	11.47	21.81	19.01	52.29	11.53
2	1000P+0.25%S	10.7		5.28×10^{-3}	12.69	29.32	22.13	64.14	23.38
3	1500P+0.1%S	39.7		2.03×10^{-2}	12.43	22.64	19.24	54.31	13.55

3. 基于可视化模型的微观残余油启动机制

利用光刻微观可视模型研究了聚 / 表二元复合驱体系对水驱残余油和盲端残余油启动的机理。实验过程中用显微照相和录像设备对二元复合驱驱替过程中残余油的分布和残余油的被驱动过程进行实时采集。

图 4-1-7（a）（b）显示了油膜的乳化剥离：水驱后油膜附着在岩石壁面上，水驱过程的剪切力不足以使油膜脱离壁面，当二元复合驱体系接触到油膜以后，受到低界面张力和聚合物黏弹性的共同作用，油膜发生乳化剥离，表面活性剂在壁面的吸附使其润湿性发生改变，油膜前缘与壁面接触角逐渐变小，使油膜逐渐脱离壁面，最后前缘逐渐被拉长、断脱成油滴被携带渗流；然后剩余油在内聚力作用下收缩成油滴，继续拉长、断脱，持续重复这一过程，直至油膜被驱替干净。在整个驱油过程中发现，水驱油膜受三个力的作用：剪切力、与岩石的黏附力和本身的内聚力，其中黏附力和本身的内聚力是驱油阻力。由于二元复合驱体系沿着壁面上的扩散及其吸附作用，壁面润湿性逐渐改变，当前缘脱离壁面时，油膜前缘只受本身产生的内聚力和切应力的作用，而且低界面张力造成油的内聚力减小，所以油膜前缘在二元复合驱体系剪切力的作用下，首先以较大油滴的形式发生断脱。油膜持续沿着“前缘断脱”这种方式，最终被驱替干净。

图 4-1-7（a）（b）中还显示了盲端残余油的驱替过程，图片显示在二元复合驱的过程中盲端的部分残余油可以被二元复合驱体系驱替出来，但是大部分盲端的残余油仍然滞留在原处，分析原因主要是二元复合驱体系中聚合物的黏弹性给盲端口的残余油一个侧向驱动力，二元复合驱体系驱替过程中的驱动力相结合，对盲端口的残余油产生一个向前的合力，克服了盲端残余油的黏滞力和内聚力，使部分盲端的残余油启动，同时二元复合驱体系中表面活性剂在油水界面上的排列分布，在驱替液的携带之下，破坏了原有的油水界面，并逐渐形成新的油与表面活性剂界面。界面张力的降低，导致残余油滴内聚力下降，所以油滴很容易变形，并被拉长，逐渐断裂。然后表面活性剂继续扩散，残余油滴继续变形、拉长、断裂，不断重复这一过程。在这一过程中，原有的油水界面束缚的油面积逐渐减小，油水界面逐渐消失，界面逐步为新的二元复合驱体系与油的界面取代，盲端只有少量油被驱替。二元复合驱体系进入后，一方面对主流道上附着的油

膜进行驱替；另一方面，二元复合驱体系中表面活性剂分布于盲端内的油水界面，降低了界面张力，逐步破坏盲端处残余油表面的坚固水膜，并将油滴表面向流动方向拖、拉成油丝至断裂成小油珠，被驱替液携带走，因此盲端内残余油变少。

图 4–1–7（c）（d）显示了二元复合驱过程中的乳化过程：在模型驱替过程中，残余油的变形，主要受两种力的作用，一种是驱替液的剪切应力，它与剪切速率及界面黏度有关；另一种是驱替液与油的界面张力。当剪切力大于界面张力的影响时，拉长的油丝就发生断裂，形成水包油珠，被驱替液夹带流动。当界面张力非常低时候，即使流体有很小的扰动，产生很小的相对运动也会乳化，乳化的油珠可以通过更小的孔隙喉道。由实验中观察也可以证实，在整个二元复合驱过程中，残余油被乳化后形成较多小油滴，被体系夹带渗流。在乳状液流动过程中，由于乳状液的黏度较大，会对模型盲端和部分水驱未波及的区域产生一定程度的驱替，提高了二元复合驱的驱油效率，说明在二元复合驱的过程中，乳化也是二元复合驱提高采收率的一个重要机理。另外与三元复合驱体系在亲油模型上微观驱油乳化剥离机理相比较，二元复合驱体系中由于不含有碱，使得二元复合驱体系与原油作用形成低界面张力的时间延长，不能够迅速地启动残原油，而是逐渐的将原油乳化剥离成小油珠，因此二元复合驱现场注入工艺中应考虑体系的注入速度，以保证二元复合驱体系与原油作用的时间，形成低界面张力，达到提高原油采收率的目的。

图 4–1–7（e）（f）显示了二元复合驱过程中油滴的拉丝运移过程：二元复合驱体系注入模型后，出现了水驱残余油拉丝现象。油丝主要出现在模型中间的主流区域，主要是这一区域二元复合驱体系溶液的流动较快，对油滴产生一个侧向力，同时二元复合驱体系与原油界面张力较低，所以油滴容易随着注入流体向前运移。在二元复合驱体系的携带下，“油丝”易与壁面接触，沿壁面运移。拉成的“油丝”通常路径很长，而且不易断裂，在不断拉长的过程中，逐渐到下一个岩石富集，在岩石与岩石之间易形成原油输送的“油桥”。这样就保持了一个连续的通向下游的油流通道，减小了毛细管阻力，有利于残余油的采出。但也有部分“油丝”在体系的强剪切力的作用下断裂成微小的油滴，以乳化的微小油滴形式运移。一方面由于聚合物的黏弹性作用，其法向力使“油丝”通道趋于稳定。在各种力作用下，在“油丝”的油水界面处，形成凸凹的油水界面。沿着孔道的中心部位随着其形状的改变向前运移。油流呈波纹状轴向流动，二元复合驱体系溶液以油流为中心，围绕油流进行流动。在突起的波纹曲面上，产生较大的法向力作用在曲面上，增加了作用在该曲面上的压力；而在凹陷的波纹曲面上，产生的法向力较小。并且，作用在凸起界面上的法向应力与凹陷界面上的法向应力的差值越大。所以，法向应力的作用是阻止流线变形，使聚合物溶液的流线基本稳定状态。因此，单纯聚合物溶液在驱油过程中形成的“油丝”通道基本上是稳定的，黏弹性聚合物的法向应力可以使残余油形成稳定的“油丝”；另一方面二元复合驱体系中由于表面活性剂的存在，形成的低界面张力，“油丝”的内聚力下降，二元复合驱体系本身由于聚合物的作用具备了较大的剪切黏度，导致“油丝”本身又容易在体系的强剪切作用下被拉断。所以最后实验中所看到的“油丝”是黏弹性和界面张力二者综合作用的结果。可以得出结论，如果配制的二元复合驱体系黏弹性较强、黏弹性影响较大时，形成的“油丝”较多；如果配制的

二元复合驱体系黏弹性较弱，界面张力影响较大时，“油丝”相对容易乳化为小油滴。二元复合驱微观实验中的油滴“拉丝”现象与聚合物驱试验过程中的现象基本一致。

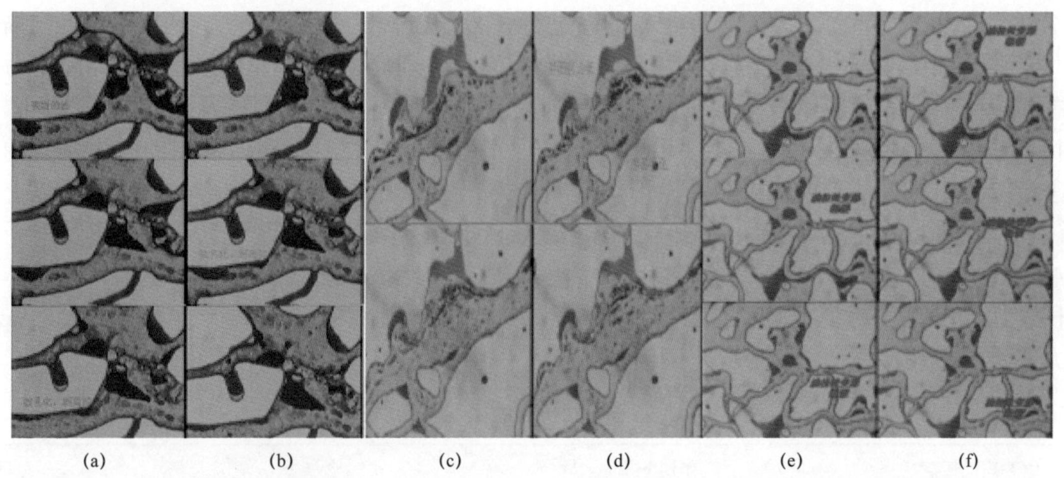

图 4-1-7 油膜的乳化剥离（a）（b）、二元复合驱过程中的乳化（c）（d）、油滴的拉丝运移（e）（f）

图 4-1-8 显示了二元复合驱过程中孔道中残余油的启动过程：聚 / 表二元复合驱体系进入模型后，较为明显的是启动柱状残余油及其控制的部分簇状残余油，使这部分残余油启动需要一定的力，这种力主要是模型中驱油的驱替动力，此外在驱替过程中二元复合驱体系中的表面活性剂在模型的壁面吸附，降低了孔隙的毛细管压力，两者共同作用使模型中存在较多的柱状和簇状残余油得以启动运移。实验中二元复合驱体系使油水界面张力最低降到 5×10^{-3}mN/m 左右，接触角也存在不同程度的降低，由于界面张力 σ 和接触角 θ 的改变，与水驱相比，毛细管压力可大幅降低。在残余油启动以后，若不存在良好的运移条件，在流度比过大的情况下，油在运移的过程中容易被孔喉捕集，重新形成残余油，会限制采收率的提高。由于二元复合驱体系的加入形成的低界面张力环境为残余油提供了较好的运移条件。孔喉处的簇状残余油在超低界面张力条件下，部分被驱出原有的孔道，改变了水驱后残余油分布，增加了油与二元复合驱体系接触面积，残余油前缘逐渐变成小油滴被驱出。

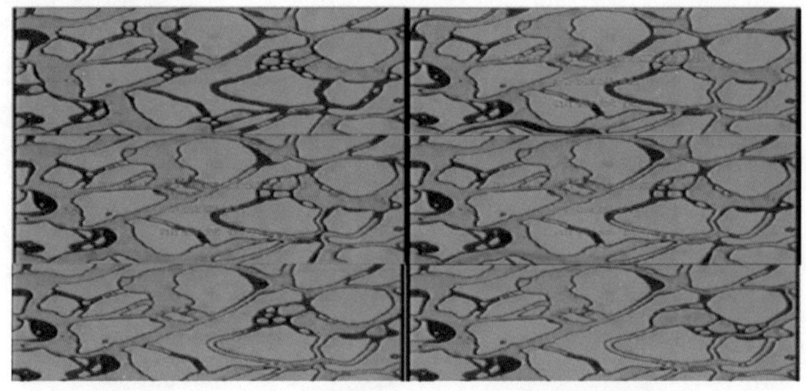

图 4-1-8 二元复合驱过程中孔道残余油的启动

4. 基于 CT 扫描的微观剩余油表征方法

采用紫外荧光分析方法，开展了不同驱替机理下微观剩余油状态分布情况研究，用不同黏度及不同界面张力二元复合驱体系进行天然岩心驱替后切片分析，再结合 CT 扫描对于剩余油的不同状态进行定量表征，明确了不同机理启动剩余油的类型。低界面张力主要以降低孔表薄膜状及颗粒吸附状剩余油为主（图 4–1–9），扩大波及体积以降低角隅状及簇状剩余油为主（图 4–1–10），在上述研究基础上，对不同启动机制的微观剩余油进行分类，形成基于启动机制的微观剩余油分类方法（表 4–1–4、图 4–1–11）。基于以上认识，在进行化学驱方案编制时，首先定量分析水驱残余油的赋存状态及不同类型残余油的比例，如果以角隅状及簇状剩余油为主，则化学驱体系主要侧重黏弹性扩大波及体积，如果以孔表薄膜状及颗粒吸附状剩余油为主，则驱油体系要以黏弹性和超低界面张力并重。

表 4–1–4　基于启动机制的微观剩余油分类表

主要启动机制	赋存状态		成因
超低界面张力	A	孔表薄膜状（稀油）	吸附在岩石表面，厚度小
	B	颗粒间吸附（稀油）	
低界面张力改善流度比	A	孔表薄膜状（稠油）	吸附在岩石表面，厚度大
	B	颗粒间吸附（稠油）	
改善流度比	C	角隅状	孔隙角落未被完全驱出
	D	簇状 / 片状 / 柱状	未被波及或乳化
再次启动困难	E	颗粒吸附状	油滴与岩石碎屑和黏土矿物等掺杂形成

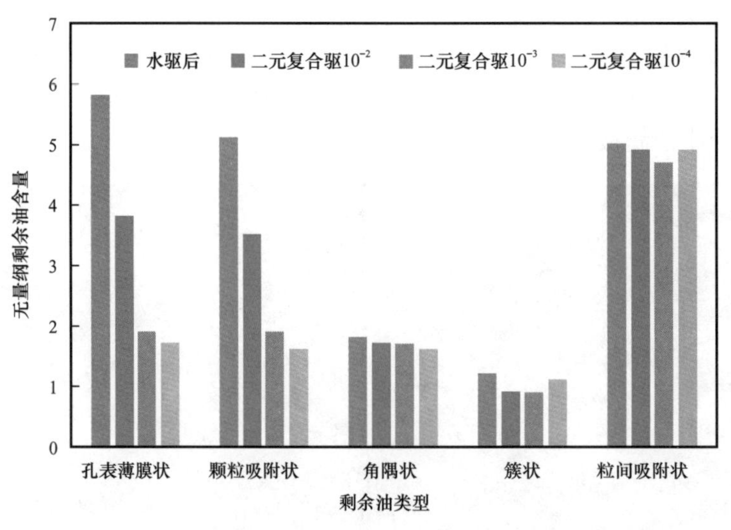

图 4–1–9　降低界面张力与启动剩余油类型关系图版

10^{-2}、10^{-3}、10^{-4} 是指二元复合驱体系界面张力值的数量级

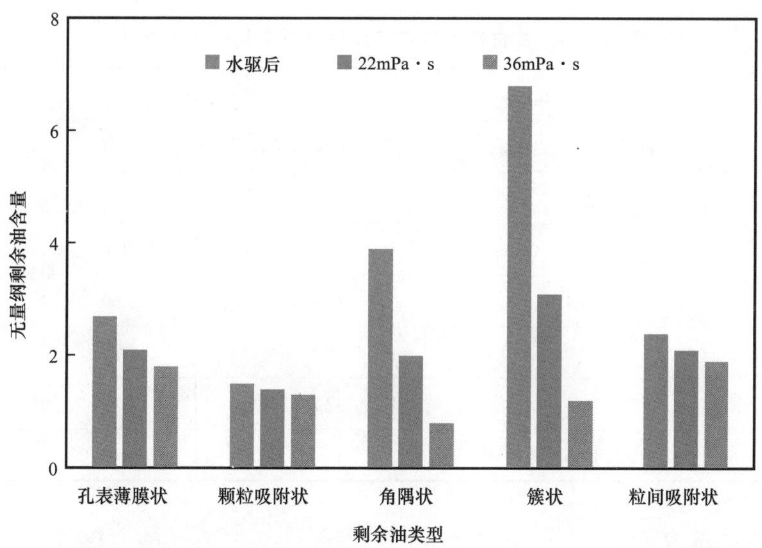

图 4-1-10　提高有效黏度与启动剩余油类型关系图版

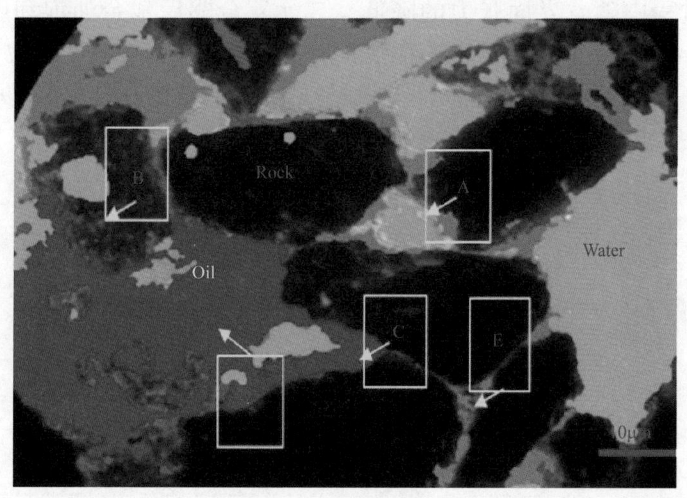

图 4-1-11　天然岩心二元复合驱后剩余油赋存状态

二、聚 / 表二元复合驱不同作用对采收率的贡献

1. 体系黏弹性

甘油为纯黏流体，聚合物为黏弹性流体，通过不同二元复合驱体系 / 原油黏度比（黏性）对微观采收率的影响实验（表 4-1-5）发现，二元复合驱体系中聚合物的弹性在微观驱油中占有重要的作用，体系黏度 / 原油黏度比为 0.5 时，二元复合驱体系弹性的贡献占提高采收率的 18.3%，而黏度比为 2.0，贡献为 45.5%，随着黏度比的增大，弹性的贡献率增大，黏度比超过 3 以后弹性贡献率增幅变缓。

表 4-1-5　甘油和聚合物二元复合驱提高采收率对比

黏度比	提高采收率（百分点）			弹性贡献率（百分点）
	甘油二元复合驱体系	聚合物二元复合驱体系	差值	
0.5	8.5	10.4	1.9	18.3
1.0	14.2	23.2	9.0	38.8
2.0	15.4	28.3	12.9	45.5
3.0	15.9	30.6	14.7	48.0
4.0	16.3	32.2	15.9	49.4
5.0	16.6	33.4	16.8	50.2

2. 超低界面张力

不同界面张力二元复合驱体系驱替实验前后残余油分布如图 4-1-12 至图 4-1-15 所示，在实验过程中随着界面张力的降低，二元复合驱后残余油饱和度逐渐降低；从图 4-1-16 的提高采收率幅度来看，随着界面张力降低采收率增幅逐级增大，界面张力为 2.14×10^{-3}mN/m 的二元复合驱体系驱油效果最好，达到 27 个百分点，增幅最为明显，因此驱油体系一般要达到超低界面张力才可以明显提升微观驱油效率。

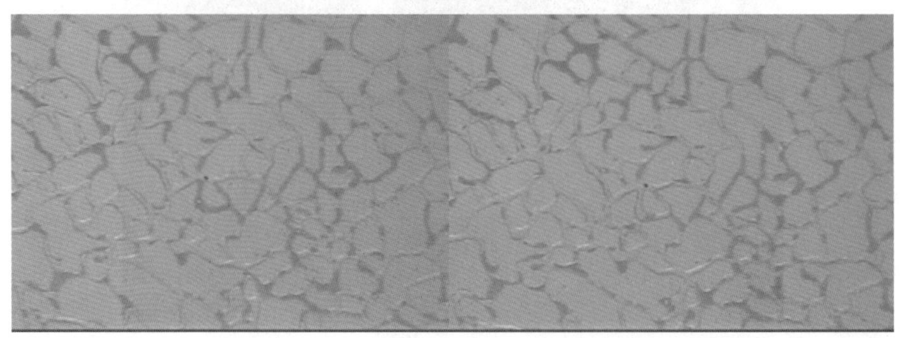

图 4-1-12　界面张力 2.67×100mN/m 二元复合驱体系驱替前后残余油变化

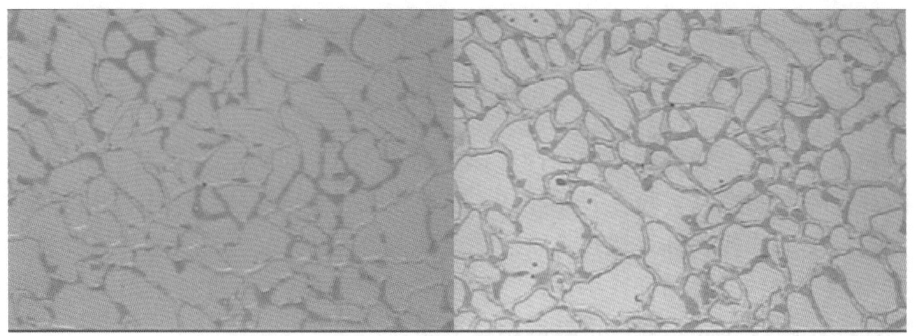

图 4-1-13　界面张力 5.41×10^{-1}mN/m 二元复合驱体系驱替前后残余油变化

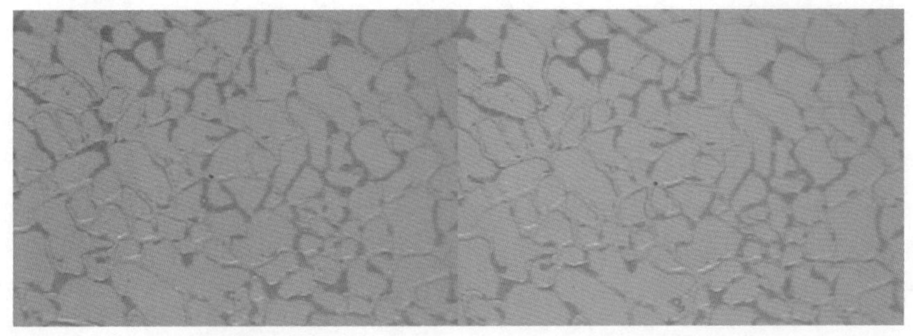

图 4-1-14　界面张力 6.24×10^{-2}mN/m 二元复合驱体系驱替前后残余油变化

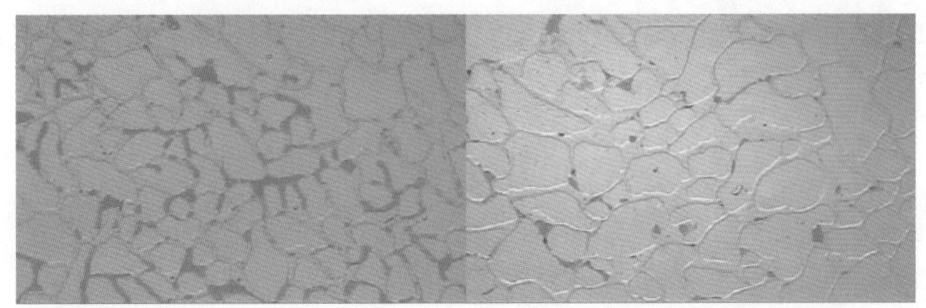

图 4-1-15　界面张力 2.14×10^{-3}mN/m 二元复合驱体系驱替前后残余油变化

3. 乳化作用

二元体系在驱替过程中存在着明显的乳化现象，乳化后聚并成小油滴，并在化学剂携带下乳化的小油珠拉丝运移，可以有效提高采收率。

开展乳化实验，分别选取三种不同浓度的表面活性剂进行驱替，可以看出，表面活性剂浓度为 0.1% 时，体系基本未发生乳化，表面活性剂浓度为 0.2% 时，出现中等乳化，表面活性剂浓度为 0.3% 时，出现强乳化（图 4-1-17）。

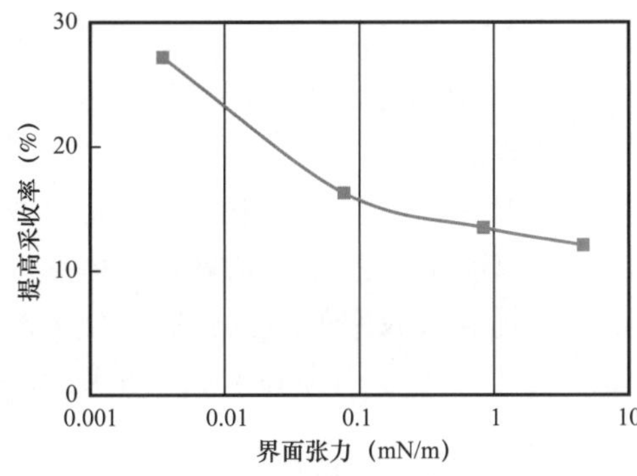

图 4-1-16　不同界面张力二元复合驱体系与提高采收率关系

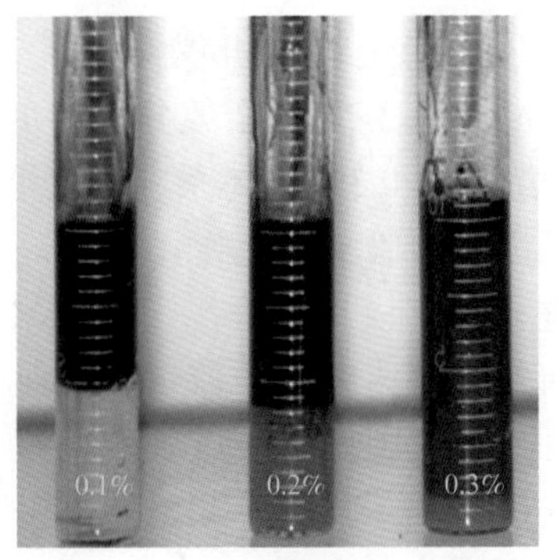

图 4-1-17　不同表面活性剂浓度下乳化特性图

同时实验采用 TURBISCANTM 系列稳定性分析仪评价了乳状液稳定性，测定原理如下：

根据多重光散射的原理，散射光的强度直接取决于分散相的体积分数 φ 和粒子直径 d 之间的具体数学关系为：

$$BS=\frac{1}{\sqrt{I}} \tag{4-1-1}$$

$$I(d,\ \varphi)=\frac{2d}{3\varphi(1-g)Q_{\mathrm{s}}} \tag{4-1-2}$$

式中 I——光子的迁移平均路径；

g、Q_{s}——MIE 理论常数。

根据 Lambert-beer 理论，透射光强度（T）与粒子的体积分数 φ 和平均粒径的具体关系如下：

$$T=(I,\ r_i)=T_0e^{-\frac{2r_i}{I}} \tag{4-1-3}$$

$$I(d,\ \varphi)=\frac{2d}{3\varphi Q_{\mathrm{s}}} \tag{4-1-4}$$

式中 r_i——测量池的内径；

T_0——连续相的透射光强度。

由式（4-1-3）、式（4-1-4）可见，当乳状液中颗粒的含量和粒径发生变化的时候，多次扫描所接收到的光强的偏差又反映了光强的差别的程度，定义此偏差为稳定性参数，稳定性参数越大表明体系越不稳定。

$$TSI=\sqrt{\frac{\sum_{i=1}^{i}(X_i-X_{\mathrm{T}})^2}{n-1}} \tag{4-1-5}$$

实验采用稳定性分析仪测定了 3 种体系的稳定性指数，表面活性剂浓度为 0.1%、0.2%、0.3% 时，稳定性指数分别为 1、0.5、0.1，稳定性参数越大表明体系越不稳定，表面活性剂浓度为 0.3% 的体系乳化效果最好，稳定性最强。

为了进一步验证乳化作用对提高采收率的影响，对三种乳化状态下的二元复合驱体系溶液进行物理模拟实验，实验结果见表 4-1-6，可以看出，三种二元复合驱体系配方下，界面张力都达到 10^{-3} 数量级，但是强乳化条件下提高采收率的增幅较弱乳化下高约 5.75 个百分点，因此，通过乳化捕集、乳化携带、乳化分散作用提高采收率幅度超过 5 个百分点。

在以上研究的基础上，进一步研究了乳化与其他作用结合对采收率的贡献。以港西油田为工程依托深化聚 / 表二元复合驱驱油机理研究，将聚合物扩大波及体积、表面活性剂乳化及表面活性剂降低界面张力对提高采收率的贡献量化，指导体系方案的优化。

表 4-1-6 不同二元配方下提高采收率表

类别	弱乳化	中等乳化	强乳化
稳定性指数	1	0.5	0.1
配方	2000P+0.1%S	2000P+0.2%S	2000P+0.3%S
渗透率（mD）	1107	1214	1168
界面张力（10^{-3}mN/m）	7.8	5.7	3.4
驱替黏度（mPa·s）	50.4		
被驱替液黏度（mPa·s）	20.3		
2PV 水驱采出程度（%）	36.81	36.57	37.17
驱油效率（%）	57.47	60.94	61.58
提高采收率（%）	20.66	24.37	26.41

采用人造岩心物理模拟实验驱替的方式对比不同体系提高采收率效果。图 4-1-18 研究结果表明乳化作用的增强及界面张力的降低均可有效提高采收率。同时具备增黏性、强乳化性、超低界面张力的二元复合驱体系提高采收率幅度为 26.41%OOIP，而与二元复合驱体系具有相同黏度的聚合物体系提高采收率幅度为 15.3%OOIP，聚合物扩大波及体积对提高采收率的贡献率达到 58%，低界面张力表面活性剂提高采收率幅度为 5.3%OOIP，界面张力洗油对提高采收率的贡献率达到 20%，因此乳化扩大波及体积对提高采收率的贡献率达到 22%。贡献率的确定进一步明晰了表面活性剂提高采收率的机理，在体系优化过程中不能单纯地追求超低界面张力，将乳化作用的评价列为与界面张力同等地位考量。

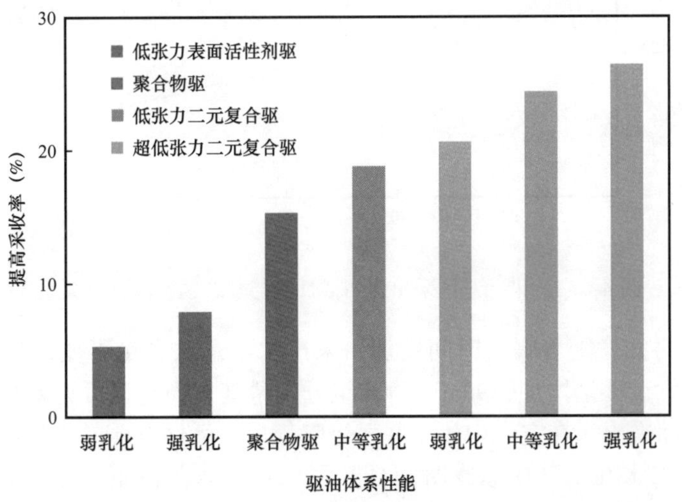

图 4-1-18 不同类型体系提高驱油效果

第二节　化学驱配聚用水处理

早期的化学驱矿场试验均采用清水配制聚合物溶液进行注入，以保证体系黏度，但是随着化学驱实施规模的不断扩大，清水消耗量越来越大，各油田的淡水资源不足，清水供应紧张，有时甚至因此停产；另外，油田采出水过剩，多余采出水经过处理后外排，既浪费了水资源，又污染了环境。目前，受《中华人民共和国环境保护法》制约，大量采出水难以处置。所以，将采出水处理后作为化学驱体系配制用水，再注入地下，将水资源循环利用，同时解决了化学驱水源问题和采出水处置问题。但是采出水替代清水配制聚合物溶液，会带来一些技术问题：一是采出水对聚合物的降解；二是驱油体系热稳定性差。鉴于此，通过开展采出水对体系影响因素分析，明确聚合物降解机理，提出采出水曝气 + 化学法深度处理的技术对策，建立采出水水质指标控制界限值。

一、采出水对聚合物黏度影响及机理

在港西三区现场利用室内聚合物溶解装置，模拟现场新鲜采出水配制聚合物的过程，用曝气时间不同的采出水配制浓度为1500mg/L 的聚合物，并在 53℃的温度条件下测定聚合物溶液黏度，同时测定不同曝气时间采出水中的二价铁、总铁、溶解氧的含量，试验结果如图 4–2–1 所示。

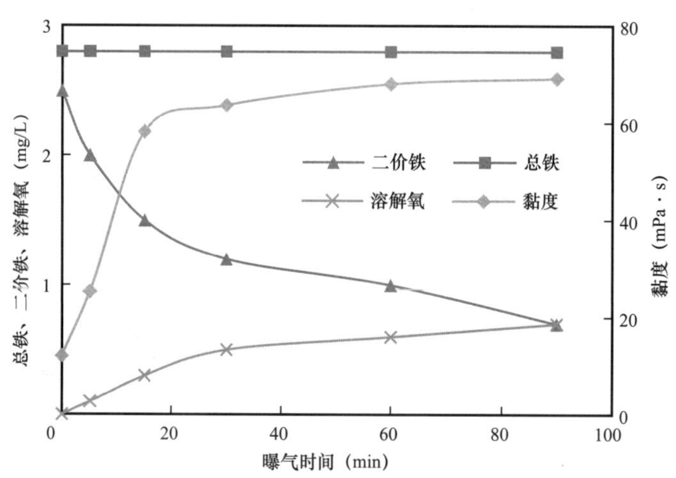

图 4–2–1　港西三区采出水中活性物与聚合物溶液黏度关系

从实验结果可知，随着曝气时间增加，采出水中总铁含量不变，二价铁含量随之大幅减少，溶解氧含量逐渐增加，90min 后各组分含量基本稳定，可见新鲜采出水中的活性物质含量最高，而采出水在空气中放置并经过曝气后，活性物质的含量逐渐减少。

随着新鲜采出水在空气中暴露时间延长、二价铁含量降低，聚合物溶液黏度增加，由最初的 10mPa·s 升至 68mPa·s，当时间达到 90min 后，黏度增加幅度减缓，并基本趋于稳定。

采出水中的活性物质以二价铁和硫化氢为主，是造成聚合物降解的主要因素。现场新鲜采出水降解聚合物反应机理如下：

铁离子氧化还原反应：

$$Fe^{2+}+O_2 \longrightarrow Fe^{3+}+O^-$$

硫化氢与氧作用：

$$H_2S+O_2 \longrightarrow S+H_2O+O^-$$

上述反应的共同特点是产生了氧自由基，氧自由基会攻击聚合物大分子主链，造成大分子主链断裂，从而导致聚合物溶液黏度降低，并发生以下反应。

高分子自由基的形成：

$$O^- \cdot +PH \rightarrow P' \cdot +OH^- +P'HP' \cdot +O_2 \rightarrow P'OO \cdot$$

链增长反应：

$$P'OO \cdot +RH \longrightarrow P'OOH+R \cdot$$

双基偶合链终止：

$$R \cdot +R \cdot \rightarrow R---RP'OO \cdot +R \cdot \rightarrow P'OOR$$

因此，在开展采出水聚合物驱现场应用过程中，应尽量降低配聚活性物质二价铁的含量，避免发生氧化还原反应产生自由基导致聚合物溶液黏度大幅度降低。

二、水质影响定量分析及水质指标建立

1. 二价铁

通过实验结果分析，新鲜采出水中二价铁的存在是聚合物降解的主要原因，现场应用过程中可采取曝气方法将二价铁氧化为三价铁，从而消除二价铁对聚合物的降解。曝气氧化法消除二价铁离子需要时间，但现场条件下难以将二价铁离子全部去除，因此，确定二价铁离子含量与聚合物降解程度的关系，对现场配聚用采出水处理工艺具有至关重要的作用。

用蒸馏水配制浓度为7000mg/L的NaCl盐水，向该盐水中分别加入硫酸亚铁，配制一系列浓度的二价铁离子溶液后，在搅拌条件下瞬间加入抗盐聚合物干粉，配制浓度为1500mg/L的聚合物溶液，确保整个配制过程不超过5s。在53℃的温度条件下测试聚合物溶液黏度，实验结果如图4-2-2所示。

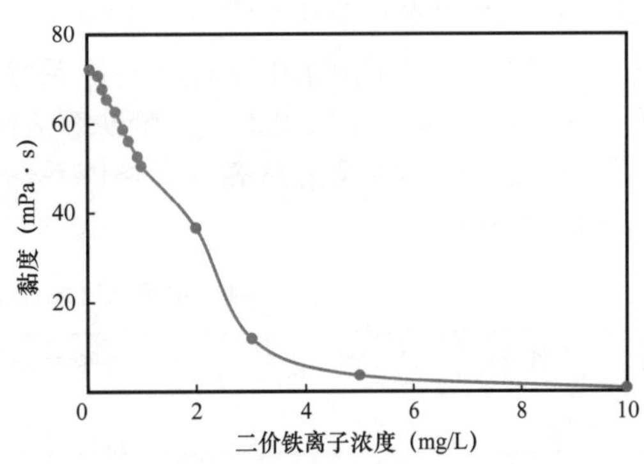

图4-2-2 铁离子浓度与聚合物溶液黏度关系

随着二价铁离子浓度的上升，聚合物溶液黏度呈急剧下降趋势，浓度达 0.2mg/L 以上，黏度即下降超过 10%，二价铁离子浓度大于 3mg/L 后，黏损率达到 95% 以上，黏度已降至 3～5mPa·s。因此采出水中二价铁离子含量至少应控制在 0.2mg/L 以内，聚合物溶液黏损率可控制在 10% 以内。

2. 细菌

在聚合物配制站取采出水分别配制添加杀菌剂和未添加杀菌剂的两个聚合物溶液，采用绝迹稀释法测试添加杀菌剂样品中的细菌浓度，三种细菌（SRB、TGB、FB 均不大于 25 个 /mL），然后进行灌装除氧处理，放入烘箱老化。图 4-2-3 为细菌对聚合物体系热稳定性的影响实验结果，随老化时间延长，未添加杀菌剂样品黏度下降幅度较大，而添加杀菌剂样品黏度降幅缓慢，60d 后，添加杀菌剂前后的样品黏度保留率分别为 31% 和 77%，这表明细菌对体系热稳定性影响较大。

3. 溶解氧

图 4-2-4 为溶解氧对聚合物体系热稳定性及黏度的影响。将配制好的样品分为两组，一组不除氧，直接密封后放入烘箱老化；另一组用厌氧手套箱进行除氧处理后，保证溶液中溶解氧含量控制在 0.1mg/L 以下后再放入烘箱。随老化时间延长，除氧前后样品经 50d 后黏度保留率分别为 11% 和 71%，这表明溶解氧对体系热稳定性影响较大。

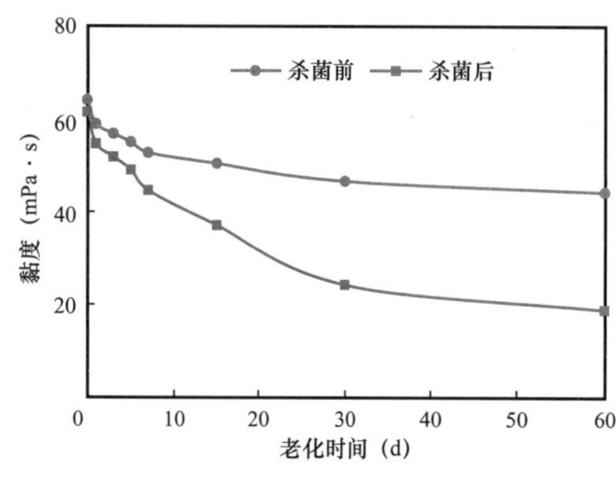

图 4-2-3 细菌对聚合物体系热稳定性的影响

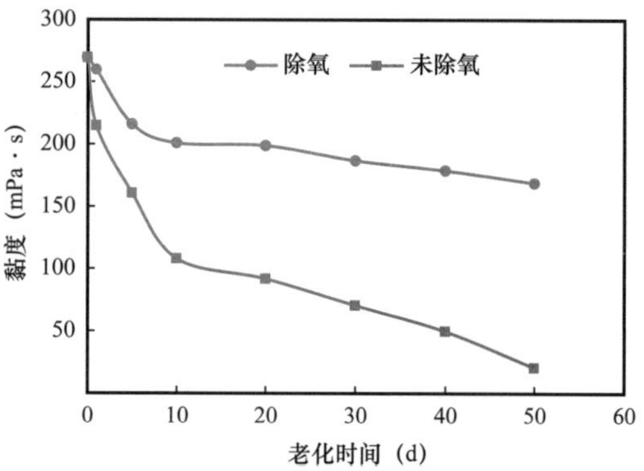

图 4-2-4 溶解氧对聚合物体系黏度的影响

4. 配聚用采出水水质指标

根据上述对采出水中活性物对体系影响的分析，推荐配制聚合物用采出水水质指标（表 4-2-1）。通过对采出水中二价铁等活性物质对体系黏度及热稳定性的影响分析，确定了二价铁、微生物及溶解氧是影响体系黏度及稳定性的主控因素，建立了配制聚合物用采出水水质指标。

表 4-2-1 中高渗透率油藏配制聚合物用采出水水质指标

序号	主要指标	技术要求
1	Fe^{2+} 含量（mg/L）	≤0.2
2	SRB、TGB、FB（个 /mL）	≤25
3	溶解氧（mg/L）	≤0.1

三、采出水处理技术对策

按照上述采出水处理指标要求，需要对现场采出水进行工艺处理，形成了“曝气失活 + 化学法”处理工艺，处理后的采出水可满足配聚水指标要求。

1. 曝气催化氧化失活处理工艺

由于油田采出水中含有大量有机物，整体上处于还原性氛围。采出水中的铁元素主要为溶解性的二价铁，一般以 Fe^{2+} 形态存在。采出水中的含铁量一般在 1～5mg/L 之间，超过 10mg/L 的较为少见。采出水的碱度（即 HCO_3^- 含量）也很少有低于 1mg/L 的，所以采出水通常只含有重碳酸亚铁，很少含硫酸亚铁。当水中有溶解氧时，水中的二价铁易氧化为三价铁：

$$4Fe^{2+}+O_2+2H_2O = 4Fe^{3+}+4OH^-$$

油田采出水的特性决定，采出水中铁离子的去除，必须先将二价铁氧化为三价铁，由于氧化生成的三价铁在 pH 值为 6～8 的条件下以 $Fe(OH)_3$ 形式析出，呈胶凝聚沉降，用过滤的方法即可去除。

可以选用的氧化剂很多，但最廉价的氧化剂是空气。除铁的反应式如下：

$$4Fe^{2+}+8HCO^{3-}+O_2+2H_2O \longrightarrow 4Fe(OH)_3\downarrow+8CO_2$$

但是空气直接氧化二价铁的反应进行速度比较慢，理论计算表明彻底氧化通常需要 10h 以上，因此，对场地和设备的投资比较大。在采出水中加入一定量的 MnO_2 催化剂，在其作用下，反应速度大幅加快，曝气除铁效果得到显著提高。

$$3MnO_2+O_2 \longrightarrow MnO\cdot Mn_2O_7$$

$$4Fe^{2+}+MnO\cdot Mn_2O_7+2H_2O \longrightarrow 4Fe^{3+}+3MnO_2+4OH^-$$

通过曝气可以使 Fe^{2+}，Mn^{2+} 分别氧化为 $Fe(OH)_3$ 和 MnO_2 沉淀物而除去。当含铁采出水经锰砂催化过滤时，锰砂层对采出水中铁质起着两方面的作用：一方面是催化作用，加速水中二价铁转化为三价铁；另一方面是截留分离作用，将铁质从水中除去。在二价铁氧化三价铁的过程中，水中必须保持足够的溶解氧。对于常规催化反应，理论上催化剂比表面积应该越大越好，即催化剂的颗粒应该尽可能小。但由于水中含有悬浮物，若催化剂颗粒太小，过滤过程中易堵塞布水头及反洗不均匀导致滤料板结，影响滤料的使用寿命。因此需要对锰砂表面进行改性，以提高催化剂的活性，保证大颗粒催化滤料也能拥有足够的催化能力。

2. 采出水精细处理工艺研究

前期采出水曝气催化氧化处理工艺只是解决聚合物的注入黏度，驱油体系在油层中的长期热稳定性也是影响驱油效果的一个关键因素。而驱油体系在油层中受多种因素影响会发生降解，主要降解有热氧降解、微生物降解和活性物质降解。针对上述三方面因素在曝气催化氧化处理工艺基础上形成了化学法精细处理工艺。

（1）工艺原理。

经过曝气 + 锰砂催化氧化处理后，采出水中的大部分 Fe^{2+} 氧化成 Fe^{3+}，由于受来水水质变化影响，处理后的采出水中 Fe^{2+} 浓度波动大，不能满足现场工艺要求。现通过向曝气池内加入一定量的亚铁离子处理剂对采出水中亚铁离子进行预处理，使得一部分 Fe^{2+} 转化成 Fe^{3+}，剩余的 Fe^{2+} 通过曝气和催化氧化变成 Fe^{3+}，处理后采出水中的 Fe^{2+} 含量不大于 0.2mg/L，与此同时加入的处理剂还有一定的杀菌作用，可以防止曝气池内微生物大量繁殖。

（2）处理效果。

开展室内实验，评价不同浓度的亚铁离子处理剂对污水的影响，在港西聚二站取 3 个采出水样，每个样 500mL，调整搅拌器的速度至 400r/min 使污水形成旋涡，迅速向其加入 0mg/L、5mg/L、10mg/L 的亚铁离子处理剂，搅拌 30min 后测定污水中的 Fe^{2+} 浓度和总铁浓度。此外，采用加入不同亚铁离子处理剂的采出水配制浓度为 1500mg/L 的聚合物溶液；将配制好的聚合物溶液在实验室内装瓶除氧进行稳定性实验。

实验结果见表 4–2–2、表 4–2–3。将采出水进行预除铁处理后可以有效地使 Fe^{2+} 浓度降低；用处理后的水配制的聚合物溶液，30d 后黏度保留率大约为 70%，聚合物溶液的稳定性显著提升，初步确定亚铁离子处理剂加入浓度为 5mg/L。

表 4–2–2　亚铁离子处理剂浓度对采出水中铁离子的影响

亚铁离子处理剂浓度（mg/L）	Fe^{2+} 含量（mg/L）	总铁（mg/L）
0	0.6	0.8
5	0.2	1.0
10	0.1	1.0

表 4–2–3　亚铁离子处理剂浓度对聚合物溶液长期稳定性（53℃下除氧）

亚铁离子处理剂浓度（mg/L）	Fe^{2+} 含量（mg/L）	总铁（mg/L）	黏度（mPa·s）						
			初始	1d	5d	7d	15d	28d	30d
0	0.6	1.0	61	50.3	52.4	53.7	44.5	43.1	36.4
5	0.4	1.0	64	60.8	58.4	56.5	56.9	53.1	48.5
10	0.1	1.0	69	63.2	61.1	58.4	57.6	55.6	50.4

（3）杀菌处理。

在第一步预氧化处理的基础上，再加入一定量的化学杀菌处理剂，其作用是杀菌，以使聚合物溶液不发生生物降解，同时处理剂还能抑制聚合物的热氧化降解，使聚合物溶液更稳定。

在聚二站现场取经曝气池处理后的采出水；分别向采出水中加入浓度为 0mg/L、

25mg/L、50mg/L 的杀菌剂，待溶液混合均匀并静置 2h 后，用测试瓶法检测溶液中铁细菌、硫酸盐还原菌和腐生菌的数量，同时做了三个平行样；35℃下培养 7d，检测细菌数量。

从表 4-2-4 中可以看出，50mg/L 的杀菌剂可将污水中细菌降至 25 个 /mL 以下。

表 4-2-4 不同浓度杀菌剂杀菌效果情况表

水样名称	杀菌剂浓度（mg/L）	硫酸盐还原菌（个 /mL）	杀菌率（%）	腐生菌（个 /mL）	杀菌率（%）	铁细菌（个 /mL）	杀菌率（%）
空白样	0	7000	0	130	0	700	0
添加杀菌剂	25	47	99.3	16	87.7	18	97.4
	50	15	99.8	0	100	0	100

（4）加入稳定剂。

在聚合物干粉中加入一定量的稳定剂，提高聚合物溶液在地层深处的长期稳定性。

通过“曝气 + 化学法”深度处理后的采出水，Fe^{2+} 含量和细菌含量达到水质标准要求，且具有较好的体系配伍性，在此基础上再向聚合物溶液中添加浓度为 150mg/L 的稳定剂，厌氧手套箱将溶液中溶解氧控制在 0.1mg/L 以下，并在 53℃烘箱老化 90d，黏度保留率 84.6%，溶液的稳定性显著增强（表 4-2-5）。

表 4-2-5 添加不同类型处理剂的聚合物溶液长期稳定性（53℃下除氧）

亚铁剂（mg/L）	杀菌剂（mg/L）	稳定剂（mg/L）	聚合物浓度（mg/L）	黏度（mPa·s）							
				初始	1d	3d	5d	15d	30d	60d	90d
0	0	0	1500	61	50.3	52.4	53.7	44.5	43.1	42.5	42.3
5	25	0	1500	82.8	81.5	80.4	78.2	72.1	69.2	60.4	54.8
5	50	150	1500	72.7	70.3	69.8	67.5	65.1	63.5	62.2	61.5

现场新鲜采出水经曝气、催化氧化失活、除铁工艺处理后，确保了现场采出水对聚合物溶液黏度影响降到最低，最终形成了大港油田配聚采出水精细处理系统，在小试及中试的基础上，建成日处理能力 5000m^3 的装置，实现了工业化应用。应用该系统，可有效降低现场污水对聚合物溶液黏度影响，聚合物溶液黏度由 5～10mPa·s 增加到 40～60mPa·s，提高 5 倍以上。

第三节 化学驱体系环境影响

随着对环境保护的日益重视，化学驱涉及的聚合物及表面活性剂对油田矿区的环境影响程度亟待明确。复杂化学剂环境基准属于学术前沿和交叉学科，尚未建立起相关环境基准、技术规范与评价导则，为此大港油田公司联合清华大学环境工程学院，以化学驱在用聚合物及表面活性剂为环境本底引物，结合大港油田地处滨海、矿区地表水系发育和水生生物发育的特点，研究了对环境影响程度，为环保型化学驱研发与大规模应用奠定了基础。

一、环境基准的建立

1. 环境基准的定义

环境基准是保护生态环境、人体健康与使用功能的污染物在环境介质中的剂量或水平，是环保工作的“尺度”，是环境保护的“本底”与“自然控制标准”；是确定环境保护目标和方向的科学基础。国内外尚未建立起复杂化学结构混合体系环境基准理论与准则，大量在用油田化学品没有相关毒性数据积累（急性、慢性等），在用油田化学品尚未建立起相关环境基准、技术准则和评价导则，迫切需要建立起在用聚合物及表面活性剂评环境基准和实验技术准则。

2. 环境基准的建立

在选择构建环境基准的生物物种时，需要遵循的原则主要有：在本油田具有生态学意义，隶属不同营养级，对污染物敏感，在商业、娱乐或其他方面有重要作用，并易获得，室内易于培养。根据此原则，优选的生物物种主要有脊索动物门、节肢动物门、软体动物门、环节动物门和藻类或维管束植物。

根据美国、澳大利亚、加拿大、俄罗斯、欧盟等不同国家和地区构建环境基准所需最低毒理数据要求和环境生物毒理试验选种准则，结合试验矿区所处地球生物分布带特征、本土代表性生物物种种类分布和国际通行生物毒理敏感度特征，筛选优化出了三门八科全覆盖的在用聚合物生物毒理试验物种，其中包括脊索动物门（两栖类）的中华大蟾蜍、节肢动物门（甲壳类）的大型溞和脊索动物门（鱼类）的斑马鱼。

其中斑马鱼为国际通用模式生物，与人类有 87% 的基因同源性，结合的实际条件，以斑马鱼为受试物种，开展在用聚合物和表面活性剂环境生物急慢性毒理实验。

1）在用聚合物环境生物急 / 慢性毒理实验

（1）实验材料：聚合物（聚丙烯酰胺 HPAM），CAS：9003–05–8，分子式：（C_3H_5ON）$_n$，分子量：2500 万。

（2）实验方法和步骤如图 4–3–1 所示。

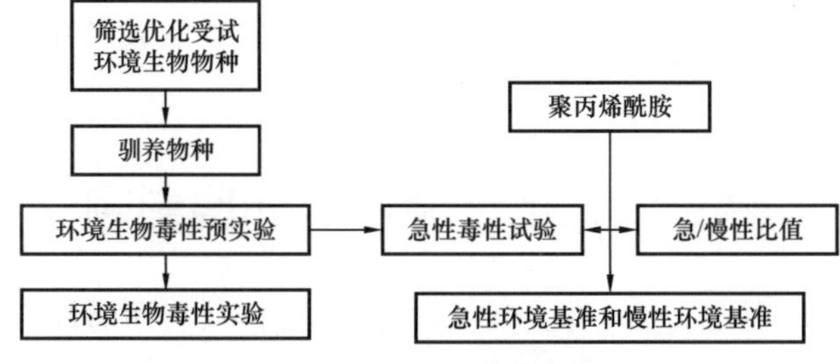

图 4–3–1　聚合物急慢性毒理实验方法图

（3）实验结果。

根据斑马鱼的变化，获得聚合物的急性值毒理实验数据为1448mg/L，进一步比较在用聚合物环境生物急性毒理实验数据和慢性毒理实验数据可知（表4–3–1），急慢性比率接近10，且从国际知名毒理数据库中能够找到的相同受实物种的毒理数据与实验测得的同类环境生物急性/慢性毒理数据一致性高，从而进一步验证的本次环境生物急/慢性毒理实验的准确性与可靠性。

表4–3–1　不同物种急慢性值和比率

物种	急性值（mg/L）	慢性值（mg/L）	急慢性比率	急慢性比率几何平均值 FACR
斑马鱼	1448	149.74	9.67	9.98
大型溞	5644	544.78	10.36	
摇蚊幼虫	5280	532.79	9.91	

使用正态分布和对数正态分布两种分布模型对急性毒性数据进行拟合分析，结果见表4–3–2。结果显示，两种分布模型均能给出很好的拟合效果，且K–S检验都能接受，但是对数正态分布模型的拟合效果更好，确定系数为0.9462，且均方根误差、误差平方和值较小，所以选择正态分布模型的拟合结果作为推导聚丙烯酰胺急性环境基准值的依据。该模型所获得的急性基准值为672.93mg/L。由于缺乏足够慢性数据，不足以使用物种敏感度分布法拟合推导聚丙烯酰胺的慢性基准值，且没有得出急慢性比率，所以采用10作为急慢性比率的默认值，得到聚丙烯酰胺的慢性基准值为67.29mg/L。

表4–3–2　三次采油在用聚合物对环境生物的急性基准值及模型评价参数（单位：mg/L）

编号	曲线	急性基准值	确定系数	均方根误差	样本数量	误差平方和
1	正态分布	1020	0.9252	0.1024	29	0.3040
2	对数正态分布	1131	0.9462	0.0981	29	0.2792

2）在用表面活性剂环境生物急/慢性毒理实验

按照最新研究的生物敏感度法五种环境基准构模拟模型，对三次采油在用表面活性剂环境生物毒理数据模拟结果见表4–3–3。

表4–3–3　采用五种不同模拟模型对在用表面活性剂（石油磺酸盐）拟合结果对照表

编号	曲线	环境基准值	确定系数	均方根误差	样本数量	误差平方和
1	逻辑曲线	7.6384	0.8420	0.1012	8	0.0819
2	对数逻辑曲线	9.6161	0.8856	0.0861	8	0.0593
3	正态分布曲线	7.4989	0.8659	0.0932	8	0.0695
4	对数正态分布曲线	9.5060	0.9057	0.0782	8	0.0489
5	极端值	3.1842	0.8557	0.0967	8	0.0748

比较表 4-3-3 中的模拟结果可知，正态分布曲线模型拟合度最高，其确定系数达到 0.9057，评价指标最好，所以启用正态分布曲线模型拟合结果作为三次采油在用表面活性剂（石油磺酸盐）的环境基准：

计算得到急性环境基准值：4.753mg/L（HC5/2）。

物种敏感度分布法：慢性环境基准（长期环境基准）= 急性环境基准（短期环境基准）/ACR=4.753/9.89=0.481mg/L。

二、聚合物及表面活性剂对试验区本土生物多样性的影响

1. 本土生物多样性分布规律

按照生物多样性 DNA 样品获取技术规范，在三次采油试验不同注聚井场采集土样，获取试验矿区水平方向上的 DNA 样品，纵向深度以每隔 30cm 一个样品获取试验矿区生物多样性 DNA 分布样品，通过基因分析，DNA 土壤样品基因组 DNA 琼脂糖电泳检测，获得本土生物多样性分布规律。通过 Beta 多样性分析各井周围土壤中物种多样性差异性。UniFrac 使用系统进化信息来计算物种群落之间距离，并用来衡量样品之间的差异，其中加权 UniFrac 考虑了序列的丰度，不加权 UniFrac 不考虑序列丰度。

不同取样点的本土生物多样性相对发育，菌群种类较多，生物多样性基因菌群之间相似度非常高，同门同种性非常强，本土生物多样性分布保持了原有的分布形态，没有受到外来或者人为的剧烈扰动或破坏，也没有受到严重的污染源影响，所以，三次采油技术实施尚未对矿区环境（本土生物多样性）造成严重的影响。

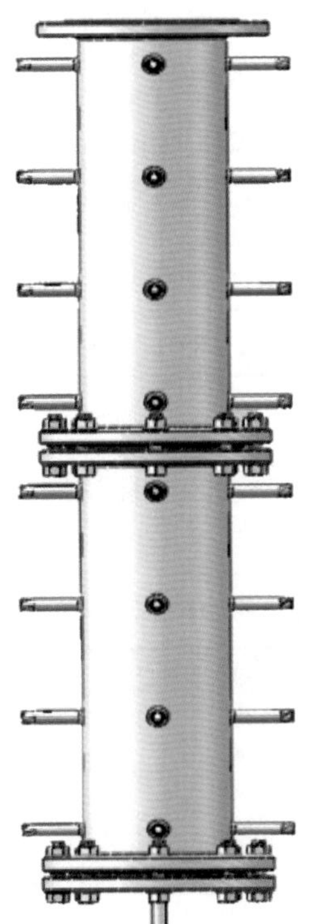

图 4-3-2　土壤实验装置

2. 聚合物对本土生物多样性的影响

通过设计、加工制造和连续运行不同类型的生物反应器（图 4-3-2），获取在用表面活性剂与聚合物泄露进入化学驱试验环境之后本土生物菌群的 DNA 基因样本，采用现代分子生物学技术研究在用表面活性剂与聚合物作用下本土生物菌群基因的变化趋势，分析出在用表面活性剂与聚合物对本土生物菌群分布的影响程度，探索污染发生后本土生物菌群自我修复环降解污染源的能力。

按照 0～1400mm 下挖采集的三次采油矿区纵向活性生物土样填充生物反应器，按照浓度为 500mg/L 的在用聚合物溶液和浓度为 4000mg/L 的在用表面活性剂（石油磺酸盐）配置生物反应器强污染溶液，连续淋罐 180 天后在不同埋深土壤取样采用现代分子生物学技术测试分析出的不同深度出生物多样性菌群分布结果，分析在用聚合物和表面活性剂对本土生物多样性的影响。

实验结果表明，三次采油试验矿区大量的表层土壤菌群功能基因分析结果与大港油田三次采油试验矿区地貌环境特征一致，表明了本土生物多样性没有受到严重污染，大量的表层土壤菌群基因分析表明土著生物多样性相对发育较好，能够检测到大量的微生物群落，具有一定的抗污染能力。

三、聚合物及表面活性剂土壤环境迁移转化规律及对环境影响

聚合物及表面活性剂一旦泄露（偶然泄露或者连续渗）进入试验区，首先会通过土壤、地下水环境中进行复杂的迁移转化从而影响环境，通过不同深度、不同采样点的土壤填充实施土柱试验（图 4–3–8），获取渗滤、吸附转化特征，结合地下水文地质参数，构建在迁移转化数字预测模型，得到迁移转化规律。

土柱实验装置如图 4–3–10 所示，包括：

（1）ϕ200mm×1400mm 有机玻璃柱；

（2）ϕ100mm×1000mm 有机玻璃柱；

（3）装填顺序：140cm、110cm、80cm、50cm、20cm；

（4）土层厚度：20cm、30cm、30cm、30cm、30cm；

（5）土柱试验在用表面活性剂：4000mg/L；

（6）土柱试验在用聚合物：500mg/L；

（7）注入液量：按天津市大港油区近 10 年年平均降水量进行设计；

（8）注入方式：饱滤—淋滤；

（9）取样时间：1d、2d、3d、5d、10d、15d、20d、25d、30d、35d、40d、50d、60d、70d、80d、90d、100d、110d、120d、130d、140d、150d、160d、170d、180d。

图 4–3–3　土柱实验装置

实验结果见表 4–3–4、表 4–3–5。

（1）从表层以下 800～1400mm，在用聚合物的浓度下降了 70.41%～93.88%；

（2）从表层以下 800～1400mm，在用表面活性剂的浓度下降了 69.57%～88.82%；

（3）综合在聚合物对大港油田三次采油试验区的环境基准、迁移转化特征、对本土生物多样性分布特征的影响、生物修复响应能力和环境预测与评价结果，聚合物的安全边际浓度在 5～10 倍之间；表面活性剂的安全边际浓度在 5～8 倍之间。

表 4–3–4　不同深度不同天数表面活性剂含量变化

土壤深度（mm）	10d 表面活性剂含量（mg/L）	30d 表面活性剂含量（mg/L）	60d 表面活性剂含量（mg/L）	90d 表面活性剂含量（mg/L）	180d 表面活性剂含量（mg/L）
200	1.61	1.53	1.58	1.61	1.45
500	0.00	0.25	0.45	0.84	0.69
800	0.00	0.00	0.19	0.49	0.45
1100	0.00	0.00	0.00	0.28	0.30
1400	0.00	0.00	0.00	0.18	0.21

表 4–3–5　不同深度不同天数聚合物含量变化

土壤深度（mm）	10d 聚合物含量（mg/L）	30d 聚合物剂含量（mg/L）	60d 聚合物含量（mg/L）	90d 聚合物含量（mg/L）	180d 聚合物含量（mg/L）
200	1.01	1.06	1.05	1.09	0.98
500	0.00	0.13	0.26	0.54	0.48
800	0.00	0.00	0.10	0.21	0.29
1100	0.00	0.00	0.00	0.09	0.12
1400	0.00	0.00	0.00	0	0.06

结合三次采油试验矿区气象、水文地质和环境预测评价结果，10 年后在用表面活性剂在矿区土壤环境中垂直迁移深度为 9.16m，综合聚合物和表面活性剂对三次采油试验区的环境基准、迁移转化特征、对本土生物多样性分布特征的影响、生物修复响应能力和环境预测与评价结果，聚合物的安全边际浓度在 5～8 倍之间；表面活性剂的安全边际浓度在 3～8 倍之间。可见，大港油田三次采油试验矿区对在用聚合物和表面活性剂的环境可承受安全边际浓度较高，大规模推广应用过程中不会对矿区环境造成较大的环境安全影响。

第四节　化学驱体系筛选与评价

化学驱油技术是一项较大的系统工程，比注水开发更加复杂，投入费用高，风险大，中间某个系统或环节出现问题，都可能导致整个工作的失败。为了使这项工作能够顺利地开展，并达到增加采收率的预期目标，需要将化学驱油的各个环节有机地联系起来，成为一个整体。通过攻关研究，目前该技术已基本成熟配套，形成从配制水研究、室内药剂筛选、性能评价、到地下驱替参数优化设计的一整套技术系列。

大港油田的化学驱油技术主要由聚合物驱油、聚 / 表二元复合驱油和聚 / 表 / 碱三元复合驱油技术三大部分组成。为了使驱油体系评价工作有效顺利开展，前期要针对目标油藏的油水特性、储层物性来筛选适合的聚合物、表面活性剂、碱并在一定矿化度条件下获得良好的增黏性、超低界面张力、乳化增溶性、抗吸附性及高驱油效率。筛选流程主要包括驱替剂的优选、体系的配伍性评价、渗流特性研究等。聚合物评价研究主要集中在：

（1）聚合物溶液性质如基本物性参数、流变性、稳定性等；

（2）聚合物在多孔介质中的性质，如吸附、分子量与地层配伍性、流变性、阻力系数、不可及孔隙体积等；

（3）驱油试验及试验方案，确定用量、非均质影响等。

复合驱油体系评价中要重点研究油水界面性质、不同化学剂间的配伍性（如互相作用及其协同效应）。同时由于不同化学剂组合在一起具有不同的特点，因此在研究注入方式时已不再是简单的流度控制问题，它需要根据油藏实际情况和形成乳化液的状况来合理地确定注入方式。特别是由于复合驱油机理复杂，影响因素已不仅是油或注入流体黏度问题，因此研究过程中所需要的手段和影响因素比聚合物驱油要复杂得多。

一、驱替剂优选方法

根据油藏流体特征优选适合的聚合物、表面活性剂和碱，其中聚合物的作用是增加水相黏度，起到扩大波及体积，提高流度控制能力的作用，关键是考察在一定油藏及配制水条件下增黏性的强弱；表面活性剂及碱的作用是提高驱油效率，近几年的研究发现表面活性剂以及碱的乳化作用对提高驱油效率达到 5%，重点考察表面活性剂与原油形成界面张力达到超低（10^{-3}mN/m 数量级）、较强的乳化增溶效果和较好的抗吸附特性，评价参数包括界面张力能力、乳化特性等。

1. 聚合物筛选

1）一般性质评价

依据聚合物室内评价标准，重点考察聚合物的溶解速度、固含量、水解度、分子量和水不溶物等关键参数，其技术指标要求见表 4–4–1。通过筛选，各项基本参数达到筛选标准的聚合物才能进入下一步溶液特性评价。

表 4-4-1　室内评价用各聚合物一般性能标准数据表

项目	溶解速度（h）	固含量（%）	水解度（mol%）	分子量（10^6）	水不溶物（%）
筛选标准	<2.0	>88	20～30	>25	<0.2

2）溶液特性

现场注入水分别配制不同浓度聚合物溶液，油藏温度条件下测定聚合物增黏性；固定聚合物浓度，改变测试温度测试聚合物的抗温性；蒸馏水配制不同浓度的 NaCl 的盐水，用盐水配制固定浓度聚合物溶液，测定聚合物的抗盐性。

综合聚合物溶液特性研究，优选增黏性、抗温性、抗盐性性能最优的聚合物作为体系用聚合物（图 4-4-1 至图 4-4-3）。聚合物 BHHP-112 在聚合物溶液特性评价方面有黏度优势，可选择该聚合物作为体系用聚合物进行进一步评价。

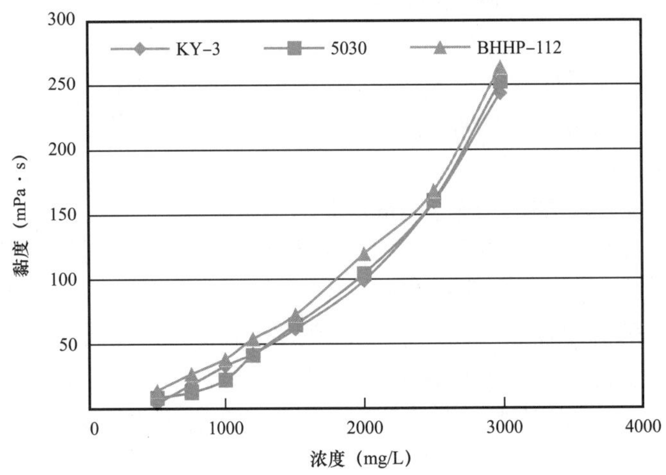

图 4-4-1　不同类型聚合物黏度—浓度关系测试曲线

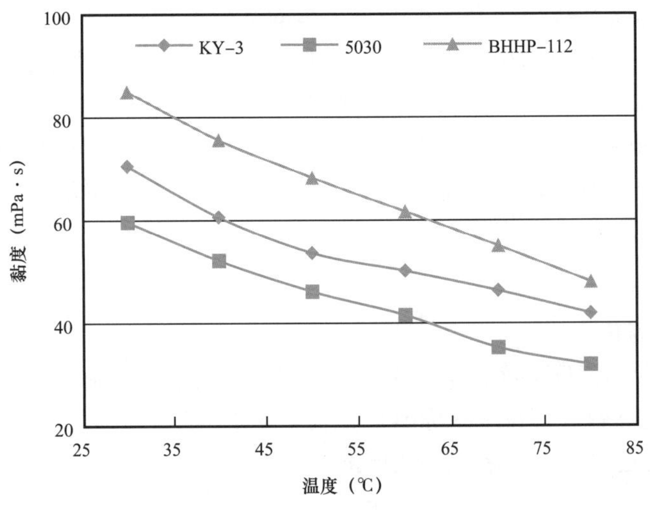

图 4-4-2　不同类型聚合物耐温性测试曲线

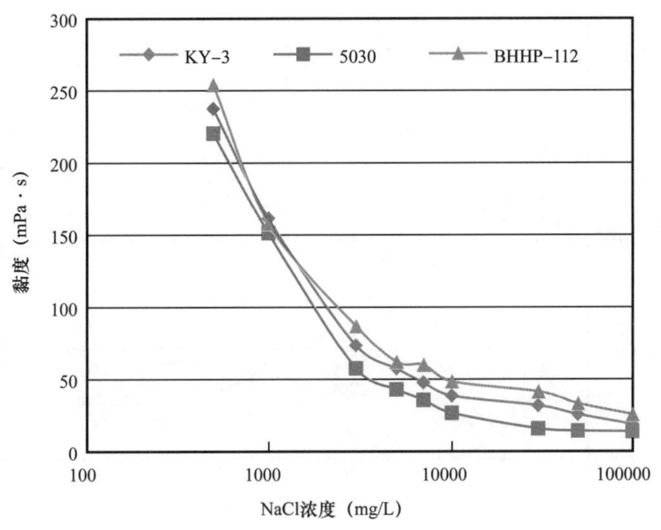

图 4-4-3　不同类型聚合物抗盐性测试曲线

2. 表面活性剂筛选

1）理化指标

室内实验对不同类型的候选表面活性剂按标准进行理化指标评价，包括密度、溶解性、有效物含量、pH 值、闪点 5 项指标，其中关键指标为有效物含量、pH 值、闪点（表 4-4-2）。

表 4-4-2　表面活性剂常规指标标准数据表

项目	闪点（℃）	有效物含量（%）	pH 值
标准要求	＞60	≥40	6～9

2）油水界面张力

表面活性剂降低油水界面张力至超低是提高驱油效率的关键，行业标准要求达到 10^{-3}mN/m，此外考虑到油藏复杂的地质环境及表面活性剂的吸附问题，要求表面活性剂达到超低界面张力的浓度窗口要宽，这样才能保证在多孔介质吸附滞留的情况下仍能保持超低界面张力。

现场注入水配制不同浓度表面活性剂溶液，油藏温度条件下采用旋滴法测定表面活性剂溶液与试验区脱水原油间的界面张力。优选达到超低界面张力且浓度窗口较宽的表面活性剂（图 4-4-4），表面活性剂 DWS-3 及 DCS-217 的性能较优，浓度在 0.05%～0.6% 范围内均能达到 10^{-3}mN/m 数量级。

3）乳化性

乳化是化学驱提高采收率的重要机理，一方面化学体系与原油的乳化能力越强，越容易形成“油墙”，另一方面形成的乳状液能够大幅提高驱替液黏度，有利于扩大波及体积，提高采收率。

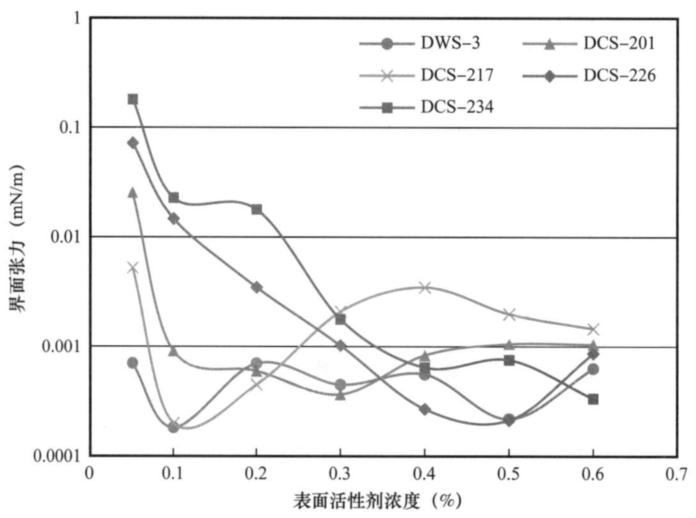

图 4-4-4　不同浓度表面活性剂降低界面张力曲线图

现场注入水配制不同浓度表面活性剂溶液，将溶液与试验区脱水原油按一定油水比例置于具塞量筒中，而后将量筒放置于油藏温度下的恒温箱中恒温 24h，取出样品后上下振荡至乳化，样品摇晃相同次数后置于油藏温度恒温箱中，1h 后观察乳化效果。其中增溶率 =（乳化后油相体积 - 初始油相体积）/ 初始油相体积 ×100%（图 4-4-5），表面活性剂 DCS-234 的乳化效果最好。综合表面活性剂性能评价，优选性能最优的作为体系用表面活性剂。

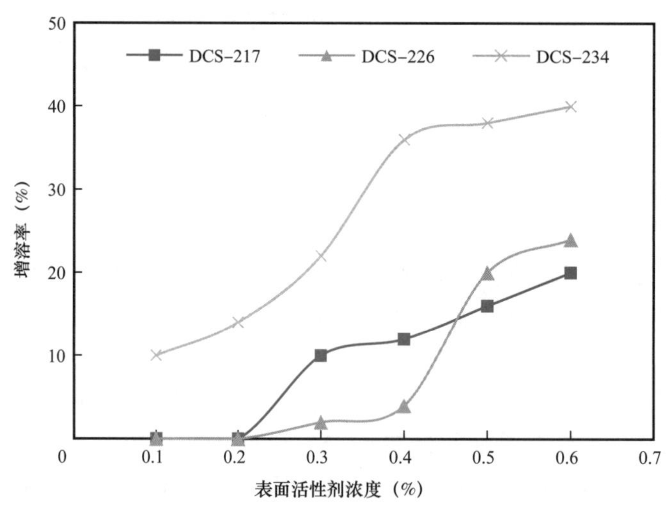

图 4-4-5　不同浓度表面活性剂增溶曲线

3. 碱优选

碱在化学驱体系中的主要作用是与原油作用生成表面活性剂降低界面张力，提高驱油效率，重点评价不同类型碱与原油降低界面张力能力，优选出与原油作用后能形成超低界面张力的碱（图 4-4-6），通过筛选对比，Na_2CO_3 可将油水界面张力降低至 10^{-3}mN/m。

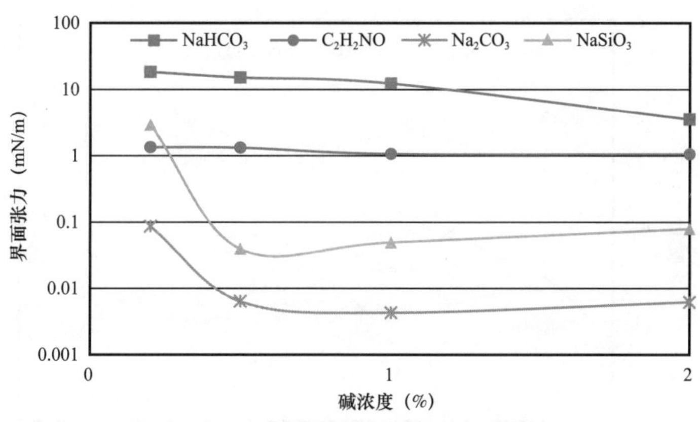

图 4-4-6 不同碱降低油水界面张力测试曲线

二、体系配伍性评价方法

驱油体系配伍性主要研究不同驱油剂之间的性能相互影响程度，包括体系黏度变化、界面张力变化、乳化能力、抗吸附性及热稳定性等。其中黏度、界面张力变化及乳化能力关系到体系扩大波及体积及提高驱油效率作用的发挥；抗吸附性关系到体系在多孔介质中是否能够有效运移，体系抗吸附性差，其在地层中运移距离短，无法进入油藏深部提高驱油效率；热稳定性好坏关系到体系在多孔介质中的有效驱替黏度，热稳定性差，扩大波及体积能力小，流度控制能力差。

对于体系配伍性评价方面，不同化学驱体系评价的方法类似，只是加入化学药剂的种类不同，因此该部分只做方法阐述。

1. 匹配性

匹配性考察的是碱或表面活性剂对聚合物黏度的影响，当体系匹配性差时，聚合物黏度会有较大范围的波动，要求碱或表面活性剂在一定浓度范围内变化对聚合物黏度不产生影响，黏度波动范围 ±10%（图 4-4-7），表面活性剂 BHS-CEDA 与聚合物出现不匹配现象。

2. 界面张力

现场注入水配制不同浓度的碱 / 表二元复合驱体系、聚 / 表二元复合驱体系或聚 / 表 / 碱三元复合驱体系溶液，在油藏温度条件下测试体系与试验区块脱水原油间的界面张力，要求在应用浓度范围内达到超低界面张力 10^{-3}mN/m 数量级。若体系界面张力不能达到超低，则应重新优化体系。图 4-4-8 为碱 / 表二元复合驱体系降低界面张力相图。

3. 乳化性

乳化性测试方法与表面活性剂单剂测试方法相同（见前文“表面活性剂优化”部

分），只是配制溶液变为碱/表二元复合驱体系、聚/表二元复合驱体系或聚/表/碱三元复合驱体系。

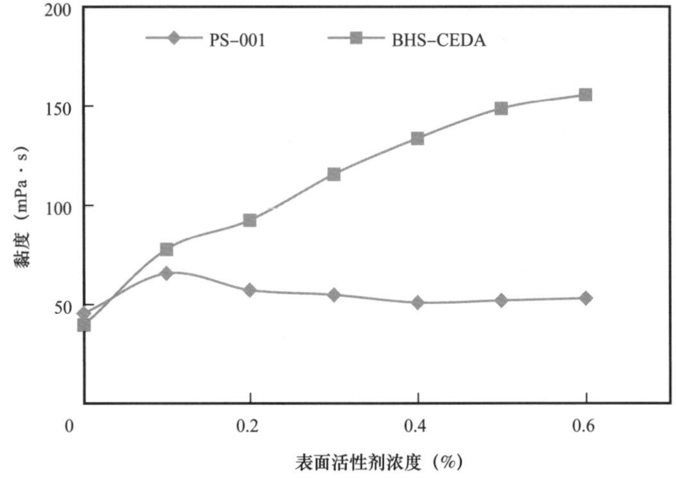

图 4-4-7　表面活性剂对聚合物黏度影响曲线

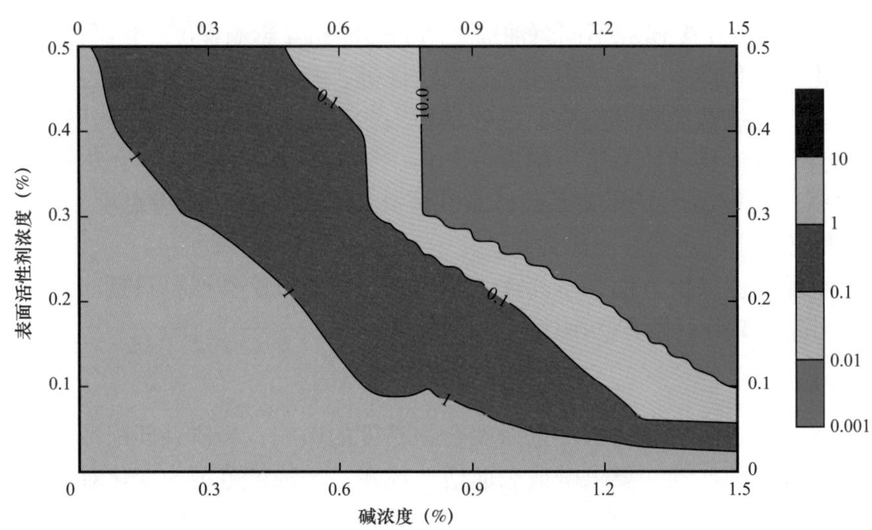

图 4-4-8　碱/表二元复合驱体系降低界面张力相图

4. 抗吸附性

现场注入水配制不同浓度的碱/表二元复合驱体系、聚/表二元复合驱体系或聚/表/碱三元复合驱体系溶液，按液固比 9∶1 加入地层返排砂混合摇匀，在油藏温度条件下静置吸附 24h 后取出，取上清液用高速离心机离心后测其油水界面张力，将清液按液固比 9∶1 再次吸附，以此类推吸附 5 次，考察体系抗吸附性能，指标要求四级吸附后仍可达到 10^{-3}mN/m 数量级。图 4-4-9 为碱/表二元复合驱体系抗吸附性评价曲线，1% 碱与 0.2% 表面活性剂形成的碱/表二元复合驱体系抗吸附性最优。

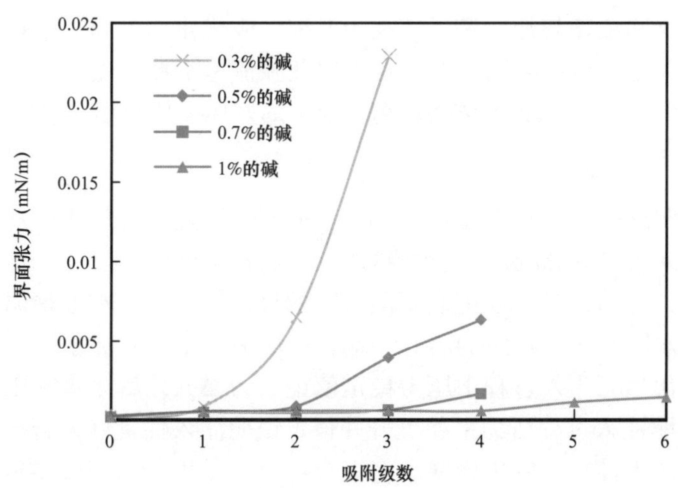

图 4-4-9 不同吸附级数碱 / 表二元复合驱体系界面张力曲线

5. 热稳定性

现场注入水配制不同浓度的聚 / 表二元复合驱体系或聚 / 表 / 碱三元复合驱体系溶液，将配制好溶液分装至 20mL 玻璃瓶中，经过负压（–0.1MPa）抽提 5h，而后放入厌氧手套箱除氧至氧含量 0.1mg/L 以下，对玻璃瓶采用胶塞、铝帽压盖密封，取出放置于油藏温度恒温箱中，测定不同老化时间下的溶液黏度及油水界面张力，要求油藏温度条件下放置 90d 后体系黏度保留率达到 80% 以上，油水界面张力保持在 10^{-3}mN/m 数量级。评价过程中为提高体系热稳定性，可根据需要优化加入聚合物稳定剂。图 4-4-10 为聚 / 表二元复合驱体系热稳定曲线。

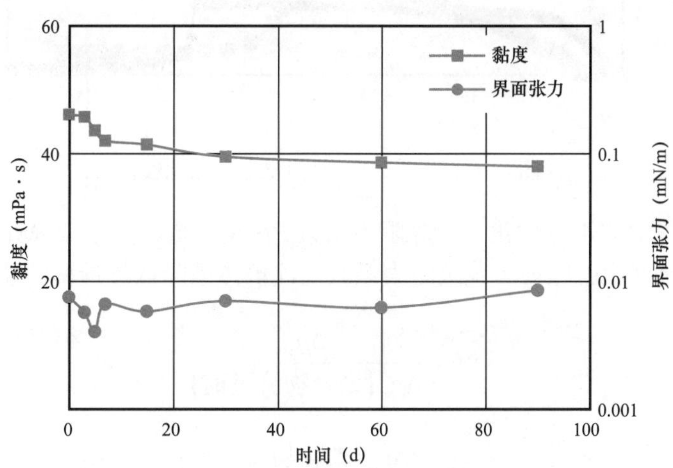

图 4-4-10 BHHP-112/BHS-01B 体系黏度及界面张力随老化时间变化曲线

三、渗流特性评价方法

化学驱体系渗流特性一般指体系在多孔介质中注入性及抗剪切性。注入性主要研究注入聚合物分子量和浓度与油层渗透率是否匹配，应优化出不同分子量及不同浓度下与油层渗透率匹配关系图版；剪切特性多指不同孔隙流速下体系通过多孔介质前后的黏度损失程度（黏损率），以此来评价体系抗剪切能力的好坏，从而更好地指导方案的编制。

1. 注入性

选定系列不同渗透率岩心（尺寸 ϕ2.5cm×5cm），测定岩心气相渗透率，并抽空饱和水（水为现场注入水经 0.45μm 微孔滤膜过滤），油藏温度注入过滤水至压力稳定，此时压力记录为 Δp_w，然后用过滤水配制不同浓度的聚合物溶液，在油藏温度下将配制溶液以一定速度注入水驱至压力稳定的岩心一端，待压力稳定后转注水驱，记录驱替过程注入压力变化，将化学驱注入过程中压力稳定值记录为 Δp_c，后续水驱压力稳定值记录为 Δp_{wc}。如若化学驱注入过程压力平稳上升并恒定说明注入性良好，若压力波动较大，且持续上升，说明注入性差，发生堵塞。将聚合物分子量为 2500 万，浓度为 2000mg/L 聚合物溶液注入渗透率为 110mD 岩心时压力持续上升（图 4–4–11），说明在注入过程中发生堵塞，无法注入。

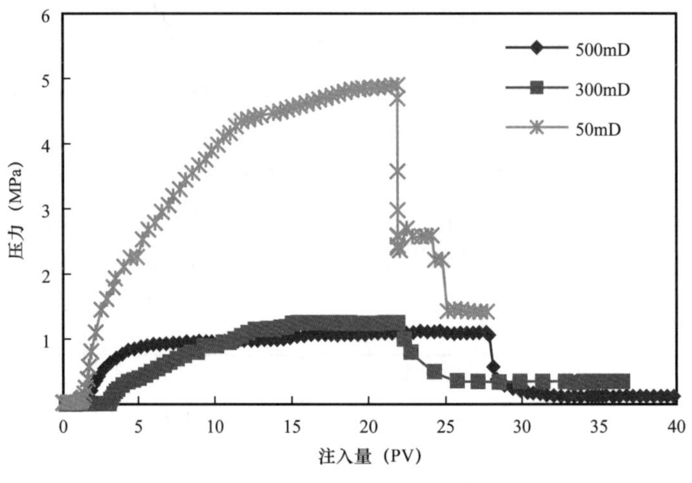

图 4–4–11　注入压力与 PV 数关系曲线

根据实验过程中的压力变化，计算阻力系数 *RF* 及残余阻力系数 *RRF*，其中阻力系数是评价体系改善流度比的能力，残余阻力系数是评价体系降低渗透率的能力。

$$RF=\frac{\Delta p_{\mathrm{p}}}{\Delta p_{\mathrm{w}}\left(\text{聚合物流过前}\right)} \tag{4-4-1}$$

$$RRF=\frac{\Delta p_{\mathrm{w}}\left(\text{聚合物流过后}\right)}{\Delta p_{\mathrm{w}}\left(\text{聚合物流过前}\right)} \tag{4-4-2}$$

式中　*RF*——阻力系数，无量纲；

RRF——残余阻力系数，无量纲；

Δp——流体流经岩心前后两端压降，MPa；

2. 抗剪切性

在化学驱油的应用过程中，存在聚合物在炮眼附近地层的剪切降黏与在地层中的有效流度控制（有效地建立起阻力系数 *RF*）之间矛盾。因此，研究聚合物溶液在进入地层前的抗剪切性能，对注入量调整及是否需要重新射孔等十分必要。通常聚合物抗剪切性通过考察聚合物溶液以不同的孔隙流速通过人造岩心，测试剪切前后的黏度变化。

聚合物溶液通过炮眼地层的流速定义为孔隙流速，用 V 表示；

计算公式：

$$V = Q / F \cdot \phi \tag{4-4-3}$$

式中 V——炮眼附近地层的孔隙流速（亦称线速度），m/d；

Q——聚合物溶液日注入量，m^3/d；

F——过流面积，聚合物溶液流经炮眼地层的面积，m^2；

ϕ——注入井底炮眼附近油藏砂岩孔隙度，无量纲。

过流面积 F 的计算公式：

$$F = m \cdot n \cdot \pi \cdot D \cdot h \tag{4-4-4}$$

式中 F——过流面积，m^2；

m——注水井射开油层厚度（或射开井段），m；

n——射孔密度，个 /m；

D——炮眼孔径（直径），m；

h——射孔深度（指射入油层砂岩的深度），m。

通过配注量及射孔资料参数可计算聚合物在注入过程中的孔隙流速，再经过室内评价研究在该孔隙流速下聚合物的抗剪切性。

室内实验选择与试验区渗透率相近的人造均质岩心（尺寸 $\phi 2.5\text{cm} \times 5\text{cm}$）抽空饱和水（水为现场注入水经 0.45μm 微孔滤膜过滤），而后用过滤后的现场注入水配制不同浓度的聚合物溶液，将配制溶液以不同速度注入岩心一端，收集岩心另一端流出液在油藏温度条件下测试溶液黏度，绘制不同注入速度与溶液黏度关系曲线。以 G109–1 断块为例，经计算现场注入过程中的孔隙流速范围在 80～90m/d 之间，室内实验结果表明，当孔隙流速达到 90m/d 时，黏度保留率都达到 80% 以上，黏度保留在 80mPa·s 以上，聚合物抗剪切性较好（图 4–4–12）。

其中注入速度计算公式如下：

$$V = Q \cdot 24 \cdot 60 \cdot 0.01 / (\phi A) \tag{4-4-5}$$

式中 V——注入速度，m/d；

Q——注入流量，mL/min；

A——岩心截面积，cm^2；

ϕ——岩心孔隙度。

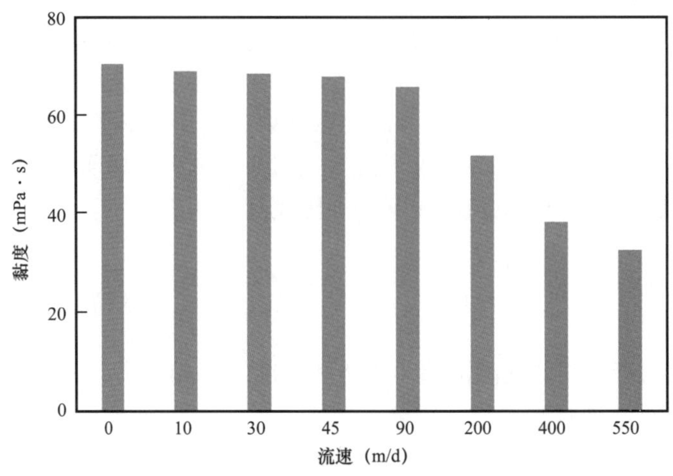

图 4-4-12　聚 / 表二元复合驱体系注入速度与体系粘度变化曲线

第五节　化学驱段塞优化设计

化学复合驱体系段塞的优化一般要结合实际油藏的储层物性、温度、油水性质来筛选化学剂并确定其浓度，然后再进行注入段塞尺寸大小优化，最后应结合储层渗透率级差及分布优化适合的段塞组合方式，保证驱油效果最佳。

一、驱替技术优化

驱油特性研究是化学驱技术进入现场试验之前必须完成的步骤，采用室内物理模拟实验的方法进行，物理模拟是化学驱技术室内评价实验的核心，需要模拟油藏条件，还应该遵守必要的相似准则，制作符合储层物性的物理模型，以确保实验的科学性、可靠性和准确性。实验过程是对比不同化学驱技术提高采收率幅度，进而确定适合的驱替技术。

选择与油藏渗透率及变异系数相近的三层人造非均质岩心（尺寸 4.5cm×4.5cm×30cm）抽空饱和水（水为现场注入水经 0.45μm 微孔滤膜过滤），测水相渗透率及孔隙体积。在油藏温度下饱和模拟油（试验区块脱水原油与煤油配制，其黏度与地层原油黏度相同），记录饱和油量，计算含油饱和度，油藏温度下放置 24h 建立原始束缚水饱和度。在油藏温度下用过滤后的注入水进行水驱至含水率 98% 以上，而后转注 1PV 化学驱体系溶液，再进行后续水驱至实验设计 PV 数，实验过程中每隔一定 PV 数记录油量以及压力。

改变化学驱体系重复上述实验，对比不同驱油体系的驱替效果（图 4-5-1），化学驱对比水驱提高采收率幅度由高到低：三元复合驱＞二元复合驱＞聚合物驱，化学驱方案设计中，还需要结合区块实际情况，优选技术经济最佳的化学驱技术。

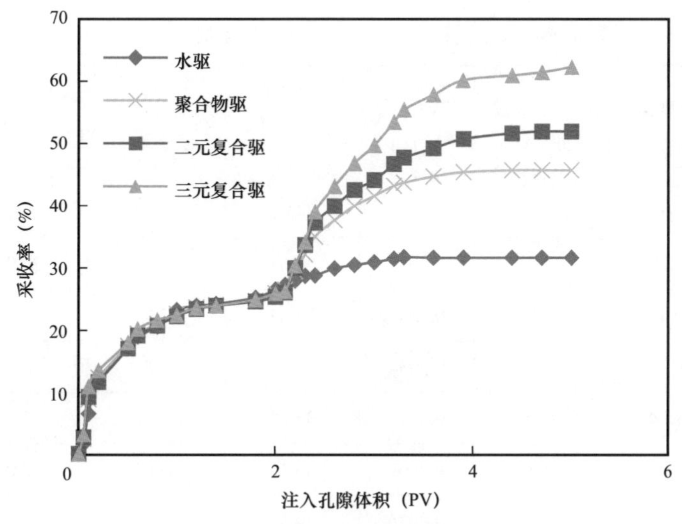

图 4-5-1 不同驱替方式驱油效果曲线

二、聚合物浓度优化

1. 驱替液黏度优化

二元复合驱提高采收率机理之一是通过增加驱替相的黏度，改善不利的油水流度比，从而扩大波及体积，提高采收率。因此需优化合理的黏度比以实现采收率的大幅度提高。由于体系在进入油藏进行驱替前会受到多种因素影响，体系黏度降低，因此该部分内容优化的是体系进入油藏后的驱替液黏度，再根据此黏度确定体系用聚合物浓度。

选择与港西油藏渗透率以及变异系数相近的三层人造非均质岩心（尺寸 4.5cm×4.5cm×30cm）抽空饱和水（水为现场注入水经 0.45μm 微孔滤膜过滤），测水相渗透率及孔隙体积。在 53℃下饱和模拟油（试验区块脱水原油与煤油配制，其黏度与地层原油黏度相当为 24.5mPa·s），记录饱和油量；53℃下放置 24h 建立原始束缚水饱和度。把饱和油的岩心接入岩心试验流程，在油藏温度下用过滤后注入水进行水驱至 2PV，而后转注 1PV 化学驱体系溶液，再进行后续水驱至 5PV，过程中每隔一定 PV 数记录油量及压力。化学驱体系为不同浓度聚合物复合 0.2% 表面活性剂，体系经渗透率为 1000mD 岩心（ϕ2.5cm×5cm）剪切后再进行驱替实验。实验结果见表 4-5-1、图 4-5-2。

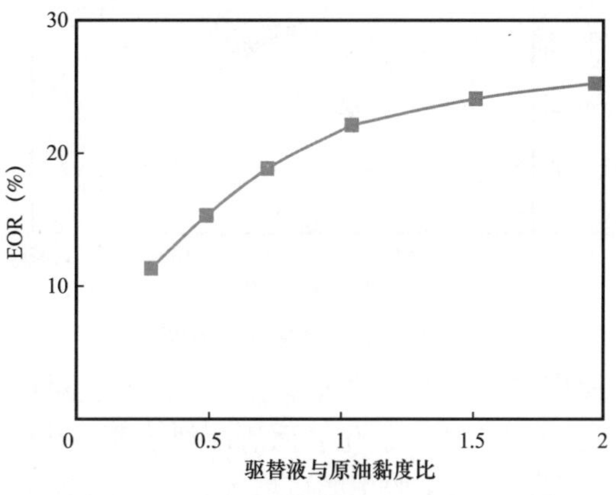

图 4-5-2 驱替液 / 原油黏度比与 EOR 关系图

从实验结果可以看出随驱替液 / 原油黏度比增大，提高采收率幅度增大，当驱替液 / 原油黏度比增大到 1 之后，采收率增幅变缓，因此优选合理驱替液 / 原油黏度比为 1，驱替液黏度为 25.5mPa·s，EOR 幅度为 22.01%OOIP。

表 4-5-1　不同黏度二元复合驱体系驱油效果对比表

实验编号	方案	黏度比 μ_p/μ_o	驱替液黏度（mPa·s）	界面张力（mN/m）	2PV 水驱采出程度（%）	5PV 采收率（%）	2PV 水驱后提高值（%）	EOR（%OOIP）
1	水驱	—	—	—	34.67	43.54	8.87	--
2	二元复合驱	0.28	6.9	0.0019	34.61	54.68	20.07	11.23
3		0.49	12	0.0032	33.84	57.95	24.11	15.24
4		0.72	17.5	0.0034	33.21	60.83	27.62	18.75
5		1.04	25.5	0.0045	35.24	66.12	30.88	22.01
6		1.51	36.9	0.0067	35.16	68.01	32.85	23.98
7		1.97	48.3	0.0076	34.56	68.57	34.01	25.14

2. 聚合物浓度确定

前期优化了最佳的驱替液黏度，即溶液地层驱替原油时的工作黏度，是聚合物溶液配制完成后流经配注系统、油管、炮眼等进入地层后的黏度，在此过程中聚合物溶液黏度受各种因素影响有一定程度下降。化学驱体系注入过程中在各个节点黏度保留率如图 4-5-3 所示。

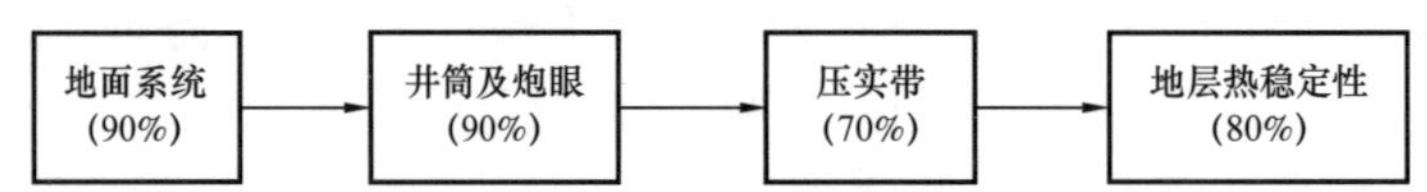

图 4-5-3　聚合物溶液进入地层过程中黏度保留率示意图

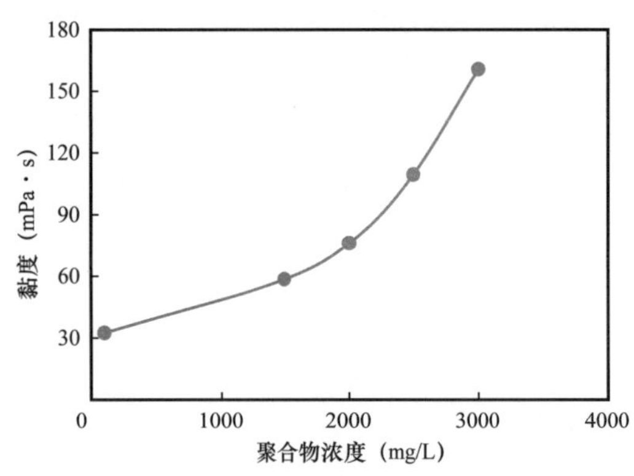

图 4-5-4　聚合物黏度—浓度曲线

从图 4-5-3 可以得出驱替液黏度 =0.9×0.9×0.7×0.8× 站内黏度 ≈0.45 井口黏度，驱替液黏度与地下原油黏度比按照 1.0 设计，聚合物站内黏度应不小于56.6mPa·s，结合聚合物溶液黏度—浓度曲线（图 4-5-4）得出最佳聚合物浓度为 1500mg/L。

三、表面活性剂浓度优化

表面活性剂浓度优化方法与驱替液黏度实验方法一致，驱替体系中固定聚合物浓度，改变表面活性剂浓度来进行驱油实验对比筛选确定。以港西油田为例，固定聚合物浓度为 1500mg/L，优化表面活性剂浓度，从图 4-5-5 的实验结果可以看出随表面活性剂浓度增大，提高采收率幅度增大，当表面活性剂浓度增大到 0.2% 之后，采收率增幅变缓，优选合理表面活性剂浓度为 0.2%。

四、段塞尺寸优化

段塞尺寸优化方式与驱替技术优化实验方法相同，只是改变驱替过程中化学驱注入阶段的段塞大小。化学驱体系采用前期优化的最佳参数，随注入段塞的增大，采收率提高幅度增大，但当段塞增大到一定程度，提高采收率增幅变缓，找出曲线拐点对应的段塞尺寸，作为段塞尺寸优化结果，由图 4–5–6 的港西油田实验结果可知，适合的段塞大小为 0.6PV，同时在方案编制中，还需同时考虑经济成本，确定技术经济最佳的注入段塞大小。

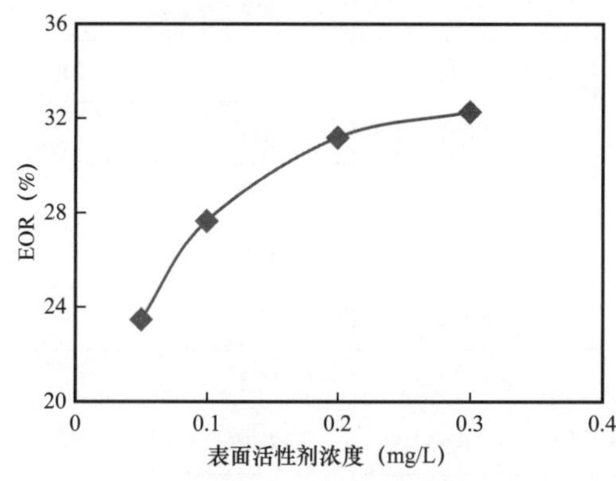

图 4–5–5　不同浓度表面活性剂提高采收率曲线

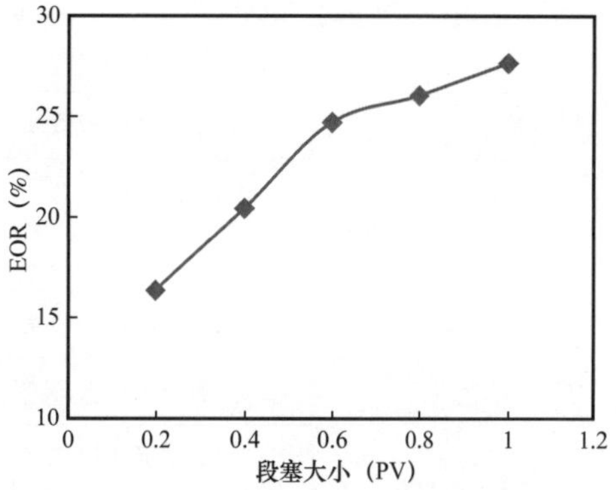

图 4–5–6　不同段塞大小提高采收率曲线

五、段塞组合方式

目前复合驱矿场试验一般采用的注入方式是聚合物、表面活性剂等复配体系一个段塞注入，此类注入方式的矿场试验取得了比水驱提高采收率 10%～15% 的较好效果。但通过现场试验也发现该注入方式尚存在着一定的局限性。

复合驱体系中由于聚合物的加入使得体系具有较高的黏度，从而扩大了波及体积进而将界面活性较好的二元复合驱体系送入剩余油更多的中渗透层、低渗透层以提高采收率，但在实际过程中，复合体系在高渗透层、中渗透层、低渗透层中的注入量分配表现出很大程度的不均衡性。注入聚合物溶液后注入井吸入剖面随着注入孔隙体积倍数的增加而得到改善，高渗透层相对吸水量相对减少，中渗透层、低渗透层吸水量相对增加；当注聚量达到一定注入孔隙体积倍数后，剖面调整发生了反转，高渗透层相对吸水量增加，中渗透层、低渗透层吸水量相对减少。剖面的过早反转直接带来化学剂相对较多地进入高渗层，这一点对于具有超低界面张力的二元复合驱体系势必更为明显，表现为二元复合驱体系在高渗透层的指进现象更为强烈。因此，有必要改进注入方式，从而进一步提高二元复合驱体系扩大波及体积与提高驱油效率的作用。驱油体系段塞优化设计是在充分考虑现实油藏特征后而有针对性地通过不同体系组合来实现体系效能最大化的技术方式，其优化结果提供给数值模拟参考借鉴。

依据体系特征以及对油藏储层发挥作用的情况，将体系段塞组合方式分为三种：单一段塞、组合段塞（前置 + 主段塞 + 副段塞 + 保护段塞）和交替注入段塞。单一段塞指恒定体系组成及浓度注入；组合段塞是指改变驱替剂浓度、改变段塞尺的寸注入；交替注入指一种或几种驱替剂组合多轮次交替注入。

采用物理模拟实验对比评价了不同段塞组合方式下提高采收率幅度。不同段塞组合方式驱油效果的实验方法与驱油特性研究一致，只是将注入化学驱部分改为注入不同的段塞组合（表 4-5-2）。

表 4-5-2　不同段塞组合方式驱油效果数据表

<table>
<tr><th>段塞组合方式</th><th colspan="2">注入段塞</th><th>组成</th><th>注入体积（PV）</th><th>EOR（%）</th></tr>
<tr><td>单一段塞</td><td colspan="2">二元段塞</td><td>0.2%P+0.3%S</td><td>0.8</td><td>21.3</td></tr>
<tr><td rowspan="16">组合段塞</td><td rowspan="4">方式 1</td><td>聚合物前置段塞</td><td>0.25%P</td><td>0.1</td><td rowspan="4">23.5</td></tr>
<tr><td>二元主段塞</td><td>0.22%P+0.3%S</td><td>0.35</td></tr>
<tr><td>二元副段塞</td><td>0.22%P+0.2%S</td><td>0.25</td></tr>
<tr><td>聚合物保护段塞</td><td>0.15%P</td><td>0.1</td></tr>
<tr><td rowspan="4">方式 2</td><td>聚合物前置段塞</td><td>0.25%P</td><td>0.1</td><td rowspan="4">20.4</td></tr>
<tr><td>二元主段塞</td><td>0.2%P+0.35%S</td><td>0.35</td></tr>
<tr><td>二元副段塞</td><td>0.2%P+0.3%S</td><td>0.25</td></tr>
<tr><td>聚合物保护段塞</td><td>0.15%P</td><td>0.1</td></tr>
<tr><td rowspan="4">方式 3</td><td>聚合物前置段塞</td><td>0.25%P</td><td>0.1</td><td rowspan="4">19.8</td></tr>
<tr><td>二元主段塞</td><td>0.2%P+0.3%S</td><td>0.35</td></tr>
<tr><td>二元副段塞</td><td>0.2%P+0.2%S</td><td>0.25</td></tr>
<tr><td>聚合物保护段塞</td><td>0.15%P</td><td>0.1</td></tr>
<tr><td rowspan="4">方式 4</td><td>聚合物前置段塞</td><td>0.25%P</td><td>0.1</td><td rowspan="4">18.4</td></tr>
<tr><td>二元主段塞</td><td>0.2%P+0.3%S</td><td>0.45</td></tr>
<tr><td>二元副段塞</td><td>0.2%P+0.2%S</td><td>0.15</td></tr>
<tr><td>聚合物保护段塞</td><td>0.15%P</td><td>0.1</td></tr>
<tr><td rowspan="8">交替段塞</td><td colspan="2">聚合物段塞</td><td>0.2%P</td><td>0.1</td><td rowspan="8">16.9</td></tr>
<tr><td colspan="2">表面活性剂段塞</td><td>0.3%S</td><td>0.1</td></tr>
<tr><td colspan="2">聚合物段塞</td><td>0.2%P</td><td>0.1</td></tr>
<tr><td colspan="2">表面活性剂段塞</td><td>0.3%S</td><td>0.1</td></tr>
<tr><td colspan="2">聚合物段塞</td><td>0.2%P</td><td>0.1</td></tr>
<tr><td colspan="2">表面活性剂段塞</td><td>0.3%S</td><td>0.1</td></tr>
<tr><td colspan="2">聚合物段塞</td><td>0.2%P</td><td>0.1</td></tr>
<tr><td colspan="2">表面活性剂段塞</td><td>0.3%S</td><td>0.1</td></tr>
</table>

从表 4–5–2 中可知，三种不同注入方式各有优势，单一恒浓度段塞注入提高采收率幅度较大，达到 21.3%，但药剂投入量大，体系成本过高；组合段塞是在单一段塞的基础上得到进一步优化，前置聚合物段塞起到对高渗透层有效封堵，主段塞聚合物浓度逐级降低，增加表面活性剂用量，有效启动中渗透层、低渗透层，后尾段塞继续降低聚合物浓度，不加表面活性剂，减少药剂投入，主要起到段塞保护作用，避免后续水驱对前面已注入体系稀释，削弱化学驱效果。方式 1 中主段塞增加聚合物浓度，加大流度控制能力，提高采收率幅度最大，达到 23.5%；交替注入主要为了解决中渗透层、低渗透层启动能力差，利用聚合物和表面活性剂交替注入方式使聚合物有效封堵后，表面活性剂绕流到聚合物无法波及的低渗透层启动残余油，同时节约体系成本。此种方式主要针对中低渗透率油藏，提升驱油效率作用发挥效果较好，对于高孔隙度、高渗透率油藏，主要依靠流度控制来提高采收率，聚合物与表面活性剂交替注入时，表面活性剂会沿高渗透层突进，提高驱油效率能力减弱，驱油效果变差。

第五章 “二三结合”配套工艺技术

油田进入特高含水开发阶段，受注水长期冲刷改造影响，渗流优势通道发育，注入水低效循环严重。针对大港复杂断块油田高含水期开发成本高、效益稳产难度大的难题，开展精细分注工艺、调剖调驱工艺、注聚受益井防砂工艺、化学驱地面配注工艺、集约式开发建设方法研究，系统开展了降低开发成本与提质增效技术方法研究，形成了“二三结合”配套工艺技术，为实现油田完全成本有效降低提供了技术支撑。

第一节 精细分注工艺

无论是二次开发水驱还是三次采油化学驱，由于开发层系之间及层系内部各单砂层非均质性的影响，其吸液能力各不相同。为解决层间矛盾，控制油井含水率上升，避免无效注入，需要通过井下分注技术调控分层段注入量，从而提高油田开发效果。目前国内外的分注技术主要包括油套管、同心双管、平行双管、桥式偏心、桥式同心、无缆智能、有缆智能等分注技术。

对于采用“二三结合”模式开发的油田，优选分注技术时需要着重考虑三方面因素：一是满足油藏分注层段数要求；二是满足注入调剖剂、聚合物等化学剂的黏度损失要求；三是控制生产成本，避免因注入介质转换造成的换管柱作业。

为此，大港油田以精细化、多功能、智能化为目标，研究试验了桥式偏心分层注水注聚调剖一体化分注技术、地面智能分注技术、缆控水聚合物驱一体化分注技术来满足油田“二三结合”开发模式下分层注入需求。

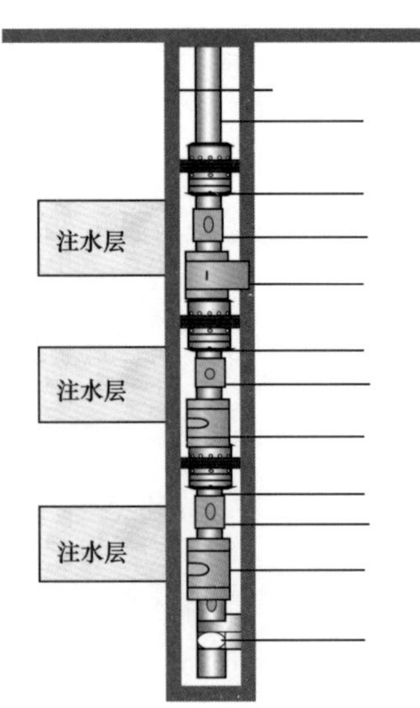

图 5-1-1 桥式偏心注水注聚调剖一体化管柱

一、桥式偏心分层注水、注聚、调剖一体化技术

桥式偏心分层注水注聚调剖一体化技术（图 5-1-1）是一种能够将分层注水、分层注聚、分层调剖三种驱替方式集中到同一管柱实现的多功能工艺技术。其有效避免了因注入介质转换而进行的检管作业，实现了最大限度的成本节约。

1. 技术组成及工作原理

（1）井口部分：采油树、压力计、电磁流量计、低剪切自控阀门。

（2）井下部分：锚定工具、封隔器、桥式偏心配水（聚）器、专用调剖工具、洗井阀、筛管、丝堵。

（3）测调部分：防喷管、测调仪、验封仪、测调车。

注水（聚）时利用各层桥式偏心配水（聚）器注入至各单层，各单层流量调节可通过电缆将测调仪器下入井筒与配水（聚）器对接，在地面通过仪器控制井下配水（聚）器中水嘴开度大小，从而改变单层注入量，完成流量调节。同时测调过程中可实现温度、压力数据直读，实现测调仪器一次下井完成全井各层段流量测试和调配。

调剖时首先利用测调仪关闭调剖目的层以上配注器，然后将调剖堵塞器（图 5-1-2）用钢丝投入调剖工具（图 5-1-3）内，将工具内部上下分隔开，注入调剖剂，压力推开调剖器活塞，注入目的层。调剖时仅能实现单层调剖及流量控制。

图 5-1-2　调剖堵塞器

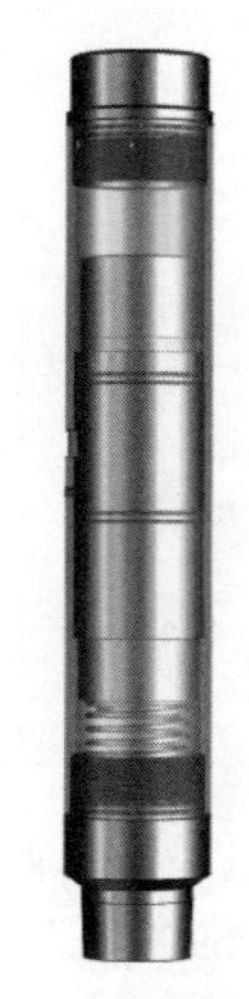

图 5-1-3　调剖工具

2. 技术特点

桥式偏心注水注聚调剖一体化技术具有可多级分注、节约施工成本、降低施工频次、投资少、见效快等优点。如单井（按三段计算）需交替注入介质检管作业，该技术每次可节约检管周期约 7d、工具费用 8 万元以上、检管作业费用 10 万元以上，减少检管作业后受益井压力恢复周期 5d 以上。但该技术还存在一些目前无法克服的缺点，如测调水量需下仪器调节水嘴开度，受井斜角、油管内状况及注入压力等因素影响较大，测调成功率偏低；同时该技术在调剖时仅能实现单层调剖及流量调控。

3. 应用情况及效果

桥式偏心注水注聚调剖一体化技术已在大港油田应用 70 余井次，分注层段最高达到 4 段，平均每年减少检管作业 140 余井次，有效地促进了效率提升，降低了生产成本。同时，为验证该技术对聚合物或调剖剂黏损影响情况，在采油五厂某注聚井开展现场试验验证，效果完全符合相关技术要求。

检测了最大外径为 18.7mm、19mm 梭形杆节流芯和外径为 18mm 的环形槽节流芯产生的黏损率，最大黏损率不超过 6%（表 5-1-1），其中：ϕ18.7mm 梭形杆节流芯球数为

8～16 连续变化时，黏损率为 4.28%～2.69%；ϕ19mm 梭形杆节流芯球数为 8～16 连续变化时，黏损率为 5.31%～4.07%；ϕ18mm 环形槽节流芯球数为 20 个时，黏损率为 5.8%。

表 5-1-1　可调节流芯黏度损失地面检测数据

<table>
<tr><th>芯子类型</th><th>节流芯规格</th><th>有效球数（个）</th><th>排量（m³/d）</th><th>进口黏度（mPa·s）</th><th colspan="2">出口黏度（mPa·s）</th><th>黏损率（%）</th></tr>
<tr><td rowspan="8">梭形杆节流芯</td><td rowspan="5">ϕ18.7mm×16 球</td><td>16</td><td>1.27</td><td>72.5</td><td>70.4</td><td>68.4</td><td>4.28</td></tr>
<tr><td>14</td><td>2.22</td><td>72.6</td><td>69.1</td><td>70.5</td><td>3.86</td></tr>
<tr><td>12</td><td>2.86</td><td>72.6</td><td>69.9</td><td>70.1</td><td>3.58</td></tr>
<tr><td>10</td><td>2.7</td><td>73.6</td><td>69.9</td><td>70.5</td><td>3.17</td></tr>
<tr><td>8</td><td>2.86</td><td>72.5</td><td>70.9</td><td>70.2</td><td>2.69</td></tr>
<tr><td rowspan="3">ϕ19mm×16 球</td><td>16</td><td>1.6</td><td>72.5</td><td>70.1</td><td>67.2</td><td>5.31</td></tr>
<tr><td>14</td><td>1.88</td><td>72.5</td><td>69.3</td><td>69</td><td>4.62</td></tr>
<tr><td>12</td><td>1.85</td><td>72.5</td><td>69</td><td>70.1</td><td>4.07</td></tr>
<tr><td>环形槽节流芯</td><td>ϕ18mm×20 球</td><td>20</td><td>2.57</td><td>74.7</td><td colspan="2">70.4</td><td>5.8</td></tr>
<tr><td>无</td><td>无</td><td>无</td><td>3.3</td><td>72.5</td><td colspan="2">71.5</td><td>1.38</td></tr>
<tr><td>流程</td><td>无</td><td>无</td><td>3.3</td><td>74.7</td><td colspan="2">73.6</td><td>1.47</td></tr>
</table>

聚合物溶液通过系列可调节梭形杆节流芯时，最大黏损率保持在 6% 以内，最大值为 5.31%，最小值为 2.69%，达到了注聚井驱油体系对聚合物溶液黏损率保持在 10% 以内的相关技术要求，满足分层注聚管柱配套工具在注聚工程中的适应性。

二、地面智能分注技术

地面智能分注技术是采用大油管内插入小油管，通过密封段将大小油管注入通道相对独立，介质通过大油管与小油管分别注入地层。两个注入通道间互不干涉，对注水、注聚、调剖的适应性极强；且无需下入测调仪器进行调配，流量可直接在井口通过井口自控阀和远程控制系统智能调节。

1. 技术原理和分类

该技术是在 4in、$3^1/_2$in 油管内插入 1.9in 油管，形成油套环空、大小油管环空、小油管内腔三个通道，通过井口自控阀门及远程自控系统调节注入量，套管、大油管、小油管各有单独的压力表、流量计三套系统分别控制，从而实现三段分注或二段套保分注 . 按照井筒不同状况基本分为两大类，一类是井深不大于 3500m 的小油管注下层的地面智能分注技术（图 5-1-4），另一类是井深大于 3500m 的小油管注上层的地面智能分注技术（图 5-1-5）。

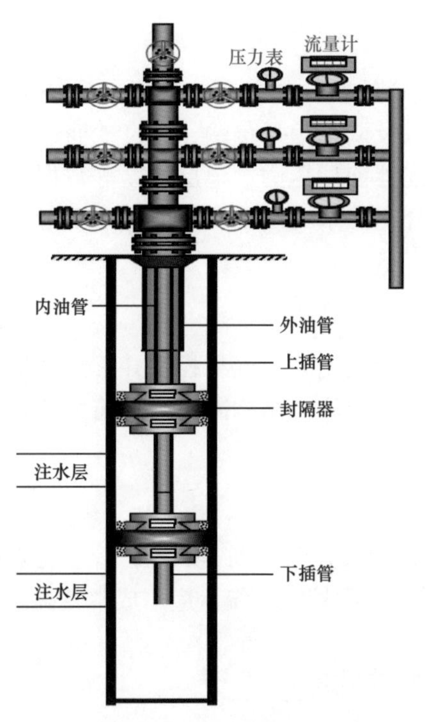

图 5-1-4 地面智能分注管柱示意图（一）

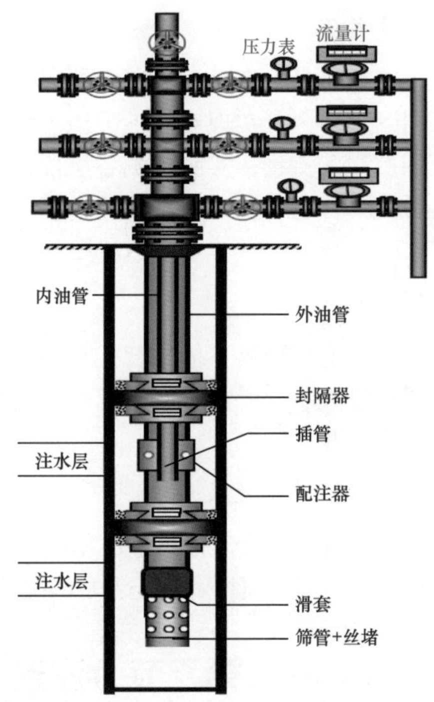

图 5-1-5 地面智能分注管柱示意图（二）

该技术主要配套工具共两大部分：

（1）井口部分：采油树、压力计、电磁流量计、低剪切自控阀门；

（2）井下部分：外油管、内油管、插管、锚定工具、封隔器、滑套 + 筛管 + 丝堵。

主要管柱结构如图 5-1-4、图 5-1-5 所示。

2. 技术特点

地面智能配水分注技术可通过地面控制系统远程控制井口自控阀，从而调控各层流量大小，无需下测调仪器进行调控，对注水、注聚、调剖的适应性均较强，但由于受到油管尺寸限制，目前该工艺只能实现套保下两段分注。

3. 应用情况及效果

地面智能配水分注技术在大港油田已成功应用 40 余井次，最大井深达到 3800m，管柱有效期最长达到 5 年。但该项技术目前只能实现二段分注，且配套小油管及专用采油树，应用成本较高。

三、缆控水聚合物驱一体化智能分注技术

缆控水聚合物驱一体化智能分注技术是一种利用电缆将井下智能配注器与井口流量调节控制阀相连，通过远程控制系统调控各层水量的智能分注技术，与桥式偏心分注技术类似，可实现多级分注，但又可通过电缆在地面直接调控井下流量，避免了下入测调仪器调配的各种风险。

1. 技术原理

该工艺管柱在下入过程中，将电缆固定在油管外壁，与各配注器对接完成后随油管一同下入井内，实现对井下配注器调控部件供电及调配信号传输，通过地面远程控制系统调控注入流量，实时监测各层段注入量、配注器前后压力、地层温度等数据。该技术具备注聚合物、注水两种模式，满足“二三结合”注水、注聚合物模式不动管柱切换要求。

2. 技术特点

缆控水聚合物驱一体化智能分注技术可通过地面控制系统远程控制井下配注器，调控各层流量大小，无需下测调仪器进行测调，但受到配注器结构限制，目前该项技术无法满足调剖需求。

3. 应用情况及效果

该技术目前在大港油田已成功应用20余井次，最大井深达到3400m，管柱有效期最长达到3年。但该项技术需配套智能配注器、电缆及远程控制系统，应用成本较高。

第二节　注聚合物受益井防砂工艺

随着二次开发、三次采油的不断深入，疏松砂岩油藏注聚与出砂矛盾日益突出，注聚合物驱相较注水驱具有加剧地层出砂、堵塞砾石充填带、降低挡砂屏障渗透性等问题，导致油井防砂后产液量下降。针对聚合物黏度高、携砂能力强和吸附性能强等特点，研发了集解堵、返排、防堵、抗堵为一体的注聚合物受益井防砂工艺，为注聚合物受益井防砂后稳产、高产提供有效保障。

一、注聚合物受益井防砂后产液量下降原因

刘东等于2010年通过实验测试对注聚合物油井防砂层注聚合物前后砂样的形态和表面物种组成进行分析，砂粒表面吸附物中含有大部分聚合物及饱和烃、芳香烃，得出了聚合物在砂粒表面吸附的结论，初步揭示了注聚合物驱油井的部分堵塞原因。

董长银等于2016年开展普通石英砂与树脂涂敷砂的润湿性、沥青质吸附、聚合物及其衍生物吸附机制与规律对比实验，对注聚合物驱防砂井的物理化学复合堵塞机制进行了研究。研究结果表明：

（1）注聚合物驱防砂井近井地带堵塞不仅是机械颗粒对挡砂多孔介质的物理堵塞，而是涉及原油和聚合物的物理化学复合堵塞的综合作用。

（2）物理堵塞周期和最终渗透率比的主要影响因素有不同的砾石与地层砂组合的表征（GSR）、泥质含量、流体黏度、流体流速、生产时间、聚合物含量等。砾石层物理堵塞程度随着流体黏度增加、泥质含量升高、流量增大、聚合物留存而趋于严重。GSR直接影响堵塞周期和最终堵塞程度，GSR越大，堵塞越严重。

（3）物理化学复合堵塞和挡砂介质表面的润湿性、吸附性能有关。聚合物在石英

砂粒表面的吸附量随时间的增加而逐渐增加，且随着时间增加，吸附量趋于平稳。在相同聚合物浓度下，石英砂粒径越小，吸附量越大。原本高孔隙度、高渗透率的石英砂充填层复合堵塞后的渗透率反而远低于高渗透率滤砂管，造成砾石充填防砂井提液效果较差。

二、注聚合物受益井防砂方法

1. 技术原理

该技术在防砂施工前期进行聚合物解堵返排技术及抑制黏土膨胀预处理，在井筒内对准防砂目的井段下入防堵塞筛管总成，在高于地层破裂压力的条件下，进行变排量、高砂比、大规模加砂施工，在地层深部、近井地带、射孔孔眼和筛套环空，形成一个大范围的、连续的、低吸附的、高渗透性的挡砂屏障。该技术在较大范围内改善了地层深部的渗流条件，使筛套环空、射孔孔道和地层的砾石充填层更密实、更稳定、渗透性更高，砾石充填层既能保持地应力的稳定、防止油井出砂，又能解除近井地带堵塞，保持长期稳定的高渗流通道，从而达到既防砂又稳产的目的。

2. 技术特点

（1）应用聚合物解堵返排预处理技术，解除近井地带聚合物堵塞；采用聚酯树脂充填颗粒，降低充填砾石对聚合物的吸附能力，形成高导流的挡砂屏障；采用低吸附携砂液体系，降低增黏剂在充填砾石表面的吸附，保持充填带清洁。

（2）大排量正压挤注前置液，利于清洗炮眼和近井带地层砂，把游离砂推向地层深处，减少充填砾石与地层砂交混，保证砾石充填带的高渗透性。

（3）采用变排量、大砂量、高砂比施工，具有处理半径大、充填效率高、填砂密实、能恢复地层应力稳定地层的作用，在地层深部形成一条高导流能力的支撑裂缝，有效突破原有的伤害带，在较大范围内改善了地层深部的渗流条件，为增产、稳产奠定基础。

（4）采用高砂比充填，可减少携砂液用量，尽可能降低油层伤害程度，并缩短加砂时间，减少松散易坍塌的地层砂与充填砾石交混的机会，有助于充填密实。

（5）在井筒内采用具有“自清洁”能力的组合缝筛管挡砂，机械强度高、自洁能力强、有效期长，可满足提液或大压差生产。

3. 配套工具及材料

1）砾石充填工具

砾石充填工具（图 5-2-1）耐高压、耐磨损、可反洗、结构简单易打捞等特点，能够满足大砂量、高砂比防砂施工，可保证施工作业安全。

图 5-2-1 砾石充填工具

2）防砂密封封隔器

防砂密封封隔器（图 5–2–2）采用双向皮碗设计，无卡瓦，后期打捞方便，可反洗，满足 $5^1/_2$in 及以上井眼井的防砂施工。

图 5–2–2　防砂密封封隔器示意图

3）防砂专用空心桥塞

空心桥塞（图 5–2–3）具有悬挂、封隔、丢手等基本功能，可延长沉砂“口袋”，延长防砂有效期；配合各种管柱，实现单防单采、选防合采等功能，且打捞简便。

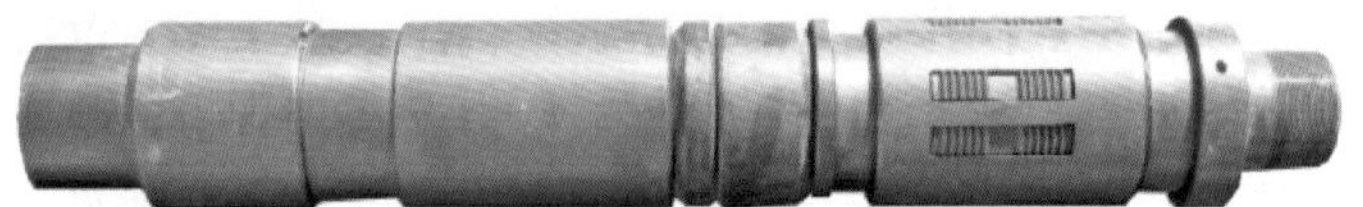

图 5–2–3　空心桥塞结构图

4）ϕ100mm 小直径封隔器

小直径封隔器（图 5–2–4）为液压封胀式，具有封隔、丢手等基本功能，具有工艺简单、操作方便、可性度高、耗时短、效率高、成本低、效果理想等特点；可解决套变套损井、侧钻井及小井眼井防砂时常规封隔器无法下入的防砂难题。

图 5–2–4　小直径封隔器

5）组合缝筛管

组合缝筛管（图 5–2–5）是一种断面结构呈“外狭长矩形缝→小过渡梯形缝→内大梯形缝”的防砂筛管，较矩形缝和梯形缝具有更强的自洁能力及抗磨损能力。

图 5–2–5　组合缝筛管

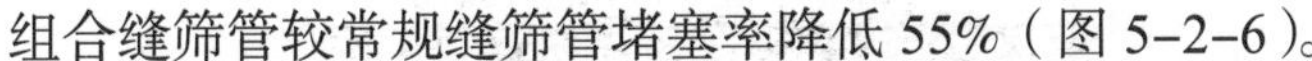

组合缝筛管较常规缝筛管堵塞率降低55%（图5-2-6）。

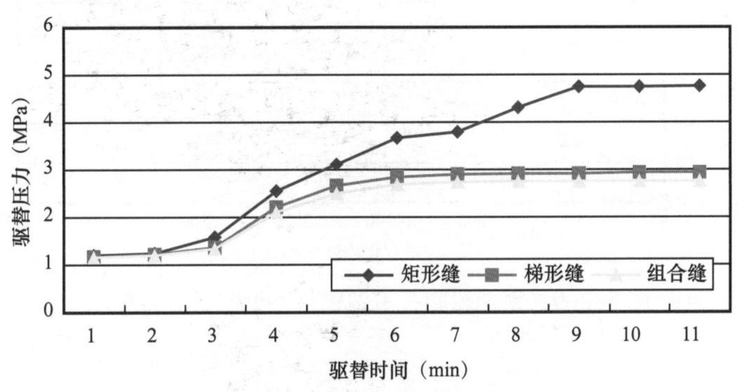

图5-2-6 组合缝筛管

6）充填砾石优化

（1）粒径组合优化。

砾石充填采用多级挡砂粒径组合，应用粒径0.4～0.85mm与粒径0.6～1.18mm的砾石组合提高了挡砂效果，可将粒径0.05mm以下地层砂及时随流体排出，有效确保了充填带的自洁能力，保持挡砂屏障的通透性（图5-2-7、图5-2-8）。

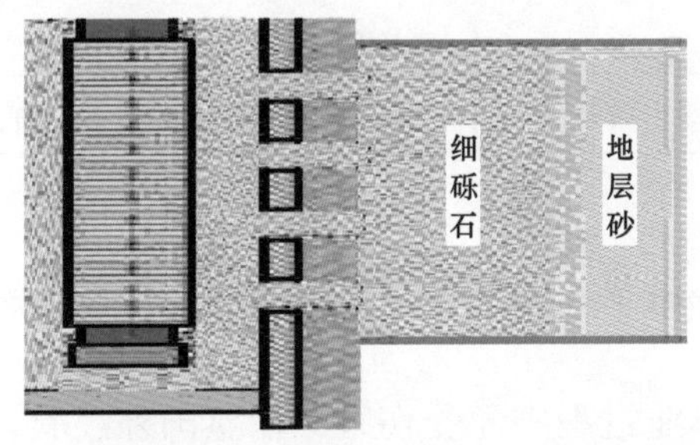

图5-2-7 单级挡砂砾石示意图

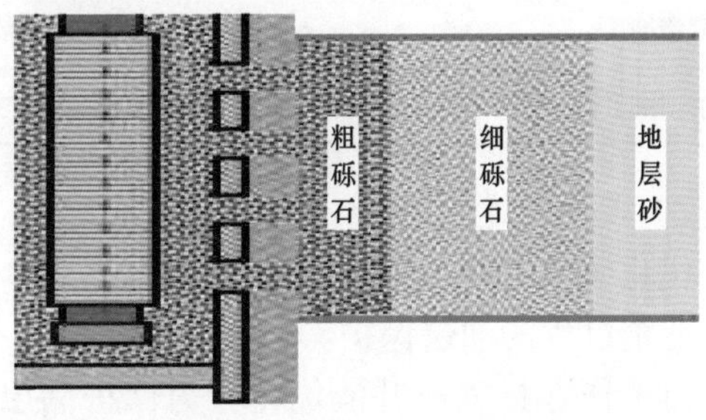

图5-2-8 挡砂粒径组合示意图

（2）聚酯树脂充填颗粒。

聚酯树脂充填颗粒具有圆球度高、破碎率低、聚合物吸附能力低的特点新型充填材料，保证砾石充填防砂过程中能形成具有高导流能力的挡砂屏障，有效降低聚合物在充填颗粒表面的吸附量，性能指标见表5-2-1。

表5-2-1 与石英石性能指标对比

指标名称 支撑剂	视密度（g/cm^3）	体积密度（g/cm^3）	酸溶解度（%）	浊度	圆度	球度	破碎率（%）			备注
							12MPa	21MPa	28MPa	
20/40目石英砂	2.62	1.61	1.39	157.9	0.6	0.6	1.8	12.6	15.8	破碎率降低62%
新型充填材料	2.42	1.60	1.21	16.1	0.7	0.7	0.7	4.83	6.2	

同等浓度条件下，聚酯树脂充填颗粒对聚丙烯酰胺的静态吸附量为石英砂的63.8%，随着聚丙烯酰胺浓度增加，静态吸附量趋于饱和（图5-2-9）。

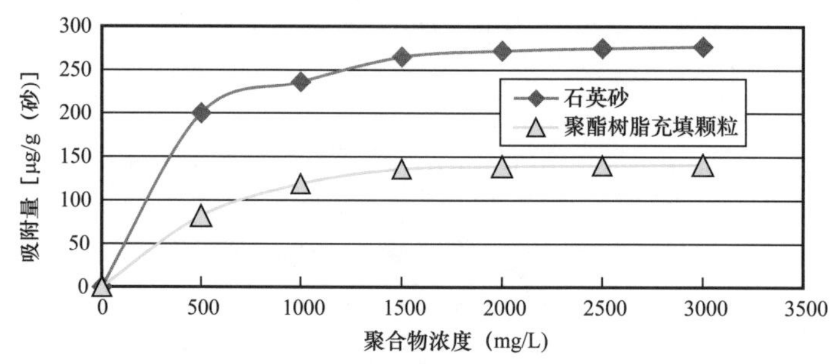

图 5–2–9　聚酯树脂充填颗粒与石英砂吸附力对比

4. 配套工艺

1）聚合物解堵返排技术

该技术使用两种降解剂配合使用降解率达到 92.7%（降解剂配方组成见表 5–2–2），应用氮气泡沫返排技术实现近井地带聚合物解堵。

表 5–2–2　降解剂配方组成

液体	组成	作用
解堵剂 Ⅰ	5%SA–HC+2% 超级溶剂 D	分散聚合物胶团成溶液状
解堵剂 Ⅱ	0.5% 破胶剂 Ⅰ +0.5% 破胶剂 Ⅱ +3% 超级溶剂 D	降解聚合物、溶解分散原油

2）入井液优化

优化了入井液配方、研制了具有高效、低残渣量、低伤害特性的防砂工作液，实现了作业全过程的油层保护。

（1）作业过程压井液优化：为保护储层在作业过程中免受伤害，借鉴国外经验，作业过程中应用清水 +2%KCl 压井液。

（2）地层预处理剂的优化：选择疏松砂岩防迁移剂进行先期地层预处理（表 5–2–3）。

表 5–2–3　地层预处理剂优化

地层黏土含量（%）	预处理液浓度（%）	预处理液用量	顶替用量
≤5	5	按地层射孔厚度、渗透率预处理半径 3.0m 计算	挤入预处理液前，替出井筒原液，用量按油管 $0.3m^3/m$ 计算
5–10	10		
≥10	15		

（3）低吸附携砂液配方：0.2% 高分子聚合物 +0.35% 表面活性剂 CTB+1%KCl+1% 黏土稳定剂。

低吸附携砂液是一种高分子集合物与表面活性剂协同作用，表面活性剂作为一种牺牲剂，附着的充填砾石表面而降低聚合物增黏剂的吸附量。

（4）低吸附携砂液性能指标见表 5–2–4、表 5–2–5。

表 5-2-4 低吸附携砂液性能指标

序号	指标		数据
1	外观		透明黏弹性液体
2	黏度（mPa·s）		≥10
3	破胶黏度（mPa·s）		≤2
4	残渣含量（mg/L）		≤10
5	岩心伤害性能（%）		≤5
6	携砂性能	静态沉降（m/min）	0.47（0.425～0.85mm）
		动态悬砂（s）	17.03（40% 砂比）
7	与地层水配伍性		无沉淀，无絮凝

表 5-2-5 与瓜尔胶携砂液吸附量对比

对比	初始浓度	平衡浓度
	低吸附携砂液	瓜胶携砂液
固液比（g/L）	200	
初始浓度（mg/L）	2000	2500
平衡浓度（mg/L）	1885	2332.6
吸附量（mg/g）	0.575	0.837
备注	吸附降低 =（0.837–0.575）/0.837×100%=31.3%	

3）防砂管串优化

防砂管串应用空心桥塞作用：应用空心桥塞后，有效延长了沉砂口袋（以 $5^1/_2$in 套管预留 50m 口袋计算，沉砂空间为 0.6m^3，而优化前 6m 沉砂管的沉砂空间为 0.018m^3），降低进入井筒内的细粉砂对防砂管串的堵塞（图 5-2-10）。

套变井应用小直径封隔器作用：由于套变导致防砂后皮碗封隔器无法通过套变位置，限制了套变井机械防砂工艺的应用，ϕ100mm 小直径封隔器研制成功后实现了在套变井上进行砾石充填防砂工艺的目标，有效提高了套变井防砂效果（图 5-2-11）。

4）注聚受益井防砂施工参数

参考国外施工参数并结合软件进行优化，形成了适合于注聚合物受益井防砂施工参数（表 5-2-6）。

优化施工参数后，对出砂井进行砾石充填，在近井地带内形成干净清洁的宽裂缝挡砂屏障，提高裂缝充填带的导流能力的同时，加大的裂缝规模也可有效地延缓地层细粉砂进入充填带后对充填带的堵塞。

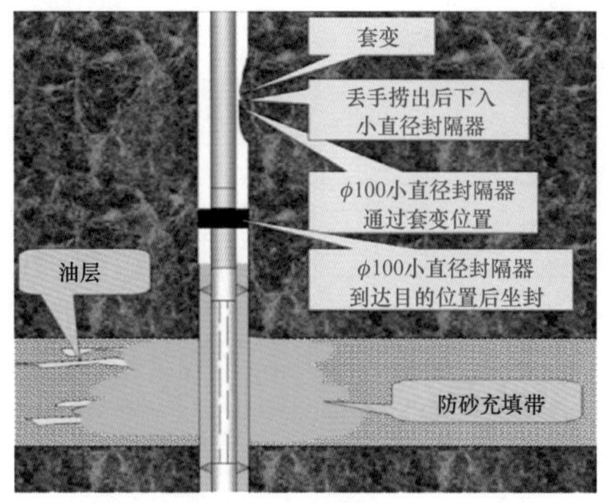

图 5-2-10　常规井砾石充填防砂管串

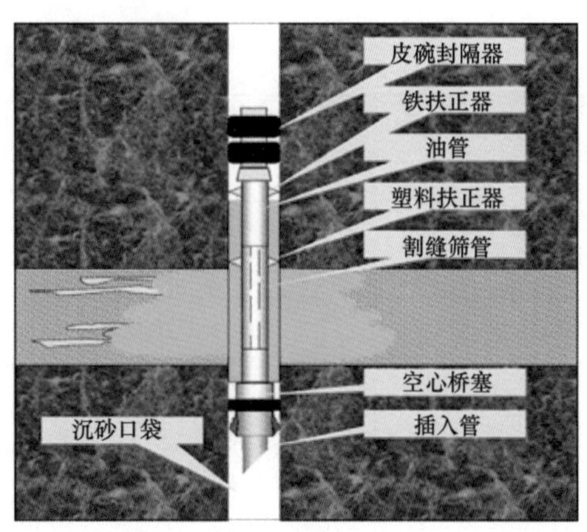

图 5-2-11　套变井砾石充填防砂管串

表 5-2-6　注聚合物受益井防砂施工参数优化

指标	高渗透施工（国外）	优化前	优化后
渗透率（mD）	＜100	＞100	＞100
井深（m）	800～5000	＜2000	＜3000
施工缝长（m）	60～80	未压开裂缝	短宽裂缝
支撑剂粒径（目）	20～40	20～40	20～40
前置液（m^3）	25	5～10	20～25
施工排量（m^3/min）	2.0～3.5	0.8～1.0	0.8～3.5
加砂强度（m^3/m）	3～6	1～2	5～10
施工砂比（%）	14～120	5～15	10～50

5. 应用情况

该技术近五年在大港油田完成 76 井次防砂施工，防砂有效率 98%，当年累计恢复产油 29938t，防砂后平稳生产期延长至 1 年以上，平均防砂有效期 2 年半以上，取得了较好的防砂效果。

第三节　化学驱地面配注工艺

在化学驱现场应用中，化学驱体系地面配注、场站建设及现场管理是重要的配套技术之一。含聚化学驱油体系性能的关键之一是体系黏度，因此现场化学驱体系的配制、注入都要保证体系黏度达到方案设计要求，通过优化熟化工艺、优选导流板及熟化槽内壁结构，保证聚合物充分熟化；通过改善设计注聚泵和静混器结构、优选单流阀，降低各个节点对体系的剪切降解；为满足三次采油提高采收率技术规模应用的需要，针对常规三次采油固定式建站费用高、施工周期长、不能实现重复利用等问题，按照“工艺简单、安全环保、数字化管理、经济高效”的研究思路，通过对“短流程”配注工艺简化、优化及标准化设计，创建了以“工艺单元模块化、设备安装橇装化、生产管理数字化、配注站建设标准化”为特点的大港模式。攻克了注入井口远程流量自动调控等技术难关，形成一泵多井及单泵单井相结合注入工艺，实现了油水井信息传输、平台化计量诊断，提升了油田数字化水平。

一、化学驱配注系统集约建设方法

1. 聚合物溶液在线熟化技术

围绕化学驱地面工程“简化工艺技术，降低工程投资，控制运行成本，降低管理难度”的目标，随着橇装式采出水聚合物驱地面配注工艺研究、应用的不断深入，开展了橇装式采出水聚合物驱母液在线配制工艺研究。

在常规橇装式采出水聚合物驱配注工艺基础上，对聚合物母液熟化工艺进行了改进。其主体工艺过程为：一定压力、流量（手动或自动可调节）的清（污）水，与一定量的聚合物干粉按照配比通过聚合物分散装置混合后，直接进入串联使用的几个（根据配制量来确定其容积及数量）聚合物熟化槽（带搅拌机，罐内四角装有一定弧度的内置板，进行逐级、分别搅拌熟化；各罐之间聚合物母液的流动靠自然液位差来完成；为防止各罐中聚合物溶液发生直流，在各罐中装有倒流槽，使各熟化槽中的聚合物从底部流入下一级熟化槽，各熟化槽连为一体，用隔板隔开，连续工作；在首尾两具熟化槽中装高、低液位计）进行熟化一定时间后，末端熟化罐内熟化好的聚合物溶液用螺杆泵增压至注聚泵进行聚合物母液的注入，聚合物溶液的配制过程采用自动控制方式。

同时，在溶解、熟化及喂入控制柜内安装简易触控面板，通过它可对设备运行的主要参数进行设定和监控。如聚合物配液流量、熟化搅拌罐液位、喂入压力等参数。整套装置配备故障保护功能，如电机过载、配液低流量保护、注聚泵超压保护等。

1）熟化槽间弧形导流板

对直板导流板和弧形导流板开展现场对比试验，采取同样水质、温度、聚合物干粉，配制浓度为3000mg/L聚合物母液，在熟化罐的出口进行取样化验，直板导流板结构的熟化槽出口黏度为224.5mPa·s，弧度导流板结构的熟化槽出口黏度为232.8mPa·s，黏度增加8.3mPa·s，优选采用弧形导流板。

2）波浪状熟化槽内壁结构

通过搅拌机搅拌与波浪状的内壁的协同作用，聚合物母液在在线熟化槽内溶解更加均匀，常规聚合物熟化时间可由120min减少到90min，且较传统工艺减少占地面积2/3以上，投资降低30%。

2. 聚合物溶液低剪切配注工艺

通过改进静混器结构、注聚泵阀组结构及泵速、拆除注聚泵过滤器滤芯、定期清洗地面注入管线、采用大流道直通单流阀、减少母液熟化时间等措施，有效降低了聚合物溶液的黏损率，聚合物溶液黏损率由32%降至10%。

1）低剪切注聚泵

目前国内注聚泵和高压柱塞泵的动力端基本相同，都是由曲轴、连杆、轴瓦、十字头等组成。液力端由 5 个阀室所组成，每个阀室有一组阀（一只进液阀组和一只排液阀组），5 根柱塞做往复运动，现场注聚泵阀组的结构影响聚合物黏度。注聚站原使用的泵为锥形阀座密封，锥形阀座密封面积大，阀组正常工作中也容易偏磨，导致密封不严，形成窜压；排液阀流道小，且不圆滑，造成聚合物溶液剪切大；注聚泵转速快，振动大，剪切大。现场检测注聚泵前后聚合物黏损率为 4.8～19.7%。

对注聚泵内部结构和工作制度采取了系列优化（改进后的阀组如图 5-3-1 所示），增大泵阀开启高度，降低缝隙流速；改进流道结构，减少流体阻力，进出液阀通道更加圆滑；降低泵速，降低进出液阀工作频率，减少剪切；增大阀腔有效容积，聚合物溶液通过更加顺畅等措施降低注聚泵对聚合物溶液的黏损率。

(a) 实物图

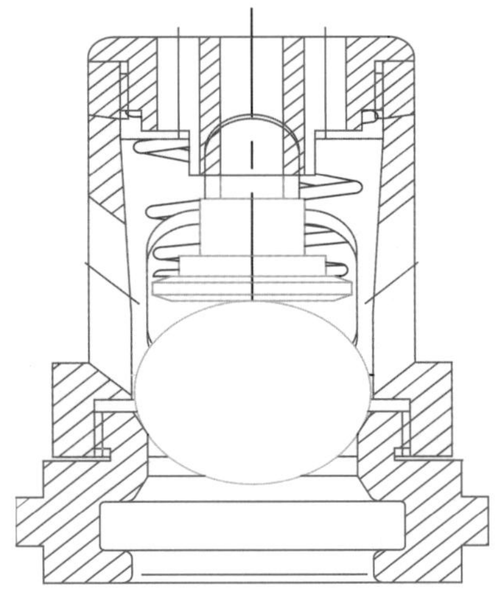

(b) 结构图

图 5-3-1 改进后阀组图

其应用效果见表 5-3-1，可以看出，应用改进型注聚泵平均黏损率为 2.8%～3.2%，符合注聚泵的标准要求。

表 5-3-1 港东一区一改进后注聚泵黏损率检测结果

日期	泵前黏度（mPa·s）	泵后黏度（mPa·s）	黏损率（%）
2014.3.4	104.5	101.3	3.1
	107.7	105.6	1.9
	117.3	109.9	6.3
	108.8	106.4	2.2
	109.4	106.4	2.7
平均			3.2

2）低剪切单流阀

通过现场试验对比分析，优选直通式单流阀替代角式单流阀，增大流道通径，加大过流面积，降低聚合物溶液流速，减少机械降解，黏损率由4%降至1%左右（表5–3–2）。

表5–3–2 角式与直通式单流阀黏损率检测结果

序号	单流阀类型	单流阀前段黏度（mPa·s）	单流阀后端黏度（mPa·s）	黏损率（%）
1	角式	103.4	98.1	5.13
2	角式	113.1	109.1	3.53
3	角式	104.5	99.4	4.88
4	角式	112.3	108.8	3.12
平均				4.16
1	直通式	100.3	99.3	1.00
2	直通式	103.2	102.1	1.05
3	直通式	106.5	105.3	1.15
平均				1.07

3）静态混合器结构优化研究

静态混合就是在管道内放置特别的、结构规则的构件，当两种或更多种流体及粉末等物质通过这些构件时被不断地切割和转向，使之混合均匀。在聚合物溶液现场配制过程中需要用静态混合器将聚丙烯酰胺溶液（PAM）和水按照一定的比例进行均匀混合，达到目标浓度后注入井下。

目前，用于油田注聚合物站上的静态混合器大体有SMV型（由波纹板组装而成）、SMX型（由垂直交叉的横条组成）、KENICS型和KENICS与SMX组合型等，在国内尤以前三种应用居多。现场使用的静态混合器大部分都是从化工行业移植过来，对聚合物溶液的剪切很大，PAM分子链受机械剪切后很容易被剪断，溶液黏度大幅度下降。

针对聚合物溶液的特性，吸取了现有混合器的混合特点，通过实验对静态混合器的结构参数进行优化和改进，研制出新型静态混合器，采用了分割与旋流相结合工作原理，具体形式是采用旋转了60°的螺旋片，相邻单元安装时，呈90°交叉并分为左旋和右旋，相邻单元之间留出一段间隙，流体被迫忽而左旋、忽而右旋，使得流体产生“自身旋转搅拌”后，能在此间隙内混合。

这种新型静态混合器有以下特点：（1）混合单元构件少，并且无锋利的棱角，溶液不受复杂结构的机械剪切，有利于提高溶液黏度；（2）该混合器设计有混合室，打破了以往混合器单靠不断的机械分割、改变液流方向的混合方式；由于混合室的存在，提高了混合器的混合效率，因而降低了混合器的长度；（3）混合单元独特，该混合器的混合单元不仅能将混合液分成具有多个流速的流体，还可使这些流体流过混合单元后产生旋转，以增加进入混合室后的混合强度。

3.“四化”配注站建设模式

在对配（注）聚合物工艺优化、简化及标准化设计基础上，形成了适宜复杂断块油田特点的高效配制、工艺流程简洁、实用、低成本的化学驱地面配注系统，工艺水平显著提升，形成了模块化、橇装化、数字化和标准化的大港“四化”模式。

1）流程布局标准化

按照化学驱不同配注规模、不同注入体系的系列配套装置，形成了配注站系列标准化设计图纸，完成了 1000～4000m^3/d 六个系列配注量的橇装模块化三次采油配注站定型图，实现了布局模式统一、场站标准统一、设备定型统一和设备备用统一，形成了配注站视觉形象标准化。

2）工艺单元模块化

按照聚合物驱、聚 / 表二元复合驱配注工艺特点，配注站由若干定型化的模块组成，各模块具有独立性、互换性、通用性、高度集约性，较常规配（注）聚合物工艺相比节省了占地面积、建设周期短、投资小、设备可重复利用。

三次采油橇装模块化配注装置按照功能划分为 8 个模块：污水处理模块、聚合物分散溶解模块、在线熟化模块、喂入模块、辅剂加入模块、聚合物溶液注入模块、配供电模块和表面活性剂储存稀释模块。

3）建设安装橇装化

在实现各配注单元模块化的基础上，安装功能划分对模块单元进行集中成橇，各模块全部在工厂内制造及组装，工厂预制率达到 100% 以上，实现了工厂化预制、橇装化安装，施工现场只需要进行橇块间管道、配电快速连接。

4）生产管理数字化

通过工艺程序实现配注站内设备运行数据自动采集，实时传输到配注站监控室，通过 B/S 网络发布、OPC 数据交换，实现生产过程监控可视化，工艺运行参数设定远程化。同时数据传输至三次采油信息管理平台，通过与 A2 系统对接实现了油水井和配注站生产参数实时传输，可远程对站库及生产过程进行综合管理。

按照大港“四化”模式开展三次采油化学驱地面工程建设，与传统模式相比，占地面积同比减少 60%，站内设备同比减少 25%，工艺流程同比减少 20%，站外管道同比减少 30%，整个地面配注系统减少投入 32%，管理成本降低 8%。同时，实现了中等规模聚合物驱配注站在 120d 内建设完成，建设时间较常规模式缩短 50%。

二、化学驱注采井智能管理方法

1. 注入井口远程调控

1）低剪切的聚合物溶液智能流量测控仪优选

注入井口远程调控的核心就是聚合物溶液智能流量测控仪，通过引进、吸收和改进，形成了低剪切的聚合物溶液智能流量测控仪。聚合物溶液智能流量测控仪采用文丘里和针形阀相结合，实现了对聚合物溶液的流量控制。配套供电单元给聚合物溶液智能流量测控仪及远程测控终端提供24VDC电源；远程测控终端根据数据中心设定的聚合物溶液日注入量，通过RS485有线方式下发到聚合物溶液智能流量测控仪；聚合物溶液智能流量测控仪采集电磁流量计瞬时流量数据，按设定聚合物溶液日注入量，通过电动阀的调节，实现对井口聚合物溶液的流量智能调节控制，确保井口的聚合物溶液的注入量在控制范围以内；同时把数据上传到远程测控终端进行解析，通过GPRS或Zigbee网络发送到数据中心展示。

现场测试井口流量测控仪前后聚合物溶液黏度保留率在98%以上，现场试验数据（表5-3-3），聚合物溶液流量调节器的黏损率小于3%，可用于注聚井的聚合物溶液流量调节。

表5-3-3 聚合物流量调节器在联浅2-13-3井现场测试数据表

瞬时流量（m^3/h）	调节器前端平均黏度（mPa·s）	调节器后端平均黏度（mPa·s）	平均黏损率（%）
5	56.8	55.2	2.76
3.5	58.2	57.1	1.85
2.5	59.1	58.4	1.13
1.5	59.8	59.3	0.86

2）一泵多井井口流量控制工艺

注聚泵升压后的溶液，通过注入干线集中输送至各注入井“T”形接点，井口采用低剪切流量控制系统对流量自动调节，对体系的黏损率小，闭环控制和远程监控，实现了精细配注及一泵多井注入，减少了单井注入管线，注入系统同比减少投入30%以上，便于现场管理。

2. 油井数字化

1）油水井生产信息采集传输关键技术

油水井生产数据的实时采集与传输是实现数字化的数据基础，经过多年的技术攻关研究与完善升级，最终形成了一套符合大港油田生产实际的油水井井口数据采集标准化自动化采集设备配套方案及相关的技术标准，用以指导油水井数字化系统的建设与应用，该项技术基本满足了简化优化后油水井数字化管理的需求。通过远程终端设备（RTU）、调节阀、流量计和压力传感器等设备实现油井载荷、冲次、三相电压、三相电流、温度、油压、套压、回压和注水井的油压、套压、注水量和阀门状态等信息采集。

在采集数据传输技术方面，实现了从有线传输到无线通信的技术升级，主要采用无线传输的载荷、压力、温度等传感器，实现数据的采集，经过技术攻关采集传感器的稳定性、可靠性及后期维护便捷性都得到明显提升。

在油水井数据通信技术方面，通过不断的技术攻关与升级完善，油水井生产数据通信技术实现了从GPRS到Zigbee再到4G的技术升级，数据传输速率从100kb/s提高到了100Mb/s；截至2018年12月，大港油田已建设4G基站10座，并将逐步实现4G基站的全覆盖，数据传输的速率将大幅提高，将支撑更大密度生产数据的采集和视频等信号的传输。

2）平台化计量诊断技术

在油水井生产信息采集传输技术的基础上，为做好数据利用与深度挖掘，实现数据价值，指导油气生产管理。针对获得的各项油水井生产参数，开展了软件计量技术与油井工况在线诊断技术攻关，形成适应不同举升工艺的油井在线计量技术，计量误差总体可达到 10% 以内；油井软件计量技术与在线工况诊断技术的突破，为地面优化简化工作的全面开展奠定了基础。同时建成了具有大港油田特色的“油水井生产信息采集与管理平台”，实现了油水井生产管理的平台化统一管理。

第四节 集约式开发建设方法

大港油田地处京津冀腹地，水库、村庄、城镇等征地禁区面积超过 3000km^2，滩海面积 2030km^2，盐田卤池和工业用地超过 600km^2，在具备征地条件的陆地面积不足 4000km^2 的情况下，坚持节约土地优先、保护土地优先，创新产能建设管理思路，探索油田企业与地方政府共同发展新模式，实现了与滨海新区、渤海新区绿色低碳协调共同发展。

一、方案部署一体化方法

产能建设方案研究涉及油藏工程方案、钻井工程方案、采油工程方案、地面工程方案，传统的研究模式为上游传给下游，下游满足上游要求即可，最终会造成井场资源利用率低，部分区块或因无地可用导致无法进行后期的开发调整。为此，要创新井丛场建产的理念、观念、思路，以数字化油田为基础，搭建一体化平台，进行一体化研究，通过数据集成共享、专业协同研究、成果相互验证，形成地质工程一体化、技术经济一体化的部署方案及设计，整体实施、整体投产（图 5–4–1、图 5–4–2）。

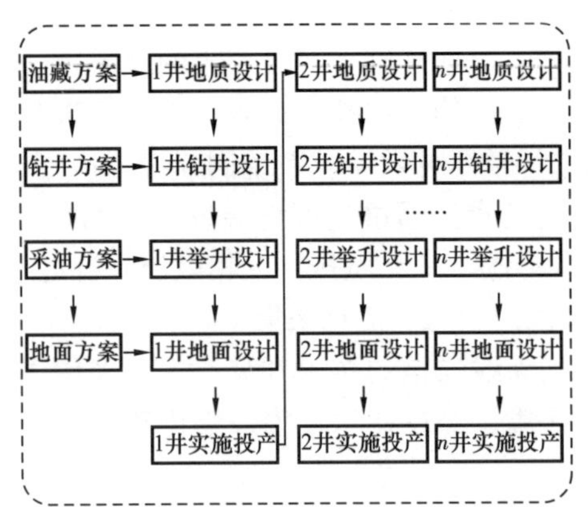

图 5–4–1 传统方式方案设计流程图

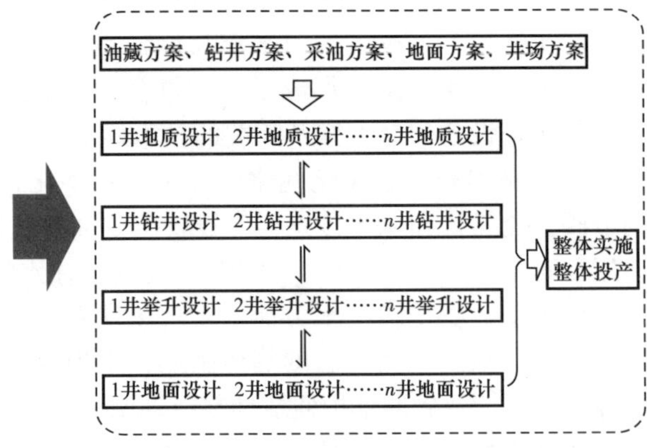

图 5–4–2 一体化方案设计流程图

1. 一体化研究平台

开发了地质工程一体化井丛场协同研究云平台，集中管控综合地质、油藏工程、钻采工程等专业软件，并且实现各专业软件基础和成果数据的互通。将油藏工程、钻井工程、采油工程、地面工程、效益评价等方案集中在协同决策环境中。通过数据共享、软件共享、成果共享，实现研究同步、方案同步、设计同步，提升方案设计决策水平。

2. 一体化井场布置

一是长远规划井场部署。根据大港油田已经探明油气藏的分布特点，落实国家、省（市、自治区）自然保护区和环境敏感区的环保要求，结合滨海新区、渤海新区海陆发展规划，整体研究未来一段时间内的油气藏中长期开发方案和治理方案，整体编制油区内井场利用规划方案。

二是规范一体化井场布置。编制并实施了《井丛场井场方案编制规范》《井丛场井场布局设计规范》《井丛场数字化建设技术要求》《产能建设电力配套技术规范》《完成井井口质量安装技术要求》共5项企业技术标准，实现了油藏、钻井、采油、地面、数字化的一体化配套，为“一张蓝图干到底”提供了保证。

三是分专业绘制标准化定型图。编制完成了不同井排、不同类型钻机的钻井井场标准化布置典型图12套，为产能建设单位钻前论证、土地征用及井场布置提供了技术依据；编制完成了井丛场地面建设标准化设计定型图3类15套，涵盖了工艺、土建、电气、仪表、通信等专业。

3. 一体化轨迹优化

一是调整地质靶点，实现钻井可行。通过地质靶点与井眼轨迹设计参数的调整，按照降低防碰风险、降低施工难度、降低钻井成本的“三降低”原则，实现井口与靶点的合理匹配。

二是调整井口位置，保证方案实施。按照“三优先”的原则，即油藏边部井位优先实施，为井位落空后的侧钻调整留有余地；水平井的邻井优先，为水平井入窗提供可靠的地质依据；注水井集中实施优先，便于后期的开管理。通过调整井口位置与实施顺序，地质工程同步动态优化，保证了最终方案的顺利实施。

三是优化井眼轨迹，降低施工难度。采取轨迹参数优化、剖面类型优选、井口，靶点调整、三维绕障等技术手段，完善井组“V”字形法则，进行轨迹精细优化，在满足防碰基础上力求井丛场轨迹简单化与进尺最优化。

四是优化控制技术，实现地质目标。针对断块油层薄（4～10m）、顶气底水、砂体变化大的难点问题，采用卡深度、定角度的“成熟层卡层入窗”技术，以及近钻头LWD、旋转导向等轨迹控制技术，实现了常规定向井平均靶心距小于10m，水平井一次入窗成功率100%、油层钻遇率90%以上。

4. 一体化经济评价

井丛场建产项目要统筹考虑技术方案与经济效益，抓好方案研究优化，加强效益评价分析，优化调整技术方案，做到反复比对、持续优化、精准决策，真正实现经济评价指导决策、技术方案服从效益（图5-4-3）。

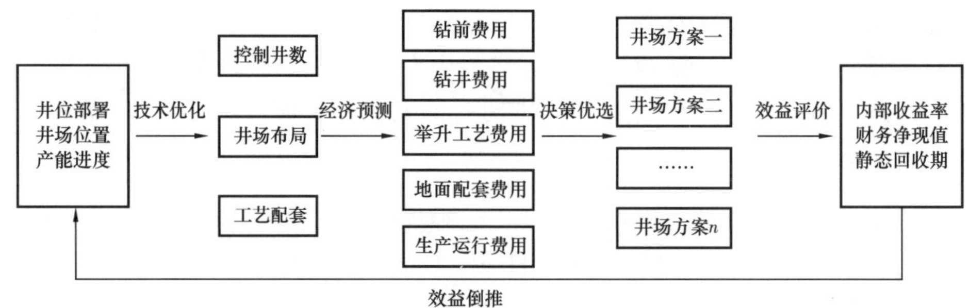

图 5-4-3　井丛场一体化经济评价流程图

一是技术优化。建立标准化井场布局、靶点数据采集、经济钻井水平位移、造价取费定额标准等基础参数数据库，优化井丛场位置和规模，优选举升工艺。

二是经济预测。建立费用信息采集库，应用大数据分析手段，细化各分项技术及工艺配套投资估算模型，对占地征地、钻前工程、钻井工程、举升工艺、地面工艺、生产管理等各类费用进行计算。

三是决策优选。对不同井丛场实施方案的“井场个数”“实施规模”“生产管理”进行方案组合，通过建井周期、占地面积、投资费用对比优选出较为合理的方案。

四是效益评价。通过计算投资回收期、财务净现值、内部收益率等，对费用和经济效益进行测算，达到效益开发则作为方案实施的依据。

二、建设作业工厂化方法

传统的单井点作业方式，施工周期长，已不能适应井丛场集约布井方式的建设需求，为此，要打破传统的“单井—单机—单干”的作业方式，充分利用集约化布井的优势，创新协调联动的工作理念、创新协同作业的工艺技术，通过施工作业批量化、工艺单元模块化、施工流程规范化，实现井丛场的工厂化作业，提高建井效率（图 5-4-4、图 5-4-5）。

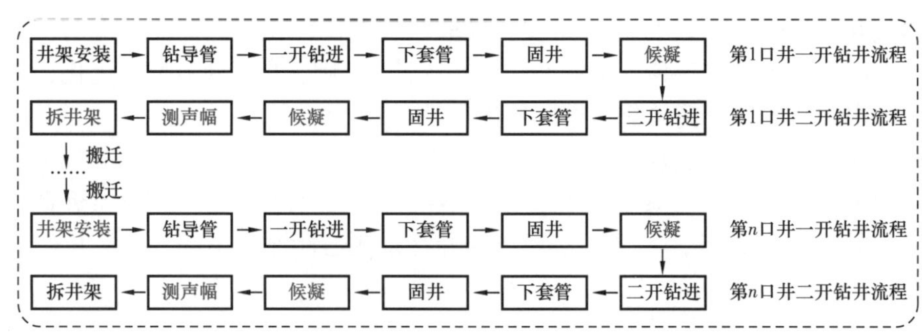

图 5-4-4　传统零散布井方式钻井作业流程示意图

1. 工厂化钻完井技术，提升建井效率

一是区块整体实施钻关方案。在复杂断块油田注水开发区块，常规的零散钻井方式，受益注水井泄压周期长、区块产量影响大，采取集约化布井、工厂化实施钻井方式，区

块整体实施注水井关井泄压，减少了因泄不下压而对建产周期的影响，同时也为安全钻井提供了条件。

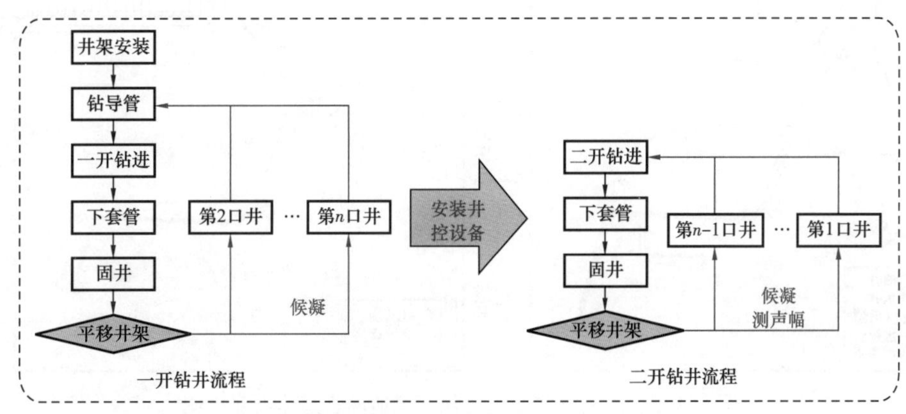

图 5-4-5 井丛场布井方式钻井批钻脱机作业流程示意图

二是丛式井批量钻井。优选了“轨道 + 油缸 + 棘爪”的液压平移装置，实现了常规钻机在陆地的快速移动；研发了钻井液缓冲罐，解决了长距离输送录井问题，实现了循环系统“不搬迁”。采用表层、油层的批钻作业，通过重复作业的学习曲线管理提高作业效率，提高钻具组合利用率、钻井液利用率。

三是脱机作业施工。通过优化作业程序及清水顶替固井等配套工艺技术，使油层套管侯凝、测声幅、试压等工序不占用钻机，大幅缩短了建井周期，提高了钻机进尺工作时效。

2. 工厂化试油作业技术，提升投产效率

一是采用“钻机 + 修井机”联合作业，在大型井丛场钻井后期，合理布置作业区域，合理安排作业施工，对已完钻井进行试油作业，大幅缩短试油投产周期；二是采用“连续油管 + 修井机”复合作业方式，利用连续油管进行替泥浆、射孔作业，修井机进行下生产管柱作业，实现替钻井液—射孔—下泵的工厂化作业，大幅提高了作业效率；三是采用“拉链式”施工方式，在井场内集中配液，施工设备固定，对措施井开展往复式的射孔、压力作业，实现了压裂措施的工厂化作业。

通过井丛场工厂化钻完井技术的规模应用，建井周期、试油投产周期大幅缩短，井丛场建井效率大幅提升。

三、工艺配套集约化方法

布井方式由单井点转变为井组，给举升、地面、供配电等工艺的升级配套提出了挑战，为此，应秉承开放的发展理念，引进国内外先进的、适用的设备工具、工艺技术，针对大港油田油藏特征、地面条件，通过工艺配套集成化、工艺设计定型化、工艺设备共用化，做好配套完善、集成创新，实现井丛场配套技术的集约化升级，从而降低工程建设投资（图 5-4-6）。

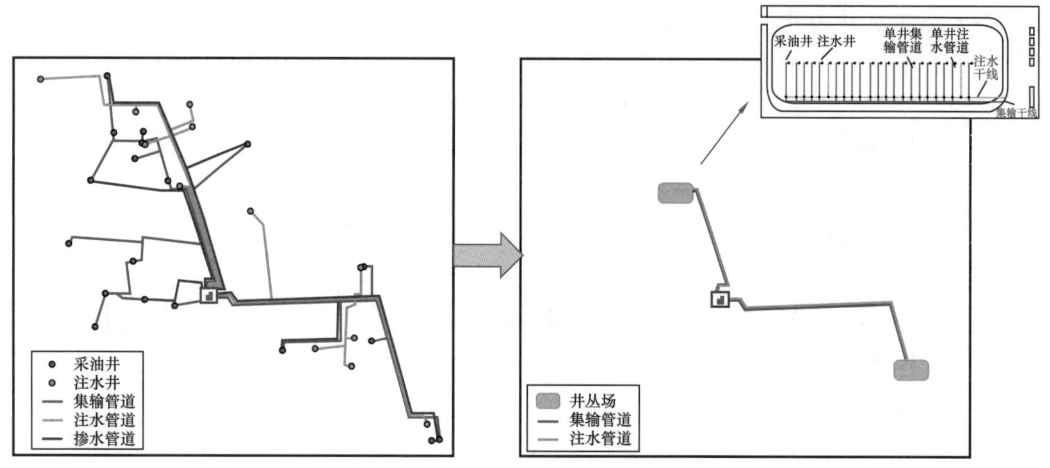

图 5-4-6 传统布井与集约化布井地面管道建设对比图

1. 优化斜井举升工艺配套技术

一是应用低成本、长效无杆举升技术。依据井丛场集约化布井的特点，充分发挥了无杆举升工艺适应大井斜角、占地面积小，井间距不受限的技术优势，优化配套应用了同心双管水力喷射泵携砂采油技术。

二是简化地面动力液增压系统。从以往单井点生产需要单独铺设动力液增压管线，优化为井丛场集中供液，仅需依托一条注水管线作为动力液增压管线，驱动井丛场 8～10 口井生产，大幅降低地面建设成本，并有效降低单井维护成本，地面配套投入成本与单井点相比降低 71.7%。

三是智能匹配生产运行参数。依据不同生产井产液量、举升扬程等井况存在的差异，通过智能控制阀组，自动调节各油井所需动力液压力和参数，并根据井况变化进行实时调整，大幅提升井丛场油井生产集群式举升管理水平。

2. 创新井丛场地面工艺技术

一是创新采出水“就地回注”工艺。利用油水井同平台布置的优势，创新性地应用“就地脱水、就地处理、就地回注”的供注水工艺，实现井场内的注采平衡，取消地层产水“来回跑”的高耗能模式，减少输送液量，大幅降低地面管网规模和运行成本（图 5-4-7）。

二是创新多井集中常温集输工艺。依托井丛场集约化布局优势，根据油井分布集中、单井集输距离短的特点，最大限度地发挥地面简洁流程的效能。突破稠油掺水集输的传统观念，创新性地将单管常温集输工艺的应用范围扩大至稠油油田，采用“高产井携低产井”的方式，取消全部掺水，形成了适用于井丛场的“多井集中常温集输”工艺模式（图 5-4-8），进一步丰富了地面优化简化的内涵。

三是建立了系列化的技术标准。为加快井丛场建设进度、统一工艺技术、规范设计标准、提高建设水平，通过转变设计理念，在井丛场平面布局、工艺流程、地面管网及供配电、自控仪表等配套工艺方面，统一了设计标准，形成了系列化的井丛场地面工程标准化设计定型图和典型图，有效指导了不同类型、不同规模的井丛场的标准化设计、规范化实施，设计周期缩短 30% 以上，满足了油田开发快速见产的需求。

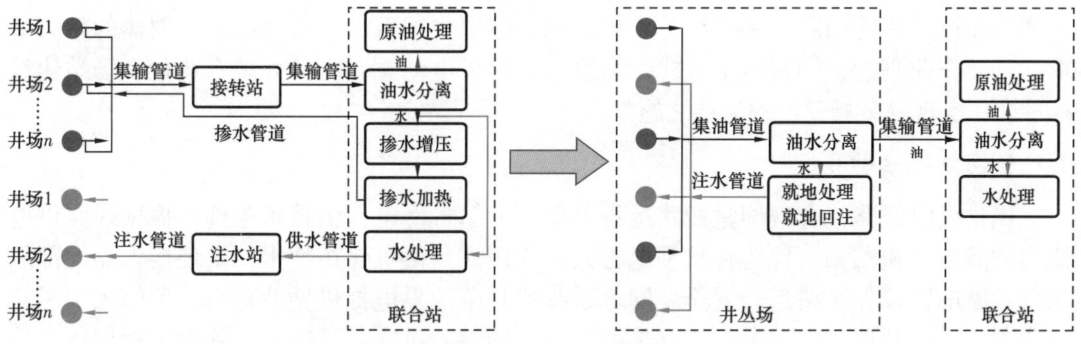

图 5-4-7 单井点模式与集约模式地面工艺对比图

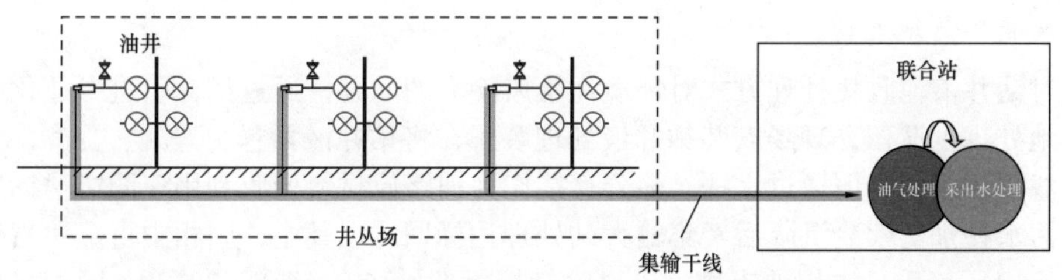

图 5-4-8 “多井集中常温集输”工艺模式

四是工艺布置实现定型化。地面布置集约化为功能单元的模块化提供了基础条件，对井丛场生产工艺、变配电集控、加热加压、生产辅助等功能单元进行定型化设计，根据不同井场生产需求，合理匹配、组合功能单元，模块化建设。地面各类设施具有独立性、互换性、通用性和高度集约性，设备可重复利用，工厂预制率可以达到 80% 以上，大幅缩短了建设周期，提高了效率，降低了成本。

通过井丛场地面配套工艺的研究与实践，地面系统由“集、掺、注”三流程工艺简化为“单管集输、供注合一”的双流程生产工艺，实现了“集中建、减管线、降能耗、易管理”；相对于单井点开发模式，减少了地面管道建设，节约了建设投资。

3. 创新井丛场供配电新模式

一是井场供电模式的转变。井丛场模式下，多口油井集中进行供配电，共用一台变压器，在低压系统配套无功自动补偿装置，可以实现低压集中无功补偿，补偿容量随负载变化进行调整，将功率因数提高至 0.9 以上，从而极大降低 6kV 配网的损耗。

二是油井配电模式的转变。应用共用直流母线技术将多台变频设备合为一个系统，当同一生产系统中的一个或多个电机处于反发电状态时，由于共用直流母线，各电机工作在不同状态时下，能量回馈互补，实行了就地平衡，优化了系统的动态特性，节能效果比常规变频技术要高 5% 以上。多井共用整流装置，单井调控部分省去整流环节，整流装置容量可下降 50% 以上。低压配电电缆由原来的五芯电缆变为三芯电缆，成本降低 1/3 以上。

四、施工作业清洁化方法

针对柴油机提供钻井动力，碳排放量大、噪音大；钻井液池固化的废弃钻井液处理方式环保风险大等问题，坚持绿色发展理念，按照中国石油“绿色矿山”创建的相关要求，创新作业理念、创新施工方式，通过动力提供电动化、废液处理专业化、场站建设标准化，实现井丛场建产的清洁化施工作业。

1. 网电代油钻井

优化供电线路，合理调整线路运行负荷，为钻机网电提供技术条件；根据线路供电能力和潮流分析结果，优化钻机网电方式；应用高压微机保护技术，实现接入点内部故障自动断电，确保线路运行安全。网电系统代替柴油发电提供钻井动力，大幅减少了二氧化碳、二氧化硫、碳烟等温室气体的排放；同时，也降低了噪声，减少了对周边环境的影响，实现了清洁生产。

2. 废液不落地处理

针对钻井液池收集处理方式对环境污染风险大的问题，通过招标引进专业化的钻井液不落地处理的队伍，现场安装钻井液处理装置，将钻井液稀释、絮凝、分离，分离出岩屑、滤饼和水，岩屑通过水洗、筛分直接作为铺路原材料回收利用；滤饼达标后回填井场；污水在加药絮凝沉降后经集输大站处理达标回注。其中，固相中重金属指标达到国家《土壤环境质量农用地土壤污染风险管控标准》（GB15618—2018），固相浸出液的pH值为6～9、色度不大于50度和石油类含量不大于10mg/L指标，废水水质达到回注水指标要求。

3. 钻井液循环利用

完善配套钻井液循环系统，实现优质钻井液的回收、再利用；形成了现场储备钻井液的维护方法，解决了钻井液长时间存储性能变差问题；发明了钻井液重复利用方法，实现了批钻作业情况下钻井液的有效利用，减少了钻井液配制和废液处理量，同时提高了作业效率。

4. 一体化清洁修井

为实现“井口不漏液、地层无伤害、地面无污染”，制订了《大港油田公司清洁作业技术规范》和《大港油田公司清洁作业实施意见》等规章制度。应用在线油管井内清洗生产等先进技术，采取地面铺设防渗布、挖掘溢流池等方式，加强环保提示，防止原油和废液落地。推行流程化管理，严格“三废”处理流程，并将清洁处理费用和订单挂钩，明确责任与义务。修井施工产生的“三废”经驻井监督确认后，由施工方组织人员清理，安排相关方运输和清洁处理，参与处理的各方按流程逐一确认时间、数量并签字，实现“三废”从产生源头到处理净化的全程监控。实现修井作业过程“零污染、零排放”，各作业队做到“工完料尽场地清”。

5. 井场绿色建设

根据油田公司绿色矿山创建工作整体部署，按照绿色、环保、安全、高效，与周边环境和谐统一，因地制宜、标准规范的原则。编制并实施了《新建产能井场绿色矿山标准化建设实施意见》，对井场绿化、场地防尘的标准做出了明确的规定。

6. 实施绿色能源

在井丛场四周，采用垂直安装双玻双面 PERC 高效稳定光伏组件的方式进行光伏发电，多组串并联、就地并网、供生产设备运转，实现了供电、挡围两用，以港西一号井丛场为例，光伏年发电量 40000kW·h。井丛场照明、视频监控均采用太阳能光伏板供电，丛场能源供给清洁低碳。

通过清洁化施工作业技术的规模应用，钻井液废弃物不落地处理、一体化清洁修井现场应用达到 100%，网电钻井大幅减少了碳排放，钻井液重复利用大幅减少了钻井液配制和处理，有效支撑了“蓝天、碧水、净土”保卫战。

五、智能井工厂生产技术

在传统油水井生产管理方式，需要采油工各井点巡井，量油、取样、化验含水率等，而随着区块综合调整、老油田的二次开发，油水井增加带来的工作量增加与人员紧张的矛盾日益突出，为此，要践行共享的发展理念，创新生产管理工艺及方法，通过参数自动采集、远程智能调控、平台集中管控，实现生产管理自动化、智能化，降低劳动强度、提高劳动生产率，使采油工人享受到井丛场建产带来的成就感和幸福感。

国内“井工厂”是指一种工厂化的“作业理念”，是以整体化、系统化的部署与设计，标准化、模块化的装备与操作，程序化、流水化的作业与施工为指导而进行钻井和完井的一种高效低成本的作业模式。大港油田的智能井工厂生产技术是一种原油开发车间化的“生产理念”，在井丛场作业与建产方式的基础上，引进自动化、标准化、智能化技术，实现原油生产的“车间化”智能管理模式。

1. 生产数据采集由“人工 + 计算机”向“互联网 + 大数据”转变

依托油藏工程理论认识与研究成果及提高采收率精准调控模型，利用智能化技术在地面生产开发中进行技术应用。

整体井工厂生产智能化架构包含“采集存储—分析处理—精准控制”闭环系统。其主要技术增量与先进性体现在三个方面：

（1）信息的采集高频次、多维度、细粒度，关系与测度可以满足智能建模与训练的需要。信息系统升级为实时工业物联网的“精准感知”技术。

（2）油井调控技术与注入井调控技术实现了地上地下的融合联动，在地面配套上集中管控，在地下实现了根据渗流场调控需要的联动。方案策略制定升级为地下地上融合联动“精准认知”技术。

（3）管理上采用车间管理的工厂化模式，实时信息采集、实时流式计算、实时结果输出，体现了智能工厂化模式下“智能油气车间”的精益生产优势。生产运行升级为关键环节智能管理的“精准控制”技术。

通过践行“平台化、共享化、集成化、智能化”的开发思路，实现网络集中建设与数据统一采集，不仅降低了建设投资，还为井丛场生产跨系统协同运行和一体化管理提供支撑；同时，构建的“井站一体、电子巡护、远程监控、智能操控”新模式，实现油井生产全过程的实时监控、即时优化和远程操控，助推劳动组织方式持续深刻变革。

2. 油井控制由“单井就地控制”向“智能远程调控”转变

按照“全面感知、自动操控、趋势预测、智能优化、智慧决策”的要求，实现油水井管理由经验型管理向智能化决策的转变。

针对油水井信息采集与感知的瓶颈环节：井口原油含水率、非抽油机井产量计量、油井动液面在线监测等难点，组织科研团队重点立项攻关，逐步形成了具有自主知识产权的“油井感知”系列化技术：

（1）基于电磁波相位衰减原理的原油含水在线检测技术，实现了含水率的井口实时采集；

（2）研发了微差压法液量在线分析计量技术，实现了非抽油机井无节流损失的产量计量；

（3）攻关了声波法低成本动液面在线检测技术，实现了油井“全参数”数字化采集；

（4）配套引进了电潜螺杆泵配套应用井下参数采集装置，能够采集井下压力、温度、转速及振动共五项参数，结合地面电参数等信息，智能感知生产信息、智能认知油井动态，智能调整运行参数。

通过对井丛场油井产出液含水检测、非抽油机井的微压差液量计量及抽油机井的动液面连续监测等创新性技术的应用，不仅解决了传统油田生产管理过程中的数据抄录人力、物力和时间耗费大的问题，还为实现多井联合调控提供了必要的技术基础。

3. 生产管理由“单井多点巡井型”向“井场集中管控型”转变

“精准感知”掌握了油水井“齐、全、准”的信息，“精准认知”从机理模型层面精确的开发生产方式，只有“精准控制”才能达到井工厂智能化精益生产的目标，为此开发了一系列生产控制与管理技术。

1）潜螺杆泵智能控制技术

采用以低速大扭矩永磁同步电机、PCM 高性能螺杆泵、长距离无位置编码器矢量变频控制、数据远程监测及智能调控技术为主要构成的电动潜油螺杆泵新型无杆举升工艺。通过智能闭环控制系统，“全、准、快”智能感知生产信息，智能认知油井动态变化，智能调整运行参数，实现生产实时监测与动态调整，有效提升了油井生产管理水平，大幅降低维护工作量和劳动强度，实现了中低排量、大斜度、复杂工况井人工举升革命性突破，高效支撑绿色、环保、安全、智能型井工厂建设。

2）抽油机智能控制技术

通过“精准感知技术”实时采集井下压力温度、油、套管压力温度、电机运行电参数、光杆载荷等油井数据，通过数据远传模块发送给服务器，服务器通过计算的模型方案自动下达相关调控策略对抽油机运行参数进行合理的调控，控制模块调控交流电机，实现抽油机智能调控。

3）非接触压电控制智能分注技术

以压力波为载体，在井筒内建立一条有效的、可靠的信号通道，实现井下信息的快速传递。在分层注水井内下入智能分注工具与封隔器组合，实现分层注水的同时，地面远程控制井下配水器的调配，并将采集的各层流量数据传输至地面，能够实时在井下实时进行流量测调，实现精确的分层注水，而不需要任何地面设备和人为干预，不需要在井筒下入电缆或钢丝来调配各段注水量，在井口通过压力信号来控制和调配井下各段水量，并能在地面遥控井下开关的状态，随时改变注水量的大小，后期还可将各井无线联网，在办公室就可监测和调节每口井各个层位的注水量大小。

4）远程调控有缆式智能分注技术

远程调控有缆式智能分注技术主要由地面控制系统和井下测控系统构成，通过从井口到井下配水器间的电缆进行信号传输和电力供应。在每个注水层位上均装有一个智能配水器，层间用封隔器实现分层。可以实现长期监测井下流量、温度、注水压力和地层压力，并自动控制阀门开度，将注水量控制在允许的误差之内。在地面配套无线远传控制箱，可以与远程控制室进行通信，实现相关井下数据的远程采集、注入量调节、封隔器密封性检测、井下仪器标定等功能。

5）“水—聚”一体化智能分注技术

“水—聚”一体化智能分注技术与有缆式智能分层注水工艺在原理上类似，总体方案均采用油管外预制电缆方式。该项技术优化设计了连续可调节流芯，在排量 $61.5m^3/d$，压差 1.534MPa 的条件下，地面试验检测结果显示通过该节流芯聚合物平相黏损率为 4.4%，全量程调节时间为 15min。设计水—聚合物驱一体化水嘴，分为注水全开、注水全关（用于坐封）、注聚合物全关和注聚合物全开四个状态。

6）设备健康诊断技术

为实现无人值守目标，减少或杜绝人工巡检方式，开发了设备健康诊断技术。利用“智能感知”技术，不同设备状况高频采集的电参数有明显特征的技术特点，利用 AI 进行有监督数据训练，开发形成了设备健康诊断系统。目前能够实现“机械振动、皮带松弛（打滑）、减速箱磨损、平衡状况、皮带轮安装不正”等健康诊断，其他工况持续利用 AI 数据训练算法进行持续提炼，陆续丰富诊断信息。

7）智能间抽优化技术

智能井工厂计算服务通过智能控制系统建立曲柄以整周运行与摆动运行组合方式的工作模式，将长时间停机的常规间抽工艺升级为曲柄低耗摆动、停泵不停机的智能高效间抽技术，通过建立经济模型，确定不同工作方式的境界界限，达到经济最优化开采。

8）井工厂多井联合智能调控技术

针对井工厂多井生产方式，从综合能源有效利用角度出发，研发了多井联合调控技术，可以有效利用多井抽油机交变载荷的变化，充分利用能源供给，最大限度地提高生产效益。

智能井工厂计算服务基于“精准感知”技术及优化运行模型，开发形成多抽油机群控智能分析综合平台，动态计算各个单台抽油机所需控制策略，并下发至现场测控终端设备 RTU 中，各 RTU 将从服务器所收到的对应单井控制策略下发至对应抽油机控制设备，实现抽油机运行位置的多井联合调控。该系统具备自主学习能力，可以不断完善多抽油机联合调控策略，实现调控方法的不断自我升级。

以“实时生产优化方案，实时注采设备调控，实时区块最优控制”为智能化目标，通过自主攻关核心技术、集成创新适用技术，实现油水井“全面感知、精准认知、智能控制”的油水井数字化的全面升级。通过解决生产物联网到实时工业互联网、地下地上融合联动开发、井丛场数字化到智能化井工厂的升级，实现了工厂化管理。

传统油田生产管理中，由于单井分散，分布范围广，不宜管理；大部分油井通过人工巡视，抽油机的运行状态和参数不能及时反馈至管理人员，很大程度上影响了对油井的合理决策，不仅造成了很大的能源浪费，还增加了现场工人的劳动强度。因此，在作业区建设生产监控中心，建立井丛场信息资源共享平台，整合井丛场各单井原有的数字化设备软件平台，优化井丛场的管理模式，创新井丛场的管理理念。全面实现井丛场生产数据的监控和视频监控，具备油水井的生产和运行参数查询、统计和分析，油水井的远程智能调控，井丛场的视频监控、入侵报警、语音告警等功能。

通过数字化建设与生产经营的深度融合，把数字化建设与劳动组织架构变革有机结合起来，探索出了“无人值守、定时巡护”的无人值守井场建设模式，压缩了管理层级，提高了劳动效率，实现了油田发展质量与效益的双提升。

第六章　全生命周期管理方法

“二三结合”开发项目全生命周期是指以油气田或区块“二三结合”项目立项为起点、以“二三结合”项目开发经济效益为零时作为结束终点。通过开展“二三结合”全要素效果评价方法研究、全过程经济评价方法、全方位数字化管理技术研究。创新建立了一套由7个专业类总计71项单项指标构成的“二三结合”全生命周期效果评价体系与评价方法，通过此方法可以进行过程跟踪与实时评价；研究了不同驱替介质驱油特征，建立了“二三结合”项目可采储量计算方法，为“二三结合”现场实施发现问题、解决问题提供了技术保障。实施技术经济一体化开展前期评价、中期评价和后期评价技术研究，建立“二三结合”开发项目全生命周期效益评价技术方法体系，为实现“二三结合”开发项目的开发水平和开发效益的最优化提供技术支持。通过完善基础网络设施、夯实数据资源、深化信息系统应用、建立集成平台，推进信息化与油气生产管理的深度融合，促进油田各业务领域的科学发展。

第一节　效果评价方法

为了确保复杂断块“二三结合”方案实施后能够达到预期要求，及时发现实施中的问题，研究油藏、体系、工艺与管理4个方面对“二三结合”实施效果的影响程度，创新建立了一套由7个专业类总计71项单项指标构成的“二三结合”全生命周期效果评价体系与评价方法，通过此方法可以进行过程跟踪与实时评价；研究不同驱替介质驱油特征，建立“二三结合”项目可采储量计算方法，为“二三结合”现场实施发现问题、解决问题提供了技术保障。

一、全要素指标体系

根据油藏、体系、工艺与管理对效果的影响程度，由7个专业类总计71项单项指标构成效果评价指标体系，包括层系井网完善性、驱替体系有效性、注入有效性、采出有效性、驱替均衡性、管理有效性、方案有效性。

1. 层系井网完善性

主要评价实施过程中层系井网是否保持完善，主要通过层间变异系数、层系内油层跨度、注采井网储量控制程度、注采连通程度、注采对应率、注入井开井率、采出井开井率、采出井双多向受益率、注采井距偏移系数、层系内生产小层数、层系内注采井数比共11项指标评价（表6-1-1）。

表 6–1–1　“二三结合”层系井网完善性评价指标表

评价指标			效果分级评价				
专业分类	指标名称	单位	水平分级			重要考核指标	分值
			Ⅰ	Ⅱ	Ⅲ		
层系井网完善性	层间变异系数	—	≤0.5	0.5～0.7	>0.7		1
	层系内油层跨度	m	≤50	50～100	>100		1
	注采井网储量控制程度	%	≥90	75～90	<75	★	2
	注采连通程度	%	≥90	70～90	<70		1
	注采对应率	%	≥85	70～85	<70	★	2
	注入井开井率	%	≥95	85～95	<85		1
	采出井开井率	%	≥95	85～95	<85		1
	采出井双多向受益率	%	≥75	55～75	<55	★	2
	注采井距偏移系数	—	≤0.14	0.14～0.3	>0.3	★	2
	层系内生产小层数	个	≤5	6～10	>10	★	2
	层系内注采井数比	—	1.0～1.2	0.8～1.0 或 1.2～2.0	<0.8 或>2		1

2. 驱替体系有效性

主要评价驱替过程中驱替药剂性有效，通过站内黏度指标符合率、井口黏度指标符合率、黏度热稳定性、站内界面张力、井口界面张力、界面张力稳定性、地下返排黏度保留率、采出液中聚合物浓度、采出液中表面活性剂浓度、产聚浓度下降幅度等指标评价（表 6–1–2）。

表 6–1–2　“二三结合”驱替体系效果评价指标表

评价指标			效果分级评价				
专业分类	指标名称	单位	水平分级			重要考核指标	分值
			Ⅰ	Ⅱ	Ⅲ		
驱替体系有效性	站内黏度指标符合率	%	95～100	85～95	≤85	★	2
	井口黏度指标符合率	%	95～100	85～95	≤85	★	2
	黏度热稳定性	%	≥80	70～80	<70	★	2
	站内界面张力	mN/m	<0.01	0.01～0.1	>0.1	★	2
	井口界面张力	mN/m	<0.01	0.01～0.1	>0.1	★	2
	界面张力稳定性	mN/m	<0.01	0.01～0.1	>0.1	★	2

续表

评价指标			效果分级评价				
专业分类	指标名称	单位	水平分级			重要考核指标	分值
			Ⅰ	Ⅱ	Ⅲ		
驱替体系有效性	地下返排黏度保留率	%	≥60	50～60	＜50	★	2
	采出液中聚合物浓度	mg/L	≤300	300～500	≥500		1
	采出液中表面活性剂浓度	mg/L	≤300	300～500	≥500		1
	产聚浓度下降幅度	%	≥65	30～65	≤30		1

3. 注入有效性

主要评价注入井注入过程中是否发挥应有的效果，主要通过欠注井比例、单井分层配注完成率、井组配注完成率、单井注入速度执行率、注入速度执行率、启动压力增长率、单井阻力系数、注入井井口压力增幅、分注合格率、中期处理压力上升值、剖面改善情况、井底黏度保留率共 12 项指标（表 6–1–3）。

表 6–1–3 “二三结合”注入有效性效果评价指标表

评价指标			效果分级评价				
专业分类	指标名称	单位	水平分级			重要考核指标	分值
			Ⅰ	Ⅱ	Ⅲ		
注入有效性	产聚浓度下降幅度	%	≥65	30～65	≤30		1
	欠注井比例	%	≤5	5～10	＞10		1
	单井分层配注完成率	%	≥95	85～95	＜85		1
	井组配注完成率	%	≥90	80～90	＜80		1
	单井注入速度执行率	%	≥90	80～90	＜80	★	2
	注入速度执行率	%	≥90	80～90	＜80	★	2
	启动压力增长率	%	≥2	1.5～2.0	＜1.5		1
	单井阻力系数	—	≥2	1～2	＜1	★	2
	注入井井口压力增幅	MPa	≥5	2～5	＜2		1
	分注合格率	%	≥80	70～80	＜70		1
	中期处理压力上升值	MPa	≥3	1～3	≤1	★	2
	剖面改善情况	%	≥40	20～40	≤20		1
	井底黏度保留率	%	≥90	80～90	＜80	★	2

4. 采出有效性

主要评价采油井在实施过程中是否发挥出应用的效果，主要通过整体产液量完成率、单井产液量达标率、单井平均含水下降幅度、井组含水下降幅度、含水上升率、产液指数变化率、化学驱见效率、单井递减增油量、单井净增油量、防砂后有效生产时间、防砂后正常液量保持率、检泵周期、泵效、机采系统效率共 14 项指标（表 6–1–4）。

表 6–1–4　“二三结合”采出有效性效果指标表

评价指标			效果分级评价				
专业分类	指标名称	单位	水平分级			重要考核指标	分值
			Ⅰ	Ⅱ	Ⅲ		
采出有效性	产聚浓度下降幅度	%	≥65	30～65	≤30		1
	整体产液量完成率	%	≥90	80～90	<80		1
	单井产液量达标率	%	≥90	80～90	<80	★	2
	单井平均含水下降幅度	%	≥20	10～20	<10		1
	井组含水下降幅度	%	≥10	5～10	<5	★	2
	含水上升率	小数	≤1	1～3	>3		1
	产液指数变化率	%	<30	0～50	≥50		1
	化学驱见效率	%	≥90	80～90	<80	★	2
	单井递减增油量	10^4t	≥1.5	1.0～1.5	<1		1
	单井净增油量	10^4t	≥1.0	0.7～1.0	<0.7		1
	防砂后有效生产时间	d	≥900	500～900	<500	★	2
	防砂后正常液量保持率	%	≥90	60～90	<60		1
	检泵周期	d	≥1000	365～1000	<365		1
	泵效	%	≥50	30～50	<30		1
	机采系统效率	%	≥28	20～28	<20		1

5. 驱替均衡性

主要评价驱替过程中在油藏上是否均衡驱替，主要通过油层动用程度、吸水剖面均衡系数、井组平面驱替速度突进系数、阶段注采比、阶段存水率、压力场均衡系数、速度场均衡系数、饱和度场均衡系数、能量保持水平共 9 项指标（表 6–1–5）。

6. 管理有效性

主要评价实施管理过程中的有效性，主要通过采出井生产时率、注入井生产时率、措施及时整改率、化学剂抽检合格率、注入泵维修周期、配注系统运行时率、注入系统干压稳定率、采出水中二价铁浓度、配制水中细菌浓度、溶液配制误差、系统黏损率共11 项指标（表 6–1–6）。

表 6–1–5 “二三结合”驱替均衡性效果评价指标表

评价指标			效果分级评价				
专业分类	指标名称	单位	水平分级			重要考核指标	分值
			Ⅰ	Ⅱ	Ⅲ		
驱替均衡性	油层动用程度	%	≥80	70～80	<70	★	2
	吸水剖面均衡系数	—	≤0.2	0.2～0.3	>0.3		1
	井组平面驱替速度突进系数	—	≤1.5	1.5～2.0	>2		1
	阶段注采比	—	1.1～1.2	0.9～1.1	<0.9 或>1.2	★	2
	阶段存水率	—	≥0.3	0.2～0.3	<0.2		1
	压力场均衡系数	—	≤0.2	0.2～0.4	>0.4		1
	速度场均衡系数	—	≤0.2	0.2～0.4	>0.4		1
	饱和度场均衡系数	—	≤0.2	0.2～0.4	>0.4		1
	能量保持水平	—	≥1.0	0.9～1.0	<0.9	★	2

表 6–1–6 “二三结合”管理有效性效果评价指标表

评价指标			效果分级评价				
专业分类	指标名称	单位	水平分级			重要考核指标	分值
			Ⅰ	Ⅱ	Ⅲ		
管理有效性	采出井生产时率	%	≥90	80～90	<80		1
	注入井生产时率	%	≥90	80～90	<80		1
	措施及时整改率	%	≥85	80～85	<80		1
	化学剂抽检合格率	%	100	99～100	<99		1
	注入泵维修周期	d	≥90	60～90	<60		1
	配注系统运行时率	%	100	99～100	<99		1
	注入系统干压稳定率	%	≥98	95～98	<95		1
	采出水中二价铁浓度	mg/L	≤0.1	0.1～0.2	>0.2	★	2
	配制水中细菌浓度	个 /mL	≤25	25～1000	>1000	★	2
	溶液配制误差	%	≤3	3～5	>5		1
	系统黏损率	%	≤10	10～15	>15	★	2

7. 方案有效性

主要评价方案是否达到设计预期，属于项目实施后评价，主要通过含水预测符合率、年产油预达标率、提高采收率预测达标率、吨聚当量增油共 4 个指标（表 6–1–7）。

表 6–1–7 “二三结合”方案有效性效果评价指标表

评价指标			效果分级评价				
专业分类	指标名称	单位	水平分级			重要考核指标	分值
			Ⅰ	Ⅱ	Ⅲ		
方案有效性	含水预测符合率	%	90～110	80～90	<80 或>110		1
	年产油预达标率	%	≥90	80～90	<80		1
	提高采收率预测达标率	%	≥100	80～100	<80	★	2
	吨聚当量增油	t/t	≥45	25～45	<25	★	2

二、专业类效果评价方法

1. 专业类指标评价计算方法

专业类指标分类评价计算方法是通过对七类专业指标进行分类评价，每一类专业指标的评价结果代表该类指标的开发水平。其计算公式如下：

$$P_i=\sum_{j=1}^{N_i}\delta_{ij}F_{ij} \tag{6-1-1}$$

式中 P_i——第 i 个专业类的评价得分，i=1，2，3，…，7；

N_i——第 i 个专业分类的指标个数，个；

δ_{ij}——第 i 个专业分类的第 j 个指标权重系数赋值，j=1，2，3，…，N_i；

F_{ij}——第 i 个专业分类的第 j 个单项指标分值，j=1，2，3，…，N_i。

1）单项指标分值（F_{ij}）设定

根据不同指标对效果实施影响的敏感性与重要性，对 71 项单项指标进行了重要考核指标与一般考核指标的区分，其中重要考核指标单项分值为 2 分，一般考核指标单项分值为 1 分。

2）单项指标评价分级与权重系数赋值（δ_{ij}）

单项指标评价共划分了三个级别，Ⅰ级水平代表开发水平较好，权重系数赋值为 1.0；Ⅱ级水平代表开发水平一般，权重系数赋值为 0.8；Ⅲ级水平代表开发水平较低，权重赋值为 0.6。

2. 专业类指标分级评价方法

根据专业类指标分类评价计算结果规定专业类指标一、二、三级分级评价办法。

1）一类开发水平

单类评价分值达到该类总分的 80% 以上，且重要考核指标均达到二级水平及以上（一级水平个数占该类重要考核指标总个数比例 70% 以上）。

2）三类开发水平

单类评价分值达到该类总分的 70% 以下，或重要考核指标达到三级水平个数占该类重要考核指标总个数比例 60% 以上。

3）二类开发水平

不符合一类开发水平与三类开发水平标准的属于二类开发水平。

三、总体效果评价方法

1. 总指标评价计算方法

总指标得分是每个专业类指标得分的综合，为“二三结合”实施效果定量评价提供依据。其计算公式如下：

$$S=\sum_{i=1}^{7}P_i \tag{6-1-2}$$

式中 S——总指标评价得分；

P_i——第 i 个专业类的评价得分，i=1，2，3，…，7。

2. 总效果分级评价方法

复杂断块油田“二三结合”方案效果评价方法中全 71 项指标满分为 100 分，根据评分计算结果规定一、二、三类分级评价办法。

1）一类开发水平

同时满足以下条件的评为一类开发水平。

总指标评价分值达到 85 分以上，且重要考核指标达到一级水平个数占重要考核指标总个数比例 70% 以上、三级水平个数占比 20% 以下。

2）三类开发水平

满足以下任一条件的评为三类开发水平。

总指标评价分值低于 70 分以下，或重要考核指标达到三级水平个数占该类重要考核指标总个数比例 75% 以上。

3）二类开发水平

不符合以上一类开发水平与三类开发水平条件的均评为二类开发水平。

3. 应用实例

如大港港西三区三试验区项目在实施中期从油藏工程、药剂、注采工艺与管理等方面总结了三次采油的影响因素，结合方案形成了六大类、60 余项效果评价指标体系、打分与分级评价系统（表 6–1–8）。通过复杂断块“二三结合”方案效果评价系统，港西三区三项目实施效果综合评价为一级开发水平，主要指标达到了方案设计预期。

表 6-1-8　“二三结合”方案效果评价指标体系

专业分类	分类名称	总分	分值	评分	分级
综合有效性	层系井网完善性	16	13.8	86.25	一
	驱替体系有效性	16	15.4	96.25	一
	注入有效性	17	12.6	74.11	二
	采出有效性	16	11.8	73.75	二
	驱替均衡性	12	10.8	90.00	一
	管理有效性	14	12.6	90.00	一
	重要指标得分	54	47.2	87.41	一
	总得分	91	77.6	85.27	一

四、“二三结合”可采储量评价方法

“二三结合”不仅能极大地释放水驱潜力，还为三次采油进一步提高采收率创造合理的井网条件，提升协同效益，实现复杂断块油田高含水期效益开发。在“二三结合”的实施过程中，由于改变驱替介质会使产量及含水运行规律发生显著的变化，常规水驱特征曲线及产量递减法无法反映“二三结合”区块的油水运动规律和生产特征，行业标准中的各种可采储量评价方法的计算结果与实际不相符，需要建立一个针对“二三结合”的可采储量评价方法。

针对“二三结合”区块的开发生产特点，在建立数学模型的基础上，创新形成了“二三结合”驱替特征曲线计算实施区块的最终采收率及可采储量，将为今后“二三结合”区块可采储量评价和方案设计提供依据。

1. 方法的推导

油藏改变驱替介质后，通常会先后出现含水下降阶段、低含水稳定阶段、含水回升阶段和后续水驱阶段（图 6-1-1）。根据典型区块的含水率变化规律特征，建立驱油见效后含水变化规律的数学模型，并根据该模型推导改变驱替介质后的可采储量的计算关系式。

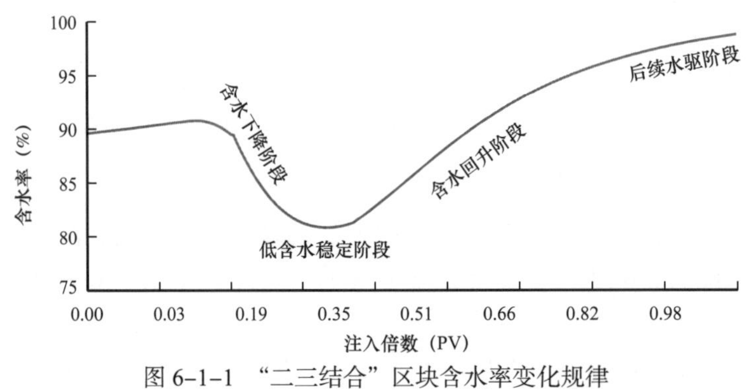

图 6-1-1　“二三结合”区块含水率变化规律

1）空白水驱阶段的含水变化规律

在水驱开发中后期，水驱油田进入高含水期（含水率大于 90% 以上）。开发方式在只采用空白水驱的条件下，含水上升规律表现为前期快后期慢的一个逐渐上升的曲线形态（图 6-1-2）。通过反正切函数拟合方法得到含水率上升规律的数学关系式：

$$F_{\mathrm{w}}=0.62\times\arctan\left(At+B\right) \tag{6-1-3}$$

式中 F_{w}——综合含水率，小数；

t——生产时间，mon；

A——待拟合参数，含水率上升速度；

B——待拟合参数，初始含水率。

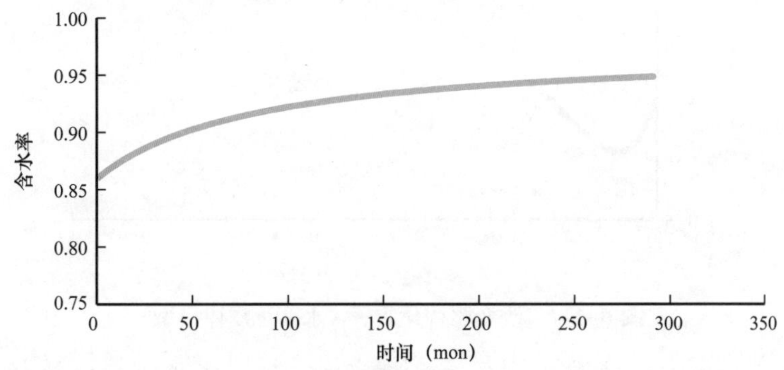

图 6-1-2 空白水驱含水变化规律

2）改变驱替介质含水下降值变化规律

在“二三结合”实施过程中，为了进一步提高采收率，通常采用改变驱替介质的方式挖掘剩余油潜力。其主要作用机理是通过改变流度比，降低界面张力，使常规水驱不能有效驱替的剩余油实现有效动用，进而大幅度提高波及体积和驱油效率。聚合物驱过程中含水下降值变化规律呈前期快速上升到峰值然后缓慢下降的一个曲线形态（图 6-1-3）。

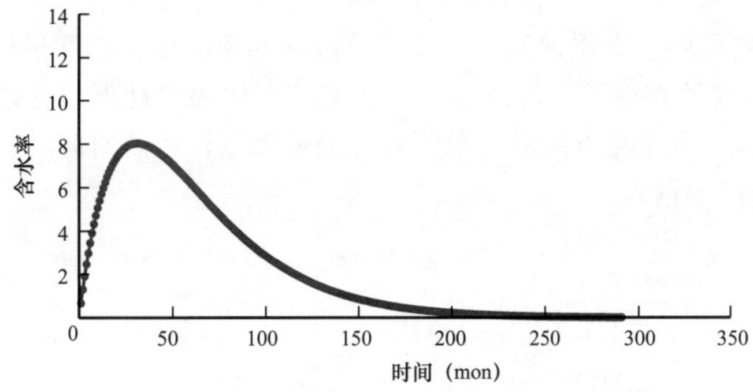

图 6-1-3 改变驱替介质过程含水下降值规律模型

通过数学拟合方法得到改变驱替介质过程含水下降值变化规律的关系式：

$$\Delta F_{\mathrm{w}}=abt\mathrm{e}^{-ct} \tag{6-1-4}$$

式中 ΔF_w——含水率下降值；

t——生产时间，mon；

a——待拟合参数，含水率下降幅度；

b——待拟合参数，最低含水出现时间；

c——待拟合参数，低含水阶段持续时间。

3）改变驱替介质含水变化规律

在三次采油过程中，油藏驱替介质的改变，使得含水率的变化特征呈对勾型曲线形态（图 6–1–4）。

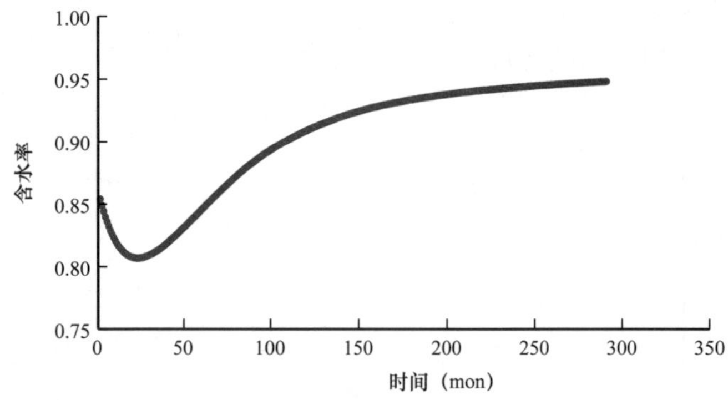

图 6–1–4　改变驱替介质后含水变化规律模型

研究发现，在相同坐标和比例的条件下，图 6–1–4 的曲线可以通过图 6–1–2、图 6–1–3 的曲线相减得到，因此改变驱替介质后含水变化规律的关系式为：

$$F_{wP}=F_w-\Delta F_w \tag{6-1-5}$$

将式（6–1–3）、式（6–1–4）代入式（6–1–5）可得出：

$$F_{wP}=0.62\times\arctan(At+B)-abte^{-ct} \tag{6-1-6}$$

4）可采储量计算

“二三结合”阶段中三次采油的效果采用阶段含油率的变化幅度进行间接描述，因此在产液量 L 保持不变的前提下，可以通过含油率的变化幅度计算出在改变驱替介质后的产油量 Q_{op}，当时间 t 达到经济极限产量所对应的最大累计生产时间时，就可以计算出改变驱替介质后累计产油量 N_{tp}：

$$F_o=1-F_{wp} \tag{6-1-7}$$

将式（6–1–6）代入式（6–1–7）可得出：

$$F_O=1-0.62\times\arctan(At+B)+abte^{-ct} \tag{6-1-8}$$

$$Q_{op}=L\left[1-0.62\times\arctan(At+B)+abte^{-ct}\right] \tag{6-1-9}$$

$$N_{tp}=\int_0^t L\left[1-0.62\times\arctan(At+B)+abte^{-ct}\right]dt \tag{6-1-10}$$

2. 方法的应用

港西G区于2014年开展了“二三结合”先导性试验，并取得了较好的开发效果，以此区块为例验证该方法的适用性。

1）油田开发现状

港西G区试验区块位于港西开发区中部，油层纵向分布集中，横向分布稳定，主力油层为明一油层组、明二油层组、明三油层组，分三个开发单元。储层平均孔隙度31%，平均空气渗透率1197mD，属于高孔隙度、高渗透率储层。脱气原油密度0.918g/cm^3，脱气原油黏度54.9mPa·s，地层原油黏度16.18mPa·s，该区块含油面积0.4km^2，有效厚度12.6m，地质储量80×10^4t。

2）可采储量标定结果

在实施“二三结合”之前，对港西G区先导性试验区块进行可采储量的标定。递减率选值依据类比水驱阶段平均单井递减率14.5%，递减类型按指数递减计算得到技术可采储量为45.7×10^4t，采收率为57.1%。

“二三结合”实施之后，根据港西G区实际的生产数据资料，通过最小二乘法拟合得到相关系数为：$A=0.066$，$B=5.360$，$a=0.100$，$b=7.000$，$c=0.032$。计算该区块可采储量为59.3×10^4t，采收率为74.1%。“二三结合”增加可采储量为13.6×10^4t，采收率提高了17%。比较方案编制设计指标提高（提高采收率16.6%），两者很接近，绝对误差均在5%以内，表明应用“二三结合”驱替特征曲线法具有较好的实用性和可靠性，预测效果较好。

3. 适用性分析

本方法适用于实施“二三结合”后已出现含水下降阶段、低含水稳定阶段或含水上升阶段中的一种阶段，出现的阶段越全，预测的精度越高。

第二节 经济评价方法

“二三结合”开发项目全生命周期是指油气田和区块“二三结合”项目立项为起点，到“二三结合”项目开发经济效益为零时结束为终点。通过实施技术经济一体化开展前期评价、中期评价和后评价技术研究，建立“二三结合”开发项目全生命周期效益评价技术方法体系，为实现“二三结合”开发项目的开发水平和开发效益提供最优化技术支持。

一、技术经济一体化模式

大港油田属于典型的复杂断块油田，经过五十余年的勘探开发，地下面临着“四高三低两失衡”的问题，“四高”即勘探程度高、综合含水率高、自然递减率高、综合成本高；“三低”即储量品位低、产能到位率低、油田采收率低；“两失衡”即投入产出失衡和储采比例失衡，采取常规思路已难以实现复杂断块油田效益勘探开发。为解决复杂油气藏开发的技术难题，提升整体效益，探索具有大港油田特色的技术经济一体化模式。

1. 技术经济一体化内涵

技术经济一体化就是在油田勘探开发生产过程中，按照“既追求技术上的先进性和适用性，又考虑经济上的可行性和有效性”思路，坚持创新驱动和效益导向，突出技术进步和工程提效，全力推动技术与经济相互融合、相互促进、相得益彰，真正实现靠技术提高经济效益、以效益反哺技术研发，促进大港油田公司持续效益稳产战略目标的实现。

技术经济一体化以“二三结合”项目为载体，以“职能管理集中化、效益评价前置化、创新创效显性化、技术推广规模化、管控实施效益化”为原则，以创建“技术优化模型、经济预测模型、决策优选模型、效益评价模型”为核心，以项目承担单位作为责任主体，有关单位提供技术支撑，通过最优的技术与经济结合，实现项目经济效益的最大化。“五化”原则模式如图 6-2-1 所示。

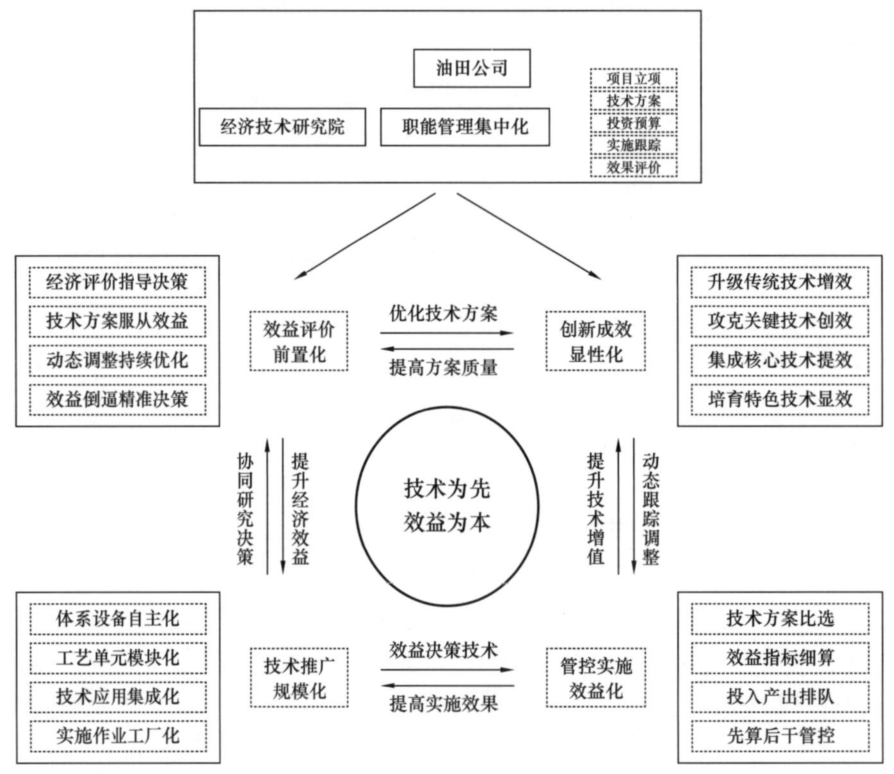

图 6-2-1 “五化”原则模式图

1）职能管理集中化

针对过去投资成本管理、技术方案管理、经济评价等职能分属不同部门和单位，链条式管理导致技术方案轻效益指标、经济决策轻技术贡献等问题，从优化管理职能入手，整合相关职能与资源，组建具有机关管理职能的经济技术研究院，承担技术经济综合管理职能，并将项目立项、技术方案、投资预算、实施跟踪、效果评价等业务集中到同一载体，使技术管理与经济评价实现网式连接、顺畅沟通。

2）效益评价前置化

立足技术经济一体化工作平台，统筹考虑技术方案与经济效益，抓好方案研究优化，加强效益评价分析，按照效益倒逼原则动态优化调整技术方案，做到反复比对、持续优化、精准决策，真正实现经济评价指导决策、技术方案服从效益。

3）创新创效显性化

围绕增储上产和降本增效目标，整合内外部技术资源，依托重大专项、博士后工作站、产学研结合及公司级科研攻关项目等载体，以复杂断块油气田开发等为重点，以工程技术创新提效为关键，在升级传统技术、攻克关键技术、集成核心技术、培育特色技术上下大力气，全面推动技术进步、促进工程提效。

4）技术推广规模化

坚持技术进步与效益提升紧密结合，持续攻关“二三结合”提高采收率、高效进攻性措施等勘探开发关键技术，规模推广井丛场建设、疑难长停井修复、地面优化简化等优势特色技术，优选集成符合大港油田特点的经济、适用、高效提高采收率技术系列，完善形成标准规范的技术方案，大力推行集中采购和工厂化作业，强化技术方案的持续优化，通过技术进步提高工程质量、提高施工效率、提高整体效益。

5）管控实施效益化

坚持技术方案多备，凭借多种技术方案、多套工艺设计、系列配方工具，优选技术方案。坚持效益指标细算，加强适应条件论证、实施效果评价、综合成本分析，切实算好效益账。坚持投入产出分析，根据不同方案、不同工艺的投入产出情况进行综合排队优选。坚持实施成效管控，做到先算后干，高效的项目加快推进，低效的项目优化实施，无效的项目暂缓投入。

2. 技术经济一体化工作平台

“二三结合”全生命周期效益评价办法要求对项目全过程进行效益评价，实时指导方案调整优化，实现项目效益开发。为此，按照油田公司统一部署，研究建立了“二三结合”技术经济一体化应用平台，其核心内容为四个模型的建立及相互间的动态关联关系，实现了项目关键技术快速优选、经济效益快速预测、方案决策快速判别、效益评价快速对比，打通了技术与经济的循环通道，突破了专业部门的限制，提高了工作效率。

（1）技术优化模型，建立起层系组合、注采井网、驱油体系、地面工艺四个优选标准，通过录入油藏类型、储层特征参数、流体性质、高压物性、开发数据等参数，快速实现优选最佳的层系组合方式、最优的地面配套工艺技术，筛选适宜的驱替介质，同时形成由不同注采井网、不同驱替介质组成的六套方案，并计算出各方案采收率提高幅度，明确开发效果指标。

（2）经济预测模型，研究确定了方案经济预测和经济评价的计算方法，建立“二三结合”项目投资、投入、成本等费用预测标准，通过输入实施工作量、注入体系、生产数据，快速实现六套方案的经济预测及经济效益评价，明确方案效益指标。

（3）决策优选模型，由三套不同井网井距油藏方案、二套不同驱油体系构成六套整体开发方案，通过各方案效果指标（提高采收率幅度）和效益指标（内部收益率）

的评价标准进行打分，最终通过各自权重求取方案最终得分，依据等分高低进行方案优选。

（4）效益评价模型，方案实施后，按照实际发生的相关技术指标预测最终采收率，通过实际投资投入、成本费用，计算内部收益率等指标；与方案进行对比，并依据对比结果进行方案优化调整。

3.“二三结合”技术经济一体化模型应用

通过“二三结合”经济技术一体化应用平台的四个模型，技术人员可以快速实现从技术优化、经济预测达方案决策，达到方案最优，效益最佳。同时结合实际阶段工作成果，应用效益评价模型进行方案开发效益验证、对比，依据结合进行方案动态优化，确保项目效益开发。

通过应用技术经济一化模型，从港西三区三不同方案中优选标准“五点法”注采井网，采用相对均衡井距（150m）进行层系井网建设，聚合物 + 表面活性剂作为驱替介质进行化学驱，单泵对单井个性化工艺开展注入，并于 2013 年进入现场实施，构建了 7 注 14 采标准五点法注采井网，水驱控制程度、注采对应率、注采联通程度实现了 3 个“百分百”，双多向受益率达到 70%。2014 年 8 月转入聚合物驱，注入关键参数指标全部达标，截至 2018 年 12 月底累计注入溶液 $52.2\times10^4m^3$（0.35PV），完成方案设计的 81%，实施效果显著。

注入井见效特征明显：井口平均压力增幅 3.3MPa,，地层压力上升 3.4MPa，油层动用程度逐年提升，提高 26.2%，达到 90.8%；

受益油井降水增油显著：试验区出现增油降水“双百”特征，即 100% 油井增油、100% 油井降含水；总井数 14 口，含水率降幅 20%～45% 的有 3 口，含水率降幅 15%～20% 的有 5 口，含水率降幅 10%～15% 的有 2 口，其余含水率降幅 4.5%～10% 的有 4 口；区块含水率下降符合预期，从 92.3% 最低将至 81.6%，超过 10%，单井最大含水率降幅达到 44.8%。14 口采油井中有 8 口井增油峰值超过 5t/d，8 口井增油效果显著主要得益于多向受益且多位于储层中心区域；

试验区整体效果明显，区块产量实现了翻两番，日产油量由 24t 涨到最高的 84t；采油速度较试验前（2013 年）大幅度提升，从 0.9% 提升到 2.3%，试验区实现累计增油 7.1×10^4t，试验阶段提高采收率 8.8%，预测最终采收率 74%，提高采收率 16.5%。该项目于 2018 年底通过了中国石油勘探与生产分公司的专家评审验收。

通过经济技术一体化平台对对港西三区三区块开展扩大注入不同体积药剂的技术、经济方案进行了研究分析（表 6–2–1）。

综合考虑技术和经济分析结果，选择方案 3 继续注入 0.3PV，提高采收率达到 21.55%，项目税后财务内部收益率为 8.10%，财务净现值为 32 万元，各项评价指标均达到了中国石油标准，项目盈利能力较强；从项目的敏感性分析结果来看，项目具有一定抗风险能力，项目从财务角度而言是可行的；按照油价 90 美元 /bbl 测算结果可以看出，税后财务内部收益率 28.47%、财务净现值 3923 万元、投资回收期 3.56 年；从项目敏感性分析结果来看，财务内部收益率高于 8%，净现值为正，项目具有一定抗风险能力，从财务角度而言是可行的。

表 6-2-1 经济技术分析表

方案	继续注入药剂体积（PV）	增油量（10^4t）	提高采收率（%）	项目内部收益率（%）
1	0.1	15.76	19.70	8.94
2	0.2	16.58	20.73	9.21
3	0.3	17.24	21.55	8.10
4	0.4	17.66	22.08	7.59

注：按照阶梯油价（2019 年和 2020 年采用 2692 元 /t、2021 年及以后采用 3153 元 /t 的）测算。

二、全生命周期经济评价制度

为了全过程准确地评价“二三结合”项目的经济合理性，实现油田公司经济效益整体提升，“二三结合”项目经济评价采用全生命周期经济评价制度，分成前期经济评价、中期评价经济评价和后期经济评价，结合“二三结合”项目的特点，建立了全生命周期经济评价技术体系，总体框架见表 6-2-2。

表 6-2-2 全生命周期经济评价技术体系图

全生命周期经济评价技术体系	前期经济评价	方案优选分析
		不确定性分析
		风险分析
	中期经济评价	动态跟踪分析
		建立预警红线
		转换时机分析
		注入量分析
	后期经济评价	执行情况分析

1. 前期经济评价

项目前期经济评价即项目前期立项到方案建设实施之前，对整体方案开展经济评价，前期经济评价侧重于项目投资决策提供依据，采用有无对比法综合考虑经济、技术等方面因素的多个备选方案中选择最佳方案；对优选的最佳方案进行定性定量估计项目可能承担的风险，前期评价阶段经济评价重点主要是方案优选分析、不确定性分析和风险分析。

1）方案优选分析

采用效益比选法和最小费用比选法对技术备选方案进行综合评价，考虑各种社会、经济、技术方面的因素推荐最优方案。

2）不确定性分析

采用单因素敏感分析，通过分析不确定因素发生增减变化时，对效益指标的影响，计算出敏感系数和临界点。

3）风险分析

采用定性与定量相结合的方法，定性分析过程包括风险识别、风险估计、风险评价与风险应对；定量分析采用蒙特卡洛模拟分析法，确定各风险因素的变化区间及概率分布，计算内部收益率、净现值等评价指标的概率分布、期望值及标准差。

2. 中期阶段经济评价

中期经济评价即从建设实施开始到项目实施工作量结束后一年内经济评价。项目中期经济评价主要是实时跟踪评价项目效益、为方案调整提供对策，采用跟踪对比法，对项目建设实施状态、进展情况及转入三次采油时机进行跟踪评价分析，中期阶段经济评价评价阶段经济评价重点主要是动态跟踪分析、转化时机分析、注入量分析和建立预警红线。

1）动态跟踪分析

根据项目实施进展情况适时开展经济评价，按照“五区四线”方式对已完钻井区块进行效益测算，根据区块效益指标排序，筛选出需转三次采油的区块，和前期效益指标对比，分析区块效益指标产生差异的原因，根据中期评价结果，及时优化调整建设单位的投资规模和方向。

2）转换时机分析

通过提高采收率和经济效益曲线版图分析，找到提供采收率和净利润最高的交点对应的年，确定二次开发区块转三次采油的经济时机。

3）注入量分析

通过研究化学剂的经济界限来判断化学剂注入量，化学剂经济界限是指三次采油注入化学剂后，化学剂增产油量的税后销售收入能够弥补注入化学剂而进行的投入的最低产量，当化学剂带来的增量产量大于界限产量时，则可以继续注入化学剂；当化学剂带来的增量产量小于或等于界限产量时，化学剂增油的税后销售收入不足以注入化学剂的投入，则停止注入化学剂。

4）建立预警红线

（1）开发指标红线：根据经济极限指标计算方法，计算极限药剂增油量确定开发指标预警线。

（2）成本指标红线：根据经济极限指标计算方法，计算项目的新增极限操作成本指标，确定成本指标预警线。

（3）效益指标红线：根据前期计算项目的预期内部收益率，确定效益指标预警线。

3. 后期阶段经济评价

后期经济评价即项目实施工作量结束一年后到项目结束经济评价。项目后期经济评价侧重于项目预期效益目标的实现项目程度，保障项目实际效益达到预期效果，采用有无对比法和前后对比法，对项目实际发生投资、产量、成本等数据进行分析，判断项目预期效益目标的实现程度。

执行情况分析

投资执行情况分析（投资下达情况、投资变动情况、后续投资分析）、成本变动情况分析（实际发生情况、成本变动情况及分析）。

三、经济评价方法

建立了“二三结合”项目三种属性的经济评价方法和具体评价指标（表 6–2–3），包括增量效益收益率、增量财务净现值、增量投资回收期、增储效益贡献率、规模效益贡献率和协同效益贡献率。三种属性层面包括：从项目自身的层面进行项目经济评价，通过项目实施与否的“有无对比”评价，计算项目在生命周期内的增量效益收益率；从油田分公司层面进行总体效益评价，多角度评价整个油区范围内项目的总体增量效益；从集团公司层面进行综合经济评价，评价全部业务范围内项目的综合增量效益。

表 6–2–3　三属性效益评价方法图

三属性效益评价方法	综合效益评价	协同效益贡献率
	总体效益评价	增储效益贡献率
		规模效益贡献率
	项目效益评价	增量效益收益率
		增量财务净现值
		增量投资回收期
		万元投资增油量
		吨油开发成本

1. 项目效益评价

从项目层面，在油田范围内采用“有无对比”法对项目增量效益进行评价。

编制“项目投资现金流量表”，进行项目财务盈利能力分析，计算项目财务内部收益率（FIRR1）、项目财务净现值指标。

$$现金流入 = 增量营业收入 + 期末回收固定产值余值 + 期末回收流动资金 \quad (6\text{–}2\text{–}1)$$

$$现金流出 = 建设投资 + 流动资金 + 增量经营成本 + 增量营业税金及附加 + 增量所得税 \quad (6\text{–}2\text{–}2)$$

$$净现金流量 = 现金流入 - 现金流出 \quad (6\text{–}2\text{–}3)$$

$$\sum 净现金流量现值 / (1+\text{FIRR1})^{t}=0 \quad (6\text{–}2\text{–}4)$$

当项目增量效益收益率（FIRR1）大于或等于基准收益率（i_c）时，项目在财务上是可行的。

2. 总体效益评价

从油田公司层面，计算“二三结合”新增储量和产量规模提高带来的经济效益，在项目经济评价的基础上，进行总体经济评价。

（1）常规开发项目要增加可采储量需要投入一定的勘探投资，而“二三结合”项目利用“二三结合”技术在复杂断块油田高含水期提高了采收率，增加了可采储量，节约了常规开发项目中储量的获得成本，将节约的勘探投资视为新增储量效益。

（2）新增储量效益纳入项目净现金流量，在评价期逐年体现，计算项目内部收益率指标（FIRR2），FIRR2 与 FIRR1 的差值作为“二三结合”项目新增储量的效益贡献。

$$\text{考虑节约勘探投资的净现金流量} = \text{项目净现金流量} + \text{节约的勘探投资} \qquad (6\text{–}2\text{–}5)$$

$$\text{节约的勘探投资} = \text{年新增油量}\left(10^4\text{t}\right) \times \text{发现成本}\left(\text{元/t}\right) \qquad (6\text{–}2\text{–}6)$$

$$\sum \text{考虑节约勘探投资的净现金流量} / \left(1+\text{FIRR2}\right)^t = 0 \qquad (6\text{–}2\text{–}7)$$

（3）复杂断块油田高含水期“二三结合”使原油产量提高，经济寿命期延长，项目中的人工费用增加了内部就业，同时产量的增加摊薄固定的管理费用，视为增产规模效益。

（4）油田公司均为用工市场企业化，企业有责任解决员工的就业问题，企业须为不在岗的员工支付必要的费用；在项目经济评价中人员费用按全额支出计入操作成本；在“有无项目”对比中，“二三结合”增加员工人数，从而增加了操作成本中的人员费用，但从地区分公司的角度，只增加了不在岗时需支付费用以上的费用（人工边际费用）。固定人员摊薄效益计算公式为：

$$\text{固定人员费用摊薄效益} = \text{操作成本中的人员费用} \times \left(1-\text{人工边际费用系数}\right) \qquad (6\text{–}2\text{–}8)$$

式（6–2–8）中，操作成本中的人员费用是指采油系统直接生产人员费用、注水系统直接生产人员费用和集中处理站直接生产人员费用。

（5）管理费用是指油田分公司行政管理性费用，具有很强的固定成本性质；在项目经济评价中一般按吨油管理费用分摊进项目成本；在“有无项目”对比中，“二三结合”中新增产量将多摊入管理费用，但从地区分公司的角度，新增产量并没有带来管理费用的同比例增加，只是增加了与新增产量直接相关的一些费用（边际管理费用）。固定管理费用摊薄效益计算公式为：

$$\text{固定管理费用摊薄效益} = \text{项目分摊的管理费用} \times \left(1-\text{边际管理费用系数}\right) \qquad (6\text{–}2\text{–}9)$$

（6）通过考虑增产规模效益后的净现金流量计算财务内部收益率 FIRR3，FIRR3 与 FIRR2 的差值作为“二三结合”项目增产的规模效益贡献

$$\begin{aligned}\text{考虑规模效益后的净现金流量} &= \text{考虑节约勘探投资的净现金流量} + \\ &\quad \text{固定人员费用摊薄效益} + \text{固定管理费用摊薄效益} \qquad (6\text{–}2\text{–}10)\end{aligned}$$

$$\sum 考虑规模效益后的净现金流量现值 / (1+FIRR3)^t=0 \qquad (6\text{-}2\text{-}11)$$

3. 综合效益评价

从集团公司层面，计算“二三结合”带来的业务协同效益，在总体经济评价基础上，进行综合经济评价。

（1）“二三结合”增加了钻井等工程技术服务业务工作量，带动了相关业务的利润增加，提升了集团公司的整体效益。在总体经济评价基础上，对总体效益进行调整以体现“二三结合”产生的业务协同效益。

$$钻探业务协同效益 = 开发井投资 \times 钻井边际利润率 \qquad (6\text{-}2\text{-}12)$$

$$钻井边际利润率 = (钻井收入 - 钻井可变成本) \div 钻井收入 \qquad (6\text{-}2\text{-}13)$$

（2）通过考虑协同效益后的净现金流量计算财务内部收益率 FIRR4，FIRR4 与 FIRR3 的差值作为“二三结合”项目业务协同效益。

$$考虑协同效益后的净现金流量 = 考虑规模效益后的净现金流量 + 钻探业务协同效益 \qquad (6\text{-}2\text{-}14)$$

$$\sum 考虑协同效益后的净现金流量现值 \div (1+FIRR4)^t=0 \qquad (6\text{-}2\text{-}15)$$

4. 应用实例分析——《大港油田港西开发区“二三结合”工业化试验方案》

1）从项目层面分析

目的层为明化镇组与馆陶组，共筛选出 32 个单砂层、58 个单砂体作为“二三结合”的目标，覆盖地质储量共计 2017×10^4t。建立了明化镇组、馆陶组两套开发层系，选择五点法井网为主四点法井网为辅、130～200m 井距相对均衡的井网为实施井网。方案井网部署总井数 444 口（采油井 259 口，注入井 185 口），共设计新井 236 口，其中采油井 142 口（常规井 135 口、水平井 7 口），注入井 94 口，设计总进尺 29.95×10^4m，测算新建产能 12.78×10^4t；配套老井措施 409 井次，其中采油井措施 287 井次，注水井 122 井次；配套井网维护新井工作量 66 口。

根据室内试验与化学驱数值模拟研究，确定了“二三结合”方案的驱替方式为聚 / 表二元复合驱，注入速度 0.12PV/a，注入段塞 0.8PV。

方案注采井数比由 1∶1.57 提高到 1∶1.40，预计二次开发方案相对于基础方案增加可采储量 101×10^4t，采收率由 39.6% 增加到 44.6%，提高水驱采收率 5.0%。水驱储量控制程度由 61.0% 增加到 82.6%，注采对应率由 76.7% 增加到 100%，双多向受益率由 42.5% 增加到 76.7%。“二三结合”方案增加可采储量 334×10^4t，提高采收率 16.6%，中心井区最高可提高采收率 20.3%。

项目效益评价结论：项目主要财务评价指标均高于行业标准，项目增量经济效益达到基准要求，在项目层面上经济效益是可行的。

2）从油田地区分公司层面分析

计算新增储量规模和增产规模带来的效益，在项目效益基础上进行总体效益评价。

（1）新增储量效益。

常规开发项目要增加可采储量需要投入一定的勘探投资，而“二三结合”开发项目利用“二三结合”开发技术在复杂断块油田高含水期提高了采收率，增加了可采储量，节约了常规开发项目中储量的获得成本，将节约的勘探投资视为新增储量效益。

港西开发区实施二三结合开发后，新建产能 12.78×10^4t，新增原油产量 334.18×10^4t。如果该油田不实施“二三结合”，按照勘探成本 85 元 /t 计算，若想获得 334.18×10^4t 的原油产量，需要勘探投资 28405 万元［节约的勘探投资 = 新增原油产量（334.18×10^4t）× 勘探成本（85 元 /t）=28405 万元］。

在项目经济评价的基础上，把二三结合所增加原油产量而节省的勘探费用作为新增储量效益纳入项目“增量”净现金流量，在评价期逐年体现，计算考虑节约勘探投资后采用 55 美元 /bbl 时项目的增量投资的财务内部收益率（FIRR2）为 12.76%。二次开发项目新增储量的效益贡献率为 FIRR2 与 FIRR1 的差值，本项目新增储量效益贡献率为 1.9%；采用阶梯油价时项目的增量投资的财务内部收益率（FIRR2）为 22.02%。二三结合项目新增储量的效益贡献率为 FIRR2 与 FIRR1 的差值，本项目新增储量效益贡献率为 1.7%。

（2）增产规模效益。

“二三结合”项目中产量的增加摊薄固定的管理费用，称为增产规模效益。

油田公司均为用工市场企业化，企业有责任解决员工的就业问题，很难将富余人员解聘，企业必须为不在岗的员工支付必要的费用；在项目经济评价中人员费用按全额支出计入操作成本；在“有无项目”对比中，“二三结合”开发增加员工人数，从而增加了操作成本中的人员费用，但从地区分公司的角度，只增加了不在岗时需支付费用以上的费用（人工边际费用）。

管理费用是指油田公司行政管理性费用，具有很强的固定成本性质；在项目经济评价中一般按吨油管理费用分摊进项目成本；在“有无项目”对比中，“二三结合”中新增产量将多摊入管理费用，但从地区分公司的角度，新增产量并没有带来管理费用的同比例增加，只是增加了与新增产量直接相关的一些费用（边际管理费用）。

本项目人工边际费用系数和边际管理费用系数均为 0.5。经计算，考虑规模效益后采用 55 美元 /bbl 的油价时项目的增量投资的财务内部收益率（FIRR3）为 14.26%。“二三结合”项目增产规模效益贡献率为 FIRR3 与 FIRR2 的差值，本项目增产的规模效益贡献率为 1.5%；采用阶梯油价时项目的增量投资的财务内部收益率（FIRR3）为 23.42%。“二三结合”项目增产的规模效益贡献率为 FIRR3 与 FIRR2 的差值，本项目增产规模效益贡献率为 1.4%。

3）从集团公司层面分析

计算“二三结合”开发带来的业务协同效益，在总体效益评价基础上，进行综合效益评价。

“二三结合”增加了钻井等工程技术服务业务工作量，带动了相关业务的利润增加，提升了集团公司的整体效益。在总体效益评价基础上，对总体效益进行调整以体现“二三结合”产生的业务协同效益。

本项目的钻井边际利润率为 10%，经计算，考虑协同效益后采用 55 美元 /bbl 的油价时，项目的增量投资的财务内部收益率（FIRR4）为 15.96%。“二三结合”项目协同效益贡献率为 FIRR4 与 FIRR3 的差值，本项目业务协同效益贡献率为 1.7%；采用阶梯油价时项目的增量投资的财务内部收益率（FIRR4）为 25.72%。“二三结合”项目协同效益贡献率为 FIRR4 与 FIRR3 的差值，本项目业务协同效益贡献率为 2.32%。

四、方案优选与风险评价模型

1. 建立方案优选模型

根据“二三结合”的开采模式，建立了正算—反算的方案优选模型，针对不同类型的方案提出不同的方案优选指标，完善细化方案优选指标。

由正算向反算、双算模式转变，反推影响因素临界点，分析各因素达到临界值的可能性，筛选出效益最大且最可行的方案，以保证设计方案的合理性，用效益评价结果指导方案的编制，求得效益最大化下影响因素的最佳匹配关系。根据“二三结合”项目特点，确定了科学合理的优选指标，坚持“正算—反算—双算”模式，将方案进行效益排队，优先出最佳方案。

根据“二三结合”项目的特点，确定了科学合理的优选指标，采用“正算—反算—双算”模式，对大港油田港西开发区“二三结合”工业化试验方案六个方案的综合分析，最终优选出方案一为最佳方案（表 6-2-4）。

表 6-2-4 备选方案优选分析表

备选方案	钻新井（口）	油井（口）	预算投资（万元）	预计增油总量（10^4t）	正算分析结果		反算分析结果	
					内部收益率（%）	吨油开发成本（元/t）	油价临界值（元/t）	投资临界值（万元）
方案一	444	259	431255	334.18	10.86	1290.49	2320	470068
方案二	485	283	487796	356.48	10.81	1368.37	2322	531698
方案三	474	276	477141	348.39	10.75	1369.56	2325	520084
方案四	453	264	440996	321.63	10.7	1371.13	2368	481127
方案五	460	269	464795	338.10	10.68	1374.73	2380	506627
方案六	430	249	423656	305.30	10.52	1387.67	2405	459667

2. 建立全方位风险评价模型

在研究多因素变化的同时，深入研究多个不确定因素发生的可能性及造成的损失，以及可能发生的程度和变化的概率，分析各个因素的概率分布。将不确定分析和风险分析相结合，做到影响因素的精细化管理，为“二三结合”全生命周期管理提供经济依据。

1）不确定性分析

为了考察项目的财务可靠性，需要对项目进行不确定性分析，不确定性分析包括盈亏平衡分析、敏感性分析和情景分析。

（1）盈亏平衡分析是指通过计算项目达产年的盈亏平衡点（BEP），分析项目成本与收入的平衡关系，判断项目对产出品数量变化的适应能力和抗风险能力。

（2）敏感性分析。

敏感性分析是通过分析不确定因素发生增减变化时，对财务分析指标的影响，并计算敏感度系数和临界点，找出敏感因素。

（3）情景分析。

情景分析是指针对影响项目效益较大因素，设定具体的情景进行多情景的测算分析，如达产率、原油价格、单井产量等可选取多种产量及价格水平下的效益测算。同时项目在实际运行中，往往会有两个或两个以上的因素同时变动，这时单因素敏感性分析就不能反映项目承担风险的情况，因此，可同时选择几个变化因素，设定其变化的情况，进行多因素的情景分析，有利于全生命周期管理参考。

2）风险分析

为了预测项目可能承担的风险，要对项目进行风险分析，经济风险分析采用定性与定量相结合的方法。

（1）定性分析风险因素发生的可能性及给项目带来经济损失的程度，其分析过程包括风险识别、风险估计、风险评价与风险应对。

（2）定量分析（蒙特卡洛模拟分析法）。

蒙特卡罗模拟技术是用随机抽样的方法抽取一组满足风险变量的概率分布特征的数值，应用这组变量计算项目内部收益率或净现值等评价指标，通过多次抽样计算可获得评价指标的概率分布及累计概率分布、期望值、方差、标准差，计算项目可行或不可行的概率，从而估计项目投资所承担的风险。

大港油田港西开发区“二三结合”工业化试验方案项目从经济上是可行的，但在风险评价中，因为新增油气产量的不确定性，风险发生的概率属于“有可能发生”级别，经专家评价，项目的主要风险有销售价格 55 美元 /bbl（2479 元 /t）、增量产量 334.18×10^4t、增量经营成本 174938 万元、建设投资 431255 万元等，它们的概率分布特征和分布值见表 6–2–5 和图 6–2–2、图 6–2–3。

表 6–2–5　风险因素概率分布特征和分布值表

风险因素	特征	最小值	最可能值	最大值
新增成本变化率	均匀	–10%	10%	
油价变化率	三角	–10%	5%	10%
新增投资变化率	三角	–5%	0%	10%
新增产量变化率	正态	–10%	10%	

经过2000次蒙特卡洛模拟，项目财务内部收益率最大值19.5%，最小值5.18%，数学期望11.73%，大于行业基准收益率，项目财务内部收益率较高的区间分别为10.5%、11.5%、12.5%、13.5%，出现的概率均大于8%，出现大于8%的概率为95%，从风险分析结果来看，虽然项目的风险较大，但总体可控，项目可行。

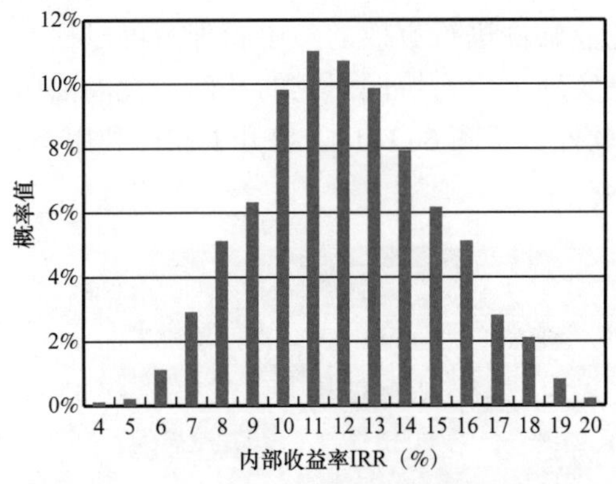

图6-2-2 财务内部收益率概率分布图

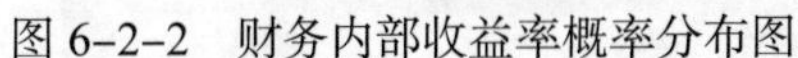

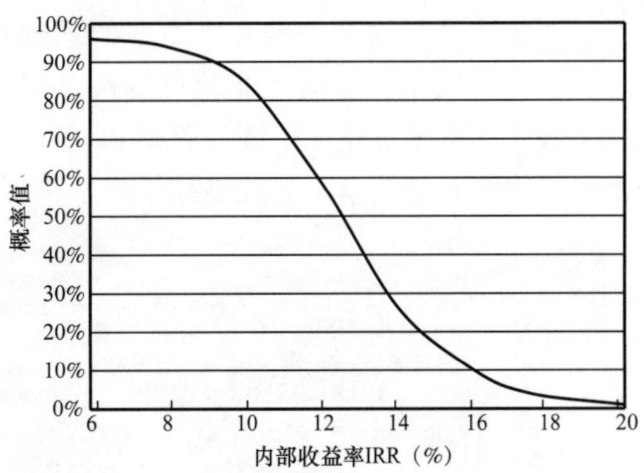

图6-2-3 财务内部收益率大于累计概率分布图

风险应对措施：项目本身具有较大风险，为切实降低风险，提高投资效益，在项目的组织和实施过程中，应进一步优化基础资料研究，努力提高方案符合率，通过扎实的前期工作，尽最大可能降低风险，提高效益，确保项目预期效果的实现。

第三节 数字化管理技术

“十二五”以来，以“两化融合”为契机，开展数字油田信息化建设，完善基础网络设施、夯实数据资源、深化信息系统应用、建立集成平台，推进信息化与油气生产管理的深度融合，促进油田各业务领域的科学发展。经过近20年探索实践，建立了以数字油藏、数字井筒、数字地面和数字管理为主体内容的数字油田建设模式。在数字油藏建设中，基于专业软件云和一体化平台软件，实现共享模型的多学科协同研究。在数字井筒建设中，基于完善的井筒专业数据、生产数据，建立了支持面向主题的可视化分析系统——数字井筒系统，支持井筒地质研究、油藏研究、工艺研究。在数字地面建设中，在对油水井进行全面数字化的基础之上，简化三级布站模式，建立了地面集成应用“王徐庄模式”，优化了劳动组织，提高了生产管理效率。在数字管理建设中，建立了“五区四线”经济运行模式。

一、数字油藏

大港油田数字油藏建设以提高油藏研究与管理的智能化水平为目标，经过多年的探索与实践，按照“资源云化、数据集成、协同研究、智能应用”为主体的数字油藏总体设计，建成了以专业软件云化应用、项目数据综合管理、油藏成果共享应用为一体的油藏协同研究环境，为科研生产数据信息智能推送、专业研究协同互证、成果数据集中共享、油藏方案实时优化等提供支撑，推动数字油藏向智能油藏方向发展，为油藏开发提质增效、可持续发展提供有力的支撑。

1. 共享模型的多学科协同研究模式

1）专业软件云化应用

专业软件是编制油藏开发方案的基础，对专业软件进行有效的集中管理，可以提升专业软件利用率、盘活专业软件资产，同时也是实现多学科协同研究的基础。大港油田基于云计算技术，建立了统一管理和调度的专业软件云（图 6–3–1），提升了软件利用率，提高了软件运维效率，有效支撑了多学科协同研究。

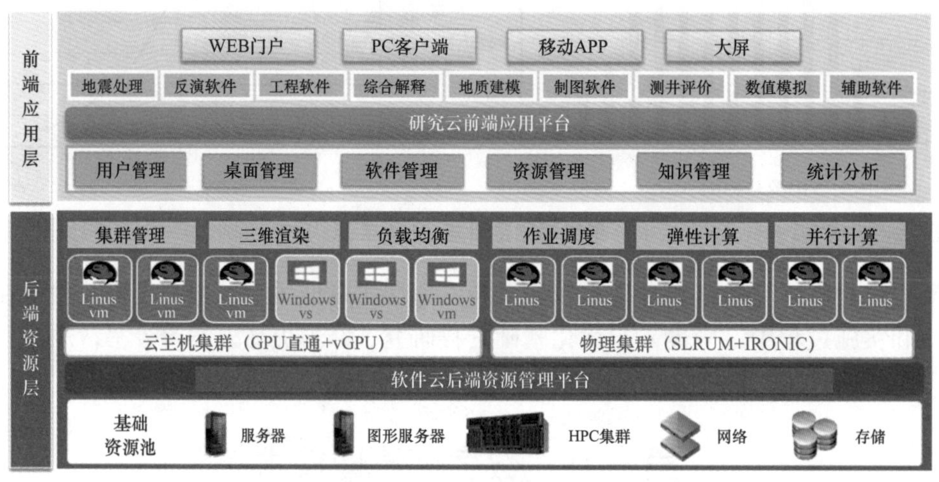

图 6–3–1　大港油田专业软件云总体架构图

大港油田专业软件云平台整体采用统一云计算架构，结合高性能计算集群管理及应用模式，实现了平台所有资源的统一管理、自动调度及自主服务。采用高算集群与虚拟化结合方式，部署了 80 台计算渲染混合节点、120 套虚拟机节点，基础设施资源利用率提高 30%。同时专业软件云创新应用专业软件应用仓库，结合容器及 VHD 相关技术，大幅提升专业软件部署及项目研究环境准备时间，系统、软件部署时间缩短到 10min 左右。依托自主研发的专业软件许可管理系统，实现主流许可管理工具（Flexlm、Flexnet、RLM、LM–X）软件的集中监控管理，并具备许可证闲置监控识别，动态回收释放功能，有效提升许可使用效率。

目前，研究云部署了包括地震解释、测井评价、储层反演、地质建模、数值模拟、钻井设计、工业制图等大型专业软件，以解释集群、建模集群、数值模拟集群三大集群方式进行管理。现有各类研究工区数量超过 800 个，可支持 500 名左右用户同时开展研究工作。

2）项目数据综合管理（项目库管理平台）

二三结合方案研究涉及多种业务数据，包括地震数据、钻录测试井筒专业数据、分析化验数据、油气水井生产数据、井下作业数据等，这些数据分布在不同的数据库系统中。在传统的研究工作中，数据准备工作繁琐，而且数据不统一，协同研究难以实现。

项目库管理平台是在对各专业数据库系统进行集成的基础之上，建立的面向研究人员的一体化项目数据管理环境（图 6-3-2），支持从数据搜集、整理、对比、统计、预处理到专业软件数据服务的全过程项目数据管理，有效支撑了勘探开发研究工作。该系统于 2019 年年初在采油厂、研究院进行应用，取得了良好的应用效果。

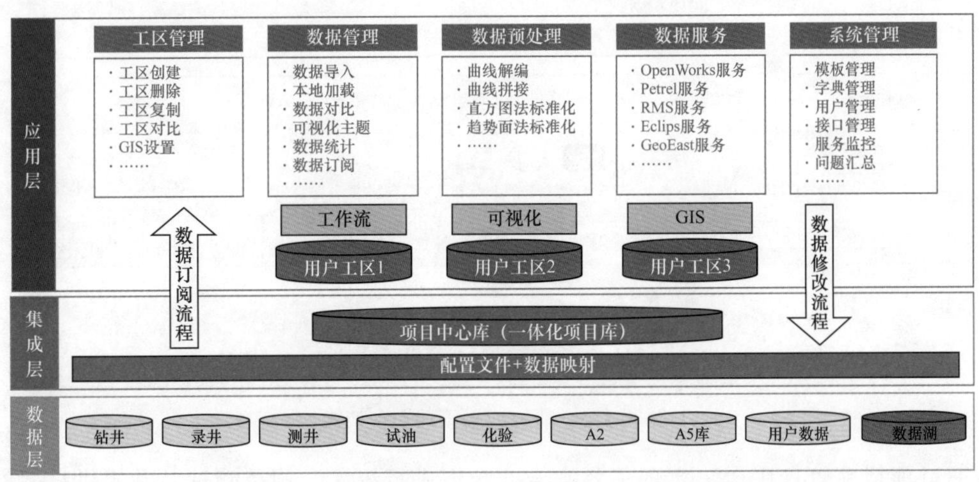

图 6-3-2 一体化项目库（项目库管理平台）功能架构图

该系统基于 GIS 技术、工作流技术、数据可视化技术，为用户提供五大项目数据管理功能。其中 GIS 技术主要用于辅助用户工区创建与管理功能。因为项目数据管理过程较为繁琐，系统内置了工作流管理功能，可对用户工区创建、数据加载、对比、统计、预处理及数据服务全作业过程进行记录，辅助用户开展相关工作。同时系统具有丰富的可视化功能，可按用户定制的模板显示测井图、录井图等功能，还可根据用户整理的分层数据、岩性数据、物性数据等制作相关等值线图。

（1）为用户建立了专有的项目数据管理环境。

项目库管理平台面向地震解释、地质建模等专项研究以及综合研究项目，为用户建立了专有的项目数据管理环境，提供集数据搜集、整理、对比、预处理、统计及软件数据服务等多种项目数据管理功能，规范了项目数据管理过程，避免了项目数据的重复建设，提高了综合研究的效率。在项目数据管理环境中，用户可以高效检索企业数据库系统。同时允许用户修改完善数据，添加自己的本地数据，系统提供了有效手段对多版本数据进行对比和管理。分层数据是数据管理模块的关键。项目库管理平台提供了来自中心数据库的分层数据，同时允许用户添加自己的分层数据。根据不同版本的分层数据，快速开展岩心、岩屑、试油等各种统计。

（2）支持测井数据的预处理。

项目库系统支持对测井数据的预处理，包括测井曲线解编、曲线拼接及测井数据的标准化处理工作。测井数据标准化方法包括直方图法、趋势面法两种方法对数据进行标准化，快速生成多井的频率直方图，计算每口井的测井数据校正量。

（3）支持主流专业软件的数据服务。

基于项目库管理平台（图 6-3-3），可以高效建立专业软件项目库。用户只需选定专业软件类型，即可快速形成专业软件需要的数据文件。目前已经支持的软件类型包括OpenWorks、Petrel、SKUA、RMS、Eclipse 等软件。

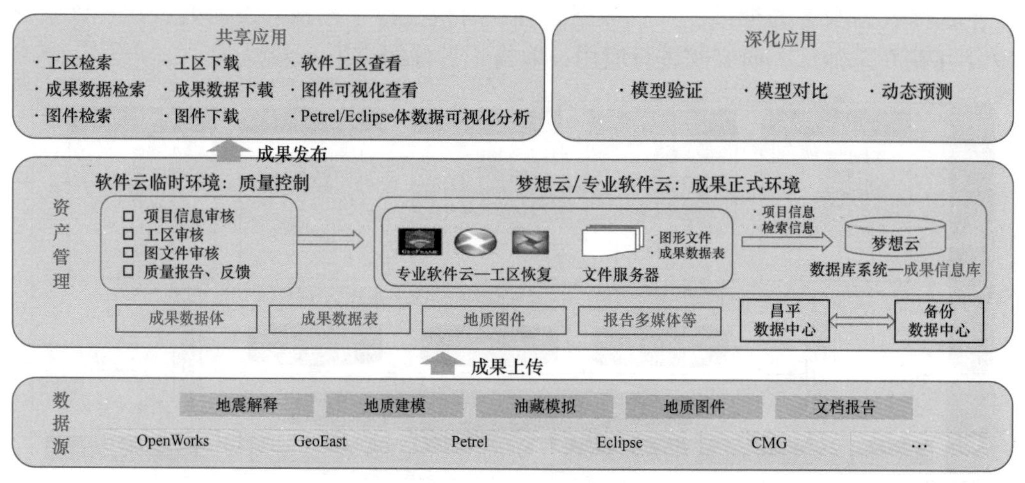

图 6-3-3　研究成果管理平台架构

通过项目库管理平台，实现了各类专业数据进行统一、规范管理，并提供高效的数据对比、数据预处理和数据统计手段，为专业软件和专题应用推送数据，实现数据向地质模型、成果图件、方案编制的快速推送，项目数据实时更新。以方案研究的数据准备时间为例，通过 GIS 底图上选择工区范围，即可从中心数据库、专业数据库系统抽取相关数据，创建指定范围的数据集，在 1h 内完成全部数据收集整理工作。

3）研究成果集中共享

研究成果是油田开发的基础工作，是提升油田开发水平和整体研究水平的关键。对研究成果进行统一管理，可以有效推进成果共享，规范油藏描述研究工作。

研究成果管理平台以“进得来、管得住、出得去、用得好”为建设思路，以规范化管理油藏描述成果，提升油藏描述工作效率，支撑油气田增储上产工作为目的，以实现研究成果的资产化管理，建立共享应用模式，推动深化应用为建设目标。整体功能分为三个层次：数据源层，以成果上传功能为主体；资产管理层，以云平台上的文件存储及成果信息库建立为主；共享应用层，以与专业软件云集成的 WEB 查询门户为主。

油藏描述成果管理平台实现了油藏描述成果的归档管理，支持成果文件的批量上传、断点续传、大文件上传、文件夹上传等多种归档方式，支持归档成果的审核流程；开发了质量管理模块，可以实现归档成果数据的质量检查；建立了成果工区信息库，并与成果数据关联，基于专业软件云环境，实现成果数据的在线浏览、发布；研究成果数据查询系统支持数据体、数据、文档、图件的在线查询、预览与下载；完成了成果标准管理规范，对归档材料的内容、提交方式、格式要求、存储规范进行了规定。

通过研究成果 / 油藏描述成果管理平台，一是实现了成果管理的资产化管理；二是实现了归档成果的质量控制，提升了研究质量；三是实现了研究成果的有效共享，降低了成果复用的门槛。

4）应用工作流技术，实现了地质模型快速更新

在方案实施过程中，需对模型进行实时跟踪、评价、调整，并通过不断更新地质模型，使地质认识不断逼近油气藏实际，实现方案部署调整、开发生产调整的持续优化。在出现以下情况时，需要更新地质模型：

（1）方案策略更改——更新预测模型；

（2）动态生产数据的更新——更新剩余油模型；

（3）根据历史拟合和不确定性分析结果进行快速的模型更新；

（4）基于新的钻井、测井、生产数据实现从地质模型到油藏模型的快速更新。

近年来，大港油田通过一体化平台软件的推广，推动解释、建模一体化，同时基于新一代建模技术（VBM），结合工作流技术的推广，实现了构造、沉积、属性模型的快速更新。

应用构造框架模型创建功能，实现自动计算判定断层—断层交切关系，以及断层—层位、层位—层位交切关系，大幅节省了人工编辑、定义断层模型的时间和精力。并基于一体化平台软件实现了边解释边建模功能，使解释与建模有机地连接在一起。在模型的层位计算中应用基于体积的建模算法（Volume Based Modeling），根据层位沉积规律（整合面、剥蚀面、基底、不整合面），划分地质层段，根据沉积体积守恒等原则，合理预测不同断块单元内层位位置及层段厚度，使构造模型更加准确合理。

在模型更新中引入工作流技术，应用专业软件内置的工作流程管理工具，实现“构造、地质、属性、流体”模型的快速、及时更新。

设计、开发的工作流包括：

（1）数据处理与质量管理工作流：如单位匹配、数据合并、色标修改、曲线处理、模型粗化质量控制等工作流；

（2）模型计算工作流：包括断层解释加密、断层上下盘处理、敏感性分析批处理、圈闭面积计算等；

（3）方案设计工作流：包括快速布井、开发方案、完井设计、钻井序列优化工作流。

通过解释建模一体化、建模新技术尤其是工作流技术的推广，大港油田实现了模型快速更新，大幅提高了建模效率。

2. 单井措施优选辅助

随着油田开发的逐步深入，需要针对性开展增产辅助措施，实现油气田开发的高效开发，但目前存在以下问题，造成增产措施选井困难：

（1）大港油田所辖的油气田开发区域，地质工程情况复杂，措施选井、优化难度大，研究耗时费力；

（2）措施选井所需的数据统计分析工作量大且受人为经验影响，分析标准人为经验化、不统一，使得措施优选仍有较大的提升空间；

（3）目前措施选井思路明晰，但是人工统计分析耗时费力、重复工作量大，存在信息滞后的问题，导致潜力井不能及时发现；

（4）目前基础数据已基本实现采集入库，具备应用开发的基础，但是仍无统一的平

台、针对性的模块功能实现增产措施快速优选。

针对潜力措施井难以发现、措施效果难达预期的难题，建立统一的单井措施优选辅助系统，将增产措施的选井、方案、跟踪、评价、分析等全周期业务统一到一个平台上，实现措施成果集中管理，自动筛选潜力井，措施效果跟踪评价，提高油水井增产措施的选井符合率，减轻科研技术人员的劳动强度，实现高效精细开发油田，最终提高油田采收率。

本系统采用 SOA 架构，面向采油厂用户，搭建大港油田单井措施优选辅助系统，实现从综合研究、措施选井、措施跟踪、措施评价的综合研究全过程管理（图 6-3-4）。

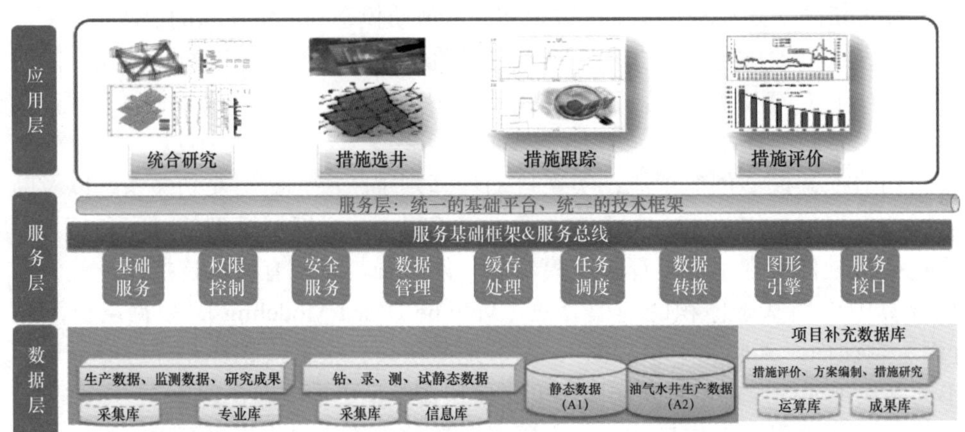

图 6-3-4　措施方案优选系统架构

1）油藏地质研究

在对单井地质研究基础之上，运用智能连井技术，实现地层、砂层、油层、孔隙度、渗透率、饱和度、插值剖面的快速建立，并将每口井的生产动态信息直观展示在井柱下方，辅助研究人员进行措施研究。在单井、多井研究基础之上，可以快速开展油水井组栅状连通情况研究，动态生成井组注采曲线，找出注水曲线与采油曲线变化规律。并根据连通情况和注采反映曲线，辅助制订对应的解堵调剖措施（图 6-3-5）。

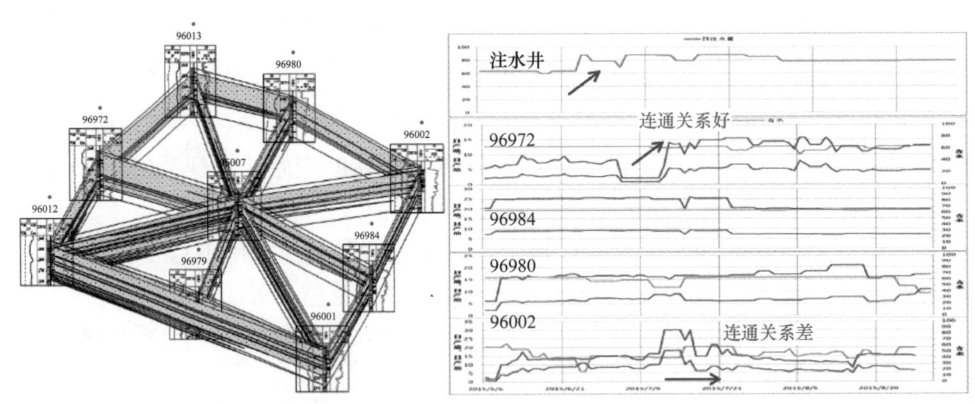

图 6-3-5　井组砂体连通栅状图

2）区块地质与生产综合研究

能够对井组进行产量的不同级别显示，直观找出潜力区。动态演化产量、含水变化趋势，找出历史变化规律。不同级别产量对应动静态特征，找出潜力井规律。提取数据库动态数据，进行区域多种风格的产量对比图绘制；快速生成不同区域、不同井组的综合开发曲线，研究生产规律，找出潜力区。快速分析绘制动态监测资料，支持产液剖面、吸水剖面、井温剖面、剩余油监测、过套管电阻率等多种动态监测资料的绘制成图。

3）智能措施选井

通过搭建措施选井的条件模型（上返、补孔、侧钻、压裂、堵水、调剖、封窜、检泵等），对于综合研究结果符合条件模型参数的潜力井，专家确认提出措施，措施经审核形成备选井，措施筛选模型存入专家知识库。用户可进行按照措施类别筛选井号，也可以对一组井自动匹配出对应可实施的措施（图 6–3–6）。

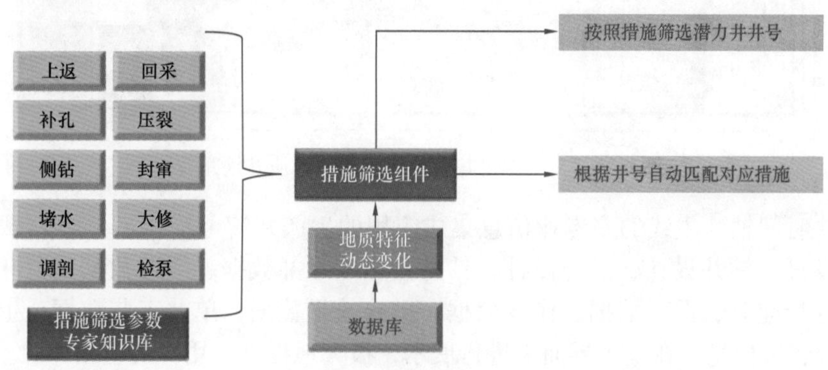

图 6–3–6 措施选井技术路线

4）措施实时跟踪

对新增措施井的措施数据信息直接在油水井重点措施可视化界面上进行管理，实时查看措施井目前实施状态（待施工、已施工、待修）、生产是否异常。

5）措施跟踪评价

对实施措施的单井进行增油过程跟踪，提供多种动态分析常用的增油计算方法计算措施增油量。并可对单井、多井、区块的各类增产措施进行效果对比评价，指导后期增产措施选型。

二、数字井筒

围绕勘探开发研究、生产过程中，获取地质、生产、工程等井筒信息困难、各类井筒信息缺乏全面的展示手段，无法快速支撑研究分析等问题，大港油田开展了数字井筒建设。大港油田在数字井筒建设分为三个阶段：一是井筒信息可视化集成应用，建立以深度轴、时间轴为主线的地质井筒和生产井筒，分别从深度、时间两个维度可视化展示单井地质信息和单井生产信息；二是开展井筒信息主题化应用，基于完整、规范的井筒可视化组件、复杂图表排版技术实现面向主题的数字井筒可视化应用。通过应用数字化井筒系统，各类井筒信息集成展示，快速支撑研究分析工作。

1. 井筒信息可视化集成应用

以深度轴为主线的多专业信息集成应用的地质井筒系统，集成了单井地质的全部数据信息（图 6–3–7），包括钻井、录井、测井、试油、分析化验等数据信息，并通过灵活的可视化展现手段，对单井录井图、测井图、试油信息、化验信息进行集成展示，提升数据服务到信息服务的能力，更进一步地满足专业人员地质研究的需要。

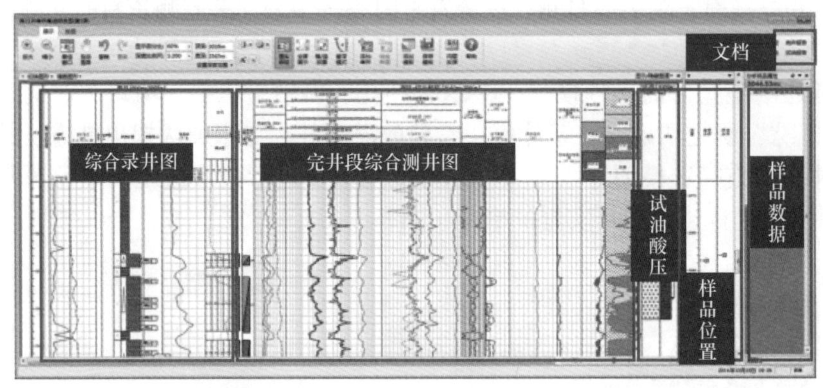

图 6–3–7　一体化井筒集成应用—地质井筒系统

以单井时间轴为主线的多专业信息集成应用的生产井筒（图 6–3–8），集成了井位公报、井位设计、钻井设计、措施设计、钻井井史、录井数据、测井数据、射孔数据、地质静态、分析化验、监测数据、作业数据、措施效果数据、单井工艺数据、生产数据和电子档案等各种信息，在一个界面上进行展示，极大地提高了用户的应用体验。

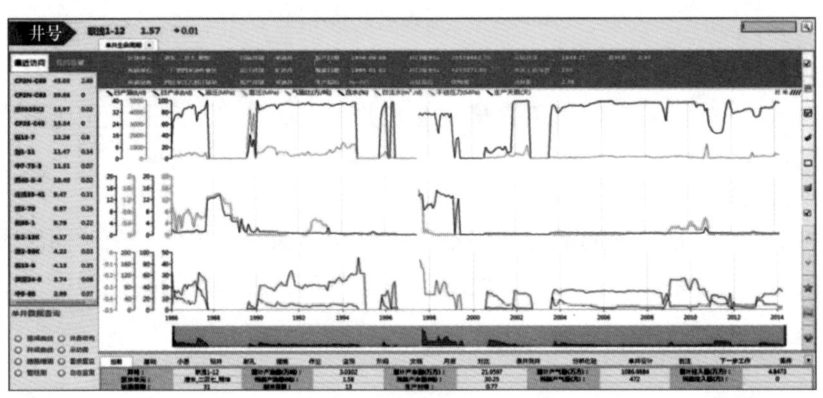

图 6–3–8　一体化井筒集成应用—井生命周期系统

2. 井筒信息主题化应用

基于完整、规范的井筒可视化组件、复杂图表排版技术，建立标准、规范、完整的企业级可视化组件库，实现地质、生产、工艺信息的全面可视化展示。结合 GIS 技术，建立面向主题研究的自由图表模式，快速定制可视化应用系统，满足数据管理人员、研究人员、生产运行监控人员的不同信息展现需求。

1）完整的井筒可视化组件库

可视化的基础是单井绘图组件的开发。通过对单井地质绘图组件进行了全面开发，建立了包括井轨迹投影图、管柱图、综合录井图、岩心录井图、综合测井图、放射性测井图、固井质量图、成像核磁新方法测井图、生产曲线、示功图等成图组件。数字化井筒在对井筒录井图、测井图、生产曲线等12类单井图形显示组件及取心统计、试油统计等8类表格组件进行规范化基础之上，创新建立组件之间通信机制，并通过模板管理技术实现了单井图形显示样式的控制。

2）创新的图版管理器

不同角色的研究人员在查询数据时，关注的数据内容不同，将图件、生产曲线等不同信息按主题快速组织在一起，建立面向主题的可视化、集成查询，对软件开发技术提出了较高要求。大港油田创新软件开发技术，通过图版管理器的开发，实现了单井图表的随意组合、联动，建立了面向主题的数字井筒系统。图版管理器可以实现专业图表的自由编排，并支持组件信息通信管理，支持组件之间联动。通过图版管理器的开发，实现了应用主题的快速定制，避免了传统模式下大量的应用开发工作量。

3）主题应用场景

建立了包括单井地质研究、单井产量分析、单井措施效果分析、单井管柱完整性分析等多个应用主题，用户只需点击相关主题，既可快速地展现相关数据和图件，直观了解数据情况，高效开展研究工作。

基于可视化组件库、图版管理器，结合勘探开发研究业务实际，面向主题的油藏信息可视化应用开发完成，建立了10余个查询主题（图6-3-9），满足了用户数据查询需求，实现了应用快速建立，节约系统开发投资，为下一步模型研究——方案编制的快速生成打下基础。数字井筒可视化系统现阶段定制的主题包括随钻实时分析、地质研究、生产分析、潜力分析、管道完整性分析、示功图诊断分析、油藏监测时移分析等多个主题。通过应用数字化井筒系统，各类井筒信息集成展示，快速支撑研究分析工作。

三、数字地面

大港油田自2004年开始借助地面优化简化工作，开展油水井数字化建设，形成了“港西模式”。2008年启动地面工程标准化建设，并同步开展管道数字化建设；2013年开展单井、管道、站库数字一体化试点建设，培育形成了“王徐庄地面数字化建设模式”。

大港油田结合自身的生产需求，按照油田公司“平台化、共享化、集成化、智能化”，应用物联网、大数据、云计算、移动应用技术，大力开展“数字场”建设要求，探索“单井—接转站—联合站”一体化的地面集成数字化模式，推动中小型场站无人值守、大型场站少人值守数字化管理模式，建立油田公司、采油厂、作业区三级生产管理中心，推进油田公司提质增效建设目标实现。

1. 油水井数字化

油水井数字化是地面优化简化工作的关键和前提，通过实施数字化改造，实现油水井生产实时监控、工况自动诊断、液量自动计算、注水井远程调控，全面提升了油水井管理水平，油水井数字化率近100%，新建产能井同步实施数字化建设。

1）实现油井工况智能诊断

不断优化工况诊断算法，形成了抽油机井20余种、电泵井14种、螺杆泵井7种工况的实时分析模型。通过工况智能诊断，可实时发现生产问题，及时处置隐患，油井日常维护时效大幅提高。

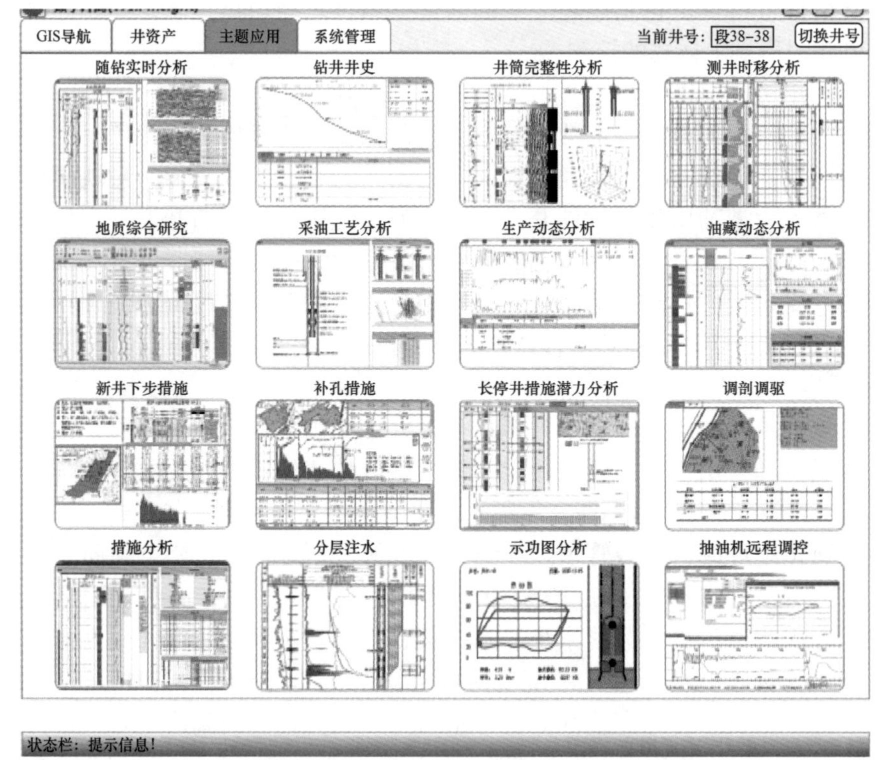

图 6-3-9　数字井筒可视化系统分析专题图版

2）实现了单井液量自动计算

开展软件计量技术攻关，形成了拉线法、面积法、液量迭代法、有效冲程法等适应不同举升工艺的油井在线计量技术。

3）注水井远程自动调控

通过动力系统改造、可控精度优化、高效调控、远程监控等技术攻关，实现了注水量远程设定、自动闭环控制，实现精细配水和精细注水，注水质量及执配率明显提高。

4）油气井工况分析智能联动分析

围绕生产井运行的综合管理应用，将实现生产监控、生产分析、生产预测、生产优化的生产井全生命周期应用集成，同时与管网、站库与注水等地面生产其他管理系统进行对接，形成油气生产地面全过程的闭环管控与优化。

2. 管道数字化

大港油田管道数字化建设，主要围绕配套地面管网优化简化，开展管道运行监测、管道泄漏监测和阴极保护等系统管道数字化建设工作。

1）管道运行监测及泄漏报警系统

应用负压波、次声波管道运行监测技术以及光纤预警等技术对 35 条 301km 油气输送管道实施在线监测。近年来，系统共成功报警管线腐蚀泄漏、偷盗油事件近2000余次，既防止了环保事件扩大，也减少了油田的原油损失。

2）管道阴极保护系统

开展长输管道、集油管网、储罐的阴极保护系统标准化建设，共保护管道232条（主要油气集输管道覆盖率100%），保护储罐105具，站场区域性保护26个，实现了阴极保护数据的实时采集、远程监控、工况分析及运行效果评价等阴极保护信息的统一管理。

3. 站库数字化

2013年，以王徐庄油田为试点，开展“单井—接转站—联合站”整装的地面集成数字化油田示范工程建设，形成了“实时采集、集中监控、自动预警、优化生产”的“王徐庄”模式，实现了中小型场站无人值守、大型场站少人值守，转变了生产组织方式，优化了劳动组织结构。

2017年，大港油田A11推广项目建设启动建设，完成采油一厂、采油二厂、采油三厂、采油五厂，4座联合站少人值守、23个场站无人值守数字化建设，实现了中小型场站无人值守，大型场站少人值守。

1）接转站数字化——无人值守模式

（1）生产数据自动采集：完善仪器仪表及现场控制系统，规范数据采集内容。

（2）生产过程自动控制：完善站内设备的参数调控、远程启停和联锁保护装置。

（3）生产环境自动监测：配套站内危险气体报警、周界报警、视频监控及声光警示系统。

（4）生产信息集中监控：按照组态标准模板，在作业区集中部署生产采集与监控系统。

2）联合站数字化——少人值守模式

按照就地控制、总线传输、集中管理的原则实施站内自动化系统改造，统一数据采集标准、完善关键节点数据采集设施、整合各岗位监控系统实现中控室集中监控，部署安全预警系统，对重点区域部署视频等安防系统，实现工艺流程及生产环境的预警和报警。

3）安全预警系统部署

以站库危险区域、重要风险源及风险因素辨识结果为依据，以实现生产平稳运行、隐患早期预警、生产过程可控、问题快速处置、强化安保措施、提高生产效率为目标，通过物联网技术与风险管理方法对接与融合，部署站库安全预警系统，创新站库安全风险预警和管控管理模式，提高站库HSE安全管理技术水平。

4. 数字管理

面对高成本与低油价之间的矛盾，现实的压力倒逼油田转型发展，大港油田运用一体化管理思想，从开发油田向经营油田转变思想认识，打破生产经营运行壁垒，创新生产经营一体化管理新模式。针对油气生产，建立“五区四线”经济运行模式，使油价波动与成本运行动态相联，对油田、区块、单井实行效益分级，分类施策，业财融合，指导油田效益生产，提高经济效益。

按照成本对油气产量的敏感程度，划分出运行成本、操作成本、生产成本、完全成本线，通过与净油价对比，将油田区块、开发单元、单井等评价对象划分为 5 个效益区。

本着“一切成本皆可控”的原则，将油田公司销售费用、管理费用、财务费用等按受益对象下沉归集到二级单位，开展全成本挖潜。针对不同效益区生产对象，采取分级管理、分类实施、一区一策、一井一法，优化措施投向、优化挖潜方向，指导效益开发、提升单井效益，促进“无效变有效、有效变高效、高效再提效”。

对于效益一类和二类区，采取加强注水扶植，优化产量结构、优选技术方案，突出全方位增效；对于效益三类区，加大注水培植，优化投资决策，挖潜固定成本，突出管理增效；对于效益四类区，优化油井措施，优选生产方案，控制增量成本，突出技术增效；对于运行无效区，实施综合治理，优化生产运行，降低运行成本，突出运行增效。

以滩海为例，应用“五区四线”模式，针对老井生产、新井建设、措施投入开展评价，实现油田效益开发过程的优化，效果显著。

根据“五区四线”经济评价结果，结合生产实际，对 ZQ10–20 井等经济效益较差的 13 口低效、无效井，实施了间开、关停，节省电费支出 54 万元，减少了无效支出。

根据“五区四线”经济评价结果，对埕海油田各效益层级油气井日产水平进行了综合分析，筛选出各类效益层级的产量最低门阀值，指导后期投资决策，推动方案优化，从而实现效益建产。

根据“五区四线”经济评价结果，对 ZH28–38 井措施方案进行不断优化，措施后实现日增油 40t、气 14500m^3，阶段累计增油 6126t，增气 $209.5\times10^4m^3$，效果显著，实现了高效再增效。

第七章 开 发 实 例

复杂断块油田是一种比较特殊的油田，多分布在断块盆地含油气区次一级凹陷的中央隆起带或斜坡带上，复杂断块油田在我国断块盆地含油气区中占有相当分量。经分析研究认为，若含油面积小于 $1km^2$ 的断块油藏地质储量占油田总储量一半以上的断块油田，称为复杂断块油田。这些油田由于受长期继承性断裂活动影响，形成了复杂的断裂系统及不同的组合形式，把油田切割成众多大小不一的断块，而这些断块含油气状况及油气富集程度往往具有不同特点和显著差别，增加了复杂断块开发难度，进入高含水阶段，先天复杂的断块油藏，受注采井网完善难度、井网控制程度和非均质储层注水长期冲刷的差异化改造，造成复杂断块的油藏认识难度和开发难度进一步增加。高含水油藏开发历程长，经过多次井网加密调整，井网结构复杂，油水关系复杂，油藏渗流场复杂多变，剩余油宏观和微观赋存状态复杂；大港油田主体位于天津市滨海新区和河北省渤海新区，城镇、村庄、工厂、水库、湿地保护区、盐田卤池星罗棋布，地表条件复杂多样。

港西开发区是大港油田主力开发油田之一，于 1965 年被发现，于 1970 年正式投入开发，经过 50 余年的勘探开发实践，面临水驱濒临经济极限，化学驱缺乏完善层系井网支撑，效益稳产难度大。室内实验表明，港西开发区驱油效率为 69%，水驱极限采收率为 52%，主力砂体采收率最高已达到 50.8%，单一水驱扩大波及体积提高采收率的空间接近极限，高含水期的复杂断块油田必须寻找新的出路。为了确保提高采收率的同时实现经济有效，港西开发区以“二三结合”理论认识为指导，率先开展“二三结合”的开发实践，实现了港西开发区年产 $50 \times 10^4 t$ 持续稳产 50 年，探索出一条复杂断块油田高含水期效益稳产之路。

第一节 复杂断块油藏概况

一、复杂断块油藏地质特点

黄骅裂谷夹持于河北省沧县隆起和天津市埕宁隆起之间，沧东、塘南两大断裂体系呈北东及北西向展布，断块的频繁活动，使盆地的构造异常复杂。黄骅裂谷属中国东部中新生代裂谷系，是中生代以来环太平洋构造带活动的结果，本区域断裂发育，火山活动频繁，是在古生代地台基底上，历经中生代拱升裂陷，于新生代形成的裂陷—坳陷盆地。其地质历史演化经历了始新世以来的初始裂陷期、渐新世早期的裂陷兴盛期、中后期的裂陷稳定萎缩期，于中新世进入断块活动凹陷期，形成了盆地的“多隆多凹”、隆凹相间的构造格局。大港油田是复杂断块油田的典型代表，其含油气区域是黄骅裂谷盆地的主体，复杂油田主要特征体现在具有断裂活动频繁，构造异常复杂，局部构造破碎，沉积类型复杂多样，形成了以断块油气藏为主的复式断块油气藏群；含油层埋藏深度600～4100m，含油层系多包括明化镇组、馆陶组、东营组、沙河街组、孔店组、侏罗系、二叠系、奥陶系等地层组的38个油层组、94个小层；流体性质复杂、变化大（图7–1–1）。

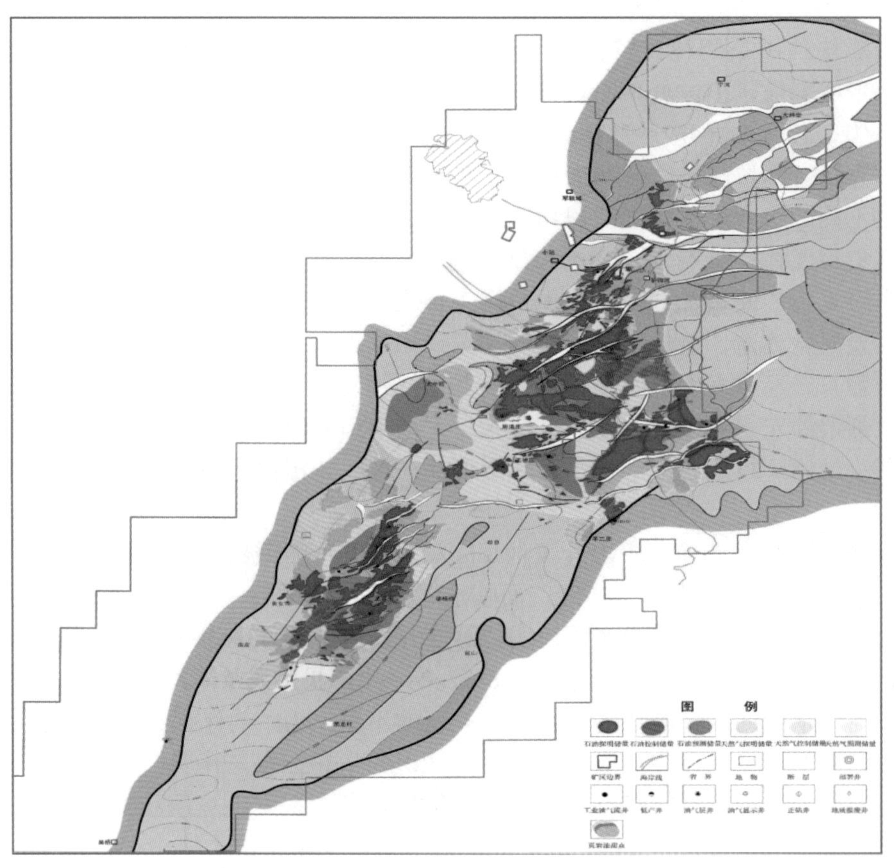

图7–1–1　大港油田油气分布图

1. 基本地质特征

大港油田发育于黄骅裂谷盆地，是一个典型的复杂断块型油田。油气层主要分布在古近系孔店组、沙河街组，新近系的明化镇组与馆陶组。区内断层发育，有Ⅰ级的基底断裂，控制和分隔凹陷边界的Ⅱ级断层，绝大多数断块油田分布在Ⅱ级主断层两侧的二级构造带上，这些二级构造带又被不同方向的Ⅲ级断层、Ⅳ级断层切割成多个小的自然断块。

1）断层多、断块破碎、断块面积变化大

大港油田已发现的断块油田包括港东、港西、港中、唐家河、羊二庄、羊三木、孔店、王官屯、枣园、舍女寺、小集等油田和开发区。其中Ⅱ级断层4条，即港西断层、港东断层、赵北断层、孔店断层；Ⅲ级断层29条；Ⅳ级断层391条。这些油田被其内部发育的Ⅲ级断层、Ⅳ级断层相互切割成上百个大小不等的自然断块，单自然断块面积最小可能达到 0.01km²/ 块，最大 2.0km²/ 块，各断块面积、断块间油气层分布差异较大。同时利用三维地震可视化技术，还可识别出若干断距 5～10m 的Ⅴ－Ⅵ级低级序断层。由于受断裂、岩性、岩相及地层超覆、间断的影响，在断裂带发育多种类型圈闭，如滑塌背斜、逆牵引背斜、断鼻、断块、岩性和地层圈闭的众多局部构造。

2）含油井段长，油层变化大，主力油层集中

纵向上油气层分布层系多、油层埋藏深度段长、埋藏深度 600～4100m，由 38 个油层组、94 个小层组成。其中新近系明化镇组 4 个油层组、32 个小层；馆陶组 4 个油层组、17 个小层；古近系东营组 5 个油层组，沙河街组 12 个油层组、45 个小层；孔店组 10 个油层组；侏罗系 2 个油层组；二叠系 1 个油层组。

新近系油层集中在明化镇组下段和馆陶组，是一套河流相氧化环境下的红色碎屑沉积，呈不等厚的砂泥岩交互层。新近系共划分为 6～8 个油层组、5～47 个小层；港东开发区含油井段最长可达 1127.8m，孔店油田含油井段最短仅为 228m。油层厚度变化比较大，油层平均厚度最大的是港西三区四断块，厚度达 64.8m；油层平均厚度最小的是港东二区七断块，油层厚度只有 3.2m。虽然新近系各个油田（开发区）油层组及小层数不同，但每个油田（开发区）的主力油层都比较集中，港东开发区主力油层为明Ⅲ组和明Ⅳ组。

3）含油沉积储层类型多，储层特征复杂多变

大港油田油气储层以碎屑岩类的砂岩储层为主，沉积成因包括冲积扇、河流、三角洲、重力流、水下扇、沿岸滩坝等砂体类型。

新近系明化镇组为曲流河沉积，微相包括主河道、分支河道、河道中间沙坝、河道漫滩等，主要岩性为棕红、黄绿色及杂色泥岩与砂岩间互层。曲流河沉积主要分布在港东、港西、羊二庄、羊三木、孔店、扣村等油田。明化镇组曲流河砂岩体单层厚度 5.0～16.4m，砂体宽度 200～300m，储集物性比较好，由于埋藏浅，砂岩胶结疏松，孔隙度 28%～35%，平均值为 31%，渗透率 238.3～5624.5mD，平均值为 1793mD，平均孔隙喉道半径 3.11～9.55μm。储层层间非均质性较强，渗透率变异系数在 0.32～1.97 之间。储层类型属于高孔隙度、高渗透率储层。

馆陶组为辫状河沉积相，微相包括主河道、分支河道、河道中间沙坝、河道漫滩等。岩性包括底部的燧石砾岩，向上变为灰白色砂砾岩、含砾粗砂岩、中细砂岩与灰绿色、紫红色泥岩不等厚互层，砂质岩多为岩屑质长石砂岩及长石砂岩。辫状河沉积储层主要分布在港东、港西、羊二庄、羊三木等油田。馆陶组辫状河沉积砂体厚度大，单井平均厚度 100m 以上，平均有效厚度在 10～20m 之间，砂岩胶结疏松，储集物性好，具有高孔隙度、高渗透率的特点物性分析，孔隙度 27.9%～33%，平均值为 30.5%，渗透率 380.6～3000mD，平均值为 1108mD，孔隙喉道半径为 2.15～8.65μm。储层层间非均质性较强，渗透率变异系数在 0.53～2.0 之间。储层类型属于高孔隙度、高渗透率储层。

东营组为一套湖相三角洲沉积体系，微相类型包括以唐家河东三段为典型的三角洲前缘、河口坝、远沙坝沉积砂体，平面形态呈扇状和舌状。岩性由一套灰色、绿灰色泥岩与浅灰色、灰白色砂岩互层段组成，以岩屑质长石砂岩、长石砂岩为主，纵向上具有

明显的反旋回特点。东营组三角洲沉积储层主要分布在北大港构造带的唐家河油田。东营组三角洲分流河道、河口坝砂岩储层最好，其次分流河道边缘砂等，单井砂岩厚度64～68m，砂岩单层厚度5～9m，最大为30m，最小为1m，平均有效厚度为19.28m，最大单层有效厚度为17.4m，储层物性好，孔隙度为15%～35.5%，平均值为24.38%，渗透率为127～5970mD，平均值为328mD。平均孔隙喉道半径为2.1μm。储层层间非均质性较强，渗透率变异系数在0.93～2.0之间。储层类型属于高孔隙度、中渗透率储层。

沙河街组主要有沙一段的近岸水下扇、重力流砂岩储层体，沙二段、沙三段的浊积扇体等。沙一段岩性为灰色泥岩夹少量砂岩、深灰与褐灰色泥岩夹薄层油页岩及泥质粉砂岩、灰色与深灰色泥岩与浅灰色砂岩不等厚互层，沙二段岩性为深色泥岩与浅灰色砂岩互层，沙三段岩性为深灰色、褐灰色泥岩与灰色砂岩、钙质砂岩、含砾砂岩等。沙河街组近岸水下扇、重力流沉积储层主要分布在港中油田。沙河街组砂岩类储层厚度变化较大，单层厚度为2～25m，孔隙度为10.8%～30.3%，平均值为23%，渗透率50～3491mD，平均值为330mD，孔隙喉道半径为1.2～9.1μm。以港中油田为代表的沙河街组储层层间非均质性严重，渗透率变异系数大于0.8，平均值为0.8361。储层类型属于中孔—中渗型储层。

孔一段属膏盐湖—冲积扇沉积环境，其中孔一段枣Ⅳ油层组、枣Ⅴ油层组为冲积扇发展时期形成，枣Ⅱ油层组、枣Ⅲ油层组为冲积扇兴盛期形成，枣0油层组、枣Ⅰ油层组为冲积扇衰退及膏盐湖期形成。主要岩性顶部为深灰色、紫红色泥岩，灰绿色细砂岩与灰白色石膏互层；中部为褐色中细砂岩、含砾砂岩夹紫红色泥岩、细—粗砂岩及砂砾岩夹紫红色、灰绿色泥岩；下部为紫红色泥岩夹薄层粉细砂岩、中细砂岩与泥岩互层、浅灰色褐色中细砂岩为主夹绿色泥质粉砂岩、紫红色泥岩。孔二段处于深湖相、半深湖相环境，浊积水道砂体发育，底部单砂层以扇前缘和水道间砂体为主，主要岩性为暗色泥岩和油页岩、灰色细砂岩、灰色粉细砂岩及钙质页岩。孔店组主要分布在南部王官屯、枣园、舍女寺等油田，储层孔隙度为5%～38%，平均值为19.5%，渗透率为51～9600mD，平均值为214mD，孔隙喉道半径为1.6～7.2μm，孔二段平均孔隙度为14.98%，平均渗透率为13.01mD。孔一段储层内纵向泥质夹层分布密度大、频率高、油层有效厚度系数小，储层内渗透率变化大，层内、层间非均质性强，储集岩中富含各类敏感性黏土矿物等，储层层间非均质性研究表明：王官屯油田变异系数为0.6033～0.8977。储层类型属于中孔隙度、中渗透率储层。

2. 油气藏类型

黄骅坳陷是在加里东期—海西期构造运动基础上，经印支期—燕山期、喜马拉雅期等多期构造运动叠加，由于基底差异沉降和大断层活动，形成了现今多种类型的构造带及斜坡，不同的构造类型对油气成藏的控制作用各异。平面上分布在构造带、斜坡的不同部位，沿构造带、斜坡区形成多种类型油气藏。这些油气藏纵向叠置，平面叠加连片，构成了具黄骅坳陷大港探区特色的大型复式油气藏聚集区。多类型构造样式及圈闭奠定多类型油气藏形成的基础，根据油气藏控藏因素结合圈闭形态、成因类型，将大港油田油气藏类型划分为三大类、7个亚类、19个种类（表7–1–1）。

表 7-1-1 黄骅坳陷大港探区油气藏分类表

类	亚类	种类	实例
构造油气藏	背斜油气藏	逆牵引背斜油气藏	港东、羊二庄、马西、官 187
		披覆背斜油气藏	港西、王徐庄、羊三木、孔店
		挤压背斜油气藏	板桥、乌马营
		拱升背斜油气藏	枣园、齐家务
	断鼻油气藏	断层遮挡的鼻状构造油气藏	唐家河、六间房、马东、叶三拨、埕海二区
	断块油气藏	地垒断块油气藏	枣南、自来屯、官 80、板深 78
		抬斜断块油气藏	滨南、舍女寺
		交叉断层断块油气藏	歧 50、歧 15、中 1502、官 997
地层岩性油气藏	岩性油气藏	岩性上倾尖灭油气藏	歧北斜坡港深 30、南皮斜坡孔南 6
		孤立砂体岩性油气藏	港深 32 砂体沙一$_{下}$
		构造岩性油气藏	滨 108x1、港深 3 沙一$_{下}$
		火成岩油气藏	枣北沙三段玄武岩、张 7 井辉绿岩
	地层油气藏	地层不整合油气藏	歧北斜坡歧 647
		地层超覆油气藏	歧北斜坡沙一段下亚段生物灰岩歧 26、刘官庄油田庄浅 3 井、板桥高斜坡西 1602 井沙二段和沙三段、羊 1702 沙三段
潜山油气藏	古地貌型潜山油气藏	中生界古残丘型潜山油气藏	风化店潜山
		古生界古残丘型潜山油气藏	千米桥潜山奥陶系
	内幕构造型潜山油气藏	背斜型潜山油气藏	王官屯潜山、乌马营潜山、张东潜山
		伸展断块型潜山油气藏	扣村潜山、港北潜山、歧古 8 潜山
		逆冲褶皱型潜山油气藏	孔西潜山

3. 流体性质

受断层活动和沉积作用的影响，断块油藏成为大港油田的主要油田类型，油田内的油水分布复杂多变，断层的分割导致不同断块之间有着各自油水系统；同一断块内纵向上油水层间互出现，存在多个油水界面。平面上断块油藏分布广，纵向上含油层系多，流体性质变化大，原油密度 0.88～0.96g/cm^3，地面脱气原油黏度 9～5200mPa·s，胶质 + 沥青质含量为 8%～36%，原油性质平面表现南部重、北部轻，纵向分布原油密度下轻、上重，黏度由下往上变大等规律（表 7-1-2）。天然气为干气、湿气，地层水主要为 $NaHCO_3$ 型，其次为 $CaCl_2$ 型。

表 7-1-2　大港油田断块油田流体性质参数

层位	油田	高压物性		脱气原油物性					地层水性质		
		原始气油比（m^3/m^3）	地下黏度（mPa·s）	密度（g/cm^3）	黏度（mPa·s）	凝固点（℃）	含蜡量（%）	胶质+沥青含量（%）	水型	总矿化度（mg/L）	氯离子含量（mg/L）
明化镇—馆陶组	港东	62.58	6.43	0.90	47.71	−29.3～30	9.4	13.72	$NaHCO_3$	4345	1239
	港西	31	18.84	0.92	137.50	−21.1～30.6	8.2	17	$NaHCO_3$	9405	1300
	羊二庄	45	17.62	0.92	97.94	−18～28	7.5	15.2	$NaHCO_3$	7032	2930
	羊三木	31	98.64	0.96	991.06	−20～19	5.4	21.5	$NaHCO_3$	3661	1756
	孔店	27	72.09	0.96	1054.46	−12.5～11	3.5	26.8	$NaHCO_3$	5538	3332
东营组	唐家河	154	1.60	0.85	9.7	−10～31	16.1	10.7	$NaHCO_3$	16985	8506
沙河街组	港中	155	1.10	0.85	8.99	−22～35	13.5	8.1	$NaHCO_3$	17650	7965
	枣园	33	45.60	0.94	5184.45	15～21	5.5	35.6	$CaCl_2$、$NaHCO_3$	26263	15757
	舍女寺	28	8.30	0.88	64.4	36	26	26	$CaCl_2$	20127	12009
孔店组孔一段	王官屯	37	13.52	0.89	277.5	33.8	19.20	29.1	$CaCl_2$、$NaHCO_3$	25254	14328
	小集	54	3.81	0.88	289.23	39.40	21.89	23.5	$CaCl_2$	35267	20402
	枣园	37	26.46	0.89	149.31	32.62	19.13	24.12	$CaCl_2$	29035	18656
孔店组孔二段	枣园	43	6.81	0.88	86.548	35.92	18.65	33.09	$CaCl_2$、$NaHCO_3$	30768	16742
	王官屯	30	3.24	0.88	70.08	35.84	22.20	28.07	$CaCl_2$、$NaHCO_3$	25295	21246

大港油田断块油田地层水类型主要为 $NaHCO_3$ 型，其次为 $CaCl_2$ 型。不同层系具有不同的地层水性质。明化镇组—馆陶组水型为 $NaHCO_3$ 型，总矿化度为 3562～9546mg/L；东营组地层水型为 $NaHCO_3$，总矿化度 8513mg/L；沙河街组地层水型为 $NaHCO_3$ 型、$CaCl_2$ 型，总矿化度为 17650～26263mg/L。南部断块油田孔店组为膏盐湖相沉积，主要分布在坳陷南部王官屯、枣园、小集等油田，孔店组地层水型为 $CaCl_2$ 型、$NaHCO_3$ 型，总矿化度为 25254～35267mg/L。

4. 温度、压力系统

断块油田属于正常温度系统，不同地区不同油田温度系统略有差异。北大港地区港东、港西明化镇组、馆陶组油层温度分别为 69.10℃、54.8℃，唐家河东营组的油层温度为 94.10℃，港中沙河街组油层温度为 95.40℃，南大港地区羊二庄、羊三木、孔店等断块油田明化镇组、馆陶组油层温度分别为 64.9～74.18℃、62.20℃、59.00℃，南北大港地区地温梯度为 3.7℃/100m。南部地区王官屯、小集、枣园等断块油田油层温度孔店组孔一段油层温度 75.83～111.80℃，孔二段油层温度 95.60～99.00℃（表 7-1-3），南部地区地温梯度为 3.4℃ /100m。

表 7-1-3　大港油田断块油田温度、压力参数

层位	油田	压力系数	压力（MPa）		地饱压差（MPa）	油层温度（℃）
			原始	饱和		
明化镇、馆陶组	港东	1.00	16.31	14.10	2.21	69.1
	港西	1.00	10.98	10.34	0.64	54.8
	羊二庄（明化镇组）	1.00	15.68	12.50	3.18	64.9
	羊二庄（馆陶组）	1.01	18.26	16.15	2.12	74.18
	羊三木	1.01	13.38	10.01	3.37	62.20
	孔店（馆陶组）	1.00	13.37	10.69	2.68	59.00
东营组	唐家河	1.02	25.21	23.80	1.41	94.1
沙河街	港中	1.16	27.49	22.15	5.48	95.4
孔店组孔一段	王官屯	1.03	21.74	10.87	10.87	83.60
	小集	1.10	32.63	10.55	22.09	111.80
	枣园	1.03	20.90	6.06	14.14	75.83
孔店组孔二段	王官屯	1.10	26.50	7.30	19.20	95.60
	枣园	1.10	28.50	8.70	20.00	99.00

港东、港西明化镇组、馆陶组原始地层压力为 14.10～16.31MPa，饱和压力为 10.34～14.10MPa，地饱压差为 0.64～2.21MPa；南大港地区羊二庄、羊三木、孔店明化镇组、馆陶组原始地层压力为 13.37～18.26MPa，饱和压力为 10.01～16.15MPa，地饱压差为 2.12～3.37MPa。唐家河油田东营组的原始地层压力为 25.21MPa，饱和压力为 23.80MPa，地饱压差为 1.41MPa。港中油田沙河街组原始地层压力为 27.49MPa，饱和压力为 22.15MPa，地饱压差为 5.48MPa。南部地区的王官屯、枣园、小集油田孔店组孔一段原始地层压力为 20.90～32.63MPa，饱和压力为 6.06～10.87MPa，地饱压差为 10.87～22.09MPa。断块油田整体属于正常压力系统，压力系数为 1.0。

二、高含水期开发特征

1. 高含水期油藏水淹特征

高含水期油田经过多年的注水开发，主力砂体已经总体水淹，含油饱和度较低，但在一些局部地区还存在着相对的弱水淹区和未水淹区，总体呈现如下特点：

（1）主力砂体水淹严重，剩余油饱和度较低；

（2）断层遮挡的构造高部位水淹相对较弱；

（3）只采不注区域由于水驱程度低，故动用程度和水淹程度低；

（4）无井控制区域未动用，基本保持未水淹状态。

河流相沉积复杂断块油藏以港东油田、港西油田为代表，如港东主力开发区块主力层系的主体部位因多次调整与完善，水驱开发相当完善，采出程度一般在 35%～50% 之间，平均含水率在 90%～95% 之间，剩余油饱和度在 30%～37% 之间。

在断层附近，由于遮挡作用，注入水只能沿某一方向运动，往往会形成注入水驱替不到或水驱很差的水动力滞留区，沿断层方向易形成面积较大的条带状油区，在断块的高部位往往会有剩余油分布。

另外，油层投入注水开发后，原有的油水平衡关系被打破，以油层微型构造为代表的油层起伏和倾斜普遍存在于油层，由这种起伏和倾斜形成的高差会引起油水重新分异。正是由于油层微构造和油水次生分异的共同作用，使正向微构造区为剩余油富集区，加密井多为高产井；负微构造区一般为高含水区，多为低产井。

总体认为，到高含水开发阶段，油藏整体水淹较严重。虽然油藏整体进入了高含水开发阶段，但无论是在平面上还是在纵向上都存在一定的水淹程度的不均衡性，这在原本储层非均质性就很强的基础上又增加了水淹的非均质性及压力的非均质性，给后期的层系重组、井网完善带来了新的挑战。

2. 高含水期水驱开发驱替特征

选取具有代表性的实际柱状小岩心 44 块，岩心渗透率范围为 20～1700mD，原油黏度范围为 1.3～42.3mPa·s（实验温度下），注入水黏度 0.42mPa·s。模拟油藏高温高压环境，参照油藏实际驱替速度和临界流速，即实验温度 80℃、实验压力 18MPa、实验驱替速度 0.49mL/min，开展注水倍数对驱油效率影响物理模拟研究。在试验过程中密切计量含水率、含水饱和度等随注入孔隙体积倍数变化数据，并对试验数据进行统计、分析。

1）注水倍数与驱替程度之间关系研究

根据 44 块岩样注水孔隙体积倍数 PV 与驱替程度 E_D 之间的关系，进行归纳分析，得到低含水期、中高含水期及特高含水率期的注水孔隙体积倍数 PV 与驱替程度 E_D 之间呈双对数关系变化，且相关性很好（图 7-1-1）。其关系表达式如下：

$$\ln(E_D)=a\ln(PV)+b \tag{7-1-1}$$

式中 a、b——回归系数；

PV——注水孔隙体积倍数；

E_D——驱替程度，%。

随着注水孔隙体积倍数 PV 增加，驱替程度一直处于增长的趋势，只是在不同含水阶段，驱替程度增大的幅度有所不同（表 7-1-4）。

2）极限含水期后驱油效率变化

在含水率超过 98% 即到达极限含水期以后，继续增大注水孔隙体积倍数 PV，仍能驱替出一些原油，从而提高水驱油效率，但提高的幅度较小。对 44 块岩心的实验结果进行平均计算得出，在含水率 98% 以后，增加注水倍数 7.92 倍，将提高驱油效率 3.05 个百分点，即每增加一个百分点的驱油效率，将需要增加 2.6 倍的 *PV* 数（图 7–1–2）。由此看出，若想通过提高注入倍数来提高驱油效率将需要花费较长的时间和较高的耗水量。

表 7–1–4　注水倍数与提高驱替程度数据表

含水阶段	含水率（%）	增加注水倍数	提高驱替程度（%）
低含水期	0～30	0.2	25.49
中高含水期	30～80	0.18	6.6
特高含水期	80～98	1.28	6.48

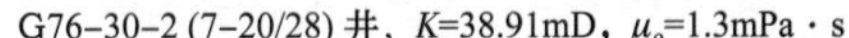

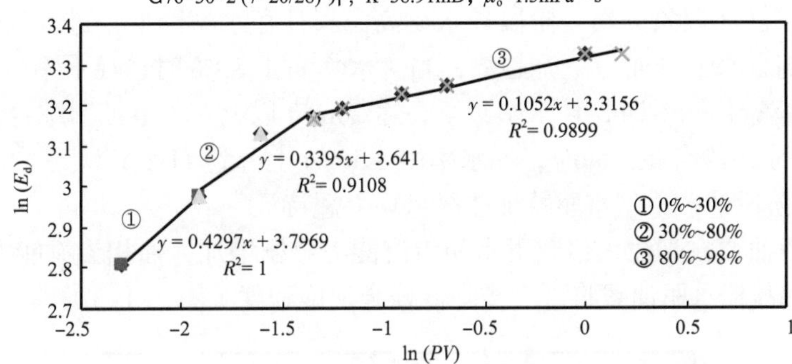

图 7–1–2　注水孔隙体积倍数 *PV* 与驱替程度 E_d 双对数曲线图

3. 高含水期水驱开发注采井网特征

断块油藏的开发往往需要人工注水补充地层能量，其注采井网与油藏的适应程度，尤其对复杂断块油田而言，两者的匹配性直接决定油田开发效果高低。针对“双高”油藏剩余油高度分散、套损井存在造成现井网难以实现有效挖潜的实际问题，开展油藏工程、数值模拟等综合研究，需要精细开展剩余油分布规律研究，依据单砂体的形态、剩余油富集区合理部署井网，最大限度地扩大水驱波及体积，同时结合经济效益评价，形成“双高”油藏“新老井互补、疏密井结合”不规则注采井网。

复杂断块常规水驱开发后期，根据储层物性、剩余油富集程度，采用灵活的方式，对平面非均质性强的油藏，采取“新老互补、稀密结合”的井网部署模式进行井网优化，高渗透区井网抽稀，低渗透区井网加密；对砂岩、泥岩互层纵向上非均质性强的油藏，采取“细分层系、层系内分注”方式，最大限度地降低层间干扰，提高油层动用程度；对非均质性强的油藏，采取“点弱面强、点动面稳”的温和注水开发方式，通过提高注采井数比，增加油井受益方向和注水量，降低单井点注水强度来缓解层间吸水差异，提高波及吸水；对于断层多、密封性差的油藏，采取“内部注水、边部采油”注水方式，在减少了注水外溢的同时，提高油井受益和见效程度。

4. 高含水期开发生产特征

1）新井初期产量普遍较低，初期含水率高

经过长期注水开发，储层内流体分布更加复杂，剩余油分布呈现整体普遍分散，局部相对富集的特征，在高含水阶段新井初期产量整体较低，且呈现下降趋势，大港油田新井初期平均单井日产油量从 2011 年的 6.4t 下降到 2019 年的 5.1t，综合含水率从 63% 上升到 76%。平均单井日产量递减率较低含水阶段变缓，半年产量递减率为 17.3%，一年的产量递减率为 33.7%，两年的产量递减率为 56.3%。

2）耗水率高，无效水循环现象突出

复杂断块油田高含水阶段储层主力砂体含油饱和度较开发初期含油饱和度有较大幅度的降低，一般降低幅度在 40%～60% 之间，而在高含水饱和度条件下，油水相对渗透率比值与含水饱和度的半对数曲线会偏离线性关系，进入特高含水期。特高水期油田开发呈现出新的渗流特征，即水相渗流阻力急剧减小，耗水量大幅增加，水油比急剧上升。此时油藏无效水循环现象突出，阶段耗水率高、累计存水率降低，进入低效或无效开发阶段。耗水率随含水上升而呈上升趋势，当含水率高于 80% 时，耗水率将快速上升，部分油田在含水率高于 90% 时，耗水率甚至高达 $20m^3/t$ 以上。大港油田综合含水率由 2010 年的 89% 上升到 2019 年的 90.6%，耗水率由 $8.3m^3/t$ 上升到 $11.2m^3/t$。

3）高含水阶段油藏甲型水驱特征曲线呈现上翘特征

高含水阶段油藏在高注入倍数下水相渗流能力急剧增加，油相渗流能力进一步降低，高含水阶段局部高倍水驱油藏将进一步降低残余油饱和度（图 7-1-3）。

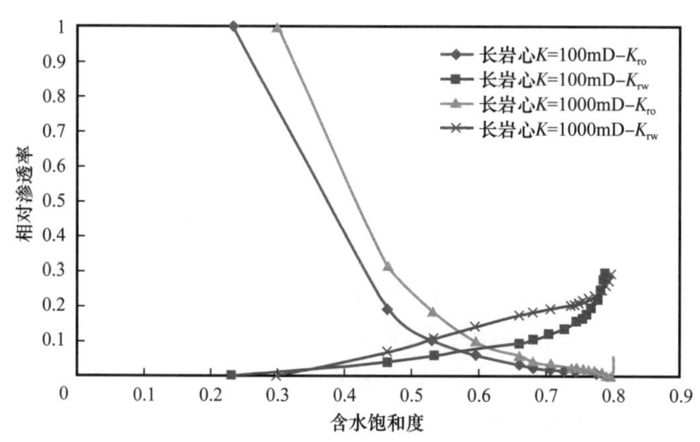

图 7-1-3　不同渗透率长岩心相对渗透率曲线状况

宏观上，高含水阶段甲型水驱特征曲线上出现拐点，曲线呈上翘特征，表明采出相同的油量需要消耗更多的注水量（图 7-1-4）。

4）高含水期是一个重要的采油阶段

以港西油田为例，从含水率与采出程度关系曲线（图 7-1-5）可以看出在不同的含水开发阶段，有不同的开发规律和特点。

（1）中低含水期（综合含水率＜60%）：此阶段含水上升速度较快，受此影响，到阶段末其采出程度相对较低，在含水率 60% 以前只采出可采储量的 20%～25%，平均含水上升率为 5.6%。

（2）高含水前期（综合含水率为 60%～80%）：在此阶段，含水上升速度减缓，平均含水上升率为 2.4，此阶段采出程度约占整个可采储量的 20%。

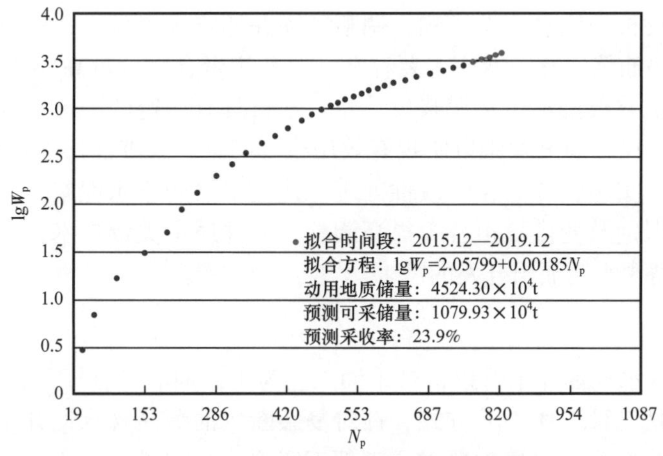

图 7-1-4 某油田甲型水驱特征曲线

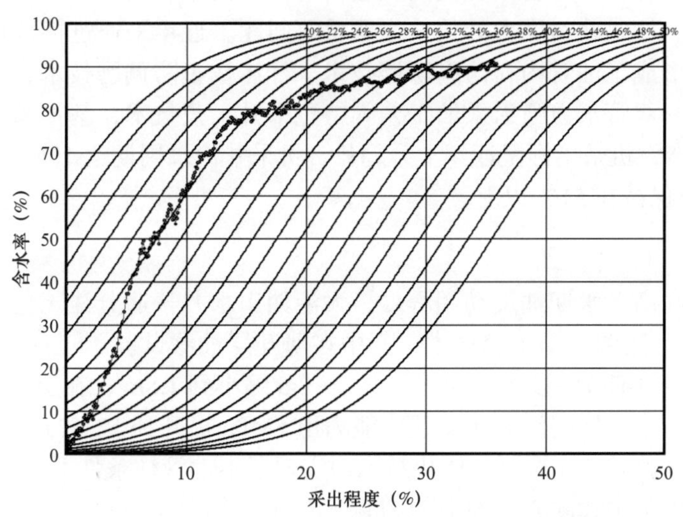

图 7-1-5 港西开发区含水与采出程度关系曲线

（3）高含水后期及以后（综合含水率超过 80%），此阶段含水上升率明显减缓，阶段可采储量采出程度达到 50% 以上。

由此可见，油田可采储量的 70% 均是在进入高含水以后采出的，此阶段对于复杂断块油田开发至关重要。

三、高含水期开采工艺

大港油田复杂断块油藏整体进入高含水期开发阶段，层系复杂加剧了钻井工艺配套难度，高含水期水侵导致固井质量难以保证，对分注工艺提出了更高的要求；加之

“二三结合”提高采收率等开发方式的转变，油井产出液物性更加复杂，油井举升和产出液集输处理工艺系统配套难度加大。

1. 钻井工艺

受复杂断块及长期注水开发影响，调整井固井环空水侵频发，严重制约了油田的高效开发，复杂断块油藏固井防水窜主要存在井壁滤饼聚合物含量高导致虚厚滤饼难清除、水窜机理认识不足导致抗水窜水泥浆设计难，水窜具有一定的隐蔽性导致有效压稳难度大、窄密度窗口存在井漏风险难以实现有效压稳等问题，大港油田通过创新替净、防窜、压稳和防漏技术，实施钻井液化学改性处理、速凝早强防窜水泥浆、环空“倒浆柱”压稳、固井前水侵识别及变排量顶替等提高调整井固井质量关键技术，实现了层间有效封隔，基本满足了高含水期油田开发的需求。

2. 举升工艺

大港油田高含水期油井举升以机械采油工艺为主，抽油机有杆泵、电动潜油离心泵、电动潜油螺杆泵是三种主体举升方式。针对复杂断块油藏高含水期开发方式的转变，产出液性复杂使油井生产工况更加恶劣。南部王官屯、枣园等油田普遍存在杆管偏磨、腐蚀、结垢等导致举升工艺配套难度大的问题，中北部港东、港西、埕海等油田面临着出砂导致砂卡砂埋、丛式井斜度大导致偏磨严重等问题。近年来通过持续攻关研究试验与推广应用，逐步形成了油管内衬防腐防磨技术、杆体扶正防偏磨技术、斜井电泵、电动潜油螺杆泵、同心双管水力喷射采油工艺等特色举升工艺技术，基本满足了高含水期油井长周期高效生产，机采指标呈逐年上升趋势，机采井检泵周期达 1069d，平均系统效率 29.3%，纯抽泵效保持在 51% 以上。

3. 分注工艺

为进一步提高高含水期油层动用程度，大港油田水井普遍分注工艺。在中浅层油藏应用了桥式偏心 + 测调联动配套技术，其中在薄互层油藏试验了正反导向、封配一体、长胶筒等层间、层内细分注技术，配间距由 7～8m 缩小到 1.8m；在层间差异大的油藏试验了大压差分注技术，层间注入压差适应能力由 5MPa 提升到 12MPa；在层内矛盾显著需要调剖的油藏试验了分注调剖一体化技术，实现了不动管柱条件下不同介质交替注入。在中深层油藏应用了桥式同心 + 测调联动配套技术，其中在层间差异大易窜流油藏研究试验了控返吐分注技术，在高盐油藏试验应用了配套工具缓蚀阻垢技术。该技术适用井深由 2500m 提升到 4000m，适应井斜角由 30° 提高到 60°。在高凝、高黏油藏及大斜度等测调效果差的水井试验应用了同心双管、有缆智能、无缆智能等分注技术，实现无装备测调，适应井斜角达到 90°，在井斜方面实现分注技术全覆盖。

4. 地面工艺

针对复杂断块油藏地面系统点多、面广、开发需求多样化的特点，坚持地上、地下一体化，在二次开发中兼顾三次采油的需要，在三次采油阶段充分利用二次开发已建系统，将优化简化与标准化设计相结合，集成化装置与模块化布局相结合，数字化建设与自动化升级相结合，建立井场布局集约化、工艺单元模块化、设备安装橇装化、生产控制数字化、工艺设计标准化的地面建设模式。

井场采用井丛场模式，布站方式以一级、二级为主，管网采用枝状化结构，压缩地面系统规模。井场产物通过管线串接、“T”接进入干线后，输至接转站或直接进入联合站，进行油气水分离，处理后的合格油集中外输，分离出的水进入采出水处理系统处理合格后回注（图 7–1–6）。充分利用产出液含水率高的特点，在常规油藏采用单管常温集输工艺，在高凝稠油油藏采用就地切水回掺工艺，利用源头井掺水、电泵井串带，改进常温条件下采出液的流动性，扩大冷输距离，简化掺水系统规模。针对不同油藏产出液特点，相应配套不同功能组合的高效集成装置，提高油水处理效果。结合三次采油开发需要，形成标准化、模块化橇装配注装置组合，实现配注站集约化建设。

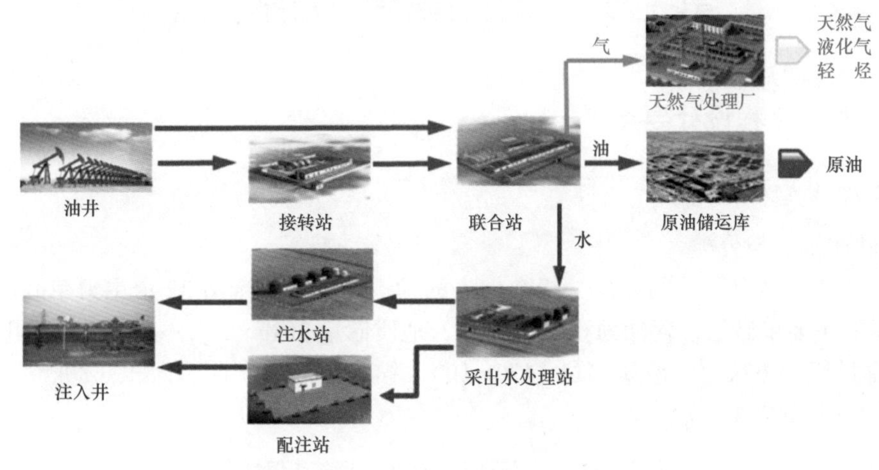

图 7–1–6 地面工艺主体流程示意图

第二节 试验区概况

一、地质特征

大港油田“二三结合”试验区构造位置位于港西开发区的中西部，由港西二区、港西三区、港西四区和港西六区构成，主力油层为 Nm Ⅱ油层组、Nm Ⅲ油层组和 Ng Ⅰ油层组，油藏埋深 602～1450m，试验区均为次生油气藏，原油黏度中等，20℃下平均地面原油密度一般为 0.91～0.95g/cm^3，最高为 0.98g/cm^3，地层原油黏度在 10～20mPa·s 之间，50℃下平均地面原油黏度为 50～300mPa·s 之间，最高达 4001.76mPa·s，含硫量 0.1%～0.2%，凝固点较低，多数在 –20～–10℃之间，地层水为 $NaHCO_3$ 型，总矿化度 2000～15000mg/L，氯离子含量 1000～2000mg/L。明化镇组孔隙度 33.5%，渗透率 1269.2mD。馆陶组孔隙度 28.1%，渗透率 647.5mD，试验区总含油面积 17.13km^2。

二、开发简况

试验区于 1970 年投入开发，1972 年注水开发，经过不断的扩边、加密调整，保持了30年的1.0～1.4的采油速度。2000年之后通过精细油藏描述综合挖潜、采出水聚合物驱工业化实验、二次开发及聚/表二元复合驱先导性试验，减缓了递减，采油速度保持在0.5～0.6，为复杂断块油田在高含水开发阶段的稳产发挥了重要作用。

截至2017年5月底，“二三结合”试验区共有油井281口，开井227口，单井产油2.98t/d，产水675.9t/d，采油速度0.53%，采出程度35.59%，可采储量采出程度88.63%，综合含水率91.9%，剩余可采储量采油速度11.5%，自然递减率13.2%，综合递减率8.3%。水井143口，开99口，单井注70m^3/d，总注入量6961m^3/d，累计注水量12803×10^4m^3，累计注采比0.94，累计地下亏空1074.2×10^4m^3。

第三节　“二三结合”方案要点

一、油藏工程设计要点

1. 二次开发方案研究

1）砂体筛选与分类

根据“二三结合”井网砂体分级数据表的筛选原则，优选出32个主力单砂层作为开展化学驱的主要单砂层，含油面积16.11km^2，地质储量2017×10^4t，其中包括明化镇组26层，含油面积11.62km^2，地质储量1470×10^4t，馆陶组6层，含油面积6.80km^2，地质储量547×10^4t（表7-3-1）。

表7-3-1 “二三结合”砂体筛选结果储量表

层位	面积（km^2）	砂体（个）	总储量（10^4t）	一级砂体		二级砂体	
				砂体（个）	地质储量（10^4t）	砂体（个）	地质储量（10^4t）
Nm	11.62	52	1470	24	1121	28	349
Ng	6.80	6	547	5	527	1	20
合计	16.11	64	2017	29	1648	29	369

筛选出适合开展化学驱的砂体个数58个，明化镇组砂体个数52个，馆陶组砂体个数6个，其中一级砂体，即含油面积大于0.25km^2的砂体个数为24个，地质储量1121×10^4t，占总地质储量的81.71%。

2）开发层系重组

试验区明化镇组与馆陶组流体的性质差异明显，原油黏度差异较大，明化镇组地下原油黏度平均值为28.6mPa·s，馆陶组地下原油黏度为60.3mPa·s（表7-3-2），原油黏度高低影响化学药剂的浓度的选择，地下原油黏度是“二三结合”层系划分中重要的影响因素，同时明化镇组纵向上相对集中，筛选出的目标砂体，以明化镇为主全区均有，馆陶组仅北部和西部具备三次采油油藏条件。因此，结合层系组合技术界限要求，试验区整体分为明化镇与馆陶组两套层系开发，局部井区采用一套层系开发。

表 7-3-2 试验区“二三结合”层系划分数据表

层系	西部		南部		北部	
	主要层位	变异系数	层位	变异系数	层位	变异系数
明化	NmⅢ-2-1 NmⅢ-2-2 NmⅢ-4-1	0.21	NmⅡ-2-2、NmⅡ-3-1、 NmⅡ-3-2	0.44	NmⅡ-3-1、 NmⅡ-3-2、 NmⅢ-4-1	0.11
			NmⅢ-2-1、NmⅢ-3-2、 NmⅢ-4-2	0.48		
			NmⅡ-8-1、NmⅡ-8-3、 NmⅡ-9-1、NmⅡ-9-2、 NmⅢ-1-1	0.11		
馆陶	NgⅠ-1-1 NgⅠ-3-1 NgⅡ-2-1 NgⅡ-3-1	0.39			NgⅠ2-2	—

3）注采井网重建

（1）注采井距计算。

结合井网重构方法及试验区计算参数（表 7-3-3），利用曲线交会法解得“二三结合”试验区明化镇组的经济极限井网密度为 83.3 口 /km^2，经济极限井距为 109.6m（图 7-3-1）。经济合理井网密度 S_r 为 36.4 口 /km^2，合理井距为 165.7m（图 7-3-2）。

表 7-3-3 “二三结合”试验区明化镇组井距计算参数

地质储量 N（10^4t）	目前采出程度 R_T	含油面积 A（km^2）	水驱油效率 E_d	注采井数比 M	有效渗透率 K（mD）	孔隙度 ϕ	有效厚度 h（m）	饱和度 S_o	井网参数 A_c	评价期 T（a）	井网建设期 T_A（a）	前置水驱 T_B（a）
1470	0.34	11.62	0.61	1	1269.2	0.335	7.9	0.45	0.7071	15	2	1
单井基础建设投资 L（万元）	城市建设维护费 L_1（万元）	教育及教育附加税 L_2（万元）	增值税税率 Y	储量使用费 Z（元 /t）	吨油操作成本 W（元 /t）	加密前井数 n（口）	基准收益率 i	吨油价格 P（元 /t）	商品率 τ	化学驱提高采收率 R_P	指数递减率 D_c	注化学剂年限 T_c（a）
500	0.07	0.03	0.17	0	630	181	0.08	2205	0.96	0.12	0.1	7

（2）注采井网设计。

试验区一级砂体地质储量 1648×10^{4}t，占总地质储量的 81.71%，一级砂体中针对不同类型的砂体采用不同布井方式，最大限度地提高水驱储量控制程度，提高波及体积，进而大幅度提高采收率。一级砂体构成“二三结合”方案的骨架井网，分明化镇组和馆陶组两套层系部署井网。

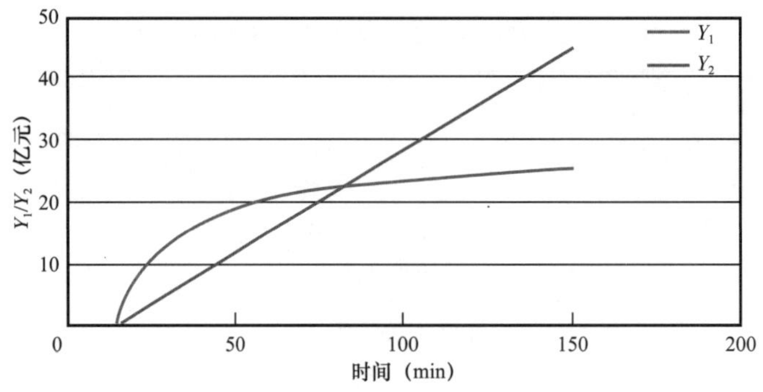

图 7-3-1　明化镇组经济极限井网密度交会图

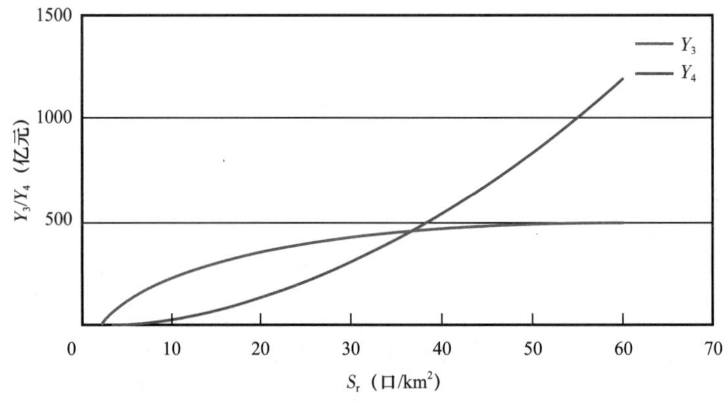

图 7-3-2　明化镇组合理井网密度交会图

4）二次开发方案部署

试验区方案设计新井 236 口，其中采油井 142 口（常规井 135 口，水平井 7 口），注水井 94 口，设计总进尺 29.95×10^4m，新建产能 12.78×10^4t。分为明化镇组和馆陶组两套层系开发，层系一部署新井 156 口（采油井 90 口，注水井 66 口），老井利用 181 口（采油井 101 口，注水井 80 口），平均井距 130～180m。层系二部署新井 97 口（采油井 52 口，注水井 45 口），老井利用 30 口（采油井 16 口，注水井 14 口），平均井距 140～200m。层系一与层系二共用注水井 20 口，包括新井 17 口和老井 3 口，老井利用 208 口（采油井 117 口，注水井 91 口）。

2. 三次采油聚 / 表二元复合驱体系研究

结合化学驱体系优化设计中的防范，分别针对聚合物及表面活性剂特性优化最佳驱替剂，而后通过聚合物与表面活性剂的匹配性研究评价二元复合驱体系性能。以试验区油藏条件为工程依托开展二元复合驱体系优化研究。

1）聚合物的筛选

（1）一般性能评价。

依据聚合物室内评价标准对室内评价涉及的不同种类聚合物的一般性能进行了评价，（表 7-3-4）。所筛选的 3 种聚合物均通过了筛选标准，达到技术要求。

表 7-3-4 室内评价用各聚合物一般性能评价结果

聚合物名称	溶解性（h）	固含量（%）	水解度（mol%）	分子量（10^6）	黏度（mPa·s）	水不溶物（%）
5030	<2.0	88.24	25.9	25.7	90.9	0.135
KYPAM-3	<2.0	88.70	24.8	25.9	89.2	0.192
BHHP-112	<2.0	88.50	26.2	30.5	98.6	0.191
筛选标准	<2.0	>88	25～28	>25	>70	<0.2

注：聚合物浓度 2000mg/L，RDV- Ⅲ流变仪 0 号转子，56℃测试。

（2）溶液特性评价。

用干粉配制聚合物溶液的方法是先用干粉配制成 5000mg/L 的母液，评价聚合物增黏性、抗盐性、抗温性指标，优选出最佳聚合物。

① 增黏性。

配制 BHHP-112 型、KY-3 型、5030 型聚合物母液，用聚二站采出水稀释到 1000mg/L、1500mg/L、2000mg/L、2500mg/L、3000mg/L、3500mg/L，用磁力搅拌器搅拌均匀后在 56℃下测黏度随聚合物溶液浓度的变化情况（表 7-3-5）。相同条件下 3 种聚合物中 BHHP-112 型的增黏性略优于 5030 型和 KYPAM-3 型。

表 7-3-5 不同类型聚合物黏浓关系测试表

浓度（mg/L）	BHHP-112	KY-3	5030
1000	34.1	23.1	22.4
1500	56.5	51.9	53.6
2000	98.6	89.2	90.9
2500	122.7	118.4	123.6
3000	162.1	152.1	165.4
3500	298.7	250.8	243.0

② 抗盐性。

配制 BHHP-112 型、KY-3 型、5030 型聚合物母液，分别用浓度为 500mg/L、1000mg/L、3000mg/L、5000mg/L、7000mg/L、10000mg/L、30000mg/L、50000mg/L 的 NaCl 型水将聚合物母液稀释到 2000mg/L，搅拌均匀后在 56℃下测黏度。相同条件下 3 种聚合物抗盐性相当，其中 BHHP-112 型略优于其他两种（表 7-3-6）。

③ 抗温性。

配制 BHHP-112 型、KY-3 型、5030 型聚合物母液，用现场水稀释到 1500mg/L，聚合物溶液搅拌均匀后在 30℃、40℃、50℃、60℃、70℃、80℃的温度条件下测黏度随温度的变化情况，实验结果见表 7-3-7，相同条件下 3 种聚合物耐温性相当，其中 BH-112 型略优。

表 7–3–6　不同类型聚合物抗盐性测试表

矿化度（mg/L）	黏度（mPa·s）		
	5030	KY–3	BHHP–112
500	238	221	254
1000	162	152	158
3000	74	58.1	87
5000	57.9	43.5	62.1
7000	48.1	36.2	60
10000	39	27.1	48.5
30000	32.2	16.3	41.4
50000	26.1	14.7	33.3
100000	19.2	14.2	25.6

表 7–3–7　不同类型聚合物耐温性测试表

温度（℃）	KY–3	5030	BHHP–112
30	70.6	69.7	70.7
40	60.7	62.2	65
50	53.7	55	57.6
60	50.2	52.5	54
70	46.4	48.7	51.7
80	42	40	45

2）表面活性剂筛选

室内首先开展了单纯表面活性剂与原油配伍性的实验研究，筛选出性能较好的表面活性剂，在此基础上优选出适合油藏条件的化学驱体系。

（1）不同类型表面活性剂理化指标分析。

表面活性剂常规指标评价主要内容为有效物质含量、溶解性、pH 值、流动性等指标（表 7–3–8）。四种表面活性剂均能达到技术要求。

（2）不同类型表面活性剂降低油水界面张力能力对比。

衡量表面活性剂洗油能力的重要指标之一就是界面张力。一般情况下，界面张力越小，表面活性剂的驱油效率就越高。一般要求好的驱油用表面活性剂能将油水界面张力降到超低（数量级为 10^{-3}mN/m），研究了 4 种不同表面活性剂的油水界面张力（表 7–3–9）。

表 7-3-8　表面活性剂常规指标分析

序号	表面活性剂	有效物含量（%）	溶解性	pH 值	流动性	闪点（℃）	不合格指标
1	BHS-01	40	＞10%	8.9	易于流动	＞60	无
2	BHS-02	40	＞10%	7.9	易于流动	＞60	无
3	BHS-03	40	＞10%	8.1	易于流动	＞60	无
4	BHS-04	40	＞10%	8.3	易于流动	＞60	无
标准要求		≥30	＞10%	7～9	易于流动	≥60	—

表 7-3-9　不同表面活性剂与不同原油界面张力测试数据

表面活性剂	浓度（%）	四区明化镇组	四区馆陶组	六区明化镇组	六区馆陶组
BHS-02	0.3	0.147	0.201	0.147	0.0227
BHS-03	0.4	0.183	0.143	0.0374	0.0875
BHS-04	0.3	0.258	0.368	0.421	0.0057
BHS-01	0.05	0.043	0.087	0.059	0.061
	0.1	0.0052	0.006	0.00035	0.00031
	0.2	0.00083	0.007	0.00021	0.00028
	0.3	0.0007	0.0073	0.00057	0.00054
	0.4	0.0004	0.0081	0.00046	0.00049

针对明化及馆陶不同层位油藏，表面活性剂 BHS-01 在浓度为 0.1%～0.4% 时，油水界面张力能达到 10^{-3} 数量级。

（3）乳化效果评价。

将表面活性剂 BHS-01 分别稀释到浓度 0%、0.05%、0.1%、0.2%、0.3%、0.4%、0.5%，搅拌均匀后取 15g 表面活性剂溶液先倒入具塞量筒中，再加入 5g 原油，在 56℃下观察表面活性剂的乳化能力。

加入不同浓度的表面活性剂后乳化效果明显，能将原油分散，随浓度提高，乳化效果增强；表面活性剂 BHS-01B 浓度为 0.4% 时，乳化增溶率达到 20%。

（4）洗油能力评价。

实验砂子为二甲基硅油处理的亲油性河砂；同时配制浓度为 0.05%、0.1%、0.2%、0.3%、0.5% 的 BHS-01B 表面活性剂溶液；采用砂子与原油 1∶4.5 混合；称 20g 混合油砂分装于容器中；加入不同的体系溶液 100mL；放入 56℃烘箱，老化 48～60h；定期观察表面活性剂对油砂脱油的作用效果。

$$脱附率 =（析出油体积 / 初始油砂中油的体积）\times 100\%$$

表面活性剂浓度越高，其对原油的洗油效率越高，当表面活性剂浓度为 0.3% 时，洗油效率接近 60%（图 7-3-3）。

3）聚 / 表二元复合驱体系配伍性评价

（1）表面活性剂对体系黏度的影响。

聚合物、表面活性剂复配后，对体系黏度具有显著影响。一般情况下，随体系中表面活性剂浓度的增大，体系黏度会降低。在进行驱油剂配方选择时，应综合考虑聚合物、表面活性剂的相互作用对体系黏度的影响。

配制 BHHP-112 聚合物溶液浓度为 2000mg/L，BHS-01B 聚合物分别稀释到 0.05%、0.1%、0.2%、0.3%、0.4%，两者搅拌均匀后在 56℃下测黏度，观察表面活性剂浓度对二元复合驱体系黏度的影响。BHS-01B 表面活性剂对聚合物黏度无影响（图 7-3-4），二元复合驱体系匹配性良好。

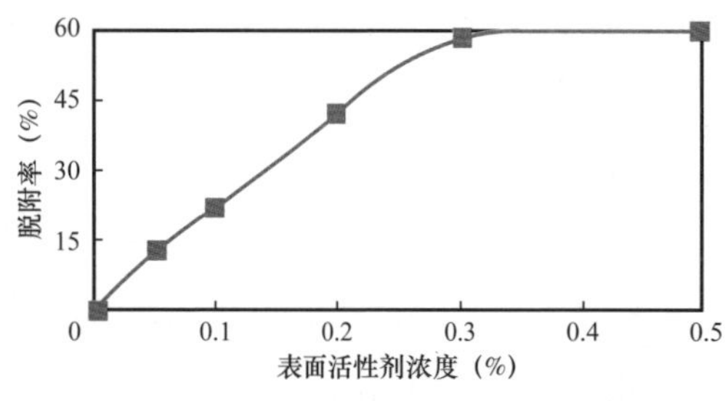

图 7-3-3　不同浓度表面活性剂洗油效率

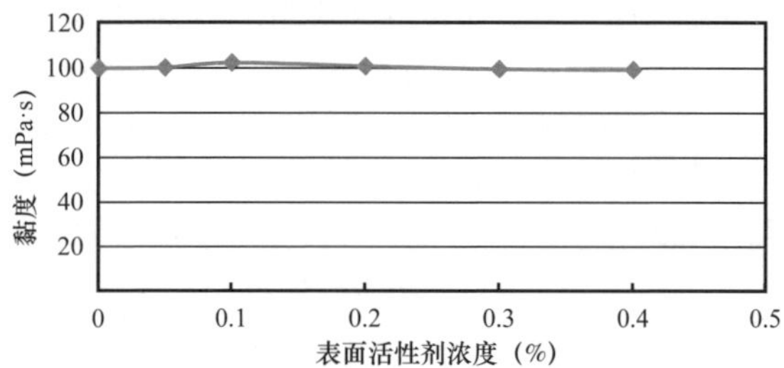

图 7-3-4　不同表面活性剂浓度下二元复合驱体系黏度

（2）二元复合驱体系降低界面张力能力。

用聚二站注入水配制 2000mg/L 聚合物 BHHP-112，分别加入不同浓度的表面活性剂 BHS-01B，搅拌均匀后，在 56℃下测试溶液油水界面张力（图 7-3-5）。表面活性剂浓度在 0.1%～0.4% 范围内，表面活性剂 BHS-01B 和聚合物 BHHP-112 形成的二元复合驱体系降低界面张力能力达到超低（10^{-3}mN/m）。

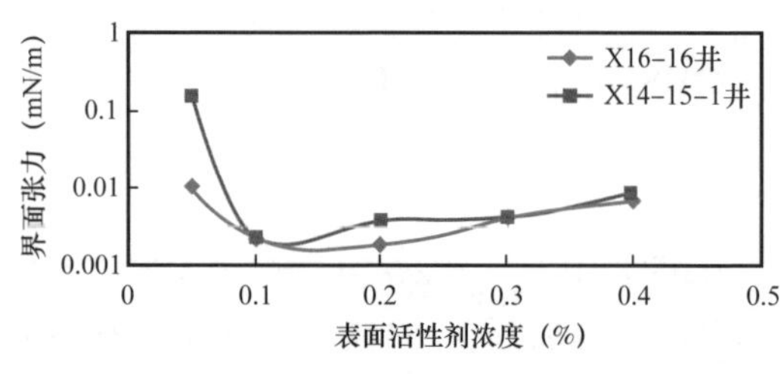

图 7-3-5　聚 / 表二元复合驱体系降低界面张力能力

（3）体系的流变性及黏弹性。

① 流变性。

将浓度为 2000mg/L 的聚合物 BHHP-112 与 0.3% BHS-01B 聚 / 表二元复合驱体系在 MCR301 高级流变仪上，56℃下进行剪切速率扫描测试（剪切速率范围 0.001～100s^{-1}，锥板转子系统 CP75-1），并对测试曲线进行拟合，由幂律方程获得聚 / 表二元复合驱体系的流型指数 n 和稠度系数 k。测试曲线如图 7-3-6 所示。

聚 / 表二元复合驱体系的流变曲线在 0.1s^{-1} 后整体在聚合物的流变曲线之上，聚 / 表二元复合驱体系的黏度略大于聚合物的黏度，表明聚 / 表协同作用增加了二元复合驱体系的增黏性；此外，二元复合驱体系的流变曲线在低剪切速率下（0.001～0.1s^{-1}）黏度几乎相同，在此范围内为线性黏弹区，而聚合物的剪切速率扫描曲线呈下降趋势，线性黏弹区不明显。

由于测试温度较高和流变仪精度的影响在较低剪切速率下测试不稳定，当剪切速率达到 $1s^{-1}$ 时，曲线平滑，测试稳定。所以选择 $1\sim100s^{-1}$ 这段曲线拟合其 n、k 值，拟合结果见表 7–3–10。

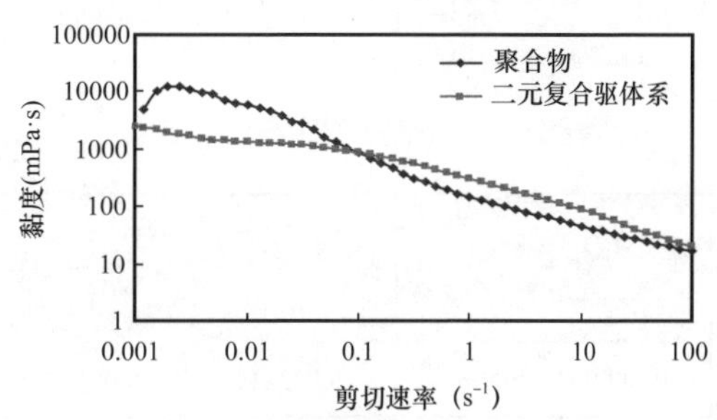

图 7–3–6　聚合物及聚 / 表二元复合驱体系流变性测试曲线

稠度系数 k 代表聚合物在溶液中的增稠能力，流型指数 n 越接近于 1 表示聚合物溶液接近牛顿流体的程度，n 值比 1 越小，则非牛顿性越大，聚合物大分子线团在剪切作用下变形程度越大。由表中的稠度系数 k 可知，聚 / 表二元复合驱体系的增稠能力强于聚合物。

表 7–3–10　聚 / 表二元复合驱体系 n、k 值（56℃）

溶液	n 值	k 值
聚合物	0.5749	0.1309
二元复合驱体系	0.4873	0.3101

② 黏弹性。

将浓度为 2000mg/L 的聚合物 BHHP–112 与浓度为 3000mg/L 的表面活性剂 BHS–01B 聚 / 表二元复合驱体系在 MCR301 高级流变仪上，56℃下进行频率扫描测试（固定应变为 3%，在 0.01～10Hz 频率范围内进行频率扫描，锥板转子系统 CP75–1）。储耗能模量的交叉点对应频率的高低能表征溶液弹性的相对大小，交叉点对应频率越低，表征其弹性越强。从图 7–3–7 可知，聚合物储耗能模量的交叉点在 0.5Hz，聚 / 表二元复合驱体系储耗能模量的交叉点在 0.1Hz，由此可见聚 / 表二元复合驱体系的弹性较强。

（4）乳化性能。

将表面活性剂浓度分别为 0、0.05%、0.1%、0.2%、0.3%、0.4%、0.5%，聚合物浓度 2000mg/L，与原油按油水比为 1 ∶ 3 高速剪切后，在 56℃的烘箱条件下，观察其乳化性能。

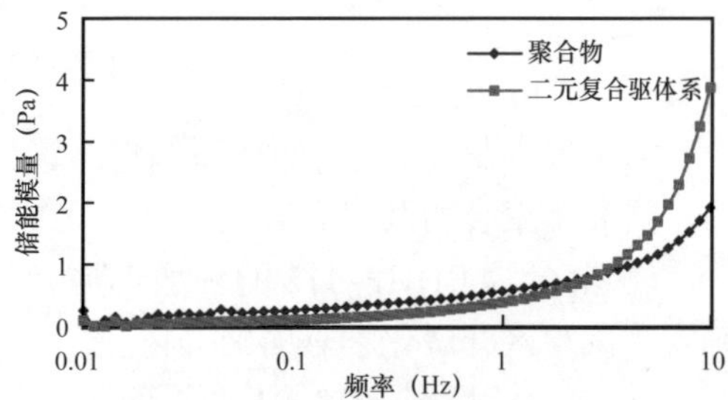

图 7–3–7　BHHP-112 聚合物、二元复合驱体系流变性测试曲线

加入不同浓度表面活性剂后二元复合驱体系乳化效果明显，能将原油分散，随表面活性剂浓度提高，乳化效果增强；表面活性剂 BHS–01 浓度为 0.4% 时乳化增溶率达到 70%。

（5）聚 / 表二元复合驱体系的抗吸附性。

利用聚二站注入水配制 BHHP–112 聚合物 2000mg/L，表面活性剂 BHS–01 0.4%（质量分数）的聚 / 表二元体系目标溶液若干，按液固比 3 : 1 加入河砂混合摇匀，在 56℃下振荡吸附 24h 后取出，取上清液用高速离心机离心后测其界面张力，将清液按液固比 3 : 1 再次吸附，以此类推吸附 5 次，考察聚 / 表二元复合驱体系的抗吸附性能。测试结果如下（表 7-3-11）。经过 4 级吸附后，二元复合驱体系界面张力保持在 10^{-3} 数量级，抗吸附性能好。

表 7-3-11　二元复合驱体系吸附结果

性能	吸附级数					
	0	1	2	3	4	5
界面张力（mN/m）	0.00381	0.00461	0.00534	0.0079	0.0089	0.0336

（6）聚 / 表二元复合驱体系的热稳定性。

利用聚二站注入水配制浓度为 2000mg/L 的聚合物 BHHP-112，表面活性剂 BHS-01 0.3%（质量分数）的聚 / 表二元复合驱体系目标溶液若干，测试其表观黏度和界面张力，将剩余溶液分装到干净的 20mL 小瓶中，充氮除氧密封放入 56℃恒温烘箱中保存；按 0d、1d、4d、7d、14d、30d、60d 取样测其黏度和界面张力。二元复合驱体系黏度随放置时间变化曲线如图 7-3-8 所示。随着高温放置时间的增长，二元复合驱体系黏度降低趋势逐渐放缓且趋于平稳，老化 60d 后黏度绝对值为 89.8mPa·s，黏度保留率为 81.2%；界面张力达到 10^{-3}mN/m 数量级，说明此二元复合驱体系具有良好的热稳定性。

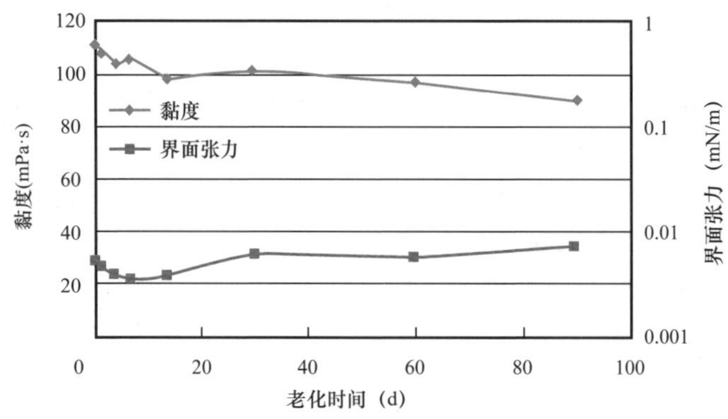

图 7-3-8　二元复合驱体系黏度和界面张力随老化时间变化曲线

（7）聚 / 表二元复合驱体系筛选结论。

研究了聚合物及表面活性剂对二元复合驱体系性能的影响，得到以下结论：

① 聚合物 BHHP-112 的一般性质及溶液特性方面优于其他 2 种，能适合油藏条件，确定为试验区开展化学驱用聚合物。

② 表面活性剂 BHS-01 的界面张力、乳化、洗油和与聚合物配伍性方面达到技术要求，确定为试验区开展化学驱用表面活性剂；

③ 聚合物 BH-112 与表面活性剂 BHS-01 组成的二元复合驱体系的界面张力、乳化、热稳定性和抗吸附等方面达到技术要求，确定为试验区开展二元复合驱体系；

4）岩心驱油实验

（1）驱替剂体系优选。

采用室内物理模拟实验的方法进行，模拟油藏条件，遵守相似准则，制作符合储层物性的物理模型，以确保实验的科学性、可靠性和准确性。采用驱油实验对比不同化学驱技术提高采收率幅度，进而确定适合的驱替技术。实验方案为“2PV 水驱 +1PV 二元复合驱 +2PV 水驱”港西开发区“二三结合”试验区二元复合驱体系参数实验结果见表 7–3–12、表 7–3–13。

表 7–3–12 岩心驱油实验结果（一）

实验编号	方案	驱替液黏度（mPa·s）	黏度比 μ_p/μ_o	界面张力（mN/m）	采收率（%）		2PV 水驱后提高值（%）	EOR（%）
					2PV 水驱	5PV 水驱		
1	水驱	—	—	—	41.48	45.39	3.91	—
2	二元复合驱	5.42	0.21	0.0068	43.11	63.15	20.04	16.13
3	二元复合驱	15.2	0.56	0.0022	42.84	67.54	24.7	20.79
4	二元复合驱	22.2	0.82	0.0044	43.21	70.93	27.72	23.81
5	二元复合驱	27.6	1	0.0075	40.83	69.29	28.46	24.55
6	二元复合驱	37.9	1.4	0.0057	41.73	71.31	29.58	25.67
7	二元复合驱	56.9	2.1	0.0019	42.41	72.71	30.3	26.39

表 7–3–13 岩心驱油实验结果（二）

方案	聚合物浓度（mg/L）	驱替液黏度（mPa·s）	黏度比 μ_p/μ_o	界面张力（mN/m）	采收率（%）		2PV 水驱后提高值（%）	EOR（%）
					2PV 水驱	5PV 水驱		
水驱	—	—	—	—	43.92	47.0	3.08	—
二元复合驱	1000	20.4	0.36	0.0028	44.57			15.06
二元复合驱	1500	32	0.57	0.0042	45.34	71.98	26.64	20.03
二元复合驱	2000	53.3	0.96	0.0034	42.98	72.21	30.09	27.02
二元复合驱	2250	73.4	1.3	0.0041	44.55	76.23	31.68	28.6
二元复合驱	2500	90.7	1.6	0.0065	43.49	79.36	35.87	29.79

由表 7–3–12 可看出：聚合物 / 表面活性剂二元复合驱体系采收率随着驱替液黏度和驱替液 / 油黏度比的增加而提高；对于明化镇组原油（黏度 27mPa·s），合理黏度比为 0.8～1；二元复合驱体系提高采收率幅度为 24%。

针对馆陶组原油（黏度 57mPa·s），考察不同黏度二元复合驱体系的驱油效率，计算采收率增加值，为现场试验方案设计体系黏度最佳值提供物模实验技术依据，具体结果见表 7–3–13，如图 7–3–9、图 7–3–10 所示。

由图 7–3–9、图 7–3–10 可看出：聚 / 表二元复合驱体系采收率随着驱替液黏度和驱替液 / 油黏度比的增加而提高；对于馆陶组原油（黏度 57mPa·s），合理驱替液黏度为 53mPa·s，黏度比为 1；二元复合驱体系提高采收率幅度为 27%。

（2）表面活性剂浓度优化。

考察不同表面活性剂浓度的二元复合驱体系的驱油效率，计算采收率增加值，为现场试验方案设计二元复合驱体系中表面活性剂浓度最佳值提供物模实验技术依据（图 7–3–11）。

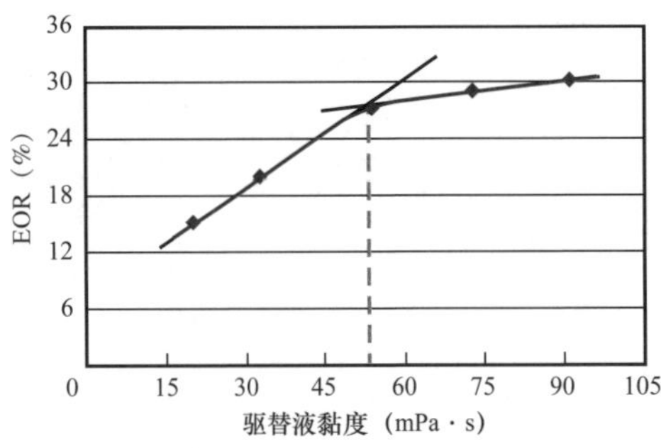

图 7–3–9　驱替液黏度与采收率的关系

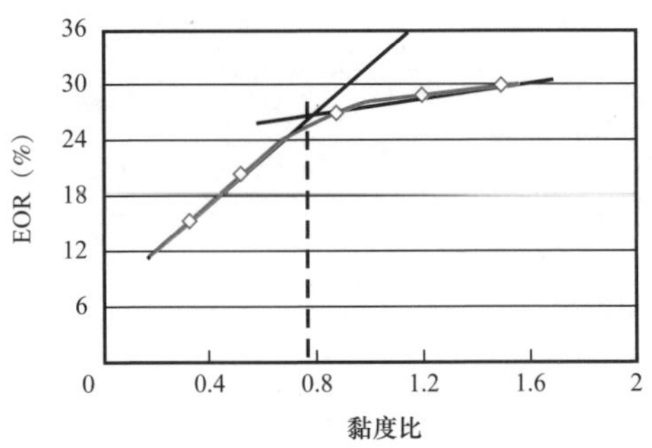

图 7–3–10　驱替液与油黏度比与采收率关系

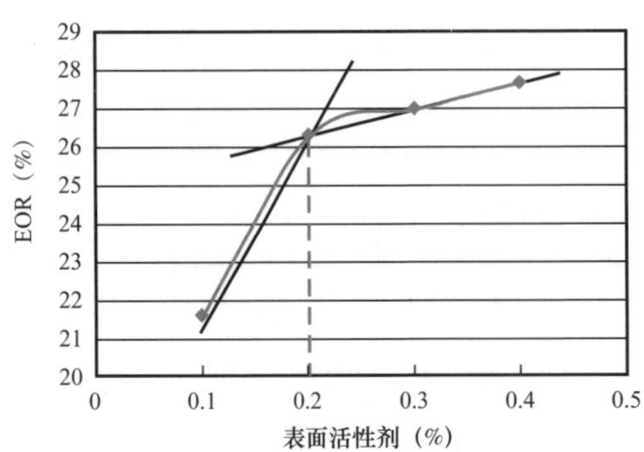

图 7–3–11　表面活性剂浓度对二元复合驱体系提高采收率的影响

由图 7–3–11 可看出：二元复合驱体系中表面活性剂浓度对明化镇组与馆陶组原油采收率的贡献规律相同；表面活性剂浓度 0.2% 时，采收率增幅 26.27%；表面活性剂浓度 0.3% 时，采收率增幅 27.02%；因此，确定表面活性剂最佳注入浓度 0.2%。

（3）井口黏度优化。

① 井下返排试验。

影响聚合物地下工作黏度的主要因素包括油管、炮眼、压实带、聚合物热稳定性。进行了 X10–14–1 井的井下返排试验，该井目标油层深度 1163～1167m，每 1000m 油管的容积为 3m^3。试验结果见表 7–3–14。

表 7–3–14　X10–14–1 井井底及返排取样数据表

取样阶段	测试位置	油压（MPa）	黏度（mPa · s）				
			1	2	3	平均	保留率（%）
返排前	井口	12.4	65.2	64.9	66.7	65.9	/
返排量 4m³	油层	9.14	38.8	39.1	37.9	38.6	58.5

由试验结果可见，聚合物溶液由井口到油层的黏度保留率为 58.5%。

② 驱替液黏度与井口黏度关系。

化学驱流体从井口、炮眼、压实带到地层深部，驱替液黏度保留率分别为 96%、92%、70%，最终驱替液黏度 =0.96×0.92×0.7×0.8× 井口黏度 ≈0.49 井口黏度。驱替液黏度明化镇组及馆陶组驱替液黏度与地下原油黏度按照 0.8～1 设计，明化镇组（地下原油黏度19～43mPa·s）合理驱替液黏度为28mPa·s，根据驱替液黏度与井口黏度关系，井口黏度需高于56mPa·s，根据聚合物浓度与黏度关系，确定聚合物应用浓度为2000mg/L；馆陶组（地下原油黏度50～68mPa·s）合理驱替液黏度为54mPa·s，根据驱替液黏度与井口黏度关系，井口黏度需高于108mPa·s，根据聚合物浓度与黏度关系，确定聚合物应用浓度为2700mg/L（表7–3–15）。

表7–3–15　站内及井口聚合物黏度指标要求

聚合物浓度（mg/L）	黏度（mPa·s）	
	站内	井口
3300	≥165	≥145
2700	≥135	≥120
2500	≥120	≥100
2200	≥100	≥90
1500	≥50	≥40

5）驱油体系设计

（1）水质要求。

曝气+化学法对配制水进行处理，处理后：Fe^{2+}含量≤0.2mg/L，菌浓度≤25个/mL。

（2）体系组成。

①体系：聚合物+表面活性剂二元复合驱体系。

②主剂：聚合物（BH–112分子量≥2500万）；表面活性剂：石油磺酸盐BHS–01。

③辅剂：杀菌剂（150mg/L）、稳定剂（150mg/L）。

（3）站内及井口黏度指标。

①明化镇组：站内黏度：70mPa·s，井口黏度：56mPa·s。

②馆陶组：站内黏度：135mPa·s，井口黏度：108mPa·s。

（4）油水界面张力指标。

表面活性剂原液及注聚井口样均达到10^{-3}mN/m数量级。

（5）聚/表二元复合驱体系热稳定性指标。

90d黏度保留率不小于80%。

“二三结合”方案设计分为水驱方案设计、化学驱方案设计、“二三结合”方案设计，其中水驱方案设计与二次开发方案设计方法相同，化学驱方案设计进一步优化化学驱体系方案，以上内容本书不做详细介绍。“二三结合”方案设计则涉及一些“二三结合”方案特有的定义及研究内容，如方案部署、转换时机、“二三结合”指标预测、“二三结合”产能计算等，现重点针对该部分内容展开论证。

3.“二三结合”转换时机研究

统计试验区历史上402口套变井的套管寿命，最短不到1年，最长近50年。在只考虑套变这一单因素的情况下，10年内井网的损失率将达到5%，随着时间延续井网完好程度将快速下降（图 7–3–12），每年井网维护井数与成本将逐年增加（图 7–3–13），必将影响后续三次采油的实施效果。

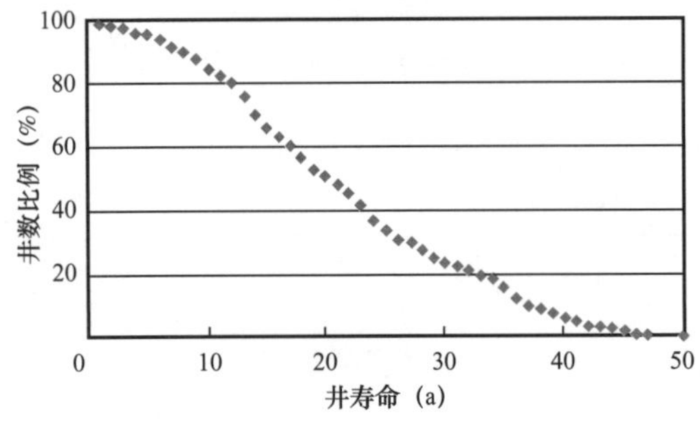

图 7–3–12　试验区单井寿命统计

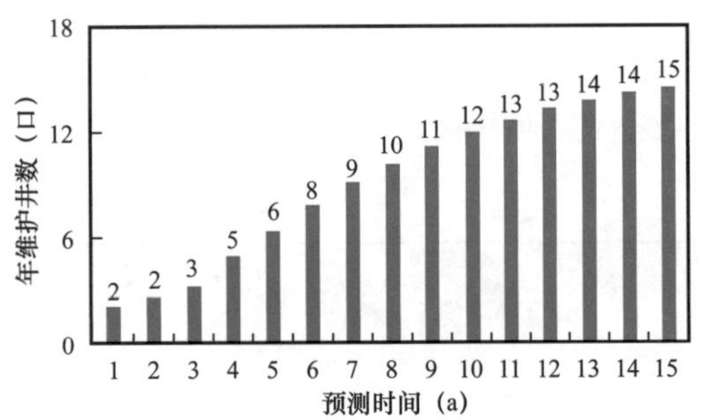

图 7–3–13　试验区井网完整性统计

结合全生命周期开发价值链模型中的方法，基于油田的实际情况，利用数值模拟技术开展基于井网生命周期的驱替介质转换时机研究。按照井网生命周期条件下井网年破损率与增加维护投资保持井网完整两种条件，其他条件不变的情况下，对比不同转换时机与提高采收率的关系。在井网破损条件下，随着驱替介质转换时机的延后，提高采收率的幅度将大幅降低，其中第五年是个分界点，五年以内属于小幅度下降，五年后的下降幅度将大幅度增加，到第十年的时候提高采收率幅度最大将减少 28.1%。因此，基于井网生命周期因素的角度考虑，驱替介质转换时机最好在 5 年内完成，井网维护越早成本越低，“二三结合”的开发效果越好，经济效益就越高（图 7–3–14）。

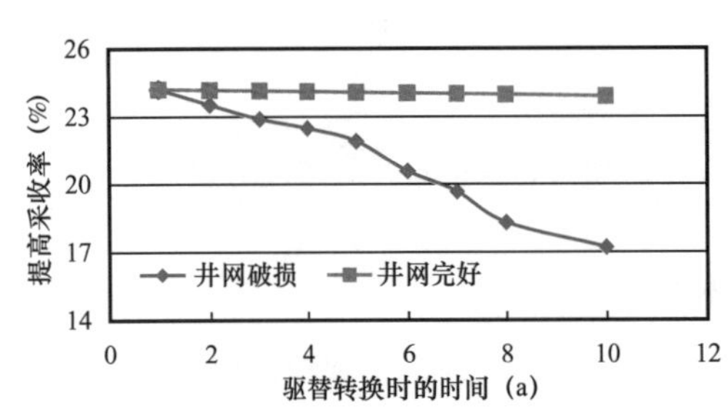

图 7–3–14　井网生命周期条件下转换时机与采收率的关系

4.“二三结合”方案指标预测

1）二次开发方案指标预测

采用油藏数值模拟方法开展指标预测，基础方案为在现状基础上定液量预测，二次开发方案驱替方式为水驱，方案定液预测 15 年，15 年末含水率均达到极限含水率 98%。预计二次开发方案相对于基础方案采收率由 39.6% 增加到 44.6%，增加可采储量 101×10^4t，根据提高采收率模型，单独实施二次开发水驱提高采收率 ΔE_{R2} 为 5.0%。

2）三次采油方案指标预测

在基础井网条件下实施三次采油（聚 / 表二元复合驱），方案定液预测 15 年，15 年末含水率均达到极限含水率 98%。预计三次采油方案相对于基础方案采收率由 39.6% 增加到 47.7%，增加可采储量 164×10^4t，根据提高采收率模型，单独实施三次采油方案，提高采收率 ΔE_{R3} 为 8.1%。

3）“二三结合”指标预测

2018 年、2019 年建立水驱井网，2020 年地面建设，为化学驱做准备，2021 开始注入化学药剂（二区 2018 年注表面活性剂），开展聚 / 表二元复合驱，定液预测时间 15 年，预计“二三结合”聚 / 表二元复合驱方案相对基础方案增加可采储量 334×10^4t，“二三结合”提高采收率 ΔE_{R23} 为 16.6%（图 7-3-15）。

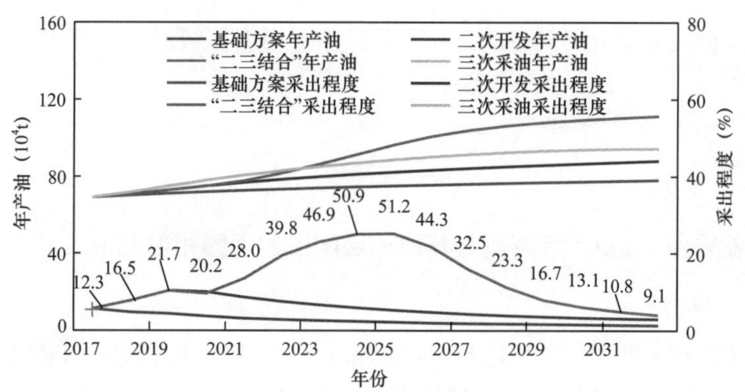

图 7-3-15 试验区“二三结合”不同方案年产油与采出程度对比图

5.“二三结合”产能计算

利用数值模拟作为辅助手段，应用“二三结合”方案新建产能计算方法计算试验区产能。

1）新井新建产能

方案预计 2018—2019 年为井网建设期，方案设计新采油井数 n 为 142 口，采油井年生产时率 d 为 300d，单井平均产油量 q_0 为 3t/d，二次开发新井新建产能为 12.78×10^4t。

2）三次采油新建产能

改变驱替介质后，按照“二三结合”产能计算模型，按照每个区块的开始时间与平均注采速度，结合新增可采储量结果，计算出三次采油新建产能合计为 77.61×10^4t。

3）“二三结合”方案新建产能

“二三结合”方案新建产能为新井新建产能与三次采油新建产能之和，为 90.39×10^4t。

二、钻井工程设计要点

1. 井身结构及完井方式

采用二开井身结构，表层套管下深 500m 左右（封浅层气顶部）；常规井采用套管固井射孔完井，水平井采用筛管砾石充填完井。

2. 钻井液体系优选和储层保护技术

采用聚合物或硅基防塌钻井液体系；采用屏蔽暂堵技术保护油气层。

3. 完井工程及套管优选

油层套管采用 G 级水泥浆体系，表层套管水泥返到地面，油层套管水泥返至上层套管内；针对套损套变问题，常规井生产套管采用（N80+P110）×9.17mm 的组合套管。

4. 钻井设备配套

使用 ZJ30 型钻机及相应配套的设备，要求配齐净化设备。

5. 套管头、井控设备

套管头、井控设备采用 35MPa 压力等级，并配相应等级的节流压井管汇。

三、采油工程设计要点

1. 油层保护设计

射孔液推荐采用 3%KCl 溶液或与其他地层配伍的无固相射孔液。

2. 完井工艺设计

油管选择 ϕ73mm 油管，套管选择 ϕ139.7mm 套管；完井方式采用套管固井射孔完井；射孔参数采用 89 枪 89 弹 26 孔 /m、135° 相位角、螺旋布孔。水平井采用砾石充填完井。

3. 举升工艺设计

针对泵挂以上井斜角小于 45°，采用抽油机有杆泵工艺；针对泵挂以上井斜角不小于 45°，采用同心双管水力喷射采油工艺或电动潜油螺杆泵采油工艺。

4. 注入工艺设计

单套层系分注井，井斜角不大于 30° 采用同心双管分注或桥式偏心分注工艺；井斜大于 30°，采用同心双管分注或桥式同心分注工艺。两套层系共用井，两段分注选用同心双管分注工艺，三段以上分注工艺与单套层系分注工艺相同。

5. 调剖工艺设计

水驱阶段：主体采用成熟的延缓交联聚合物凝胶 + 颗粒类的多段塞复合凝胶调剖体系；二元复合驱阶段：充分应用二元复合驱聚合物，主体采用成熟的延缓交联聚合物凝胶 + 颗粒类调剖体系，可通过调整交联聚合物浓度与颗粒粒径、浓度等参数达到不同的封堵强度，实现对不同级别水流优势通道的封堵。

6. 措施工艺设计

优选组合缝割缝管砾石充填防砂工艺。注入井推荐化学双涂层包胶砂防砂或 CS–1 固结剂。调剖工艺采用聚合物连续凝胶 + 颗粒体系。

四、地面工程设计要点

（1）集油工艺采用单管常温输送，单井采用就近串接或“T”接到附近集输干线，生产油井配套生产信息采集设施；对能力不足的西一转 2# 集输干线扩容，并新建 3 条集油管道延长线和单井管道，各类管道共计 12.8km，同时配套 142 套油井生产信息采集设施。

（2）采出水处理及供注水系统规划对西二污进行扩容改造，回注水处理规模扩建至 18000m^3/d，配聚水处理规模扩建至 10000m^3/d，使其同时满足回注水指标和配聚水指标；

西二注地区新建西二注 1# 注水干线复线及港 4K 注水支线复线，共计 13.3km，管道同时具备注聚功能；配套注水井在线远程控制装置 113 套。

（3）化学驱配注系统规划采用“母液集中配制，集中或分散注入”相结合方式，涉及 8 座注入站，采用“母液集中配制，集中或分散注入”相结合方式；注入量 9950m^3/d；新建各类注入管道 45.5km。

（4）供配电及自动化系统规划将西二变电站 2×5000kV·A 主变扩容至 2×10000kV·A，同时对油井和相关场站新建和更新供配电设施。油水井井口数据通信采用 4G 和光纤通信模式，实现数据的采集传输。

五、投资估算和经济效益评价要点

试验区“二三结合”工业化试验方案总体建设投资为 431255 万元，其中新井建设投资为 144167 万元；老井治理投资 17121 万元；老井弃置投资为 2700 万元；地面改造投资 17988 万元；重大攻关研究和前期基础研究分别为 100 万元，药剂费用 249079 万元。

按 55 美元 /bbl（2479 元 /bbl）油价计算，项目投入产出比为 1.35，总投资收益率 3.07%，增量投资税后内部收益率为 10.86%，税后财务净现值为 22836 万元，投资回收期为 7.93 年；按用阶梯油价（2018—2020 年分别采用 50 美元 /bbl、60 美元 /bbl、60 美元 /bbl，2021 年以后采用 70 美元 /bbl）计算，项目投入产出比为 1.66，总投资收益率 5.89%，增量投资税后内部收益率为 20.32%，增量投资税后财务净现值为 113141 万元，投资回收期为 6.50 年，方案经济可行。

第四节　试验区实施效果

一、实施进展

1. 层系井网建设

截至 2019 年底，先后在二区、一区二四、五区一、五区二、一区三、三区、六区进行了二次开发，共计实施新井 424 口，其中新钻油井 408 口，新钻水井 16 口。

2. 配套老井措施

围绕方案归位、防砂治砂、提级分注、调剖封窜等渗流场调控工作开展配套油水井措施，共计实施油水井措施 1176 井次，其中油井措施 761 井次，水井措施 415 井次。

3. 配套动态监测

为确保项目实施效果，加强项目实施过程及实施后效果跟踪，强化动态监测力度，及时掌握变化情况，重点围绕油水井测压、吸水剖面，工程测井、示踪剂等测试项目，共计实施动态监测 3515 井次；为了更好地了解开发过程中高含水聚合物驱阶段储层物性、注聚合物状况及剩余油分布情况，针对明化镇组、馆陶组进行了 1 井次的密闭取心，进行化验分析。

4. 配套地面工程建设

2008 年，开始开展三区聚合物驱地面配套工程建设，2008 年整体转入聚合物驱；2013 年，开展二区聚合物驱地面配套工程建设，2013 年 8 月，整体转聚合物驱；2014 年 8 月，三区二元复合驱中国石油天然气股份公司重大试验项目（7 注 14 采）整体投注。

二、实施效果

试验区自开展二次开发、三次采油、“二三结合”重大项目以来，开发指标得到了大幅提升，开发效果保持良好趋势；“二三结合”实施区块效果显著，部分开发指标达到中国石油领先水平。

1. 主要指标改善明显

1）油藏开发指标

随着油气开发工作的推进，在实践中不断探索和认识，层系井网重组技术逐步升级，由点状不规则井网到三角形井网，再到标准“五点法”井网，治理效果显著，层系井网完整性指标实现了大幅提升，提高幅度在 7% 以上（表 7–4–1）；开发趋势向好发展，含水上升率由 3.12 下降为 –1.91，自然递减率由 11.79% 下降为 11.11%，下降 0.68%。其中三区（“二三结合”区块）采用标准“五点法”井网进行层系井网建设，层系井网完整性指标提升 25% 以上，实现了 3 个 100%；开发效果明显改善，含水上升率 –1.04，自然递减下降 14.8%（表 7–4–2）。

表 7–4–1　试验区治理前后层系井网完整性指标对比表

项目＼指标	水驱控制程度（%）	注采连通程度（%）	注采对应率（%）	含水上升率（无量纲）	自然递减率（%）
治理前	60.0	58.2	65.7	3.12	11.79
治理后	71.8	76.7	73.5	–1.91	11.11
提高幅度	11.8	18.5	7.8	–5.03	–0.68

表 7–4–2　试验区二区、三区实施前后层系井网完整性指标对比表

项目＼指标	水驱控制程度（%）	注采连通程度（%）	注采对应率（%）	含水上升率（无量纲）	自然递减率（%）
治理前	75.9	65.6	64.1	0.12	20.5
治理后	81.0	83.5	79.9	–1.04	5.7
提高幅度	5.1	17.9	15.8	–1.16	14.8

2）注入体系指标

随着三次采油工作的推进和规模扩大，工艺技术不断革新，现场管理经验不断丰富，

为化学驱体系注入效果的改善，及保持平稳运行提供了强有力的支撑。多措并举，全方位研究优化，通过调整配注站来水水源，优化调整辅剂注入工艺，优化配聚水处理系统参数，提高配聚水处理效果。通过治理，Fe^{2+} 含量由 0.2～1.0 下降为在 Fe^{2+} 含量不大于 0.2mg/L，并长期保持稳定。通过改进混配工艺、熟化工艺、注聚泵结构，在线取样溶液黏度值大于 90mPa·s，优于方案设计要求。升级井口配电模式、自控系统工艺技术，配注达标率一直保持在 90% 以上。

3）配套工艺指标

随着“二三结合”工作的开展，注采工艺持续优化配套，以“防治结合，综合治理”为工作重心，多措并举，抽油机井系统效率、检泵周期、分注合格率等呈均稳步提升趋势，工艺适应性显著提高。通过应用扶正杆、内衬油管、携排砂等工艺，油井平均检泵周期延长 456d。通过工艺优化，系统效率较实施前上升了 7.99%；分注率由治理前 77.4% 上升为 79.3%，提高了 1.9%；分注合格率由 81.7% 提高到 88.4%，提高 6.7%。

2. 增油见效特征明显

自实施“二三结合”项目以来先后转化学驱区块三个，通过精细管控、动态分析、优化调整，区块见效特征明显，平均单井注入压力升幅 2.93MPa，启动压力平均上升 2.5MPa，油层动用程度提高 10% 以上，达到 80%；涉及化学驱受益油井 181 口，见效井数 136 口，见效比例达 75.1%，见效井单井含水率最大降幅 41%，平均单井含水率下降 11.8%，平均单井增油量 4430t。其中中心受益井见效明显，增产幅度大，日产油增加 3～6 倍，含水下降 16%～20%，见效时间 3～6a，平均单井增油 5609t（图 7-4-1）；单向受益井，日增油量 1～4 倍，含水率下降 3%～8.5%，见效时间 2～3.5a，平均单井增油 3015t（图 7-4-2）。

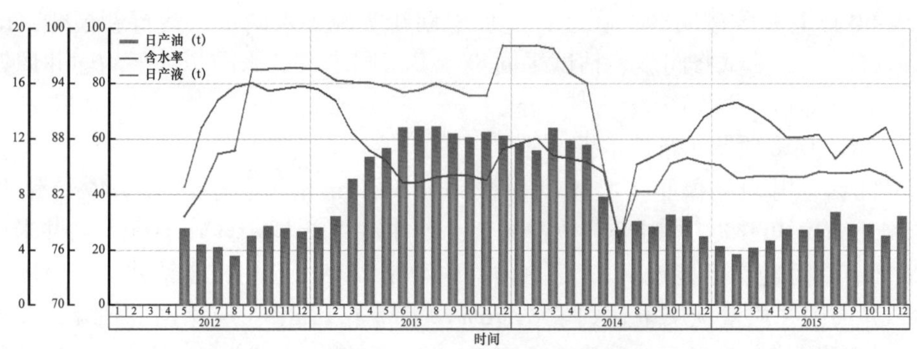

图 7-4-1 三区多向受益井 X9-9-6 井生产曲线

3. 提质增效成效显著

1）积极践行井丛场建产模式提效益

试验区地处环境敏感区（村庄 + 保护区），征地难度大，周期长，采用以往常规单井眼建井方式不能适应新形势需要，有的地区实施效益差，为寻求效益建产新模式，探索实践形成了井丛场建产模式。按照“大井丛、多层位、多井型、工厂化、立体式”的原则，整体规划、集中实施，2018 年井丛场井占比达 91.2%。其中建产了大港油田公司

2018 年实施规模最大的试验区一号井丛场（26 口井，部署新井 24 口，利用老井 2 口），打造了大港油田公司井丛场建产"示范区"。按照"减少土地占用，最大限度利用土地资源多钻井数"的原则，根据所占地形，规划形成单排 26 口、井口间距 6m 井丛场布局，通过布局优化，减少征地面积，节约征地费用 469 万元；整托实施，设备无需搬安，累计减少钻机搬迁、基础安装、车辆运输等搬迁费用 338.8 万元；通过靶点轨迹优化，简化井筒结构，常规井由三维变二维，水平井设计为双增剖，共计节约进尺 838m；通过优化批钻方式，钻井液体系可通过维护处理重复利用使用 12 口井，钻井液米成本下降 20%，节约钻井液费用 70 万元。实施后平均单井产量 4.6t，高于方案 15%，整体日产油量初期达 132t。

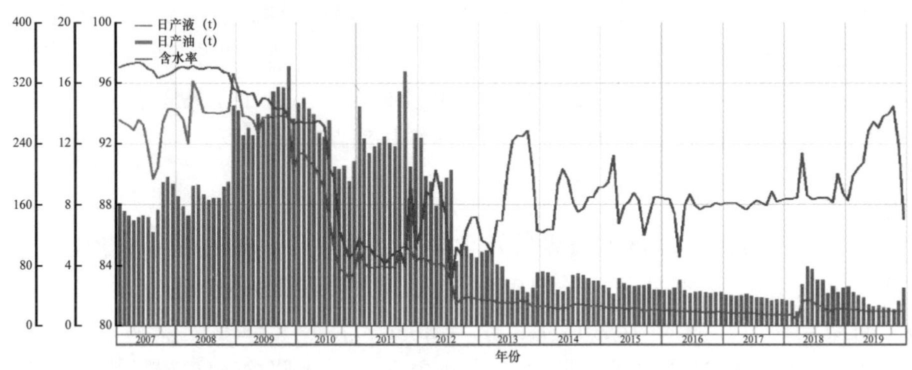

图 7-4-2　三区单向受益井 X3-7-2 井生产曲线

2）学科组织创新实践提效率

按照地质工程一体化管理模式进行项目推进，从方案优化、组织运行到现场施工，各部门积极配套，大幅提高了工作效率，其中 2 天时间完成试验区一号井丛场 26 口井轨迹论证及 80 口老井防碰问题；在运行过程中创新实施"六同步"运行新模式，即多钻同步、钻试同步、钻试修同步、钻试采同步、多试同步、试修同步。平均建井周期缩短 3.26d，油井全部超计划投产。

3）集成应用多项钻井新技术提速体质提效

应用批钻、滑轨、顶驱等技术，机械钻速 39.13m/h，同比提高 17.4%，钻井周期 5.34d，同比缩短 30.9%。同时经济效益显著：单井钻井成本减少 51 万元，钻井米成本减少 268.6 元，百万吨级产能投资 15 亿，内部收益率 28%。应用控压钻井、分级固井等技术，第二界面固井质量优质率达到了 89.76%，提高了 13.8%。应用网电钻井，井场噪声由 95dB 以上降至 70dB 以下，碳排量下降 94.3%，整体投资减少 51 万元；采用钻井液无害固化再利用技术，构建了环境友好型开发建设新标准，整体投资减少 70 万元。

4）优化完善防砂举升新工艺提运行效率

优选连续油管批量作业技术，缩短投产周期 9d，实施先期防砂，优化完善防砂工艺及施工参数，实现油井长效高效（18 口），初期平均单井日产液量达 17.7m^3，高出方案 18%。首次规模使用电潜螺杆泵，解决了大斜度、产聚浓度高举升工艺适应性问题，预计平均单井检泵周期增加 453d，同时节能降耗显著，较抽油机举升工艺节能 55% 左右，单井平均日节电 63.5kW·h，井丛场合计年节电约 41.7×10^{4}kW·h，相当于 10 台抽油机 1

年的用电量。

5）依托自动化技术升级提管理水平

探索油田生产现场智能化管理新模式，通过远程监控系统，实现对井场全天候、全覆盖在线云监控，对外来人员或物体入侵进行识别和报警，对生产设备运行情况进行监测和故障示警，确保了井场的安全平稳运行。同时试验含水在线分析仪和微压差流量计，实现油井含水率及产液数据实时自动采集传输，平均年减少含水化验 3294 井次，年减少产量核实 216 井次。应用液面实时监测自动调参一体化技术，由传统录取资料调整生产参数转变为根据实时监测压力、动液面数据自动调整生产参数，基本实现了井场的自动调控，提高了工作效率。

4. 采收率增加效果明显

通过项目的实施，试验区主体区整体效果显著，地质储量 7384×10^4t，日产油水平 1321.2t，综合含水率 90.91%；通过含水率与采出程度曲线看出，目前开发趋势向好发展（图 7-4-3）。

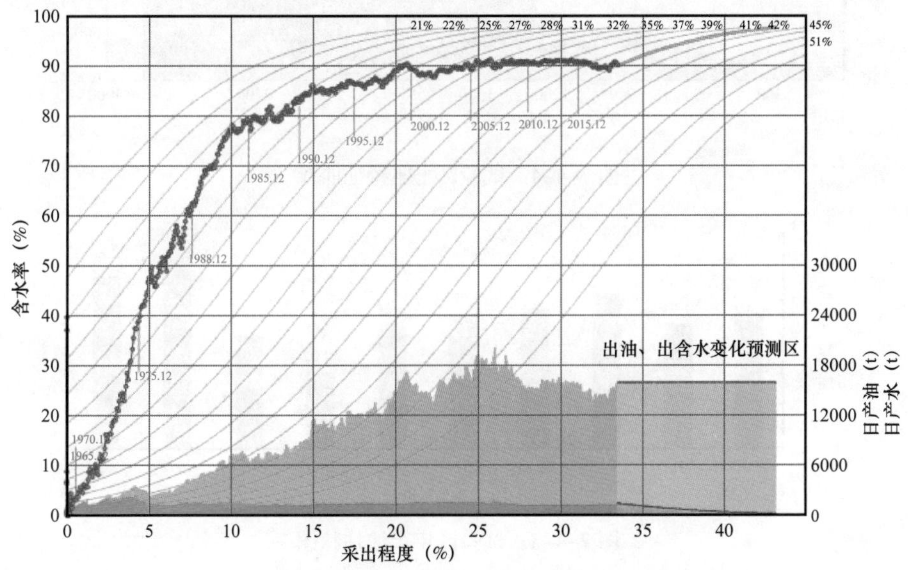

图 7-4-3 试验区含水率与采出程度图

阶段累计增油 68.3×10^4t，增加可采储量 417×10^4t，最终采收率由 35.2% 提高到 40.6%（图 7-4-4），提高 5.4%，其中三区三断块聚 / 表二元复合驱先导性试验项目预测采收率为 74%，达到了中石油先进水平。

试验区 2019 年底年产油 52.84×10^4t，实现了年产 50×10^4t 连续稳产 50 年，并且已呈现上升趋势（图 7-4-5）。

港西二区聚合物驱实施效果显著，受益采油井 99 口，见效井 71 口，见效率 72%；最高日产油水平 317t，较实施前的产量 153t 实现了翻番，综合含水率 80.62%，下降了 9.56%（图 7-4-6）；增加可采储量 50×10^4t，提高采收率 6.71%。截至 2019 年底累计实

现控递减增油 15.86×10^4t，超出方案 8.1%。

通过多年对复杂断块老油田高含水期的研究和现场实践，所形成的“二三结合”开发模式，对高含水油田降低开采成本、提高采收率，充分发挥复杂地块油田高含水期的潜力具有借鉴作用，对保障国家能源安全、促进国有资产保值增值具有深远影响。

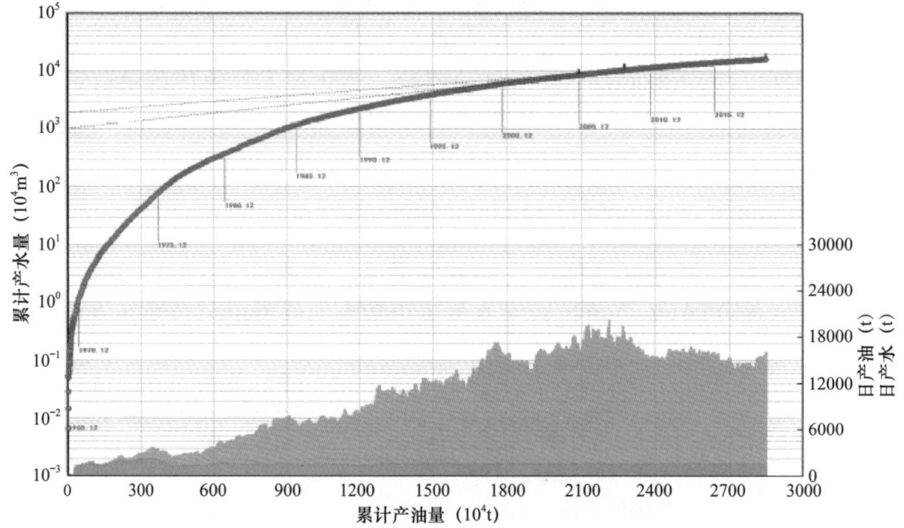

图 7-4-4　试验区水驱特征曲线

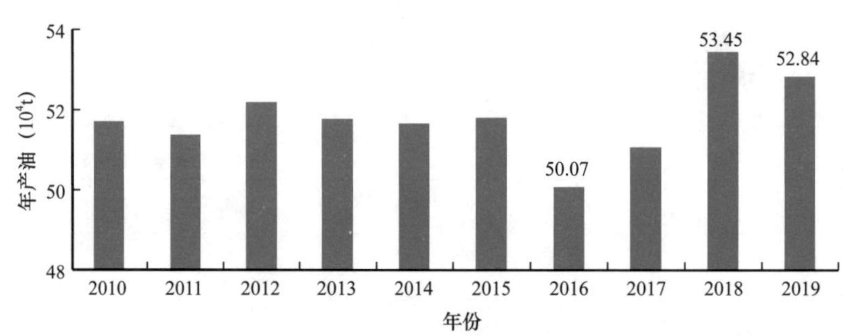

图 7-4-5　试验区年产油柱状图

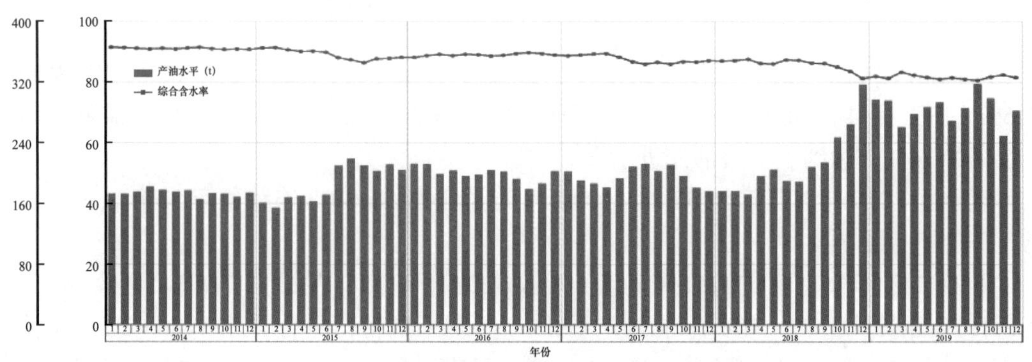

图 7-4-6　港西二区日产油量、含水率柱线图

参考文献

蔡正旗，李延钧，蒋裕强，等．2011. 油藏地质学［M］. 北京：石油工业出版社．

柴方源．2013. 提高聚合物驱开发效果研究及经济效益分析［D］. 北京：中国地质大学（北京）．

常子恒，等．2001. 石油勘探开发技术［M］. 北京：石油工业出版社．

陈宇峰．2019. 羊三木油田辫状河储层构型垂向特征——以羊 11-16-1 密闭取心井为例［D］. 荆州：长江大学．

崔建峰．2013. 萨中开发区中区东部、东区储层描述及层系井网优化［J］. 大庆：东北石油大学．

董长银，贾碧霞，刘春苗，等．2016. 注聚合物驱防砂井挡砂介质物理化学复合堵塞机制试验［J］. 中国石油大学学报（自然科学版），40（5）：104–110.

范汉香，黄峰，董泽华，等．1999. 铁离子对 HPAM 溶液黏度的影响［J］. 四川化工与腐蚀控制，2（3）：12–14.

方艳君．2016. 大庆油田三元复合驱层系优化组合技术经济界限［J］. 大庆石油地质与开发，35（2）：81–85.

付长春．2001. 注水油藏开发效果指标评价方法研究．重庆石油高等专科学校学报［J］. 3（2）：23–27.

付美龙，等．2017. 油田开发后期调剖堵水和深部调驱提高采收率技术［M］. 北京：石油工业出版社．

高兴军，宋子齐，程仲平，等．2003. 影响砂岩油藏水驱开发效果的综合评价方法［J］. 石油勘探与开发，30（2）：68–69.

管纪昂，袁士义．2006. 井网三次加密与三次采油方法结合研究［J］. 河南石油，20（1）：39–42.

郭敬义 .2014. 中区西部“两三结合”分期分质二期化学驱数值模拟研究［J］. 大庆：东北石油大学．

郭燕华，熊琦华，吴胜和，等．1999. 陆相储层流动单元的研究方法［J］. 石油大学学报（自然科学版）. 23（6）.

韩大匡．2010. 关于高含水油田二次开发理念、对策和技术路线的探讨［J］. 石油勘探与开发，37（5）：583–591.

何江川，廖广志，王正茂．2011. 关于二次开发与三次采油关系的探讨［J］. 西南石油大学学报（自然科学版），33（3）：96–100.

何雄涛．2019. 复杂断块油藏小断层识别方法探讨［J］. 承德石油高等专科学校学报，21（4）：10–13.

侯静．2018. 薄砂体储层预测技术研究及其在排 10 西沙湾组的应用［D］. 青岛：中国石油大学（华东）．

胡文瑞．2008. 论老油田实施二次开发工程的必要性与可行性［J］. 石油勘探与开发，35（1）：1–5.

黄龙威．2011. 复杂断块油田微型构造研究方法及应用［J］. 特种油气藏，18（2）：11–13.

姜汉桥，郑伟，张贤松，等．2011. 渤海油田早期聚合物驱动态规律及见效时间判断方法［J］. 中国石油大学学报（自然科学版），35（6）：95–98.

姜瑞忠，乔欣，滕文超，等．2016. 储层物性时变对油藏水驱开发的影响［J］. 断块油气田，23（6）：768–771.

姜亦栋，等．2017. 聚合物弹性微球深部调驱技术与矿场实践［M］. 东营：中国石油大学出版社．

靳宝光，姜汉桥，张贤松，等．2013. 渤海油田早期聚合物驱注入能力综合研究［J］. 科学技术与工程，

13（9）：2339–2343.

乐靖，蔡文涛，高云峰，等 . 2016. 微构造精细表征及在剩余油预测中的应用［J］. 科学技术与工程 . 16（3）：143–148.

李清华 . 2007. 大庆油田聚合物驱油经济评价研究［J］. 哈尔滨：哈尔滨工程大学 .

李双林，李全柱 . 2003. 利用玻璃钢套管井进行储层监测［J］. 测井技术，27（增刊）：47–49.

李潇菲 . 2009. 聚合物驱的经济评价方法研究［D］. 东营：中国石油大学（华东）.

李晓娜 . 2018. 周期注水与脉冲注水的理论研究［J］. 石油化工与应用，37（6）：66–67.

林杨，皇海权，王琦，等 . 2014. 高浓度、大段塞聚合物驱技术室内研究及矿场应用［J］. 油田化学，31（2）：274–277.

林垚 . 2015.“二三结合”开发模式与直接注聚开发模式渗流特征研究［D］. 大庆：东北石油大学 .

刘海龙 . 2010. 大庆油田“二三结合”试验区水驱阶段综合研究［D］. 大庆：东北石油大学 .

刘雄志，张立娟，岳湘安，等 . 2012. 一类典型油藏注聚时机研究［J］. 石油天然气学报，34（2）：136–138.

刘义坤，文华，隋新光 . 2007. 萨中开发区“二三结合”开发实验数值模拟［J］. 大庆石油学院学报，31（6）：36–39.

刘宗昭，朱洪庆，陈斌，等 . 2013. Fe^{2+} 对 HPAM 驱油剂流变性能影响研究［J］. 石油钻采工艺 . 35（3）：86–89.

吕恒宇，胡永乐，邹存友 . 2018. 高含水油藏“二三结合”优化技术研究进展［J］. 科学技术与工程，18（4）：210–220.

马亮 . 2015，二次采油与三次采油结合技术及进展［J］. 石化技术，（9）：75.

马跃华，周宗良，李振永，等 . 2018. 薄层分类及其地震响应分析——以大港油田两个应用研究为例［J］. 石油物探，57（6）：902–913.

马跃华，周宗良，李振永，等 . 2018. 薄层分类及其地震响应分析——以大港油田两个应用研究为例［J］. 石油物探，57（6）：902–913.

裘怿楠，陈子琪 . 1996. 油藏描述［M］. 北京：石油工业出版社 .

裘怿楠，薛叔浩 . 1994. 油气储层评价技术［M］. 北京：石油工业出版社 .

沈安琪 . 2013. 薄差油层层系井网优化研究［D］. 大庆：东北石油大学 .

沈非，程林松，黄世军，等 . 2016. 不同注聚时机聚合物驱含水率变化规律研究［J］. 科学技术与工程，16（17）：149–152.

孙学栋，赵建儒，白军，等 . 2011. 谱分解技术在营尔凹陷长沙岭地区薄储层预测中的应用［J］. 石油地球物理勘探，46（增刊 1）：72–75.

唐海，黄炳光，李道轩，等 . 2002. 模糊综合评判法确定油藏水驱开发潜力［J］. 石油勘探与开发，29（2）：97–99.

王健，张烈辉 . 2009. 复杂油藏控水增油技术与应用［M］. 北京：石油工业出版社 .

王珏，高兴军，周新茂 . 2019. 曲流河点坝储层构型表征与剩余油分布模式［J］. 中国石油大学学报（自然科学版），43（3）：13–24.

王宁 . 2010. 大庆油田三次采油项目经济评价研究［D］. 大庆：大庆石油学院 .

王延杰，张红梅，江晓晖，等 . 2002. 多层系油田开发层系划分和井网井距研究——以陆梁油田陆 9 井区白垩系、侏罗系油藏为例［J］. 新疆石油地质，23（1）：40–43.

王正茂，廖广志 . 2007，中国陆上油田聚合物驱油技术适应性评价方法研究［J］. 石油学报，28（3）：80–84.

魏长清 . 2015. 水驱开发油田合理注聚时机研究［J］. 中外能源，20（11）：70–73.

吴胜和，岳大力，刘建民，等 . 2008. 地下古河道储层构型的层次建模研究［J］. 中国科学 D 辑：地球科学 . 38（增刊）：111–121.

闫百泉，张鑫磊，于利民，等 . 2014. 基于岩心及密井网的点坝构型与剩余油分析［J］. 石油勘探与开发，41（5）：597–603.

于群 . 2014. 不同时机 聚合物驱剩余油分布规律研究 . 精细石油化工进展［J］. 35（2）：1–4.

于兴河，陈建阳 . 张志杰 . 等 . 2005. 油气储层相控随机建模技术的约束方法［J］. 地学前缘 . 12（3）：237–244.

张静，廖新武，闫志明 . 2020. 井间夹层对厚油层剩余油分布的控制机理［J］. 中外能源，25（8）：34–40.

张丽莹 . 2012. 萨北开发区北二东层系重组挖潜技术研究［D］. 大庆：东北石油大学 .

张贤松，唐恩高，谢晓庆，等 . 2013，海上油田早期注聚开发特征及注入方式研究［J］. 石油天然气学报，35（7）：123–126.

张贤松 . 2009. 高含水时期转注聚经济极限井网密度求解新方法［J］. 油气田地面工程，28（11）：13–15.

张阳，赵平起，芦凤明，等 . 2020. 基于 K – 均值聚类和贝叶斯判别的冲积扇单井储层构型识别［J］. 石油地球物理勘探，55（4）：873–883.

赵欢，尹洪军，李国庆，等 . 2015. “二三结合” 开发模式渗流特征研究［J］. 河北科技大学学报,36（4）：437–444.

赵欢，尹洪军，刘红，等 . 2015. 注聚参数对 L 油田 B 区块 “二三结合” 渗流特征的影响［J］. 河北科技大学学报，36（3）：324–329.

赵欢，尹洪军，徐志涛，等 . 2015. 注采比对 “二三结合” 开发模式渗流特征的影响［J］. 当代化工，44（7）：1512–1514.

赵平起，蔡明俊，武玺，等 . 2019. 复杂断块油田二次开发三次采油结合管理模式的创新实践［J］. 国际石油经济，05：79–84.

赵平起，赵敏 . 2017. 大港油田增储建产一体化管理创新与实践［J］. 国际石油经济，25（4）：92–95.

赵贤正，赵平起，李东平，等 . 2018. 地质工程一体化在大港油田勘探开发中探索与实践［J］. 中国石油勘探，23（2）：6–14.

赵云飞，王朋，邓彩凤 . 2014. 喇嘛甸油田 “二三结合” 试验开发评价［J］. 长江大学学报（自然科学版），11（16）：103–106.

中国石油勘探与生产分公司 . 2012. 中国石油二次开发技术与实践［M］. 北京：石油工业出版社 .

周开明 . 2008. 薄层的二阶功率谱特征研究及厚度预测［J］. 石油物探，47（1）：30–34.

周宗良，蔡明俊，张凡磊，等 . 2020. 高含水油藏多介质驱替剩余油赋存状态与时移特征［J］. 断块油气田，27（5）：608–612.

周宗良，张会卿，曹国明，等 . 2019. 用最大熵谱分解定量预测曲流河薄砂体［J］. 断块油气田，26（6）：719–722.

朱美思 . 2015. 浅谈二次采油与三次采油的结合技术及其进展［J］. 石化技术，（5）：81.

Aitkulov A，Lu J，Pope G，et al. 2016. Optimum time of ACP injection for heavy oil recovery. SPE Canada Heavy Oil Technical Confer- ence. Richardson：SPE，SPE180757–MS.

Eleanor Jane Stirling. 2003. Architecture of fluvio–deltaic sandbodies：the Namurian of Co. Clare. Ireland. as an analogue for the Plio–Pleistocene of the Nile Delta. Submitted in accordance with the requirements. for the degree of Doctor of Philosophy University of Leeds School of Earth Sciences.

Gao J，Li Y，Li J，et al. 2014. Experimental study on optimal polymer in- jection timing in offshore oilfields. Offshore Technology Conference- Asia. Houston：OTC，OTC 24694–MS.

Gharbi R B C. 2000. MAn expert system for selecting and designing EOR processes. Journal of Petroleum Science and Engineering，27（1–2）：33–47.

Gharbi R B C. 2004. Use of reservoir simulation for optimizing recovery performance. Journal of Petroleum Science and Engineering，42（42）：183–194.

Jerauld G R. 2000. Timing of miscible hydrocarbon gas injection after wa- terflooding. SPE / DOE Improved Oil Recovery Symposium. Richard- son：SPE，SPE59341–MS.

Miall A D. 1985. Architectual element analysis：a new method of facies ap2 plied to fluvial deposites［J］. Earth Science Reviews. 22（4）：261–308.

Panda M，Ambrose J G，Beuhler G，et al. 2009. Optimized EOR design for the Eileen west end area，Greater Prudhoe Bay. SPE Reservoir Evaluation and Engineering，12（1）：25–32.

Ranie L. Elizabeth H. 2006. Conceptual model for predicting mud–stone dimensions in sandy braided–river reservoirs［J］. AAPG Bulletin. 90（8）：1273–1288.

Sayavedra L，Mogollon J L，Boothe M，et al. 2013. A discussion of differ- ent approaches for managing the timing of EOR projects. SPE En- hanced Oil Recovery Conference. Richardson：SPE，SPE165304–MS.

Shook G.M，Mitchell K.M. 2009. A Robust Measure of Heterogeneity for Ranking Earth Models：The F–PHI Curve and Dynamic Lorenz Coefficient［C］// SPE Technical Conference & Exhibition. Society of Petroleum Engineers，New Orleans，Louisiana，4–7 October.